JIQIREN
QUDONG YU
KONGZHI
JI YINGYONG SHILI

机器人驱动与控制及应用实例

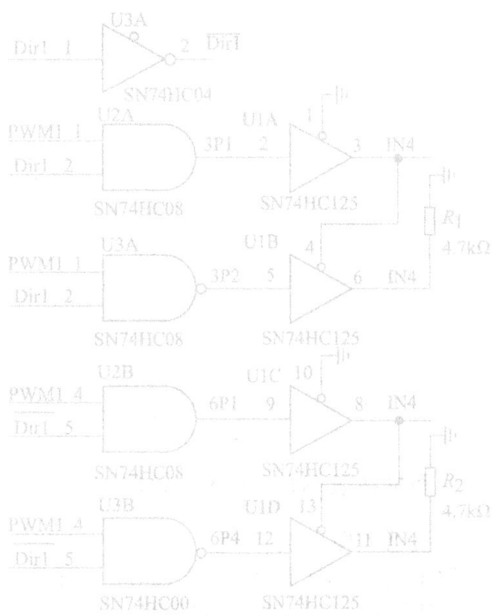

黄志坚　编著

化学工业出版社
·北京·

机器人驱动装置是驱使执行机构运动的机构，按照控制系统发出的指令信号，借助于动力元件使机器人进行动作。本书结合大量工程应用实例，系统介绍基于步进电动机、直流伺服电动机、交流伺服电动机、液压、气压等装置的驱动与控制技术及其最新应用成果。本书取材新颖，涉及机器人广泛的应用领域、多种机器人类型和多方面的专业技术。叙述上以应用实例为主讲解，条理分明，深入浅出，通俗易读。

本书主要供机电控制、机器人研究开发及应用专业人员学习和参考，也可作为高等院校相关专业师生的教学参考书。

图书在版编目（CIP）数据

机器人驱动与控制及应用实例/黄志坚编著. —北京：化学工业出版社，2016.5（2023.3 重印）

ISBN 978-7-122-26415-2

Ⅰ.①机… Ⅱ.①黄… Ⅲ.①机器人控制 Ⅳ.①TP24

中国版本图书馆 CIP 数据核字（2016）第 040522 号

责任编辑：张兴辉　　文字编辑：陈　喆

责任校对：宋　夏　　装帧设计：王晓宇

出版发行：化学工业出版社（北京市东城区青年湖南街 13 号　邮政编码 100011）

印　　装：北京科印技术咨询服务有限公司数码印刷分部

787mm×1092mm　1/16　印张 17　字数 417 千字　2023 年 3 月北京第 1 版第 5 次印刷

购书咨询：010-64518888　　售后服务：010-64518899

网　　址：http://www.cip.com.cn

凡购买本书，如有缺损质量问题，本社销售中心负责调换。

定　　价：79.00 元

前言

Foreword

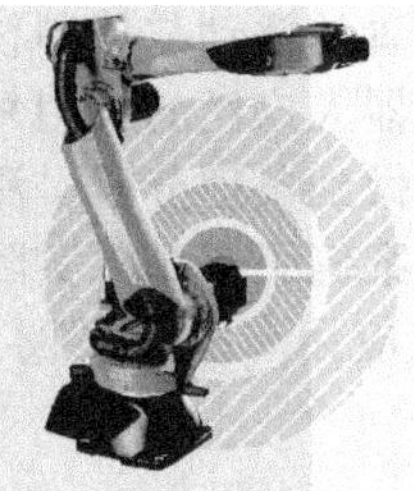

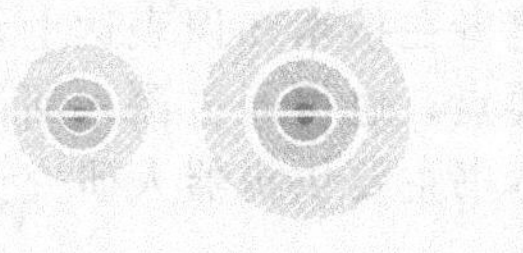

机器人是一种自动化的机器，这种机器具备一些与人或生物相似的智能能力，如感知能力、规划能力、动作能力和协同能力，是一种具有高度灵活性的自动化机器。工业机器人是集机械、电子、控制、计算机、传感器、人工智能等多学科先进技术于一体的现代制造业重要的自动化装备。自从1962年美国研制出世界上第一台工业机器人以来，机器人技术及其产品发展很快，已成为柔性制造系统（FMS）、自动化工厂（FA）、计算机集成制造系统（CIMS）的自动化工具。在工业、建筑业等领域中均有重要用途。机器人技术已从传统的工业领域快速扩展到其他领域，如物流、农业、家政服务、医疗康复、军事、外星探索、勘测勘探等。而无论是传统的工业领域还是其他领域，对机器人性能要求的不断提高，使机器人必须面对更极端的环境、完成更复杂的任务。因而，社会经济的发展也为机器人技术进步提供了新的动力。机器人是自动控制最有说服力的成就，是当代最高意义上的自动化。机器人技术综合了多学科的发展成果，代表了高技术的发展前沿。21世纪以来，国内外对机器人技术的发展越来越重视，机器人技术是对未来新兴产业发展具有重要意义的高技术之一。欧盟在第七框架计划（FP7）中规划了“认知系统与机器人技术”研究，美国启动了“美国国家机器人计划”，日本、韩国在服务型机器人方面也制定了相应的研究计划。我国在国家高技术研究发展计划（863计划）、国家自然科学基金、国家科技重大专项等规划中对机器人技术研究给予极大的重视，国内外产业界对机器人技术引领未来产业发展也寄予厚望，由此可见，机器人技术是未来高技术、新兴产业发展的基础之一，对于国民经济和国防建设具有重要意义。

机器人驱动装置是驱使执行机构运动的机构，按照控制系统发出的指令信号，借助于动力元件使机器人进行动作。它输入的是电信号，输出的是线、角位移量。机器人使用的驱动装置主要是电力驱动装置，如步进电动机、伺服电动机等，也有采用液压、气动等驱动装置。

机器人控制技术是使机器人完成各种任务和动作的各种控制手段。作为系统中的关键技术，机器人控制技术包括范围十分广泛，从机器人智能、任务描述到运动控制和伺服控制等技术。既包括实现控制所需的各种硬件系统，又包括各种软件系统。机器人有两种控制方式，一种是集中式控制，即机器人的全部控制由一台微型计算机完成。另一种是分散（级）式控制，即采用多台微机来分担机器人的控制，如当采用上、下两级微机共同完成机器人的控制时，主机常用于负责系统的管理、通信、运动学和动力学计算，并向下级微机发送指令信息；作为下级从机，各关节分别对应一个CPU，进行插补运算和伺服控制处理，实现给定的运动，并向主机反馈信息。根据作业任务要求的不同，机器人的控制方式又可分为点位控制、连续轨迹控制和力（力矩）控制。

驱动与控制是机器人技术体系的重要部分和关键环节，其状况与机器人性能紧密相连。

本书结合大量实例，系统介绍机器人驱动与控制技术基本内容与最新实用成果。全书共6章。其中第1章是概论；第2～6章分别介绍机器人基于步进电动机、直流伺服电动机、交流伺服电动机、液压、气压等装置的驱动与控制技术及应用。

本书取材新颖、实用，涉及机器人广泛的应用领域、多种机器人类型和多方面的专业技术。笔者在技术知识表达上，尽量做到条理分明、深入浅出、通俗易读。读者可从书中明确技术要点，也可通过深入阅读典型案例了解相关实际问题的技术细节。

本书主要供机器人研究开发及应用专业人员阅读，也可作大学相关专业师生的教学参考书。

编著者

目录

CONTENTS

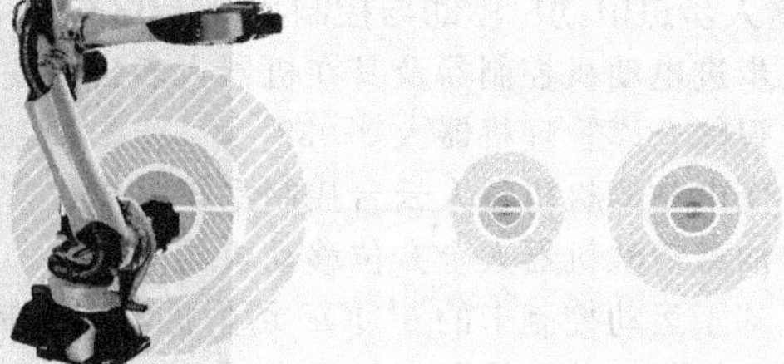

第 1 章　机器人及驱动与控制概述 / 001

1.1　机器人的概念 / 001
1.2　机器人的组成 / 001
1.2.1　机器人的基本组成 / 001
1.2.2　机器人的执行机构 / 002
1.2.3　机器人的传感器 / 004
1.2.4　机器人的驱动器 / 006
1.2.5　机器人的控制系统 / 008
1.3　机器人的技术参数 / 011
1.3.1　机器人自由度与机动度 / 011
1.3.2　机器人额定速度与额定负载 / 012
1.3.3　机器人工作空间 / 012
1.3.4　机器人分辨率、位姿准确度和位姿重复性 / 013
1.3.5　作业精度及动态测量 / 014
1.4　机器人的分类 / 014
1.4.1　按机器人的几何结构分类 / 014
1.4.2　按机器人的控制方式分类 / 015
1.4.3　按机器人的智能程度分类 / 016
1.4.4　按机器人的移动方式分类 / 016
1.4.5　按应用环境分类 / 017
1.5　机器人技术及应用主要进展 / 017
1.5.1　工业机器人 / 017
1.5.2　移动机器人 / 018
1.5.3　医疗与康复机器人 / 021
1.5.4　生物启发的机器人系统——仿生机器人 / 022
1.6　机器人技术发展趋势 / 023

第 2 章　机器人步进电动机驱动与控制技术及应用 / 025

2.1　步进电动机及其在机器人的应用 / 025
2.1.1　步进电动机的工作原理 / 025
2.1.2　步进电动机的分类及型号命名 / 027
2.1.3　步进电动机的运行特性 / 028
2.1.4　步进电动机驱动技术 / 029
2.1.5　步进电动机控制技术 / 031
2.1.6　步进电动机在机器人驱动与控制应用概况 / 032

2.2 机器人步进电动机驱动与控制实例 / 033
2.2.1 步进电动机控制器及其在机器人多自由度关节中的应用 / 033
2.2.2 智能仓库管理机器人 / 038
2.2.3 变电站巡检机器人云台控制系统 / 040
2.2.4 油罐清洗机器人全方位移动机构 / 043
2.2.5 基于运动控制卡的 6-DOF 切削机器人控制系统 / 045
2.2.6 太阳能自动谷物翻晒机器人 / 047
2.2.7 分拣搬运机器人 / 051
2.2.8 基于齿轮传动的结构仿生螃蟹机器人 / 055
2.2.9 履带式机器人控制系统 / 058
2.2.10 基于 PLC 的 KTV 自助机器人控制系统 / 065

第 3 章 机器人直流伺服电动机驱动与控制技术及应用 / 069

3.1 直流伺服电动机及其在机器人的应用 / 069
3.1.1 直流伺服电动机的特点 / 069
3.1.2 直流伺服电动机的工作原理 / 069
3.1.3 直流伺服电动机驱动概述 / 072
3.1.4 直流伺服电动机控制概述 / 073
3.1.5 无刷直流电动机 / 076
3.1.6 无刷直流电动机驱动与控制 / 080
3.1.7 直流伺服电动机在机器人驱动与控制应用概况 / 083
3.2 机器人直流伺服电动机驱动与控制应用实例 / 084
3.2.1 IR2110 在机器人驱动系统中的应用 / 084
3.2.2 基于 ARM9 和 LM629 的电动机伺服控制系统 / 087
3.2.3 基于 C8051F340 的多直流电动机控制系统 / 090
3.2.4 基于 MC9S12DG128 单片机的迷宫机器人 / 093
3.2.5 基于 ATmega128 的砂糖橘简易采摘机器人 / 097
3.2.6 鱼塘冰层智能钻孔机器人 /102
3.2.7 吸尘机器人控制系统 /104
3.2.8 排爆机器人机械臂控制系统 /109
3.2.9 多功能护理机器人控制系统 /114
3.2.10 巡检机器人无刷直流电动机伺服系统 /117
3.2.11 轮式机器人用无刷直流电动机控制系统 /120
3.2.12 基于 DSP 的双足机器人运动控制系统 /126

第 4 章 机器人交流伺服电动机驱动与控制技术及应用 / 130

4.1 交流伺服电动机及其在机器人的应用 / 130
4.1.1 交流伺服电动机的发展 /130
4.1.2 同步电动机与异步电动机 /131
4.1.3 模拟式交流伺服系统与数字式交流伺服系统 /132
4.1.4 交流伺服电动机在机器人驱动与控制应用概况 /134
4.2 机器人交流伺服电动机驱动与控制应用实例 / 136
4.2.1 工业机器人交流伺服驱动系统 /136
4.2.2 PLC 在工业机器人中的应用 /142

4.2.3 小负载串联关节型垂直六轴机器人 /144
4.2.4 开放式结构交流同步伺服系统在机器人的应用 /146
4.2.5 焊接机器人控制系统 /150
4.2.6 交流变频控制系统在涂胶机器人中的应用 /153
4.2.7 拆箱机器人开箱工艺的改进 /158
4.2.8 工业码垛机器人控制系统 /159
4.2.9 果树采摘机器人 /164

第 5 章 机器人气压驱动与控制技术及应用 / 169

5.1 气动系统及其在机器人的应用 / 169
5.1.1 气动控制系统的基本构成 /169
5.1.2 比例/伺服控制阀的选择 /170
5.1.3 控制理论 /170
5.1.4 典型应用 /171
5.1.5 气动系统在机器人驱动与控制应用概况 /173
5.2 机器人气压驱动与控制应用实例 / 175
5.2.1 基于 PLC 和触摸屏的气动机械手 /175
5.2.2 气动喷胶机器人 /178
5.2.3 连续行进式气动缆索维护机器人 /182
5.2.4 气动爬行机器人 /186
5.2.5 高精度气动机械手 /190
5.2.6 数控气动爬梯子机器人 /192
5.2.7 六自由度穿刺定位机器人气动系统 /195
5.2.8 基于 PLC 的安瓿瓶气动开启机械手 /198
5.2.9 类人仿生气动机械手 /201
5.2.10 气动机器人关节位置伺服系统 /204

第 6 章 机器人液压驱动与控制技术及应用 / 207

6.1 液压系统及其在机器人驱动与控制中的应用 / 207
6.1.1 液压控制系统的工作原理 /207
6.1.2 液压控制系统的组成 /208
6.1.3 液压控制系统的分类 /209
6.1.4 液压系统在机器人驱动与控制应用概况 /211
6.2 机器人液压驱动与控制应用实例 / 214
6.2.1 液压驱动机械手肋骨冷弯机 /214
6.2.2 基于 PLC 的工业机械手 /217
6.2.3 压装机装卸料机械手 /221
6.2.4 基于 PLC 的储油罐清理机器人液压系统 /224
6.2.5 基于单片机控制的水上清洁机器人液压系统 /226
6.2.6 无线遥控液压爬行机器人 /229
6.2.7 下肢液压驱动康复机器人 /233
6.2.8 高性能液压驱动四足机器人 SCalf /238
6.2.9 BigDog 四足机器人 /243

参考文献 / 262

第 1 章

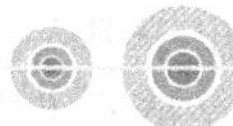

机器人及驱动与控制概述

1.1 机器人的概念

机器人（Robot）是自动执行工作的机器装置。它既可以接受人类指挥，又可以运行预先编排的程序，也可以根据以人工智能技术制定的原则纲领行动。它的任务是协助或取代人类工作的工作，例如生产业、建筑业或是危险的工作。机器人是高级整合控制论、机械电子、计算机、材料和仿生学的产物。在工业、物流、医学、农业、建筑业甚至军事等领域中均有重要用途。

中国科学家对机器人的定义是："机器人是一种自动化的机器，所不同的是这种机器具备一些与人或生物相似的智能能力，如感知能力、规划能力、动作能力和协同能力，是一种具有高度灵活性的自动化机器"。在研究和开发未知及不确定环境下作业的机器人的过程中，人们逐步认识到机器人技术的本质是感知、决策、行动和交互技术的结合。

国际上对机器人的概念已经逐渐趋近一致。一般来说，人们都可以接受这种说法，即机器人是靠自身动力和控制能力来实现各种功能的一种机器。联合国标准化组织采纳了美国机器人协会给机器人下的定义："一种可编程和多功能的操作机；或是为了执行不同的任务而具有可用电脑改变和可编程动作的专门系统。"它能为人类带来许多方便之处。

机器人技术已从传统的工业领域快速扩展到其他领域，如医疗康复、家政服务、外星探索、勘测勘探等。而无论是传统的工业领域还是其他领域，对机器人性能要求的不断提高，使机器人必须面对更极端的环境、完成更复杂的任务。因而，社会经济的发展也为机器人技术进步提供了新的动力。

1.2 机器人的组成

1.2.1 机器人的基本组成

机器人一般由执行机构、驱动装置、检测装置、控制系统和复杂机械等组成，图 1-1 所示为机器人基本组成。

（1）执行机构

执行机构即机器人本体，其臂部一般采用空间开链连杆机构，其中的运动副（转动副或移动副）常称为关节，关节个数通常即为机器人的自由度数。根据关节配置形式和运动坐标形式的不同，机器人执行机构可分为直角坐标式、圆柱坐标式、极坐标式和关节坐标式等类型。出于拟人化的考虑，常将机器人本体的有关部位分别称为基座、腰部、臂部、腕部、手部（夹持器或末端执行器）和行走部（对于移动机器人）等。

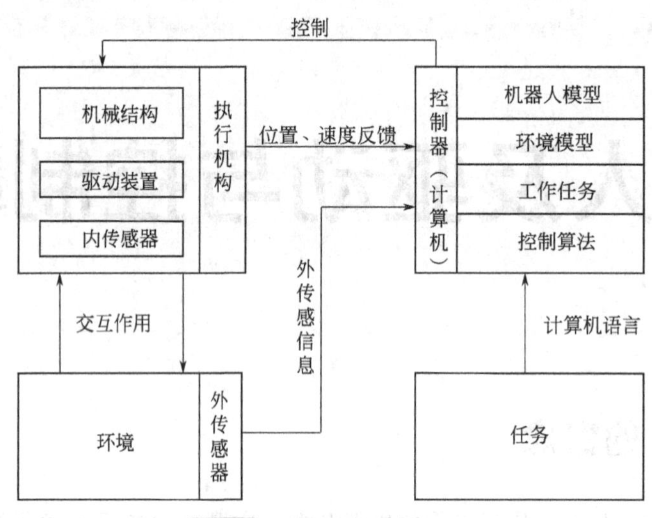

图1-1　机器人的基本组成

（2）驱动装置

驱动装置是驱使执行机构运动的机构，按照控制系统发出的指令信号，借助于动力元件使机器人进行动作。它输入的是电信号，输出的是线、角位移量。机器人使用的驱动装置主要是电力驱动装置，如步进电动机、伺服电动机等，也有采用液压、气动等驱动装置。

（3）检测装置

检测装置是实时检测机器人的运动及工作情况，根据需要反馈给控制系统，与设定信息进行比较后，对执行机构进行调整，以保证机器人的动作符合预定的要求。作为检测装置的传感器大致可以分为两类：一类是内部信息传感器，用于检测机器人各部分的内部状况，如各关节的位置、速度、加速度等，并将所测得的信息作为反馈信号送至控制器，形成闭环控制。一类是外部信息传感器，用于获取有关机器人的作业对象及外界环境等方面的信息，以使机器人的动作能适应外界情况的变化，使之达到更高层次的自动化，甚至使机器人具有某种“感觉”，向智能化发展，例如视觉、声觉等外部传感器给出工作对象、工作环境的有关信息，利用这些信息构成一个大的反馈回路，从而将大大提高机器人的工作精度。

（4）控制系统

机器人的控制方式有两种。一种是集中式控制，即机器人的全部控制由一台微型计算机完成。另一种是分散（级）式控制，即采用多台微机来分担机器人的控制，如采用上、下两级微机共同完成机器人的控制，主机常用于负责系统的管理、通信、运动学和动力学计算，并向下级微机发送指令信息；作为下级从机，各关节分别对应一个CPU，进行插补运算和伺服控制处理，实现给定的运动，并向主机反馈信息。

根据作业任务要求的不同，机器人的控制方式又可分为点位控制、连续轨迹控制和力（力矩）控制。

1.2.2　机器人的执行机构

机器人的机构由传动部件和机械构件组成，可仿照生物的形态将其分成臂、手、足、翅膀、鳍、躯干等相当的部分。臂和手主要用于操作环境中的对象；足、翅膀、鳍主要用于使机器人身体“移动”；躯干是连接各个器官的基础结构，同时参与操作和移动等运动功能。

(1) 臂和手

臂由杆件及关节构成，关节则由内部装有电机等驱动器的运动副来实现。关节及其自由度的构成方法极大影响着臂的运动范围和可操作性等指标。如果机构像人的手臂那样将杆件与关节以串联的形式连接起来，则称为开式链机械手；如果机构像人的手部那样将杆件与关节并联配置起来，则称为闭式链机械手，如并联机器人机构作为机械臂的机构。

机械臂具有改变对象的位置和姿态的参数（在三维空间中有6个参数），或者对对象施加力的作用，因此手臂最少具有3个自由度。若考虑移动、转动（关节的旋转轴沿着杆件长度的垂直方向）、旋转（关节的旋转轴沿着杆件长度方向）三种机构的不同组合可有27种形式，在此给出具有代表性的4类（如图1-2所示）：圆柱坐标型机械臂、极坐标型机械臂、直角坐标型机械臂、关节型机械臂。

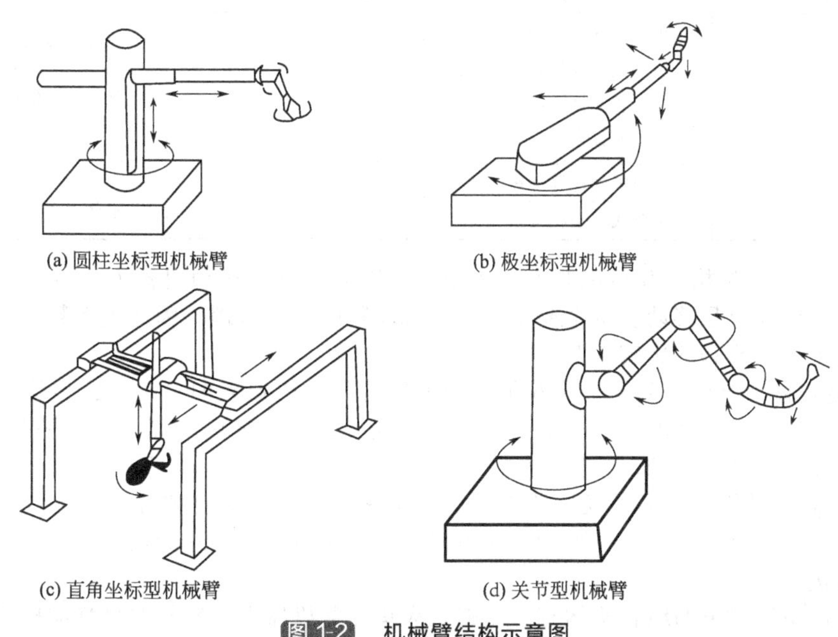

(a) 圆柱坐标型机械臂　(b) 极坐标型机械臂

(c) 直角坐标型机械臂　(d) 关节型机械臂

图1-2 机械臂结构示意图

手部是抓握对象并将机械臂的运动传递给对象的机构。如果能将机器人的手部设计得如人手一样具有通用性、灵活性，使用起来则较为理想。但由于目前在机械和控制上存在诸多困难，而实际中机械人手在生产实际中随现场具体情况而不同，因此这种万能手不具有普适性。如果任务仅是用手臂末端简单地固定位对象，那么手部可以设计成单自由度的夹钳机构。人们把抓取特定形状物体、具有特制刚性手指的手部，称为机械手（mechanical hand或mechanical gripper)。如果手臂不运动，那么就需要使用手部来操纵对象，此时多自由度多指型机构就大有用武之地。

(2) 移动机构

移动机构是机器人的移动装置。由于在机器人出现以前，人类已发明有移动装置，比如车辆、船舶、飞机等，因此在机器人中也借鉴了相关的成熟技术如车轮、螺旋桨、推进器等。实用的移动机器人几乎都采用车轮，不过它的弱点是只限于平坦的地面环境。

为了实现人和动物所具备的对地形及环境的高度适应性，人们正在积极地开展对多种移动机理的研究。现就目前已研制出的部分移动机构进行分类介绍，详见表1-1。

① 车轮式移动机构　车轮式移动机构在地表面等移动环境中控制车轮的滚动运动，使

移动体本体相对于移动面产生相对运动。该机构特点是在平坦的环境下移动效率较履带式移动机构和腿式移动机构要高，结构简单，可控性好。

车轮式移动机构由车体、车轮、处于轮子和车体之间的支撑机构组成。车轮根据其有无驱动力可分为主动轮和从动轮两大类。根据单个车轮的自由度，可分为圆板形的一般车轮、球形车轮、合成全方位车轮几类。

② 履带式移动机构　履带式移动机构所用的履带是一种循环轨道，采用沿车轮前进方向边铺设移动面边移动的方式。该机构可在有台阶、壕沟等障碍物的空间中移动，比轮式机构应用范围广，但结构较轮式机构复杂。

履带机构一般由履带、支撑履带的链轮、滚轮及承载这些零部件的支撑框架构成，最后将支撑框架安装在车体上。

表 1-1　移动机构分类

<table>
<tr><th>移动机构应用环境</th><th>移动机构分类</th><th>移动机构应用环境</th><th>移动机构分类</th></tr>
<tr><td rowspan="6">陆地</td><td>车轮式移动机构</td><td rowspan="3">空中</td><td rowspan="2">螺旋桨移动机构</td></tr>
<tr><td>履带式移动机构</td></tr>
<tr><td>双足式移动机构</td><td>翅膀移动机构</td></tr>
<tr><td>蛇形移动机构</td><td rowspan="3">水下</td><td rowspan="2">推进器移动机构</td></tr>
<tr><td>壁面吸附式移动机构</td></tr>
<tr><td>混合式移动机构</td><td>鳍移动机构</td></tr>
</table>

③ 双足式移动机构　双足机器人，是用两条腿来移动的移动机器人。鸟和人类是采取双足移动的。研究双足移动机构主要是模仿人或动物的移动机理，因此大多数双足机构的结构类型模仿了人类腿脚的旋转关节机构。

④ 多足式移动机构　多足是除双足以外的所有足类机器人的总称。这种移动机构环境适应性强，能够任意选择着地点（平面、不平整地面、一定高度的障碍物、平缓斜坡地面、陡急斜坡地面等）进行移动。

⑤ 混合式移动机构　为了发挥轮式机构在平整地面上高速有效移动的优点，又能在某种程度上适应不平整地面，一种可行的途径就是将车轮与其他形式的机构组合起来，有效地发挥两者的优点。

目前，已研发出来的组合机构有：轮腿式火星探测机器人，轮腿双足移动机器人，体节躯干移动机器人，履带与躯干、腿脚与履带、躯干与腿脚的组合机器人等。

a. 蛇形机构。串联连接多个能够主动弯曲的单元体，构成索状超冗余功能体的结构称为蛇形机构。由蛇形机构构成的机器人能产生类似蛇一样的运动。比如，穿过仅头部能通过的弯曲狭窄的路径，爬越凹凸地形或翻越障碍物，在沙地等松软地面上移动等。蛇形机构每一个独立单元体是由驱动器、行走结构、前后搭接结构（与前面单元体和后续单元体连接的结构）组成的。

b. 壁面吸附式移动机构。壁面吸附式移动机构是将移动机构（车轮、履带、腿）与将它吸附在壁面上的吸附机构（磁铁或吸盘）组合起来实现的。主要应用在结构物壁面检查或不便于搭脚手架之处。壁面吸附式移动机构主要是由移动机构、吸附机构和悬吊钢丝绳等安全装置构成。

另外，现在人们还在研究基于仿生学原理的各种机器人，来实现人类或动物的灵巧的动作和运动。

1.2.3　机器人的传感器

传感器的主要作用就是给机器人输入必要的信息。例如，测量角度和位移的传感器，对于掌握手和腿的速度、移动的方向，以及被抓持物体的形状和大小都是不可缺少的。

根据输入信息源是位于机器人的内部还是外部，传感器可以分为两大类：一类是为了感知机器人内部的状况或状态的内部测量传感器（简称内传感器），它是在机器人本身的控制中不可缺少的部分，虽然与作业任务无关，却在机器人制作时将其作为本体的一个组成部分，并进行组装；另一类是为了感知外部环境的状况或状态的外部测量传感器（简称外传感器），它是机器人适应外部环境所必需的传感器，按照机器人作业的内容，分别将其安装在机器人的头部、肩部、腕部、臂部、腿部和足部等。

为了便于理解机器人传感器的特征和区别，值得对传感器的检测内容、方式、种类和用途进行分类，如图 1-3、表 1-2 和表 1-3 所示。

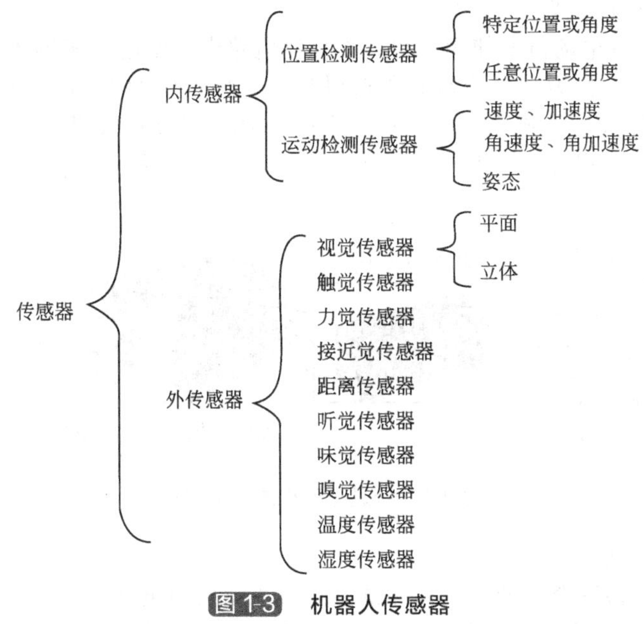

图 1-3　机器人传感器

表 1-2　内传感器按功能分类

检测内容	传感器的方式和种类	检测内容	传感器的方式和种类
角度	旋转编码器	速度	陀螺仪
角速度	内置微分电路的编码器	加速度	应变仪式、伺服式
角加速度	压电式、振动式、光相位差式	倾斜度	静电容式、导电式铅垂振子式、浮动磁铁式、滚动球式
位置	电位计、直线编码器	方位	陀螺仪式、地磁铁式、浮动磁铁式

表 1-3　外传感器按功能分类

检测内容	传感器的工作方式和种类	检测内容	传感器的工作方式和种类
视觉传感器	单目、双目、主动、被动、实时视觉	距离传感器	超声波、激光和红外传感器
触觉传感器	位移、压力、速度	听觉传感器	语音、声音传感器
力觉传感器	单轴、三轴、六轴力—力矩(转矩)传感器	嗅觉传感器	气体识别传感器
接近觉传感器	接触式、电容式、电磁式、STM、AFM、流体、超声波、光学测距	温度传感器	电阻、热敏电阻、红外线、IC 温度传感器

内传感器大多与伺服控制元件组合在一起使用。尤其是表 1-2 中的位置或角度传感器，

它们一般安装在机器人的相应部位，对满足给定位置、方向及姿态的控制不可或缺，而且大多采用数字式，以便计算机进行处理。

1.2.4 机器人的驱动器

驱动器是机器人结构中的重要环节，如同人身上的肌肉，因此驱动器的选择和设计在研发机器人时至关重要。常见的驱动器主要有电驱动器、液压驱动器和气压驱动器。随着技术的发展，现在涌现出许多新型驱动器，像压电元件、超声波电动机、形状记忆元件、橡胶驱动器、静电驱动器、氢气吸留合金驱动器、磁流体驱动器、ER 流体驱动器、高分子驱动器和光学驱动器等。

（1）步进电动机驱动器

图 1-4 给出了步进电动机的使用方法。在控制电路中，给电动机输入一个脉冲，电动机轴仅旋转一定的角度，称为“一个步长的转动”。这个旋转角的理论值称为步距角。因此，步进电动机轴按照与脉冲频率成正比的速度旋转。当输入脉冲停止时，电动机轴在最后的脉冲位置处停止，并产生相对于外力的一个反作用力。因此，步进电动机的控制较为简单，适用于开环回路驱动器。

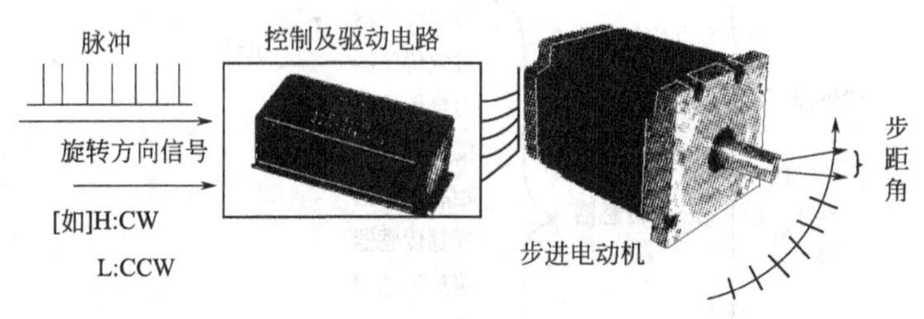

图 1-4 步进电动机的使用方法

（2）直流伺服电动机

直流伺服电动机最适合工业机器人的试制阶段或竞技用机器人。

① 直流伺服电动机的特点　直流伺服电动机的特点之一是转矩 T 基本与电流 i 成比例，其比例常数 K_T 称为转矩常数，即

$$T = K_T i$$

直流伺服电动机的特点之二是无负载速度与电压基本成比例。

直流电动机轴在外力的作用下旋转，两个端子之间会产生电压，称为反电动势。反电动势 e 与转动速度 ω 成比例，比例系数是 K_E，有

$$e = K_E \omega$$

在无负载运转时，施加的电压基本等于反电动势，与转动速度成正比。

前述两个量 K_E、K_T 在电学上是同一个量，即 $K_T = K_E$。

② 直流伺服电动机的运转方式　直流伺服电动机的运转方式有两种：线性驱动和 PWM 驱动。

线性驱动即给电动机施加的电压以模拟量的形式连续变化，是电动机理想驱动方式，但在电子线路中易产生大量热损耗。实际应用较多的是脉宽调制方法（Pulse-Width-Modulation，PWM），特点是在低速时转矩大，高速时转矩急速减小。因此，常用于竞技机器人的驱动器。

③ 直流伺服电动机的控制方法　步进电动机是开环控制，而直流伺服电动机采用闭环实现速度和位置的控制。这就需要利用速度传感器和位置传感器进行反馈控制。在这种情况下，不仅希望有位置控制，同时也希望有速度控制。进行电动机的速度控制有以下两种基本

方式：

a. 电压控制：向电动机施加与速度偏差成比例的电压。

b. 电流控制：向电动机供给与速度偏差成比例的电流。

从控制电路来看，前者简单，而后者具有较好的稳定性。

(3) 交流伺服电动机

常见的交流伺服电动机有以下三类：笼式感应型电动机、交流整流子型电动机和同步电动机。机器人中采用交流伺服电动机，可以实现精确的速度控制和定位功能。这种电动机还具备直流伺服电动机的基本性质，又可以理解为把电刷和整流子换为半导体元件的装置，所以也称为无刷直流伺服电动机。

① 交流伺服电动机的特点　对交流伺服电动机而言，转子的位置信息和施加在绕组上的电压或电流的关系是至关重要的。首先，为了向绕组配电，有两种检测转子位置的方法：一种是用霍尔元件把转动一圈分解为三相；另一种是借助于编码器或旋转变压器进一步提高分辨率。前者给电动机绕组施加方波电压或电流；后者跟传统的交流电动机一样，供给近似于正弦波那样的电流。就交流伺服电动机而言，后者的应用最普遍。

② 交流伺服电动机的特征　交流伺服电动机的形式：无刷电动机的形状变化很多，在现代机器人的设计中从这一点上得益很多。大体分为内转子型结构电动机和外转子型结构电动机。内转子型结构电动机又有细长型电动机和扁平型电动机之分。外转子型结构电动机转动惯量大，由于增大了永久磁铁的体积，适用于小型高转矩电动机。除了商品类电动机之外，有时电动机还与机器人合起来进行一体化设计，此时外转子型结构电动机比较适用。

槽数与磁极数目的选择：小型高转矩电动机与增加转子的磁极数目有关。对于直流伺服电动机来讲，不容易做到这一点。即使转子极数一定，也有几种选择槽数的方法。

磁铁材料与磁化模式：选择平均转矩高的电动机，这样虽然会稍微牺牲一些平均转矩，却能获得平滑的运转。

(4) 直接驱动电动机

在齿轮、皮带等减速机构组成的驱动系统中，存在间隙、回差、摩擦等问题。克服这些问题的手段可以借助于直接驱动电动机。该电动机被广泛地应用于装配 SCARA 机器人、自动装配机、加工机械、检测机器及印刷机械中。

对直接驱动电动机的要求是没有减速器，但仍要提供大输出转矩（推力），可控性要好。

直接驱动电动机的工作原理从特性上看，有基于电磁铁原理的可变磁阻（Variable Reluctance，VR）电动机和基于永久磁铁的 HB（Hybrid）电动机。在相同质量的条件下，后者能够提供大转矩。

在低速时，直接驱动的问题不多。世界上第一台关节型直接驱动机器人中使用的是直流伺服电动机，其后又开发出使用交流伺服电动机。在商用机器中，大多数使用的是 VR 电动机或 HB 电动机。

可是，VR 电动机的磁路具有非线性，控制性能比较差。基于永久磁铁的 HB 电动机存在转速波动大的缺点。

(5) 气动驱动器

典型的气压驱动系统由气压发生装置、执行元件、控制元件和辅助元件四个部分组成，如图 1-5 所示。气压发生装置简称气源装置，是获得压缩空气的能源装置。执行元件是以压缩空气为工作介质，并将压缩空气的压力能转变为机械能的能量转换装置。控制元件又称为操纵、运算、检测元件，用来控制压缩空气流的压力、流

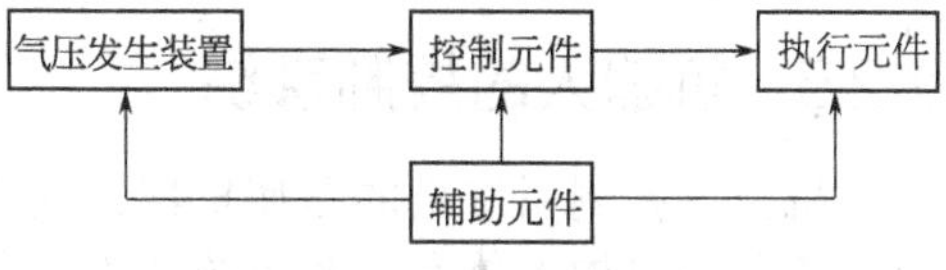

图 1-5　气动系统的组成

量和流动方向等，以便使执行机构完成预定的运动规律。辅助元件是压缩空气净化、润滑、消声及元件间连接所需要的一些装置。

进行设计时，首先面临如何将驱动器与控制阀组合的问题。在系统中，气缸与控制阀有多种组合方式，选择时应该从作业内容、使用环境、能量效率等几个方面考虑决定组合形式。

为此，可以援引制造厂家开发的计算机设计程序，然后附加检测机构和控制装置。控制装置既可以用顺序控制器，也可以用单片机。至于控制的方式，根据用途的不同既可以选基于开关动作的顺序控制，也可以选以连续动作为目的的反馈控制。

气动驱动器是一种简易的驱动元件，主要用于既要求定位，又要对作用力实施控制，或者用于半导体装置等特殊应用的场合。在引入伺服技术后，气压驱动系统的性能变得更好，功能更强，放大了其应用范围，如北京科技馆的音乐表演机器人，自动化奶厂的挤牛奶机器人。此外，在建筑机械中的远程操纵装置、振子型电车的倾斜装置、触模型人机界面装置中；气动伺服驱动都有所应用。气动伺服原理还用于抑制汽车、电车振动的主动悬挂系统。从娱乐目的出发，由气动伺服驱动的恐龙、人体模型等也在开发之中。这些例子说明，人们对气压驱动应用于人类和生物的兴趣正在增大。在与人类和生物直接接触的作业中，人们对气动与生俱来的柔软性和安全性抱有期待。

(6) 液压驱动器

液压伺服系统主要由液压源、驱动器、伺服阀、传感器、控制器等构成（如图 1-6 所示）。

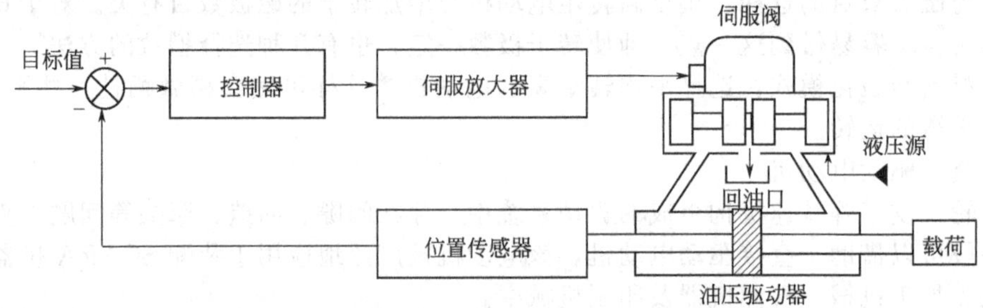

图 1-6 液压伺服系统的组成

通过这些元件的组合，组成反馈控制系统驱动负载。液压源产生一定的压力，通过伺服阀控制液体的压力和流量，从而驱动驱动器。位置指令与位置传感器的差被放大后得到的电气信号，然后将其输入伺服阀中驱动液压执行器，直到偏差变为零为止。若传感器信号与位置指令相同，则负荷停止运动。液压传动的特点是转矩与惯性比大，也就是单位重量的输出功率高。

液压传动主要应用在重负载下具有高速和快速响应，同时要求体积小、重量轻的场合。液压驱动在机器人中的应用，以面向移动机器人，尤其是重载机器人为主。它用小型驱动器即可产生大的转矩（力）。在移动机器人中，使用液压传动的主要缺点是需要准备液压源，其他方面则与电气驱动无大的区别。如果选择液压缸作为直动驱动器，那么实现直线驱动就十分简单。

1.2.5 机器人的控制系统

机器人控制系统指的是使机器人完成各种任务和动作所执行的各种控制手段。机器人系统通常分为机构本体和控制系统两大部分。控制系统的作用是根据用户的指令对机构本体进行操作和控制，从而完成作业的各种动作。机器人控制器是影响机器人性能的关键部分之一，它从一定程度上影响着机器人的发展。一个良好的控制器要有灵活、方便的操作方式和多种形式的运动控制方式，并且要安全可靠。

控制系统是机器人的神经中枢，控制系统的性能在很大程度上决定了机器人的性能，因此其重要性不言而喻。构成机器人控制系统的主要要素是控制系统软、硬件，输入、输出，驱动器和传感器系统。为了解决机器人的高度非线性及强耦合系统的控制，要运用到最优控制，解耦、自适应控制，以及变结构滑模控制和神经元网络控制等现代控制理论。另外，一些机器人是机、电、液高度集成，是一个复杂的系统和结构，其作业环境又极为恶劣，控制系统设计必须考虑具有散热、防尘、防潮、抗干扰、抗振动和抗冲击等性能，才能确保高可靠性。

控制系统设计，既要为机器人末端执行器完成高精度、高效率的作业实行实时监控，通过所配备的控制系统软、硬件，将执行器的坐标数据及时转换成驱动执行器的控制数据，使之具有智能化、自适应系统变化能力，还要采取有多个控制通路或多种形式控制方式的策略。必须拥有自动、半自动和手工控制等控制方式，以应对各种突发情况下，通过人机交互选择后，仍能完成定位、运移、变位、夹持、送进、退出与检测等各种施工作业的复杂动作，使机器人始终能按照人们所期望的目标保持正常运行和作业。

机器人的控制系统主要由输入/输出（I/O）设备，计算机软、硬件系统，驱动器，传感器等构成，如图1-7所示。硬件包括控制器、执行器和伺服驱动器；软件包括各种控制算法。

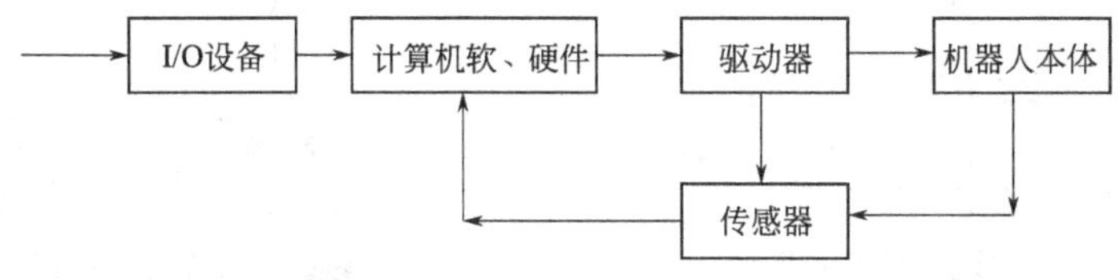

图1-7 机器人控制系统构成要素

最早的机器人采用顺序控制方式。随着计算机的发展，机器人采用计算机系统来综合实现机电装置的功能，并采用示教再现的控制方式。随着信息技术和控制技术的发展，以及机器人应用范围的扩大，机器人控制技术正朝着智能化的方向发展，出现了离线编程、任务级语言、多传感器信息融合、智能行为控制等新技术。多种技术的发展将促进智能机器人的实现。伴随着机器人技术的进步，控制技术也由基本控制技术发展到现代智能控制技术。

（1）最基本的控制方法

对机器人机构来说，最简单的控制就是分别实施各个自由度的运动（位置及速度）控制。这种控制可以通过对控制各个自由度运动的电动机实施PID控制简单地实现。在这种情况下，需要根据运动学理论将整个机器人的运动分解为各个自由度的运动来进行控制。这种系统常由上、下位机构成。从运动控制的角度来看，上位机进行运动规划，将要执行的运动转化为各个关节的运动，然后按控制周期传给下位机。下位机进行运动的插补运算及对关节进行伺服，所以常用多轴运动控制器作为机器人的关节控制器。多轴运动控制器的各轴伺服控制也是独立的，每一个轴对应一个关节。

若要求机器人沿着一定的目标轨迹运动，则是轨迹控制。对于工业生产线上的机械臂，轨迹控制常采用示教再现方式。示教再现分两种：点位控制（PTP），用于点焊、更换刀具等情况；连续路径控制（CP），用于弧焊、喷漆等作业。如果机器人本身能够主动地决定运动，那么可经常使用路径规划加上在线路径跟踪的方式，如移动机器人的车轮控制方法。

（2）利用传感器反馈的运动调整

对每个自由度实施运动控制时，也可能发生臂和手受到环境约束的情况。这时，机器人

与环境之间或许会因为产生过大的力而造成自身的损坏。在这样的状态下，机器人必须适应环境，修改预先规划的轨迹。在这种场合下，借助于力传感器反馈力信息并调整运动，能够让整个机器人的行动符合任务的需求。当机器人靠腿、脚进行移动时，若地面的平整度有尺寸误差，则机器人可能会失去平衡。在这种情况下，也需要通过将着地点的力加以反馈，以调整运动，实现适应地面的平稳步行。

(3) 现代控制方法

机器人是一个复杂的多输入、多输出非线性系统，具有时变、强耦合和非线性的动力学特征。由于建模和测量的不精确，再加上负载的变化及外部扰动的影响，因此实际上无法得到机器人精确完整的运动学模型。现代控制理论为机器人的发展提供了一些能适应系统变化能力的控制方法，自适应控制即是其中一种。

① 自适应控制　当机器人的动力学模型存在非线性和不确定因素，含未知的系统因素（如摩擦力）和非线性动态特性（重力、哥氏力、向心力的非线性），以及机器人在工作过程中环境和工作对象的性质与特征变化时，解决方法之一是在运行过程中不断测量受控对象的特征，根据测量的信息使控制系统按照新的特性实现闭环最优控制，即自适应控制。自适应控制分为模型参考自适应控制和自校正自适应控制，如图 1-8、图 1-9 所示。

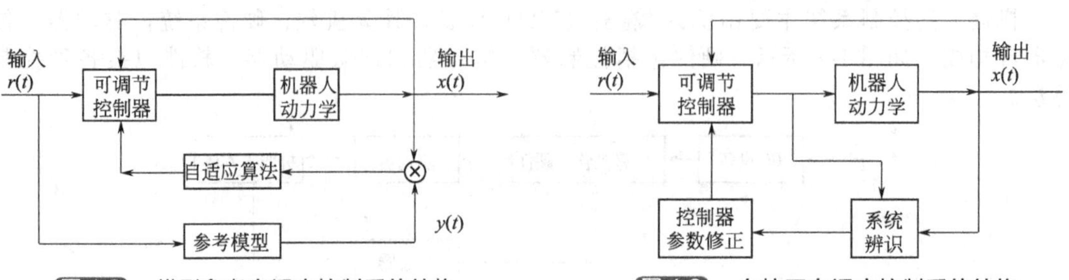

图 1-8　模型参考自适应控制系统结构

图 1-9　自校正自适应控制系统结构

自适应控制在受控系统参数发生变化时，通过学习、辨识和调整控制规律，可以达到一定的性能指标，但实现复杂，实时性要求严格。当存在非参数不确定时，自适应难以保证系统的稳定性。鲁棒控制是针对机器人不确定性的另一种控制策略，可以弥补自适应控制的不足，适用于不确定因素在一定范围内变化的情况，保证系统稳定和维持一定的性能指标。如果将鲁棒性与 H∞控制理论相结合，所得控制器可实现对外界未知干扰的有效衰减，同时保证系统跟踪误差的渐近收敛性。

② 智能控制　随着科技的进步，计算机技术、新材料、人工智能、网络技术等的发展，出现了各种新型智能机器人。它具有由多种内、外传感器组成的感觉系统，不仅能感觉内部关节的运行速度、力的大小，还能通过外部传感器如视觉、触觉传感器等，对外部环境信息进行感知、提取、处理并做出适当的决策，在结构或半结构化环境中自主完成一项任务。

智能机器人系统具有以下特征：

a. 模型的不确定性。一是模型未知或知之甚少；二是模型的结构或参数可能在很大范围内变化。智能机器人属于后者。

b. 系统的高度非线性。对于高度的非线性控制对象，虽然有一些非线性控制方法可用，但非线性控制目前还不成熟，有些方法也较复杂。

c. 控制任务的复杂性。对于智能系统，常要求系统对于复杂任务有自行规划与决策的能力，有自动躲避障碍物运动到规划目标位置的能力。这是常规控制方法所不能达到的。典型代表是自主移动机器人。这时的自主控制器要完成问题求解和规划、环境建模、传感器信息分析、底层的反馈控制等任务。学习控制是人工智能技术应用到机器人领域的一种智能控制方法。已提出多种机器人控制方法，如模糊控制、神经网络控制、基于感知器的学习控制、基于小脑模型的学习控制等。

(4) 其他控制

除了上述控制方法之外，人们也正在模仿生物体的控制机理，研究仿生型的而非模型的控制法。目前，基于神经振子所生成和引入的节奏模式已经实现了稳定的四足机器人、双足机器人的步行控制，基于行为的控制方法已与集中式控制方法相结合，应用到足球机器人的控制系统中。

上述介绍的传统方法，在大多数情况下，都假设杆件是刚体，其不存储应变的能量，力的生成仅靠自由度来实现。利用该方法，能够比较简单地建立具有一般性的系统设计方法。但是，由于驱动器输出有限，响应速度也有限，因此在机器人的具体制作方面造成了很大的限制。为了弥补这一缺陷，人们尝试了多种办法，如使杆件具有弹簧或阻尼功能，以便它能无时间延迟地进行能量存储及耗散，或者以硬件的形式引入各个自由度中的弹簧或阻尼功能，以避免时间延迟，而非依靠软件（转矩控制）来实现。这是考虑“控制”的机构设计的一个例子。另外，也有考虑“机构”的控制设计的例子。例如，在某些情况下因重量减轻而导致杆件变细，从而演变成柔性机构，这时就可以尝试通过控制来补偿由此在某些产生的误差或振动。如上所述，今后研究中重要的一点是将机构与控制整合起来处理。

在最近的研究结果中，令人印象比较深刻的是 Passive Walking。它是一个由无驱动器的自由度组成的、具有类似人体骨筋构件机构的机器人，能以极其自然的双足步态在向上倾斜的缓坡上行走。这表明该机器人能够巧妙地利用重力下的力学系统特性，恰当且简单地进行机构控制。可以认为，人类等生物的运动机理也与它的原理如出一辙。至今，人们还将它作为基于动力学控制的一个更一般性的问题来加以研究。

1.3 机器人的技术参数

1.3.1 机器人自由度与机动度

自由度是机器人的一个重要技术指标，它是由机器人的结构决定的，并直接影响到机器人的机动性。

(1) 刚体的自由度

刚体能够对坐标系进行独立运动的数目称为自由度（Degree of Freedom，Dof)。如图 1-10 所示，刚体所能进行的运动有：

沿坐标轴 OX、OY 和 OZ 的三个平移运动 T_1、T_2 和 T_3；

绕坐标轴 OX、OY 和 OZ 的三个旋转运动 R_1、R_2 和 R_3。

这意味着刚体能够运用三个平移和三个旋转，相对于坐标系进行定位和定向。

一个刚体有六个自由度。当两个刚体间确立起某种关系时，每一刚体就对另一刚体失去一些自由度。这种关系也可以用两刚体间由于建立连接关系而不能进行的移动或转动来表示。

(2) 机器人的自由度

机器人的自由度是指其末端相对于参考坐标系能够独立运动的数目。一般情况下，机械手的手臂可以看成是由相互连接的刚体组成。如上所述，若要求机器人能够达到空间任意位姿，则它应当具有六个自由度。不过，如果工具本身具有某种特别结构，那么就可能不需要六个自由度。例如，要把一个球放到空间某个给定位置，有三个自由度就足够了［见图 1-11 (a)］；又如，旋转钻头的定位与定向仅需要五个自由度，因为钻头可表示为某个绕着它的主轴旋转的圆柱体［见图 1-11 (b)］。

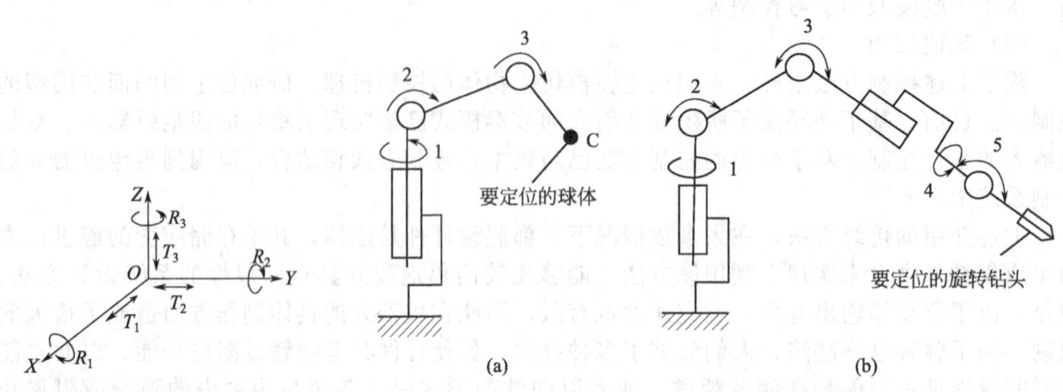

图 1-10 刚体的六个自由度

图 1-11 机器人自由度举例

当要求机器人钻孔时，钻头必须转动，不过，这一转动总是由外部的电动机带动的，因此，不把它看做机器人的一个自由度。同样，机械手的手爪应能开闭，也不能把它当做机器人的自由度之一，因为手爪开闭只对手爪的操作起作用。

(3) 机器人的机动度

机器人的机动度（Degree of Mobility）是指机器人各关节所具有的能自由运动的数目。如图 1-12（a）所示，在三维空间中，若仅仅需要确定点 D 的位置，那么关节 C 在理论上将是冗余的，这时，可以认为关节 C 不再具有自由度，但具有机动度。但是，如果需要同时确定点 D 的位置和方向，那么关节 C 就成为一个自由度，它能够使 CD 在一定范围内定向。如果要使 CD 指向任何方向，那么还需要增加另外两个自由度。由此可见，并不是所有的机动度都构成一个自由度。例如，在图 1-12（b）所示的二维空间中，尽管机器人有五个关节，但是在任何情况下这台机器人的独立自由度不多于两个。

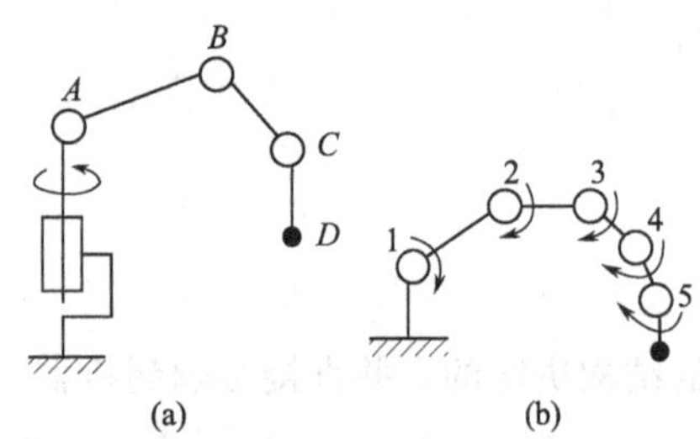

图 1-12 自由度与机动度

在三维空间中，一般不要求机器人具有六个以上的自由度，但是可以采用较多的机动度。机动度越多机器人的灵活性越大，然而其控制难度将随之增加。

1.3.2 机器人额定速度与额定负载

机器人每个关节的运动过程一般包括启动加速阶段、匀速运动阶段、减速制动阶段。为了缩短机器人运动周期，提高生产效率，希望启动加速阶段和减速制动阶段的时间尽可能短，匀速运动速度尽可能高，因此加速阶段和减速阶段的加速度较大，将会产生较大惯性力，容易导致被抓物品松脱。由此可见，机器人负载能力与其速度有关。

机器人在保持运动平稳性和位置精度前提下所能达到的最大速度称为额定速度（Rated Velocity)。其某一关节运动的速度称为单轴速度，由各轴速度分量合成的速度称为合成速度。

机器人在额定速度和行程范围内，末端执行器所能承受负载的允许值称为额定负载(Rated Load)。极限负载是在限制作业条件下，保证机械结构不损坏，末端执行器所能承受负载的最大值。

1.3.3 机器人工作空间

机器人末端执行器上参考点能达到的空间的集合称为机器人工作空间（Working Space)。通常，工业机器人的工作空间用其在垂直面内和水平面内的投影表示，如图 1-13

所示。对于一些结构简单的机器人，其工作空间也可用解析方程表示。

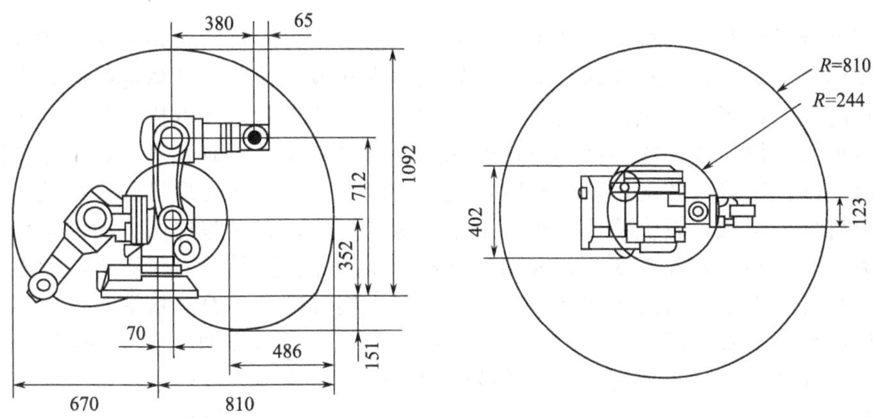

图 1-13　工业机器人工作空间示例

工作空间是衡量和评价机器人性能的重要方面，特别对于机动型机械，如装载机、挖掘机和钻机等来说，这点尤为重要。研究证实，机器人工作空间与机器人的结构构型、结构参数，以及关节（球铰）变量的允许活动范围密切相关。对于某一自由度的并联机构机器人，可根据其中一条“腿”所能达到的最大长度，去计算出该机构的位置反解，进而求得其边界点。从这一思路出发，得到特定结构所对应的活动空间轮廓，即可确定出该机器人的工作空间。当出现并联机器人工作空间过小而不能满足作业要求时，则需要设计可调的冗余自由度，以解决这一问题。

研究表明，要想用解析法去求解工作空间，仍有很大难度。因为它很大程度上依赖于并联机构位置解的结果。由 Cleary、Fichter 和 Merlet 先后提出，通过给定动平台（或末端执行器）位姿，再利用离散关节空间，由位置正解分析，可逐点求出动平台位置，进而确定出相应的工作空间。而 Gossel 曾采用圆弧相交产生的包络线，确定出 6 自由度并联机构在姿态固定情况下的工作空间。可见，要想准确、容易地获得任意一种工程机械中机器人的工作空间，并正确分析工作空间的奇异性等，还有许多难题需要破解。

1.3.4　机器人分辨率、位姿准确度和位姿重复性

分辨率是机器人各关节运动能够实现的最小移动距离或最小转动角度，它有控制分辨率（Control Resolution）和空间分辨率（Spatial Resolution）之分。

控制分辨率是机器人控制器根据指令能控制的最小位移增量。若机器人末端执行器借助于二进制 n 位指令移动距离为 d，则控制分辨率为 $d/2^n$；对于转动关节，则为角度的运动范围除以 2^n 得到控制角分辨率，再乘以臂长得到末端执行器的控制分辨率。空间分辨率是机器人末端执行器运动的最小增量。空间分辨率是一种包括控制分辨率、机械误差及计算机计算时的圆整、截尾、近似计算误差在内的联合误差。

机器人多次执行同一位姿指令，其末端执行器在指定坐标系中实到位姿与指令位姿之间的偏差称为机器人位姿准确度（Pose Accuracy）。位姿准确度可分为位置准确度（Positioning Accuracy）和姿态准确度（Orientation Accuracy）。

在相同条件下，用同一方法操作机器人时，重复多次所测得的同一位姿散布的不一致程度称为位姿重复性（Pose Repeatability）。

1.3.5 作业精度及动态测量

作业精度及动态测量是机器人技术水平的一项重要指标。机器人精度主要体现在末端执行器的位姿误差。例如，当末端执行器是凿岩机器人的液压钻臂，钻凿炮孔时，要强调孔序分布和孔径的精度；当末端执行器是在并联机构液压支架顶梁呈 3 点接触顶板，则要求所有立柱供油达最大初撑力等，这些都是由精度和动态测量来保证。研究表明，工作精度上的误差主要是由零部件制造、装配，铰链间隙，伺服控制，载荷及热变形等因素导致的准静态误差，以及由机器人结构、系统特性和作业中振动所产生的动态误差这两方面因素引起。经理论分析认为，当这些误差源不变时，末端执行器的误差还会因其所处位姿不同而不同，并且其总误差不是各项误差源的简单线性叠加，而是有不同程度的重叠或抵消。

为了保证精度、减小误差，一方面采取提高机器人主要零部件，诸如两端支承（球铰）结构与“腿”的加工、安装精度，减小铰链间隙，推行专业化、规模化生产等措施；另一方面则要设置精度的测量、反馈和误差修正系统。通过机器人末端执行器工作过程中所提取的信息，构造实测信息与模型输出间的泛函数，并用非线性最小二乘技术识别模型参数，再用识别结果去修正控制器中的逆解模型参数，以达到误差的补偿和修正。

精度及动态测量，从机器人一面世就为人们所重视，因为这是关系到机器人能否投入工业应用、推向市场的关键。国内外学者、专家在这方面不断进行研究和探索，研究成果也已表明，不论是采用编码器还是激光干涉仪，要对并联机构机器人的移动位移，或其各条杆件（腿）的长度作精密测量，都无法解决由于热膨胀、摩擦和负载等引起的变形所导致的测量精度问题。将惯性传感器用于并联机构杆件长度变化的测量是求解这一问题的一种途径。然而，由于惯性传感系统的动态测量特性及工作环境的影响，惯性测量数据中含有偏差误差、未对齐误差和广域的随机误差，因而也将导致系统测量的不精确。最新的一项研究进展，是在该测量系统基础上，提出了惯性误差修正法以抑制误差的漂移，并采用卡尔曼滤波数据融合和低通滤波的方法来进行误差修正与消除。通过对 300mm 全程运动的试验测量和对试验结果的分析表明，应用新的惯性传感系统可使位置精度提高大约 61%，运动精度提高 20% 以上。测量结果还说明，新的惯性动态测量传感系统是一种改善并联机构机器人动态定位精度的可行方法，并随着低成本固态加速度计技术的进一步完善，使为机器人应用的位置与速度动态测量提供更高精度成为可能。毫无疑问，从控制、传感、检测等方面直接对动平台或动平台上末端执行器实现全闭环控制，将是今后解决定位、钻凿、抓持等作业精度和动态测量的有效方法和途径。

1.4 机器人的分类

机器人的分类方法很多，这里介绍 5 种分类法，即分别按机器人的几何结构、控制方式、智能程度、移动方式以及应用环境等来分。

1.4.1 按机器人的几何结构分类

机器人的结构形式多种多样。最常见的结构形式是用其坐标特性来描述的。这些坐标结构包括笛卡儿坐标结构、柱面坐标结构、极坐标结构、球面坐标结构、关节式结构等。在此简单介绍柱面、球面和关节式结构这三种最常见的机器人。

（1）柱面坐标机器人

柱面坐标机器人主要由垂直柱子、水平移动关节和底座构成。水平移动关节装在垂直柱子上，能自由伸缩，并可沿垂直柱子上下运动。垂直柱子安装在底座上，并与水平移动关节一起绕底座转动。这种机器人的工作空间就形成一个圆柱面，如图 1-14 所示。因此，把这种机器人叫做柱面坐标机器人。

(2) 球面坐标机器人

这种机器人如图 1-15 所示。它像坦克的炮塔一样，机械手能够做里外伸缩移动、在垂直平面内摆动以及绕底座在水平面内转动。因此，这种机器人的工作空间形成球面的一部分，称为球面坐标机器人。

(3) 关节式机器人

这种机器人主要由底座、大臂和小臂构成。大臂和小臂可在通过底座的垂直平面内运动，如图 1-16 所示，大臂和小臂间的关节称为肘关节，大臂和底座间的关节称为肩关节。在水平平面上的旋转运动，既可由肩关节完成，也可以绕底座旋转来实现。这种机器人与人的手臂非常类似，称为关节式机器人。

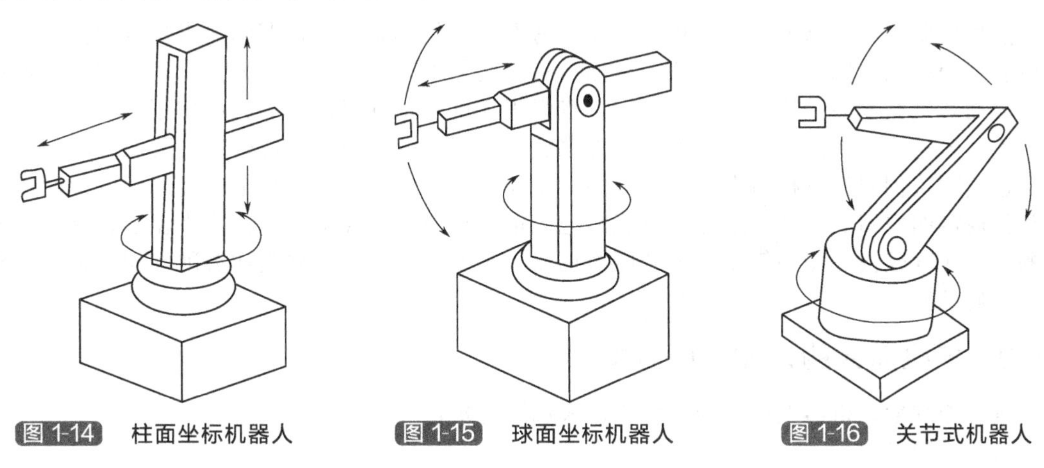

图 1-14 柱面坐标机器人　图 1-15 球面坐标机器人　图 1-16 关节式机器人

1.4.2 按机器人的控制方式分类

按照控制方式可把机器人分为非伺服机器人和伺服控制机器人两种。

(1) 非伺服机器人 (Non-servo Robots)

非伺服机器人按照预先编好的程序进行工作，使用终端限位开关、制动器、插销板和定序器来控制机器人的运动，其工作原理如图 1-17 所示。图中，插销板用来预先规定机器人的工作顺序，而且往往是可调的；定序器是一种定序开关或步进装置，它能够按照预定的正确顺序接通驱动装置的能源；驱动装置接通能源后，就带动机器人的手臂、腕部和手爪等装置运动，当它们移动到由终端限位开关所规定的位置时，限位开关切换工作状态，给定序器送去一个“工作任务（或规定运动）已完成”的信号，并使终端制动器动作，切断驱动能源。机器人完成一个工作循环。

(2) 伺服控制机器人 (Servo-controlled Robots)

伺服控制机器人比非伺服机器人有更强的工作能力，但是在某些情况下不如非伺服机器人可靠。如图 1-18 所示，伺服系统的输出可为机器人末端执行装置（或工具）的位置、速度、加速度或力等。通过反馈传感器取得的反馈信号与来自给定装置（如给定电位器）的综合信号，用比较器加以比较后，得到误差信号，经过放大后用以控制机器人的驱动装置，进而带动末端执行装置以一定规律运动到达规定的位置或速度等。

伺服控制机器人又可分为点位伺服控制和连续轨迹伺服控制两种。

点位伺服控制机器人一般只对其一段路径的端点进行示教，而且机器人以最快和最直接的路径从一个端点移到另一端点。点与点之间的运动总是有些不平稳，即使同时控制两根轴，它们的运动轨迹也很难完全一样，因此，点位伺服控制机器人用于只有终端位置有要求而对点位之间的路径和速度不作要求的场合。

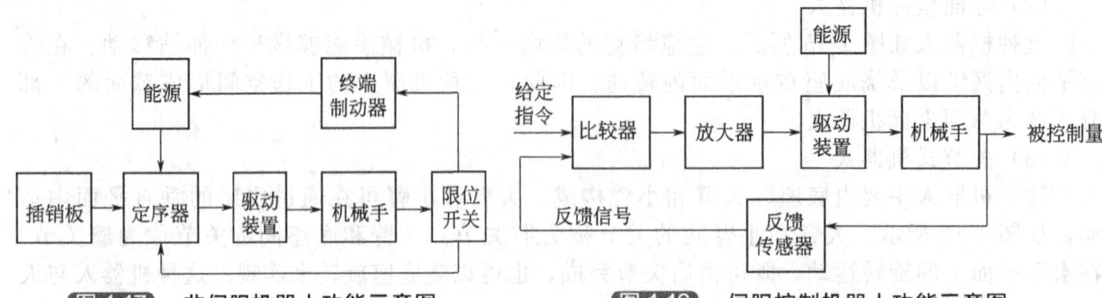

图 1-17　非伺服机器人功能示意图　　图 1-18　伺服控制机器人功能示意图

点位伺服控制机器人的初始程序比较容易设计，但不易在运行期间对点位进行修正。由于按有行程控制，因此实际工作路径可能与示教路径不同。这种机器人具有很大的操作灵活性，因而其负载能力和工作范围均较大。点焊等加工是这种机器人的典型应用。

连续轨迹伺服控制机器人能够平滑地跟随某个规定的轨迹，它能较准确复原示教路径。

连续轨迹伺服控制机器人具有良好的控制和运行特性，其数据是依时间采样的，而不是依预先规定的空间点采样。这样，就能够把大量的空间信息存储在磁盘或光盘上。这种机器人的运行速度较快，功率较小，负载能力也较小。喷漆、弧焊、抛光和磨削等加工是这种机器人的典型应用。

1.4.3　按机器人的智能程度分类

按智能程度，机器人可分为一般机器人和智能机器人。

（1）一般机器人

一般机器人不具有智能，只具有一般编程能力和操作功能，一般不能对环境中意外情形采取主动的调整策略。这类机器人广泛应用于工序及运动比较确定的工业自动化连续生产线、各类物流系统，在一些特殊与极端环境代替人完成工作任务。

（2）智能机器人

智能机器人按照具有智能的程度不同又可分为：

① 传感型机器人，具有利用传感信息（包括视觉、听觉、触觉、接近觉、力觉和红外、超声及激光等）进行传感信息处理、实现控制与操作的能力。

② 交互型机器人，通过计算机系统与操作员或程序员进行人机对话，实现对机器人的控制与操作。

③ 自主型机器人，无需人的干预，能够在各种环境下自动完成各项任务。

1.4.4　按机器人的移动方式分类

按移动方式，机器人可分为固定机器人和移动机器人。

（1）固定机器人

固定机器人固定在某个底座上，只能通过移动各个关节完成任务。一般用于各类生产线或制造系统，如加工原料与产品上下料机械手、固定工位焊接机器人。

（2）移动机器人

移动机器人可沿某个方向或任意方向移动。这种机器人又可分为有轨式机器人、履带式机器人和步行机器人，其中步行机器人又可分为单足、双足、多足行走机器人。

1.4.5　按应用环境分类

中国的机器人专家从应用环境出发，将机器人分为两大类，即工业机器人和特种机器人。国际上的机器人学者，从应用环境出发将机器人也分为两类：制造环境下的工业机器人和非制造环境下的服务与仿人型机器人，这和中国的分类是一致的。

（1）工业机器人

所谓工业机器人就是面向工业领域的多关节机械手或多自由度机器人。它能自动执行工作，靠自身动力和控制能力来实现各种功能，也可以接受人类指挥，也可以按照预先编排的程序运行。现代的工业机器人还可以根据人工智能技术制定的原则纲领行动。当今工业机器人技术正逐渐向着具有行走能力、具有多种感知能力、具有较强的对作业环境的自适应能力的方向发展。

工业机器人按臂部的运动形式分为四种。直角坐标型的臂部可沿三个直角坐标移动；圆柱坐标型的臂部可作升降、回转和伸缩动作；球坐标型的臂部能回转、俯仰和伸缩；关节型的臂部有多个转动关节。

工业机器人按执行机构运动的控制机能，又可分点位型和连续轨迹型。点位型只控制执行机构由一点到另一点的准确定位，适用于机床上下料、点焊和一般搬运、装卸等作业；连续轨迹型可控制执行机构按给定轨迹运动，适用于连续焊接和涂装等作业。

工业机器人按程序输入方式区分有编程输入型和示教输入型两类。编程输入型是将计算机上已编好的作业程序文件，通过 RS-232 串口或者以太网等通信方式传送到机器人控制柜。示教输入型的示教方法有两种：一种是由操作者用手动控制器（示教操纵盒），将指令信号传给驱动系统，使执行机构按要求的动作顺序和运动轨迹操演一遍；另一种是由操作者直接领动执行机构，按要求的动作顺序和运动轨迹操演一遍。在示教过程的同时，工作程序的信息即自动存入程序存储器中在机器人自动工作时，控制系统从程序存储器中检出相应信息，将指令信号传给驱动机构，使执行机构再现示教的各种动作。示教输入程序的工业机器人称为示教再现型工业机器人。

具有触觉、力觉或简单的视觉的工业机器人能在较为复杂的环境下工作，如具有识别功能或更进一步增加自适应、自学习功能，即成为智能型工业机器人。它能按照人给的“宏指令”自选或自编程序去适应环境，并自动完成更为复杂的工作。

（2）特种机器人

特种机器人是除工业机器人之外的、用于非制造业并服务于人类的各种先进机器人，包括：服务机器人、水下机器人、娱乐机器人、军用机器人、农业机器人、机器人化机器等。在特种机器人中，有些分支发展很快，有独立成体系的趋势，如服务机器人、水下机器人、军用机器人、微操作机器人等。

1.5　机器人技术及应用主要进展

在计算机技术、网络技术、MEMS 技术等新技术发展的推动下，机器人技术正从传统的工业制造领域向医疗服务、教育娱乐、勘探勘测、生物工程、救灾救援等领域迅速扩展，适应不同领域需求的机器人系统被深入研发与推广应用。

1.5.1　工业机器人

工业机器人已广泛应用于汽车工业的点焊、弧焊、喷漆、热处理、搬运、装配、上下料、检测等作业。

在物流、码垛、食品和药品等领域，工业机器人正逐步代替人工从事繁重枯燥的包装、码垛、搬运作业。工业机器人研究的运动学标定、运动规划、控制等已有成熟的控制方案。但由于工业机器人是一个非线性、多变量的控制对象，而制造业也对机器人性能提出新需求，机器人的控制方法仍是研究重点。

工业机器人技术也朝着智能化、重载、高精度、高速、网络化等方向发展，结合位置、力矩、力、视觉等信息反馈，柔顺控制、力位混合控制、视觉伺服控制等方法得到大量研究，以适应高速、高精度、智能化作业的需求。利用网络技术，工业机器人不仅简化了系统结构，同时也实现了协同作业。例如，FANUC公司的并联六轴结构的机器人3iA具有很高的柔性，集成iRVision视觉系统、Force Sensing力觉系统、Robot Link通信系统和Collision Guard碰撞保护系统等多个智能功能，可对工件进行快速识别，利用视觉跟踪系统引导完成作业。

在工业机器人研究中，国内很多大学和研究机构，如哈尔滨工业大学、中国科学院沈阳自动化研究所、中国科学院自动化研究所、清华大学、北京航空航天大学、上海交通大学、天津大学、南开大学、华南理工大学、湖南大学、上海大学等，开展了大量工作，在机构、驱动和控制等方面取得了丰富成果，为国内机器人产业的发展奠定了技术基础。而随着国内工业机器人的需求越来越迫切，沈阳新松机器人自动化公司、哈尔滨工业大学博实公司、广州数控设备有限公司、上海沃迪公司、奇瑞公司等企业在工业机器人产业方面也不断发展壮大。

1.5.2 移动机器人

移动机器人的应用广泛，覆盖了地面、空中和水下，乃至外太空。在此简要介绍地面移动机器人中的轮式/履带式、腿足式和仿人形机器人，以及水下机器人和飞行机器人的一些研究进展。外星探索机器人工作环境特殊，也对其研究应用现状进行简要介绍。

(1) 轮式/履带式移动机器人

轮式/履带式移动机器人主要有智能轮椅、导游机器人、野外侦查机器人，以及大型智能车辆等，其定位、运动规划、自主控制、服务作业等技术和方法也得到广泛研究。

机器人利用航迹推算、计算机视觉、路标识别、无线定位、SLAM等技术进行定位；基于地图完成机器人运动路径的规划和运动控制；结合语音识别、图像识别，实现友好的人机交互，提供引导、解说、物品递送等服务。为家庭、老人、残障人服务的具有单臂或多臂的移动机器人研究得到重视。Willow Garage公司的PR2机器人，具有全向移动功能、双机械臂和夹持器、立体视觉和激光测距系统，夹持器上装有视觉传感器和力觉传感器阵列，通过视觉和力觉的感知、运动规划与控制，已实现打开冰箱、拿取不同物品等作业。日本物理与化学研究所（Institute of Physical and Chemical Research）开发的双臂服务机器人RIBA，重180kg，机械臂上由触觉传感器覆盖，并可通过触觉感知护理人员的引导信息，协助其抱起并移动61kg重的患者。美国匹兹堡大学也研制了带有机械臂的智能轮椅PerMMA。

在野外探测、危险作业中，轮式/履带式移动机器人受复杂的地形、天气等不确定因素的影响，在自主控制、环境适应方面面临巨大挑战。美国卡内基梅隆大学利用Nomad机器人在南极冰盖完成了自主搜索陨石作业，研制了重3.6t、高1.2m的六轮无人作战车辆Crusher，实现了通过1.8m的障碍或深沟。斯坦福大学研制的无人车“斯坦利”集成了激光测距仪、摄像头、GPS等多种传感器，设计了道路与路面识别、路径规划、速度和转向控制等算法，在加利福尼亚和内华达州之间的莫哈维沙漠实现自主行驶6小时53分钟，行程200 km。美国卡内基梅隆大学设计的无人车实现了识别不同道路交通标识，按交通规则行驶。Google公司也开发无人驾驶汽车，最新报道介绍其无人驾驶汽车已累计驾驶30万英里（1 英里≈1.609km）。

国内在轮式/履带式移动机器人方面开展了大量工作。哈尔滨工业大学、中国科学院沈阳自动化研究所、中国科学院自动化研究所、上海交通大学、北京航空航天大学、北京理工大学、清华大学、中国科学院深圳先进技术研究院、华中科技大学等单位开发了多种轮式/履带式移动机器人，如智能轮椅、可变形机器人、复合结构机器人等，开展了环境建模、避障路径规划、识别语音命令、人机对话、路标识别定位、作业臂抓取、多机协作等方法研究。国防科学技术大学、清华大学、中国科学院合肥智能科学研究院、南京理工大学、浙江大学等单位在无人车自动驾驶方面都开展了大量研究和研制工作。国防科学技术大学研制的 HQ3 无人车实现了行驶、变线、超车等自主控制，完成了 286 km 的高速公路无人驾驶。

(2) 腿足式移动机器人

腿足式移动机器人是模仿哺乳动物、昆虫、两栖动物等的腿足结构和运动方式而设计的机器人系统，研究包括系统设计、步态规划、稳定性等方面。

卡内基梅隆大学在 1986 年研制出具有简单腿结构的液压驱动四足机器人。由于当时腿足式机器人的液压系统在尺寸、重量、性能、控制和便携动力源等方面存在较大困难，因此，此后的大部分研究工作中，四足机器人、仿昆虫多足机器人等多采用电动机驱动方式。但电动机直接驱动的机器人存在负重比较低、动态响应性能差、抗冲击能力弱等问题。

2006 年，波士顿动力公司研制了新型液压驱动四足仿生机器人 BigDog，该机器人可负载 150kg，行走 20 km，负载能力高、环境适应性好、行走速度快、续航能力强。此后，该公司研制的液压四足机器人 A1phaDog 的抵抗侧向冲击、负重、环境适应性和运动范围等性能得到进一步提高，研制的液压四足机器人 Cheetah 实现了约 29 km/h 的奔跑。韩国工业技术研究院研制了一种液压马达驱动的四足机器人。意大利技术研究院研制了电、液混合驱动四足机器人 HyQ。

国内研制的腿足式移动机器人，多以电动机为主要驱动方式，在四足、六足、八足等机器人机构设计、运动规划、控制方面开展了大量工作，如清华大学、华中科技大学、中国科学院沈阳自动化研究所、哈尔滨工业大学等。山东大学研制了液压驱动四足机器人实验样机，实现了 Trot 动步态行走，最高速度达到了 1.8 m/s。北京理工大学、哈尔滨工业大学、国防科学技术大学、上海交通大学、北京邮电大学和南京航空航天大学等单位也在液压驱动四足仿生机器人研发方面开展了大量工作。

(3) 仿人机器人

仿人机器人研究主要集中于步态生成、动态稳定控制和机器人设计等方面。步态生成有离线生成方法和在线生成方法。离线生成方法为预先规划的数据用于在线控制，可完成如行走、舞蹈等动作但无法适应环境变化；在线规划则实时调整步态规划、确定各关节的期望角。在稳定性控制方面，零力矩点（Zero Moment Point，ZMP）方法虽广泛应用，但该方法仅适合于平面情况。

日本本田公司研制的仿人机器人 ASIMO，高 1.3m，行走速度达 6 km/h，可完成“8”字形行走、上下台阶、弯腰等动作，还可与人握手、挥手、语音对话，识别出人和物体等。日本川田公司的仿人机器人 HRP-2 高 1.5m，可模仿人的舞蹈动作。索尼公司开发了 0.6m 高的小型娱乐仿人机器人 QIRO。Aldebaran Robotics 公司开发的用于教学和科研、高 0.57m 的小仿人机器人 Nao，集成了视觉、听觉、压力、红外、声呐、接触等传感器，可用于控制、人工智能等研究。此外，值得关注的是波士顿动力公司在液压四足仿生机器人基础上开发的液压驱动双足步行机器人 Petman，其行走过程显示出良好的柔性和抗外力干扰性，可完成上下台阶、俯卧撑等动作。

国内在仿人机器人方面也开展了大量工作。国防科学技术大学研制开发了 KDW 系列双

足机器人，研制了仿人机器人“先行者”。国防科技大学还研制了 Blackmann。清华大学研制了 THBIP，高 1.7m，质量 130kg，可实现上下楼梯运动；清华大学研制的 Stepper 机器人是小型、刚性驱动双足机器人（高 0.44 m），步速可达 3.6 km/h。浙江大学的“悟空”机器人，高 1.6m，质量 55kg，有 30 个自由度，具有视觉捕捉技术，可打乒乓球，反应时间 50～100ms，动步行速度 1.07km/h，面向打乒乓球的 7-DOF 臂轻量化设计到 4.4kg（无外壳，装外壳后质量 5kg），球拍最快移动速度达 2.5m/s。北京理工大学研制的 BHR-2，高 1.6m，质量 63kg，有 32-DOF（其中手为 3-DOF），行走速度 1km/h，实现了太极拳表演、刀术表演、腾空行走等复杂动作。其后还研究了有仿人头的机器人。北京理工大学与中国科学院自动化研究所、南开大学等单位合作开展了乒乓球的高速识别与轨迹预测等关键技术研究，实现了两台仿人机器人、人与机器人的多回合乒乓球对打。哈尔滨工业大学研制开发了 HIT 系列双足步行机器人。在小型仿人机器人方面，哈尔滨工业大学等单位开展了大量研究和研制工作。

（4）外星探索机器人

外星探索机器人是在地外行星上完成勘测作业的移动机器人，极端的环境下的可靠控制是其面临的严峻挑战。美国开发的用于火星探测的移动机器人“探路者”、“勇气号”、“机遇号”和“好奇号”都成功登陆火星开展科研探测。其中“好奇号”火星车采用了六轮独立驱动结构，长 3m，宽 2.7 m，高 2.2 m，自重 900kg，具有一个 2.2m 的作业臂和摄像头等多种探测设备，在 45°倾角状态下不会倾翻，最高速度 4cm/s。不同于以往火星车采用太阳能供电，“好奇号”采用核电池供电，使系统续航能力得到极大提升。

我国在外星探索机器人方面经长期努力也取得了丰富的成果。在外星探索机器人方面，哈尔滨工业大学、北京航空航天大学等开展了相关研究工作，研究了空间作业臂，哈尔滨工业大学研制了两轮并列式、6 轮摇臂一转向架式、行星轮式等多种型号的月球车样车，并搭载太阳能帆板、相机桅杆、定向天线、全向天线、前后避障相机等设备。中国科学院沈阳自动化研究所、北京航空航天大学、清华大学、上海交通大学、国防科学技术大学、复旦大学等单位都开展了相关研究，并研制了各具特色的月球车原理样机。

（5）水下机器人

水下机器人，包括远程操作水下机器人和自治水下机器人，在军事、水下观测、水下作业方面具有很大的应用价值，其研究工作集中在系统模型、环境感知、定位导航以及欠驱动和全驱动的推进系统控制、稳定控制等方面。远程操作水下机器人（Remotely Operated Vehicle，ROV）是通过拖缆与母船连接，实现供能、通信、遥控操纵，可完成水下设备的安装、监控、部件替换，水下探测等。日本研制的装配有摄像头、声呐等传感器和双机械臂的、可深潜 11000m 的机器人 Kaiko，实现了 10911m 深潜，共完成 296 次深潜作业。日本 JAMSTEC 研制了 ABISMO 并进行了深潜测试。美国伍兹霍尔海洋研究所（Woods Hole Oceanographic Institution，WHOI）研制自治水下机器人（Autonomous Underwater Vehicle，AUV）Nereus 完成了 10902m 的深潜探测。该机器人不仅可以自主探测，也可以拖缆作为 ROV 使用。目前，对于水下机器人的容错控制、水下机器人载体和作业臂的协调控制、多水下机器人协作等方面的研究得到越来越多的关注。如多个水下滑翔器协作的研究，水下滑翔器通过控制机器人的比重和方向舵以高度节能的方式实现水下运动，多个水下滑翔器可以进行长时间、大范围的环境信息采集。

我国在水下机器人方面的研究也取得了丰富的成果。中国科学院沈阳自动化研究所研制完成多种 ROV，AUV 水下机器人，如自治水下机器人“CR-02”，智能型水下机器人“北极 ARV”、水下滑翔器等。其中“北极 ARV”参与了 2008 年北极科考，成功获取冰底形态、海冰厚度、海水盐度等数据。哈尔滨工程大学等单位在水下机器人设计、控制、环境感知等方面开展了大量研究工作。2012 年我国研制的“蛟龙号”载人潜水器成功下潜 7062.68m，并利用机械臂完成水下标本采集。

(6) 飞行机器人

飞行机器人、无人机的研究和应用在近些年得到越来越多的重视。美国研制开发了全球鹰、捕食者、扫描鹰等一系列军用固定翼无人机，并在实战中完成了搜索、侦察和攻击任务；研制了无人直升机 MQ-8 火力侦察兵，可在海军舰船上的起飞和着舰。美国波音公司的两架 X45A 无人机完成了编队飞行和协同攻击任务的模拟演练。此外，美国还在研制 X37B、X43 等新型高空高超声速无人时示系统。欧洲联合研制了无人战斗机 NEURON。日本、以色列等国也研制开发了大量无人机系统。

国内北京航空航天大学、西北工业大学、南京航空航天大学、上海大学、中国科学院自动化研究所、华南理工大学、浙江大学、国防科学技术大学、上海交通大学等单位在固定翼飞行器、旋翼飞行器、飞艇等飞行机器人方面开展了大量工作。北京航空航天大学研制了固定翼 wz-5 型无人机、“海鸥” M22 无人驾驶直升机、折叠投放微小型无人机等。南京航空航天大学研制了 CK-1 无人机、西北工业大学研制了 A8N 系列无人机以及小型无人旋翼直升机等。上海大学研制了旋翼无人直升机和无人飞艇。中国科学院沈阳自动化研究所研制了多款旋翼无人直升机，起飞重量可达 120kg，有效载荷 40kg，最大巡航速度每小时 100km，最长续航时间 4h。总参 60 所研制的 Z-5 型无人直升机最大起飞重量 450kg，可携带 60～100kg 的各种装备连续运行 3～6h。武警工程学院研制了“天眼 2”无人驾驶直升机。此外，国内在高超声速飞行器控制方面也开展了很多工作。

1.5.3 医疗与康复机器人

(1) 外科手术机器人

外科手术机器人系统可分为 3 类：监控型、遥操作型和协作型。监控型是由外科医生针对病人制定治疗程序，在医生监控下由机器人完成手术。遥操作型是由外科医生操纵控制手柄来遥控机器人完成手术。协作型主要用于稳定外科医生使用的器械以便于完成高稳定性、高级度的外科手术。第一例机器人辅助外科手术是由 Kwoh 等在 1985 年完成，利用工业机器人将固定装置稳定保持在患者头部附近以便于神经外科手术的钻孔和将组织取样针插入指定位置。此后，用于辅助外科手术的机器人系统 Probot、ROBODOC、AESOP、da Viuci、Zeus 相继开发并获得应用。基于虚拟现实和机器人结合的远程外科手术技术也得到重视和研究。目前，da Vinci 外科手术辅助机器人是其中比较成功的商用系统，获得美国 FDA 认证，可用于多种外科手术。da Vinci 系统是一个主从结构的系统，医生通过摄像头传回的图像获取手术部位信息，依靠踏板控制摄像头和手术器械、依靠主控手柄遥控机器臂动作来完成外科手术。此外，Hansen Medical 公司的血管介入手术机器人使用了触觉主控制器、臂式从动系统和送管机构。Mazor 公司开发的脊柱外科手术机器人系统已完成多例骨科手术。Acrobot 公司研制的高精度外科手术机器人完成了膝关节外科手术。约翰霍普金斯大学研制了眼科外科手术辅助机器人系统。

国内在外科手术机器人领域的研究工作也发展迅速。北京航空航天大学与海军总医院合作研制开发了脑外科机器人系统，并完成了多例脑外科立体定向远程遥操作手术。与北京积水潭医院联合研制了骨科手术机器人系统，并完成了长骨骨折髓内创-内固定远程遥操作手术；与海军总医院、北京医院合作研制了心血管介入手术机器人。天津大学研制了主从式遥操作结构、具有三维力传感器的显微外科手术机器人，并成功地完成了动物实验。中国科学院自动化研究所与上海胸科医院等单位合作研制了血管介入手术机器人，并完成多例动物实验。哈尔滨工业大学、北京理工大学、上海交通大学等也开展了不同类型医疗手术机器人系

统的研究并开发了机器人系统。

(2) 康复与助力机器人

机器人技术用于辅助病人康复、生活自理的研究工作很早就已经开展。近些年来，康复机器人、助力机器人方面的研究取得了较大进展。

针对中风、脊髓损伤病人的上肢、下肢、手腕、手指、脚踝等肢体的康复，国内外已研究和开发了很多不同类型的康复机器人，部分已经商品化应用。手臂康复治疗机器人有美国MIT大学开发的MIT-Manus，加利福尼亚大学研制的ARM Guide和T-WREX，此外，还有HWARD、Gentle/G、RUPERT等手臂辅助康复系统。Hocoma公司研制了下肢康复机器人Lokomat，由支撑部分、机器人步态校正器和跑步机等几部分组成，用于增强病人的行走功能。类似的康复机器人系统还包括LokoHelp、ReoAmbulator、ARTHuR、ALEX、LOPES等。对于瘫痪患者康复的机器人系统主要是通过辅助肢体运动达到锻炼肌肉、增强耐受力、关节灵活性和运动协调性。Swortec SA公司开发的康复机器人MotionMaker，能够依据实时传感信息控制康复训练并配合电刺激以满足治疗需要，临床实验显示系统效果良好。用于足踝、膝盖等康复的机器人，如Rutgers Ankle、IIT-HPARR、AKROD、Leg-Robot、NUVABAT、PGO、PAGO、Anklebot、MIT-AAFO等。早期的康复机器人一般采用比例反馈的位置控制方法。目前，基于时间、受力、跟踪误差、肢体速度或体表肌电等信号反馈，阻抗控制、自适应控制等方法已在康复机器人上应用。康复运动的轨迹规划也有很多研究工作，如模仿正常步态进行规划、依据健全肢体的运动进行规划等。

针对老人、残障人辅助运动的动力机器外骨骼研究得到快速发展。加利福尼亚大学伯克利机器人和人体工学实验室开发了穿戴式下肢骨骼负载器BLEEX以满足士兵的高机动性和大负重行军需要，使用者可负重70kg以1.3m/s的速度行走。CYBERDYNE公司和筑波大学开发的穿戴式动力外骨骼系统HAL系列，分为下肢型和全身型两种，最新系统为HAL5，可辅助老人或残疾人行走、上楼梯、搬运物品。类似系统的研究还有很多，如美国MIT大学研制了Leg exoskeleton，Yobotics公司研制了Roboknee等。

国内单位在康复机器人、助力机器人方面也开展相关科研工作。清华大学、哈尔滨工业大学、北京航空航天大学、华中科技大学、东南大学等单位开展了各类不同功能的康复机器人研制工作。哈尔滨工程大学研制了下肢康复机器人、手臂康复机器人等系统。中国科学院自动化研究所研制了具有肌电图（Electromyography，EMG）信号采集和功能性电刺激的下肢康复辅助训练机器人。中国科学院合肥智能机械研究所、华东理工大学、上海交通大学、哈尔滨工程大学、中国科学院沈阳自动化研究所等单位在助力机器人系统方面开展了研究和研制工作。

1.5.4 生物启发的机器人系统——仿生机器人

随着机器人应用从工业领域向社会服务、环境勘测等领域的扩展，机器人的作业环境从简单、固定、可预知的结构化环境变为复杂、动态、不确定的非结构化环境，这就要求机器人研究在结构、感知、控制、智能等方面给出新方法以适应新环境、新任务、新需求。因此，很多学者从自然界寻找灵感，从而提出解决新问题的新方法。通过对生物结构和运动方式进行仿生是研究适应某种特定环境的机器人系统的基本方法之一，如皮肤仿生、攀爬运动仿生等。

由于鱼类运动的高效率、高机动、低噪声特点，仿生鱼类运动方式的仿生机器鱼研究得到广泛的重视。针对不同类型仿生鱼鳍的设计、建模和控制已开展了很多研究工作，如MIT大学研制了机器鱼RoboTuna和RoboPike，大阪大学研制了胸鳍推进的机器鱼BlackBass，英国Heriot-Watt大学研究了波动鳍。华盛顿大学、英国Essex大学在控制方面，佛罗里达中心大学、日本名古屋大学、美国新墨西哥大学在微小型机器鱼方面，美国西北大大学、南洋理工大学、大阪大学在波动鳍推进方面都取得了很好的研究成果。

国内在仿鱼水下机器人研究方面也开展了大量工作。北京航空航天大学研制了 SPC 系列仿生机器鱼系统，进行了湖试和海试，完成了水下考古、环境监控等示范应用，其中 SPC-3UUV 体长 1.6m，巡航速度 1.12m/s，航程 70.7km。中国科学院自动化研究所研制了尾鳍推进和波动鳍推进的仿生机器鱼，实现了浮潜、倒游、定深、自主避障、快速启动、水平面和垂直面快速转向、多鱼协调等运动控制的实验验证，并实现了仿生机器海豚的跃水运动。国防科技大学在波动鳍仿生机器鱼方面开展大量研究，研制了多种波动鳍推进的机器鱼系统。哈尔滨工程大学、哈尔滨工业大学、中国科学技术大学、北京大学等单位也研制开发了仿生机器鱼系统并开展了很多研究工作。

此外，蛇形机器人有东京工学院研制的 ACMR5、密西根大学研制的 OmniTread、挪威理工大学研制的 Kulko、卡内基梅隆大学研制的 Uncle Sam 等，其中 Uncle Sam 实现了爬树运动。仿生两栖机器人有瑞士洛桑联邦理工学院（EPFL）研制的 Salamandra、纽约瓦萨学院研制的 Madeline、加拿大约克大学等研制的 AQUA 机器人等。仿生飞行机器人有德国 Festo 公司研制的仿生鸟 Smartbird，多伦多大学研制的四翼扑翼飞机 Mentor、加州大学伯克利分校研制的飞行昆虫等。美国东北大学研制的仿生机器龙虾。南加州大学研制的自重构机器人 Conro 可自重构成蛇形、四足、履带等形状进行运动。斯坦福大学在壁虎足部结构研究基础上研制了可攀爬墙壁的机器壁虎 Stickybot。名古屋大学机器人学实验室研制了仿生长臂猿机器人 Brachiator。

国内在类似仿生机器人方面也有很多工作，如国防科技大学、中国科学院沈阳自动化研究所、上海交通大学、北京航空航天大学等单位研制了蛇形仿生机器人；哈尔滨工程大学研制了仿生机器螃蟹；中国科学院自动化研究所、中国科学院沈阳自动化研究所、北京航空航天大学等单位研制了水陆两栖机器人；西北工业大学、南京航空航天大学、北京航空航天大学等单位研制了扑翼飞行机器人；哈尔滨工业大学等单位研制了六足仿生机器人。

通过对生物内在感知、控制与决策机制的模仿是机器人控制和智能研究的重要方面。在仿人机器人、仿生机器鱼、四足机器人等研究中使用的神经网络模型、中枢模式发生器（Central Pattern Generator，CPG）模型、各种学习机制等计算方法就是来源于对生物系统的模仿。而利用机器人来验证神经科学、脑科学中的假设和研究成果不仅促进了相关学科发展，也推进了机器人基础理论的研究，如欧盟研究项目 MirrorBot 和机器鼠 Psikharpax，圣迭哥的神经科学研究所研究的 Brain-Based Devices 和机器人 Darwin。

通过向生物组织输入信号、提取生物组织输出信号实现机器人控制也有很多研究工作，如美国西北大学等单位的研究人员用七腮鳗大脑保持平衡的部分来控制两轮 Khepera 机器人的运动；神户大学和南安普顿大学的研究人员利用黏菌细胞控制六足机器人实现避光运动，杜克大学等单位的研究人员利用检测到的恒河猴脑信号控制机械臂运动。利用嵌入式系统输出电脉冲信号来控制生物的运动，如美国 MIT 大学等单位利用电刺激控制由生物肌肉驱动的仿生机器鱼运动、加州大学等单位遥控由甲虫头部插入的电极输出信号控制甲虫飞行。国内也开展了类似的工作，如清华大学研究的脑机接口、南京航空航天大学的生物壁虎控制、山东科技大学的鸽子飞行控制等研究。

1.6 机器人技术发展趋势

机器人技术从工业领域快速向其他领域延伸扩展。而传统工业领域对作业性能提升的需求、其他领域的新需求，极大促进了机器人理论与技术的进一步发展。

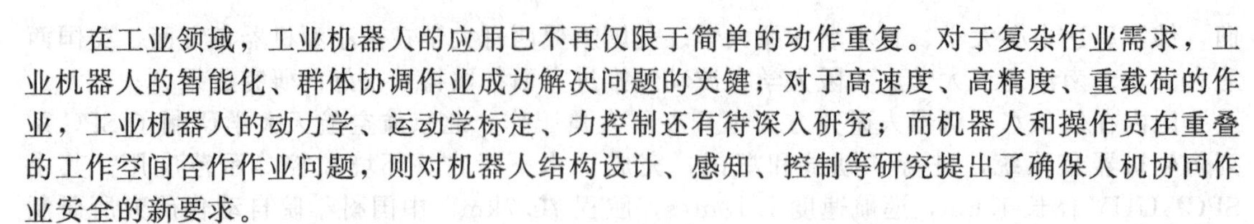

在工业领域，工业机器人的应用已不再仅限于简单的动作重复。对于复杂作业需求，工业机器人的智能化、群体协调作业成为解决问题的关键；对于高速度、高精度、重载荷的作业，工业机器人的动力学、运动学标定、力控制还有待深入研究；而机器人和操作员在重叠的工作空间合作作业问题，则对机器人结构设计、感知、控制等研究提出了确保人机协同作业安全的新要求。

在工业领域以外，机器人在医疗服务、野外勘测、深空深海探测、家庭服务和智能交通等领域都有广泛的应用前景。在这些领域，机器人需要在动态、未知、非结构化的复杂环境完成不同类型的作业任务，这就对机器人的环境适应性、环境感知、自主控制、人机交互提出了更高的要求。

(1) 环境适应性

机器人的工作环境可以是室内、室外、火山、深海、太空，乃至地外星球，其复杂的地面或地形、不同的气压变化、巨大的温度变化、不同的辐照、不同的重力条件导致机器人的机构设计和控制方法必须进行针对性、适应性的设计。通过仿生手段研究具有飞行、奔跑、跳跃、爬行、游动等不同运动能力的，适应不同环境条件的机器人机构和控制方法对于提高机器人的环境适应性具有重要的理论价值。

(2) 环境感知

面对动态变化、未知、复杂的外部环境，机器人对环境的准确感知是进行决策和控制的基础。感知信息的融合、环境建模、环境理解、学习机制是环境感知研究的重要内容。

(3) 自主控制

面对动态变化的外部环境，机器人必须依据既定作业任务和环境感知结果利用内建算法进行规划、决策和控制，以达到最终目标。在无人干预或大延时无法人为干预的情况下，自主控制可以确保机器人规避危险、完成既定任务。

(4) 人机交互

人机交互对于提升机器人作业能力、满足复杂的作业任务需求具有重要作用。实时作业环境的三维建模，声觉、视觉、力觉、触觉等多种人机交互的实现方式、人机交互中的安全控制等都是人机交互中的重要研究内容。

针对上述问题的研究，通过与仿生学、神经科学、脑科学，以及互联网技术的结合，可能将加速机器人理论、方法和技术研究工作的进展。

机器人技术与仿生学的结合，不仅可以促进高适应性的机器人结构设计方法的研究，对于机器人的感知、控制与决策方法的研究也能够提供有力的支持。

机器人学与神经科学、脑科学的结合，将使得人-机器人间的应用接口更加方便，通过神经信号控制智能假肢、外骨骼机器人或远程遥控机器人系统，利用生物细胞来提升机器人的智能，为机器人研究提供了新的思路。

机器人学与互联网技术的结合，使机器人可以通过互联网获取海量的知识，基于云计算、智能空间等技术辅助机器人的感知和决策，将极大提升机器人的系统性能。

第 2 章

机器人步进电动机驱动与控制技术及应用

2.1 步进电动机及其在机器人的应用

步进电动机是一种把开关激励的变化变换成精确的转子位置增量运动的执行机构，它将电脉冲转化为角位移。当步进驱动器接收到一个脉冲信号时，它就驱动步进电动机按设定的力向转动一个固定的角度（即步距角）。可以通过控制脉冲个数来控制角位移量，从而达到准确定位的目的。同时可以通过控制脉冲频率来控制电动机转动的速度和加速度，从而达到调速的目的。步进电动机具有转矩大、惯性小、响应频率高等优点，因此具有瞬间启动与急速停止的优点。使用步进电动机的控制系统通常不需要反馈就能对位置或速度进行控制。

步进电动机的步距角有误差，转子转过一定的步数以后也会出现累积误差，但转子转过一周以后，其累积误差为“零”，故其位置误差不会积累，而且与数字设备兼容。控制系统结构简单，与数字设备兼容，价格便宜。

2.1.1 步进电动机的工作原理

图 2-1 所示为反应式步进电动机工作原理图。其定子有 6 个均匀分布的磁极，每两个相对磁极组成一相，即有 A-A′、B-B′、C-C′三相，磁极上绕有励磁绕组。定子具有均匀分布的 4 个齿。当 A、B、C 三个磁极的绕组依次通电时，A、B、C 三对磁极依次产生磁场吸引转子转动。

如图 2-1（a）所示，如果先将电脉冲加到 A 相励磁绕组，定子 A 相磁极就产生磁通，并对转子产生磁拉力，使转子的 1、3 两个齿与定子的 A 相磁极对齐。然后将电脉冲通入 B 相励磁绕组，B 相磁极便产生磁通。如图 2-1（b）所示可以看出，这时转子 2、4 两个齿与 B 相磁极靠得最近，于是转子便沿着反时针方向转过 30°角，使转子 2、4 两个齿与定子 B 相磁极对齐。如果按照 A→B→C→A 的顺序通电，转子则沿反时针方向一步步地转动，每步转过 30°角。这个角度就叫步距角。显然，单位时间内通入的电脉冲数越多（即电脉冲频率越高），电动机转速越高。如果按 A→C→B→A 的顺序通电，步进电动机将沿顺时针方向一步步地转动。从一相通电换接到另一相通电称为一拍，每一拍转子转动一个步距角。像上述的步进电动机，三相励磁绕组依次单独通电运行，换接 3 次完成一个通电循环，称为三相单三拍通电方式。

如果使两相励磁绕组同时通电，即按 AB→BC→CA→AB 顺序通电，这种通电方式称为三相双三拍，其步距角仍为30°。

还有一种是按三相六拍通电方式工作的步进电动机，即按照A→AB→B→BC→C→CA→A顺序通电，换接6次完成一个通电循环。这种通电方式的步距角为15°，其工作过程如图2-2所示，若将电脉冲首先通入A相励磁绕组，转子齿1、3与A相磁极对齐，如图2-2（a）所示。然后将电脉冲同时通入A、B相励磁绕组，这时A相磁极拉着1、3两个齿，B相磁极拉着2、4两个齿，使转子沿着反时针方向旋转。转过15°角时，A、B两相的磁拉力正好平衡，转子静止于如图2-2（b）所示的位置。如果继续按B→BC→C→CA→A的顺序通电，步进电动机就沿着反时针方向以15°步距角一步步转动。

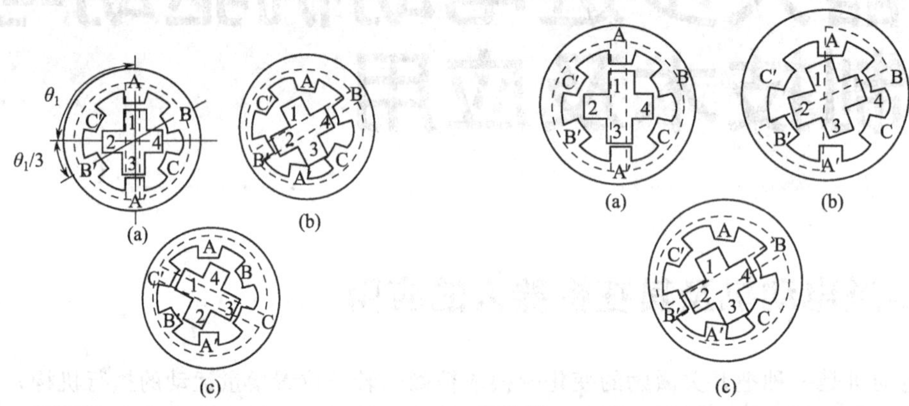

图2-1 三相反应式步进电动机

图2-2 三相六拍反应式步进电动机工作原理图

步进电动机的步距角越小，意味着它所能达到的位置精度越高。通常的步距角是1.5°或0.75°，为此需要将转子做成多极式的，并在定子磁极上制成小齿。定子磁极上的小齿和转子磁极上的小齿大小一样，两种小齿的齿宽和齿距相等。当一相定子磁极的小齿与转子的齿对齐时，其它两相磁极的小齿都与转子的齿错过一个角度。按着相序，后一相比前一相错开的角度要大。例如转子上有40个齿，则相邻两个齿的齿距角是360°/40＝9°。若定子每个磁极上制成5个小齿，当转子齿和A相磁极小齿对齐时，B相磁极小齿则沿反时针方向超前转子齿1/3齿距角，即超前3°，而C相磁极小齿则超前转子2/3齿距，即超前6°。按照此结构，当励磁绕组按A→B→C顺序进行三相三拍通电时，转子按反时针方向以3°步距角转动；当按照A→AB→B→BC→C→CA→A顺序以三相六拍通电时，步距角将减小一半，为1.5°。如通电顺序相反，则步进电动机将沿着顺时针方向转动。

从上述内容可知，步距角的大小与通电方式和转子齿数有关，其大小可按下式计算：

$$\alpha=\frac{350°}{zm} \tag{2-1}$$

式中，z为转子齿数；m为运行拍数，通常等于相数或相数的整数倍数。

若步进电动机通电的脉冲频率为f（脉冲数/秒），则步进电动机转速为：

$$n=\frac{60f}{mz}(\mathrm{r/min}) \tag{2-2}$$

步进电动机也可以制成四相、五相、六相或更多的相数，以减小步距角来改善步进电动机的性能。为了减少制造电动机的困难，多相步进电动机常做成轴向多段式（又称顺轴式）。例如，五相步进电动机的定子沿轴向分为A、B、C、D、E 5段。每一段是一相，在此段内只有一对定子磁极。在磁极的表面上开有一定数量的小齿，各相磁极的小齿在圆周方向互相错开1/5齿距。转子也分为5段，每段转子具有与磁极同等数量的小齿，但它们在圆周方向并不错开。这样，定子的5段就是电动机的五相。

与三相步进电动机相同，五相步进电动机的通电方式也可以是五相五拍、五相十拍等。

但是，为了提高电动机运行的平稳性，多采用五相十拍的通电方式。

归纳起来，步进电动机具有以下特点：

① 定子绕组的通电状态每改变一次，其转子便转过一定的角度，转子转过的总角度（角位移）严格与输入脉冲的数量成正比。

② 定子绕组通电状态改变速度越快，其转子旋转的速度就越快。即通电状态的变化频率越高，转子的转速就越高。

③ 改变定子绕组的通电顺序，将导致其转子旋转方向的改变。

④ 若维持定子绕组的通电状态，步进电动机便停留在某一位置固定不动，即步进电动机具有自锁能力，不需要机械制动。

⑤ 步距角 α 与定子绕组相数 m、转子齿数 z、通电方式 k（k=拍数/相数，“拍数”是指步进电动机旋转一圈，定子绕组的通电状态被切换的次数，“相数”是指步进电动机每个通电状态下通电的相数）有关。

2.1.2　步进电动机的分类及型号命名

（1）分类

从结构特点进行分类，一般常使用的步进电动机主要有三种类型。

① VR 型　VR 型步进电动机又称磁阻反应式步进电动机，转子结构由软磁材料或钢片叠制而成。当定子的线圈通电后产生磁力，吸引转子使其旋转。该电动机在无励磁时不会产生磁力，故不具备保持力矩。这种 VR 型电动机转子惯量小，适用于高速下运行。

② 永磁（PM）型　永磁型步进电动机，它的转子采用了永久磁铁。按照步距角的大小可分为大步距角和小步距角两种。大步距角型的步距角为 90°，仅限于小型机种上使用，具有自启动频率低的特点，常用于陀螺仪等航空管制机器、计算机打字机、流量累计仪表和远距离显示器装置上。小步距角型的步距角小，有 7.5°、11.5°等类型，由于采用钣金结构，其价格便宜，属于低成本型的步进电动机。

③ 混合（HB）型　此类步进电动机是将 PM 型和 VR 型组合起来构成的电动机，它具有高精度、大转矩和步距角小等许多优点。步距角多为 0.9°、1.8°、3.6°等，应用范围从几牛顿·米的小型机到数千牛顿·米的大型机。

按转子的运动方式，步进电动机又可分为：

① 旋转式步进电动机；

② 直线式步进电动机；

③ 平面式步进电动机。

其中平面式步进电动机大多由四组直线运动的步进电动机组成，在励磁绕组电脉冲的作用下，可以在 X 轴和 Y 轴两个互相垂直的方向上运动，实现平面运动。

（2）型号命名

步进电动机的型号命名一般由四个部分组成，其中机座号表示机壳外径，产品名称代号。见表 2-1。

表 2-1　步进电动机产品名称代号

序号	产品名称	代号	含义	序号	产品名称	代号	含义
1	电磁式步进电动机	BD	步、电	5	印制绕组步进电动机	BN	步、印
2	水磁式步进电动机	BY	步、永	6	直线步进电动机	BX	步、线
3	永磁感应子式步进电动机	BYG	步、永、感	7	滚切式步进电动机	BG	步、滚
4	反应式步进电动机	BF	步、反				

表 2-1 中，电磁式步进电动机是指由外电源建立励磁磁场的步进电动机；永磁感应子式步进电动机即混合式步进电动机；印制绕组步进电动机是指具有印制绕组的步进电动机；滚切式步进电动机是指转子在定子内表面上滚动步进的步进电动机。例如，36BF02 表示机座外径 36mm 的反应式步进电动机，第二个性能参数序号的产品，BF 系列标准中选定的一种基本结构形式。

2.1.3 步进电动机的运行特性

(1) 分辨力

在一个电脉冲作用下（即一拍）电动机转子转过的角位移，就是步距角 α。α 越小，分辨力越高。最常用的 α 值有 0.6°/1.2°、0.75°/1.5°、0.9°/1.8°、1°/2°、1.5°/3°等。

(2) 静态特性

步进电动机的静态特性是指它在稳定状态时的特性，包括静转矩、矩角特性及静态稳定区。

① 矩角特性。在空载状态下，给步进电动机某相通以直流电流时，转子齿的中心线与定子齿的中心线相重合，转子上没有转矩输出，此时的位置为转子初始稳定平衡位置。

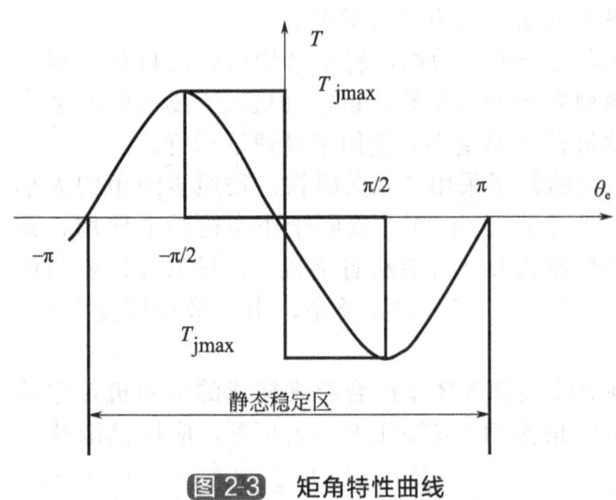

图 2-3 矩角特性曲线

如果在电动机转子轴加上负载转矩 T_L，则转子齿的中心线与定子齿的中心线将错过一个电角度 θ_e 才能重新稳定下来。此时转子上的电磁转矩 T_j 与负载转矩 T_L 相等。该巧为静态转矩，θ_e 为失调角。$\theta_e=\pm 90°$时，其静态转矩 T_{jmax} 为最大静转矩。T_j 与 θ_e 之间的关系大致为一条正弦曲线（如图 2-3 所示），该曲线被称做矩角特性曲线。静态转矩越大，自锁力矩越大，静态误差就越小。一般产品说明书中标示的最大静转矩就是指在额定电流和通电方式下的 T_{jmax}。

当失调角 θ_e 在 $-\pi \sim \pi$ 的范围内时，若去掉负载转矩 T_L，转子仍能回到初始稳定平衡位置。因此，$-\pi < \theta_e < \pi$ 的区域被称为步进电动机的静态稳定区。

② 保持转矩（Holding Torque）。指步进电动机通电但没有转动时，定子锁住转子的力矩。它是步进电动机最重要的参数之一，通常步进电动机在低速时的力矩接近保持转矩。由于步进电动机的输出力矩随速度的增大而不断衰减，输出功率也随速度的增大而变化，因此保持转矩就成为了衡量步进电动机最重要的参数之一。比如，当人们说 2N·m 的步进电动机，在没有特殊说明的情况下是指保持转矩为 2N·m 的步进电动机。

(3) 动态特性

步进电动机的动态特性将直接影响到系统的快速响应及工作的可靠性。这里仅就动态稳定区、启动转矩、矩频特性等几个问题做简要说明。

在某一通电方式下各相的矩角特性总和为矩角特性曲线族，如图 2-4（a）所示。每一曲线依次错开的电角度为 $2\pi/m$（m 为运行拍数），当通电方式为三相单三拍时 $\theta_e=2\pi/3$，三相六拍时 $\theta_e=\pi/3$［如图 2-4（b）所示］。

① 动态稳定区。如图 2-4 所示可知，步进电动机从 A 相通电状态切换到 B 相（或 AB 相）通电状态时，不致引起丢步，该区域被称为动态稳定区。由于每一条曲线依次错开一个

电角度，故步进电动机在拍数越多的运行方式下，其动态稳定区就越接近于静态稳定区。裕量角 θ_r 也就越大，在运行中也就越不易丢步。

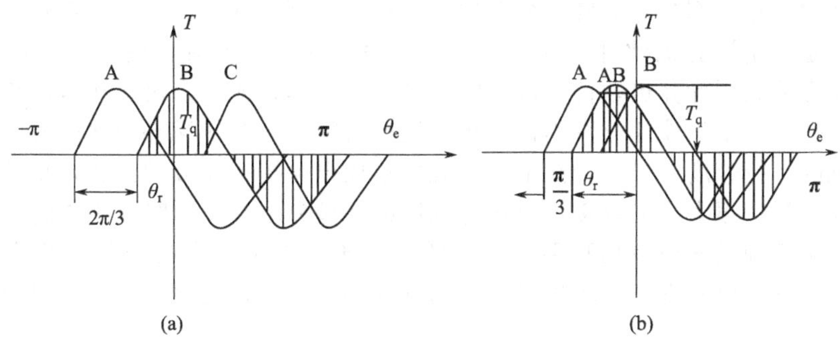

图 2-4 矩角特性曲线族

② 启动转矩 T_q。图 2-4 中 A 相与 B 相矩角特性曲线之交点所对应的转矩 T_q 被称为启动转矩。它表示步进电动机单相励磁时所能带动的极限负载转矩。启动转矩通常与步进电动机相数和通电方式有关。

③ 空载启动频率，即步进电动机在空载情况下能够正常启动的脉冲频率。如果脉冲频率高于该值，电动机不能正常启动，可能发生丢步或堵转。在有负载的情况下，启动频率应更低。如果要使电动机达到高速转动，脉冲频率应该有加速过程，即启动频率较低，然后按一定加速度升到所需要的高频（电动机转速从低速升到高速）。否则，步进电动机将无法启动，并常伴有啸叫声。

④ 最高连续运行频率及矩频特性。步进电动机在连续运行时所能接受的最高控制频率被称为最高运行频率，用 f_{max} 表示。电动机在连续运行状态下，其电磁转矩随控制频率的升高而逐步下降。这种转矩与控制频率之间的变化关系称为矩频特性。在不同控制频率下，电动机所产生的转矩称为动态转矩。当步进电动机转动时，电动机各相绕组的电感将形成一个反向电动势。频率越高，反向电动势越大。在它的作用下，电动机随频率（或速度）的增大，相电流减小，从而导致力矩下降，且在较高转速时会急剧下降，所以其最高工作转速一般在 300～600r/min。

2.1.4 步进电动机驱动技术

（1）步进电动机驱动装置的组成

步进电动机的运行特性与配套使用的驱动电源有密切关系。驱动电源由脉冲分配器和功率放大器组成，如图 2-5 所示。变频信号源是一个脉冲频率能由几赫兹到几十千赫兹连续变化的脉冲信号发生器，常见的有多谐振荡器和单结晶体器构成的弛张振荡器，它们都是通过调节 R 和 C 的大小，改变充放电的时间常数，得到各种频率的脉冲信号。

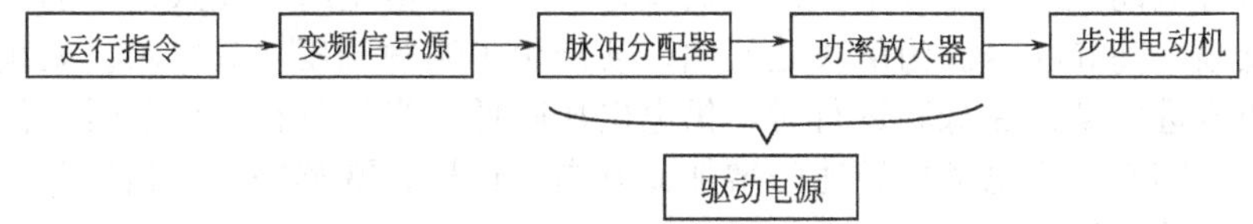

图 2-5 步进电动机驱动组成框图

驱动电源是将变频信号源（微机或数控装置等）送来的脉冲信号和方向信号，按要求的配电方式自动地循环供给电动机各相绕组，以驱动电动机转子正反向旋转。因此，只要控制输入电脉冲的数量和频率，就可以精确控制步进电动机的转角和速度。

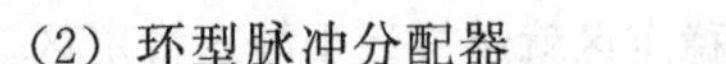

(2) 环型脉冲分配器

步进电动机的各相绕组必须按一定的顺序通电才能正常工作。这种使电动机绕组的通电顺序按一定规律变化的部分称为脉冲分配器，又称为环型脉冲分配器。实现环型分配的方法有三种：一种是采用计算机软件，利用查表或计算方法来进行脉冲的环型分配，简称软环分。该方法能充分利用计算机软件资源，以降低硬件成本，尤其是对多相电动机的脉冲分配具有更大的优点。但由于软环分占用计算机的运行时间，故会使插补一次的时间增加，易影响步进电动机的运行速度。另一种是采用小规模集成电路搭接而成的三相六拍环型脉冲分配器。这种方式灵活性很大，可搭接任意通电顺序的环型分配器，同时在工作时不占用计算机的工作时间。第三种是采用专用环型分配器器件，如 CH250，即为一种三相步进电动机专用环型分配器，它可以实现三相步进电动机的各种环型分配，使用方便，接口简单。

(3) 功率放大器

从计算机输出或从环型分配器输出的信号脉冲电流一般只有几毫安，不能直接驱动步进电动机，必须采用功率放大器将脉冲电流进行放大，使其增大到几安培至十几安培，从而驱动步进电动机运转。由于电动机各相绕组都是绕在铁芯上的线圈，故电感较大，绕组通电时，电流上升率受到限制，因而影响电动机绕组电流的大小。绕组断电时，电感中磁场的储能组件将维持绕组中已有的电流不能突变，在绕组断电时会产生反电动势，为使电流尽快衰减，并释放反电动势，必须适当增加续流回路。对功率放大器的要求包括：能提供足够的幅值，前后沿较陡的励磁电流，功耗小、效率高，运行稳定可靠，便于维修，成本低廉。

步进电动机所使用的功率放大电路有电压型和电流型。电压型又有单电压型、双电压型(高低压型)。电流型有恒流驱动、斩波驱动等。

① 单电压型电路结构简单，但限流电阻（5～20Ω）串在大电流回路中，要消耗能量，使放大器功率降低。同时由于电动机绕组电感 L 较大，电路对脉冲电流的反应较慢。因此，输出脉冲波形差、输出功率低。这种放大器主要用于对速度要求不高的小型步进电动机中。

② 高低压功率放大电路由于仅在脉冲开始的一瞬间接通高压电源，其余的时间均由低压供电，故效率很高。由于电流上升率高，故高速运行性能好，但由于电流波形陡，有时还会产生过冲，故谐波成分丰富，电动机运行时振动较大（尤其在低速运行时）。

③ 恒流源功率放大电路的特点是在较低的电压上，有一定的上升率，因而可用在较高频率的驱动上，由于电源电压较低，功耗将减小，效率有所提高。由于恒流源管工作在放大区，管压降较大，功耗很大，故必须注意对恒流源管采用较大的散热片散热。

④ 斩波功率放大电路由于去掉了限流电阻，效率显著提高，并利用高压给电动机绕组储能，波的前沿得到了改善，从而可使步进电动机的输出加大，运行频率得以提高。

在电源电压一定时，步进电动机绕组电流的上冲值是随工作频率的升高而降低的，使输出转矩随电动机转速的提高而下降。要保证步进电动机高频运行时的输出转矩，就需要提高供电电压。上述各种功放电路都是为保证绕组电流有较好的上升沿和幅值而设计的，从而有效地提高了步进电动机的工作频率。但在低频运行时，会给绕组中注入过多的能量，从而引起电动机的低频振荡和噪声。为解决此问题，便产生了调频调压功放电路。调频调压电源的基本原理是当步进电动机在低频运行时，供电电压降低，当运行在高频段时，供电电压也升高。即供电电压随着步进电动机转速的增加而升高。这样，既解决了低频振荡问题，也保证了高频运行时的输出转矩。

(4) 细分驱动

步进电动机的各种功率放大电路，都是由安装环型分配器决定的分配方式来控制电动机各相绕组的导通或截止，从而使电动机产生步进运动。步距角的大小只有两种，即整步工作和半步工作。步距角由步进电动机结构所确定。如果要求步进电动机有更小的步距角或者为减小电动机振动、噪声，可以在每次输入脉冲切换时，不是将绕组电流全部通入或切除，而是只改变相应绕组中额定的一部分，则电动机转子的每步运动也只有步距角的一部分。这里绕组电流不是一个方波，而是阶梯波，额定电流是台阶式的投入或切除，电流分成多少个台阶，则转子就以同样的个数转过一个步距角。这样将一个步距角细分成若干步的驱动方法称为细分驱动。细分驱动的特点是：在不改动电动机结构参数的情况下，能使步距角减小。细分后的步距角精度不高，功率放大驱动电路也相应复杂；但细分技术能解决低速时易出现低频振动带来的低频振荡现象，使步进电动机运行平稳，匀速性提高，振荡得到减弱或消除。

2.1.5　步进电动机控制技术

步进电动机控制技术主要包括步进电动机速度控制、步进电动机的加减速控制，以及步进电动机的微机控制等。

（1）步进电动机速度控制

控制步进电动机的运行速度，实际上就是控制系统发出时钟脉冲的频率或者换相的周期。系统可用两种办法来确定时钟脉冲的周期，一种是软件延时，另一种是用定时器。软件延时的方法是通过调用延时子程序的方法来实现的，它占用 CPU 时间。定时器方法是通过设置定时时间常数的方法来实现的。

（2）步进电动机的加减速控制

对于点位控制系统，从起点至终点的运行速度都有一定要求。如果要求运行的速度小于系统的极限启动频率，则系统可以按照要求的速度直接启动，运行至终点后可以立即停发脉冲串而令其停止。系统在这样的运行方式下速度可认为是恒定的。但在一般情况下，系统的极限启动频率是比较低的，而要求的运行速度往往较高。如果系统以要求的速度直接启动，因为该速度超过极限启动频率而不能正常启动，可能发生丢步或不能运行的情况。

系统运行后，如果到达终点时突然停发脉冲串，令其立即停止，则因为系统的惯性原因，会发生冲过终点的现象，使点位控制发生偏差。因此在点位控制过程中，运行速度都需要有一个加速→恒速→减速→（低恒速）→停止的过程，如图 2-6 所示。各种系统在工作过程中，都要求加减速过程时间尽量短，而恒速时间尽量长。特别是在要求快速响应的工作中，从起点至终点运行的时间要求最短，这就必须要求加速、减速的过程最短，而恒速时的速度最高。

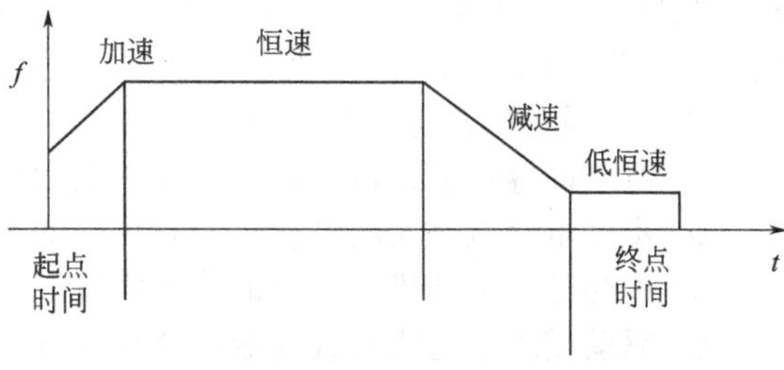

图 2-6　点位控制的加减速过程

加速规律一般可有两种选择：一是按照直线规律加速，二是按指数规律加速。按直线规律加速时加速度为恒值，因此要求步进电动机产生的转矩为恒值。从电动机本身的矩频特性来看，在转速不是很高的范围内，输出的转矩可基本认为恒定。但实际上电动机转速升高时，输出转矩将有所下降，如按指数规律升速，加速度是逐渐下降的，接近电动机输出转矩随转速变化的规律。用微机对步进电动机进行加减速控制，实际上就是改变输出时钟脉冲的时间间隔。加速时使脉冲串逐渐加密，减速时使脉冲串逐渐稀疏，微机用定时器中断方式来控制电动机变速时，实际上就是不断改变定时器装载值的大小。一般用离散办法来逼近理想的升降速曲线。为了减少每步计算装载值的时间，系统设计时就把各离散点速度所需的装载值固化在系统的 EPROM 中，系统运行中用查表方法查出所需的装载值，从而大大减少占用 CPU 时间，提高系统反应速度。

（3）步进电动机的微机控制

步进电动机的工作过程一般由控制器控制，控制器按照设计者的要求完成一定的控制过程，使功率放大电路按照要求的规律，驱动步进电动机运行。简单的控制过程可以用各种逻辑电路来实现，但其缺点是线路复杂，控制方案改变困难。微处理器的问世给步进电动机控制器设计开辟了新的途径。各种单片机的迅速发展和普及，为设计功能很强且价格低廉的步进电动机控制器提供了条件。使用微型计算机对步进电动机进行控制有串行和并行两种方式。

① 串行控制：具有串行控制功能的单片机系统与步进电动机驱动电源之间有较少的连线，将信号送入步进电动机驱动电源的环型分配器（在这种系统中，驱动电源必须含有环型分配器）。

② 并行控制：用微型计算机系统的数个端口直接去控制步进电动机各相驱动电路的方法，称为并行控制。在电动机驱动电源内，不包括环型分配器，而其功能必须由微型计算机系统完成。由系统实现脉冲分配器的功能有两种方法：一种是纯软件方法，即完全用软件来实现相序的分配，直接输出各相导通或截止的信号；另一种是软、硬件相结合的方法，在这种接口中，计算机向接口输入简单形式的代码数据，而后接口输出步进电动机各相导通或截止的信号。

2.1.6 步进电动机在机器人驱动与控制应用概况

（1）步进电动机应用于机器人的优势

步进电动机具有惯量低、定位精度高、无累积误差、控制简单等特点。步进电动机是低速大转矩设备，传输更短，有更高的可靠性，更高的效率，更小间隙和更低的成本。正是这一特点，使得步进电动机适用于机器人，因为大多数机器人运动是短距离要求高加速度达到低点的循环周期。步进电动机功率-重量比高于直流电动机。大多数机器人的运动不是长距离和高速度（因此高功率），但通常包括短距离的停止和启动。在低转速高转矩工况，步进电动机是理想的机器人驱动器。

机器人选用步进电动机具有以下优点：

① 对于同等性能机器人，采用步进电动机更便宜。

② 步进电动机是无刷电动机，有更长的寿命。

③ 作为数字电动机，可以准确地定位。

④ 驱动模块不是线性放大器，这意味着更少的散热片，更高的效率，更高的可靠性。

⑤ 驱动模块比线性放大器便宜。

⑥ 没有昂贵的伺服控制的电子元件，因为信号直接从 MPU 起源。

⑦ 具有软件故障安全保护措施。

⑧ 具有电子驱动器故障安全保护措施。

⑨ 速度控制精确和可重复的（晶体控制）。

⑩ 如果需要，步进电动机运行可极为缓慢。

（2）机器人步进电动机设计应用注意事项

对步进电动机的选型，主要考虑三方面的问题：第一，步进电动机的步距角要满足进给传动系统脉冲当量的要求；第二，步进电动机的最大静力矩要满足进给传动系统的空载快速启动力矩要求；第三，步进电动机的启动矩频特性和工作矩频特性必须满足进给传动系统对启动力矩与启动频率、工作运行力矩与运行频率的要求。总之，应遵循以下原则：

① 应使步距角和机械系统相匹配，以得到所需的脉冲当量。有时为了在机械传动过程中得到更小的脉冲当量，一是改变导程，二是通过步进电动机的细分驱动来完成。但细分只

能改变其分辨率，不能改变其精度。精度是由电动机的固有特性所决定的。

② 要正确计算机械系统的负载转矩，使电动机的矩频特性能满足机械负载要求并有一定的余量，保证其运行可靠。在实际工作过程中，各种频率下的负载力矩必须在矩频特性曲线的范围内。一般来说，最大静力矩大的电动机，其承受的负载力矩也大。

③ 应当估算机械负载的负载惯量和机器人要求的启动频率，使之与步进电动机的惯性频率特性相匹配还有一定的余量，使之最高速连续工作频率能满足机器人快速移动的需要。

④ 合理确定脉冲当量和传动链的传动比。脉冲当量应该根据进给传动系统的精度要求来确定。如果取得太大，无法满足系统精度要求；如果取得太小，要么机械系统难以实现，要么对系统的精度和动态特性提出的要求过高，使经济性降低。对于开环系统来说，一般取0.005～0.01mm 为宜。

传动链的传动比可按下式计算：

$$i=\frac{\alpha L_0}{260°\delta_p} \tag{2-3}$$

式中，α 为步进电动机的步距角，(°)；L_0为滚珠丝杠的基本导程，mm；δ_p为移动部件的脉冲当量，mm。

一般来说，步进电动机的步距角 α、滚珠丝杠的基本导程 L_0和脉冲当量 δ_p给定后，采用式（2-3）计算传动链的传动比 i 时，传动比 i 的值一般情况下不会等于 1，这表明采用步进电动机作为驱动的传动系统，电动机轴与滚珠丝杠轴不能直接连接，必须有一个减速装置过渡。当传动比 i 的数值不大时，可以采用同步齿形带或一级齿轮副传动。否则，可以采用多级齿轮副传动。

2.2 机器人步进电动机驱动与控制实例

2.2.1 步进电动机控制器及其在机器人多自由度关节中的应用

在此运用单片机＋FPGA 的控制电路，充分利用单片机和电子设计自动化（EDA）技术各自的特点，实现了基于双正弦驱动电流波形的三相反应式步进电动机新型细分驱动电路。该系统在机器人多自由度关节中得到了良好的应用。

（1）步进电动机细分电流波形的选择

步进电动机的细分控制，从本质上讲是通过对步进电动机的励磁绕组中电流的控制，使步进电动机内部的合成磁场为均匀的圆形旋转磁场，从而实现步进电动机步距角的细分。反应式步进电动机由于一个绕阻的正反向电流所产生的力矩是相同的，即电流反向而力矩并不反向，或者说在建立圆形旋转磁场讨论中，各绕阻只能考虑电流的绝对值。基于以上考虑，对于三相反应式步进电动机，经济合理的方式是采用双正弦电流波形（见图 2-7）。

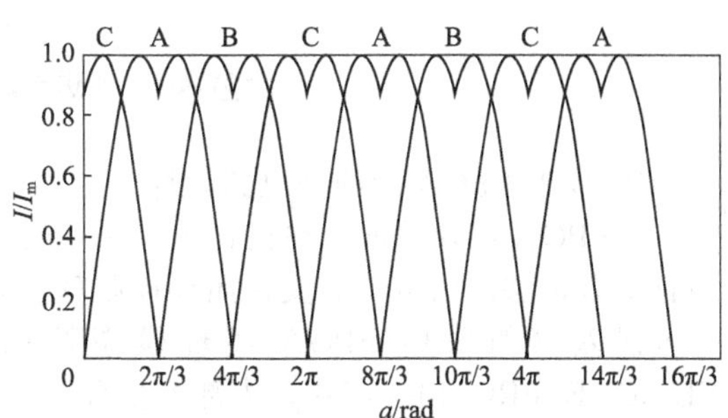

图 2-7　三相反应式步进电动机绕阻电流波形

$$I_a=\begin{cases}I_m\sin\alpha & 0\leqslant\alpha\leqslant 2\pi/3\\ I_m\sin(\alpha-\pi/3) & 2\pi/3\leqslant\alpha\leqslant 4\pi/3\\ 0 & 4\pi/3\leqslant\alpha\leqslant 2\pi\end{cases}$$

式中，α 为电动机转子偏离参考点的角度。I_b 比 I_a 滞后 $2\pi/3$，I_c 比 I_a 超前 $2\pi/3$。此时，合成电流矢量在所有区间 $I=(\sqrt{3}/2)\ I_m e^{-j\alpha}$，从而保证合成磁场幅值恒定，实现电动机的恒转矩运行。而步进电动机在这种情况下也最为平稳，可实现步距角的任意细分。

（2）控制器的选择

采用单片机＋EEPROM 可实现基于双正弦细分驱动电流的反应式步进电动机控制系统。但采用单片机＋EEPROM 的结构有以下不足：①当细分数较多时会造成硬件电路复杂，可靠性差；②灵活性不够，改变细分数要用编程器重写 EEPROM；③控制性能不佳（如采用模糊 PID 等控制算法时，单片机的性能制约了系统性能）。PLD 具有用户可编程、速度高、可靠性高和容易使用等优点，这几年得到了飞速发展和广泛应用。上至高性能 CPU、下至简单的数字电路，都可以用 PLD 来实现。PLD 中应用最广泛的是 FPGA 和 CPLD。FPGA 是基于查找表的结构模块，非常适合于实现寄存器用量大的设计，并适合于实现实现加法器、计数器等算数功能。利用 FPGA 的 I/O 端口多，以及硬件集成度高且可以自由编程支配、定义其功能的特点，不但能大大缩减电路的体积，提高电路的稳定性、可靠性，而且先进的开发工具使整个系统的设计调试周期大大缩短，维护升级便利。

（3）步进电动机细分控制系统

本系统由 FPGA 芯片、单片机、数字模拟（DA）转换电路、放大电路、同频斩波驱动电路、光电编码器反馈回路、CAN 总线接口模块、过载过热保护模块和上位机组成。系统结构如图 2-8 所示。

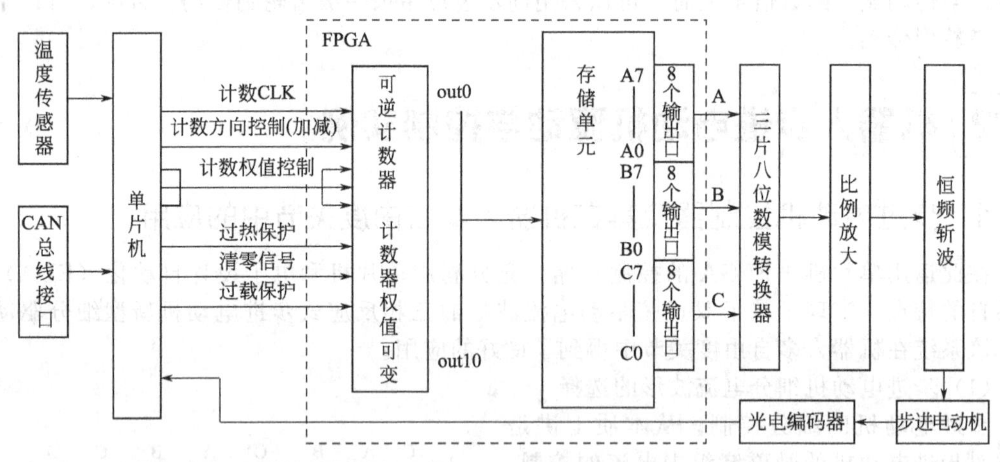

图 2-8　步进电动机细分控制系统结构

① 基于 FPGA 的细分电路设计

a. FPGA 芯片选取　在设计中，选取的 FPGA 芯片不但要能够存放足够多的细分数据，而且要有足够的门数能够支持闭环控制算法以消除传动机构间隙或电动机停止时振荡引起的定位误差（如采用 FPGA 实现模糊控制器功能等）。本设计中采用 Altera 公司的 FLEX10K70RC240-4 芯片，内部容量有 7 万个逻辑门，输入输出引脚高达 189 个，最大工作频率达 95MHz。设计中采用 MAXPLUSII 软件开发系统和硬件描述语言 VHDL。

b. 步距角细分的 FPGA 系统构成　由图 2-7 可知，一般情况下总有两相绕阻通电，一相电流逐渐增大，另一相逐渐减小。对应一个步距角，电流变化 N 个台阶，也即步距角细分为 N 份。实验中取 $N=72$，单相电流 72 细分图见图 2-9。图 2-10 为示波器采集到的单相电流 72 细分后的波形。

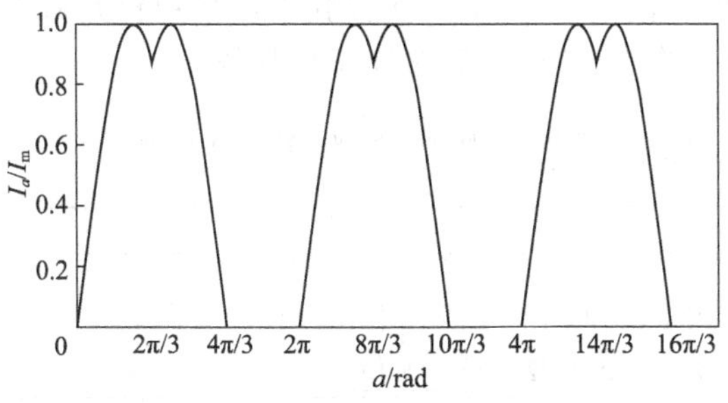

图 2-9　单相电流 72 细分图

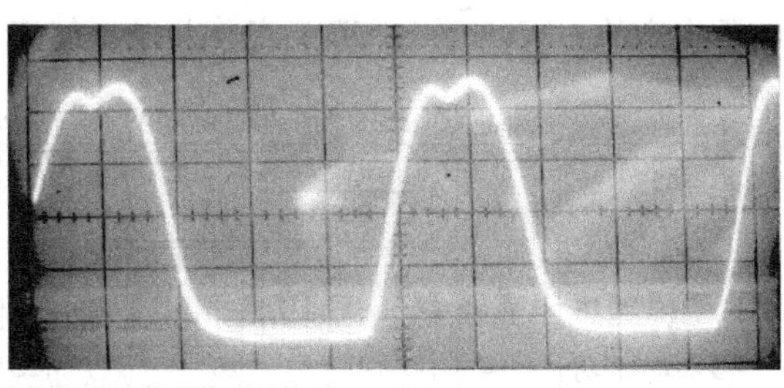

图 2-10　示波器采集单相电流 72 细分波形

图 2-11 为步进电动机细分原理图。CONT0 为 8 位七十二进制可逆计数器，在时钟脉冲作用下递增或递减计数，以确定电动机的转向。按照双正弦周期性规律产生的不等距阶梯波所对应的离散数据存储在 LPM _ ROM 中。LPM _ ROM 由 FPGA 中的嵌入式存储块 (EAB) 所构成，可存放步进电动机各相细分电流所需的控制波形数据表。细分数越多，则要储存的数据量越大，能储存多少数据由 FPGA 的门数决定。本设计中，采用 3 个 LPM _ ROM 来存储 A、B、C 三相电流波形对应数据。设计中用的 LPM _ ROM 有 8 位地址线，最多可存储 256 个字节数据。实验中，在每相 LPM _ ROM 中保存 72 个对应数据，以供计数器根据存储器地址查询输出。输出的信号经 DA 转换为模拟量后送驱动电路进行同频斩波驱动。

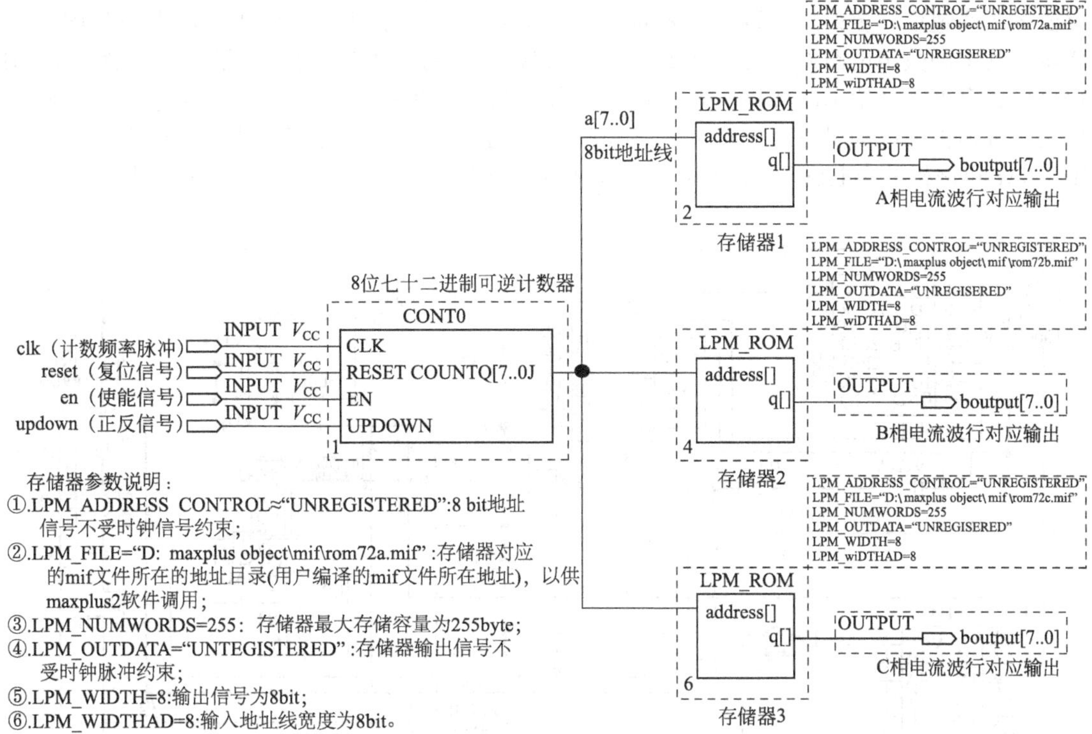

图 2-11　步进电动机细分原理图

计数器的输入信号由单片机给出。clk 为计数频率脉冲，用于控制电动机速度；reset 为复位信号，高电平有效；en 为使能信号，高电平允许计数；updown 为加减计数控制信号，用于控制电动机正反转。仿真后的三相部分波形如图 2-12 所示。在实验中，采用杭州康芯电子生产的 GW48 系列 EDA 实验开发系统来实现图 2-12 所示的细分控制电路。

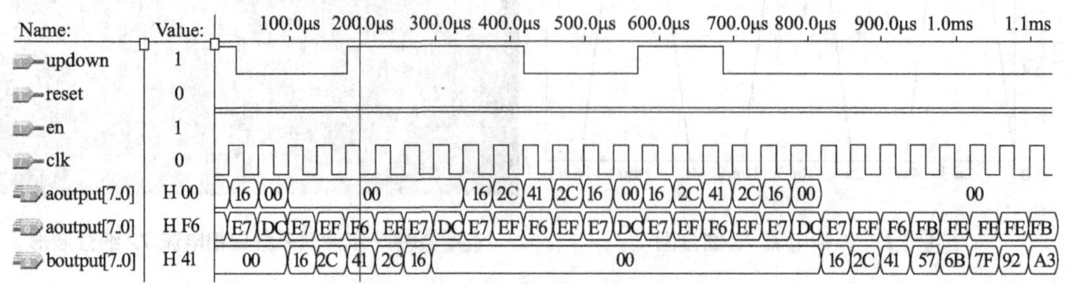

图 2-12　步进电动机细分驱动仿真图

② 恒频斩波驱动电路设计　细分驱动需控制相绕阻电流大小。目前常用的驱动线路中有两种适于细分驱动，分别为单电压串电阻驱动和斩波-恒流驱动。其中，使用斩波-恒流驱动具有高频响应高、输出转矩均匀、消除共振现象、系统效率高等优点，是在步进电动机高性能控制中常使用的驱动电路。但传统的恒流-斩波电路也有不足，较突出的问题是高频噪声和差拍噪声。常使用的克服上述噪声的方法是采用同频斩波电路。在此对同频斩波电路进行了改进，采用 FPGA 实现了数字电路部分；在反馈通道增加了无源低通滤波器，从而更有效地防止电动机振荡；还使得功放管 Q_1、Q_4 都工作在相同的完全开关状态，提高绕阻中电流的下降速度，更好地实现下降沿细分提高系统效率。设计出的同频斩波电路如图 2-13 所示（其中的数字电路部分均可在 FPGA 中实现），并用 EWB 软件进行了仿真，通过 EWB 提供的数字发生器给 DA 转换电路提供不同数字信号来模拟 FPGA 的输出信号。在实验中使用原常州微特电动机总厂生产的 75BC380 型步进电动机。通过直流法测得电动机每相电阻 1.5Ω 和每相平均电感 40 mH 作为仿真时的电动机参数。仿真结果如图 2-14 所示。

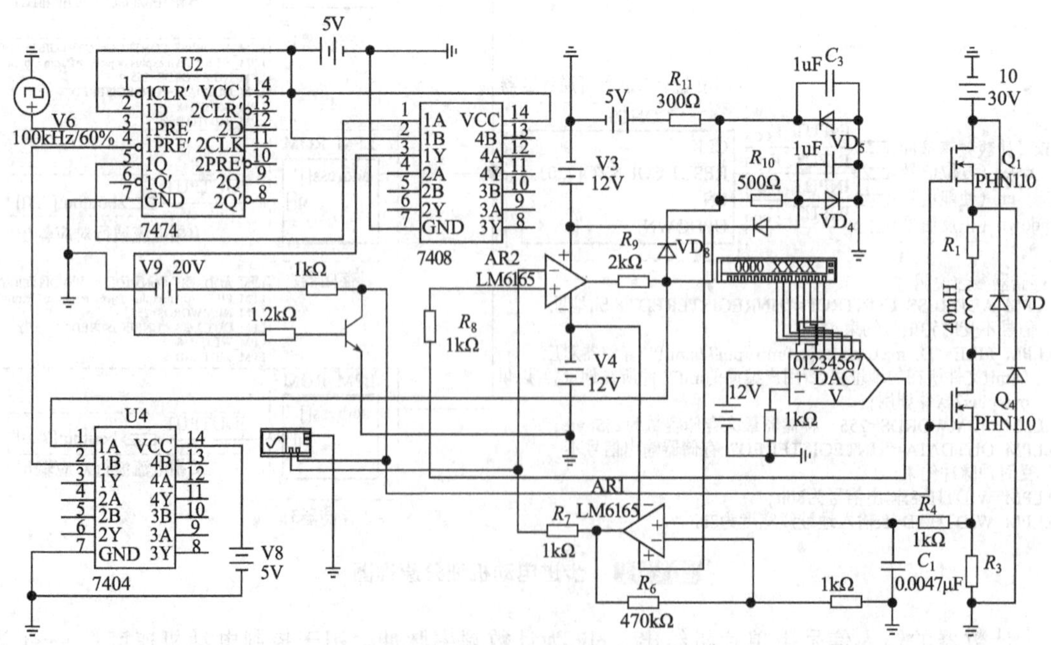

图 2-13　同频斩波驱动电路

(4) 步进电动机新型控制器在机器人多自由度关节中的应用

1) 机器人多自由度关节的结构

为了克服现有机器人多自由度关节机械结构复杂、控制精度低、零件加工困难等不足，国内研究人员提出一种结构简单、安装方便、控制精度高的机器人多自由度关节。该关节结构三维视图如图 2-15 所示。同时国内研究人员设计了关节的机械机构，并研究采用超声波电动机作为驱动电动机。超声波电动机具有很多电磁电动机无法取代的优点，但是它价格昂贵、控制复杂。目前，大力矩超声波电动机仍处于实验室研究阶段。因此，采用步进电动机驱动更具实用价值。

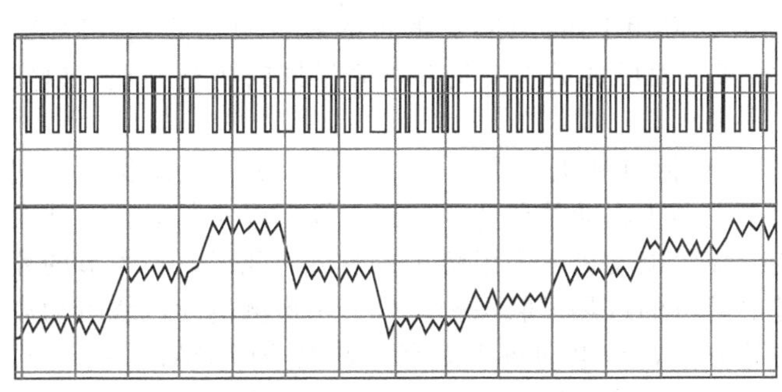

图 2-14　恒频斩波仿真结果

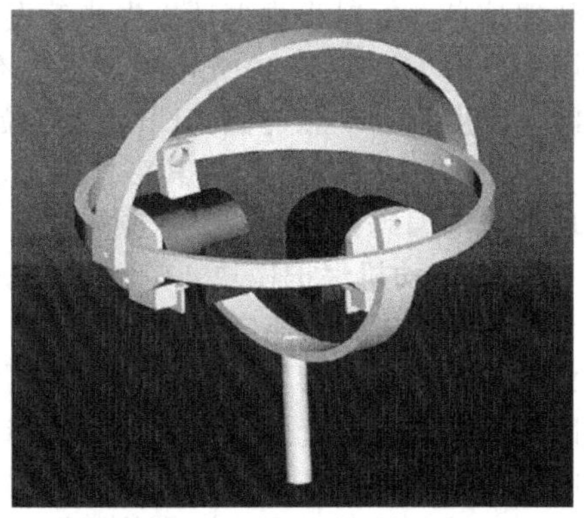

图 2-15　多自由度关节三维视图

2) 基于步进电动机新型控制器的机器人多自由度关节控制系统研制

机器人多自由度关节系统需要对两台步进电动机进行实时控制。控制有两个重点：一是每台电动机的精密定位控制，二是两台电动机的协调运动。在控制中，由于对关节的路径进行规划需要大量的计算，单纯靠单片机+FPGA 不能实时完成，因此采用上下位机的形式。选用 Philips 公司生产的增强型 51 单片机 P89CS1RD2 作为下位机主控器件。基于本控制系统的要求（如图 2-8 所示），该单片机系统主要包含下述 5 个模块。

① 逻辑输出模块　单片机作为主控器发出逻辑指令，通过 FPGA 控制步进电动机的启停、正反转、加减速及步距精度。

② CAN 总线接口模块　一个关节需要两台电动机协调运动，而在一个机器人系统中，需要多个关节协调动作，这样就涉及多台电动机协调控制。在本系统中选用 CAN 总线通信接口模块进行各电动机间的通信。CAN _ bus 是一种多主方式的串行通信总线。在多关节机器人系统中，将每一个关节模块作为 CAN 总线上的一个节点，组成一个控制网络。CAN 接口电路如图 2-16 所示，电路中采用了 Philips 公司生产的 CAN 总线控制器 SJA1000 和 CAN 收发器 PCA82C250。SJA1000 符合 CAN20B 协议。CAN 收发器为 PCA82C250，它是 CAN 控制器与物理总线之间的接口，可以提供向总线的差动发送能力和对 CAN 控制器的

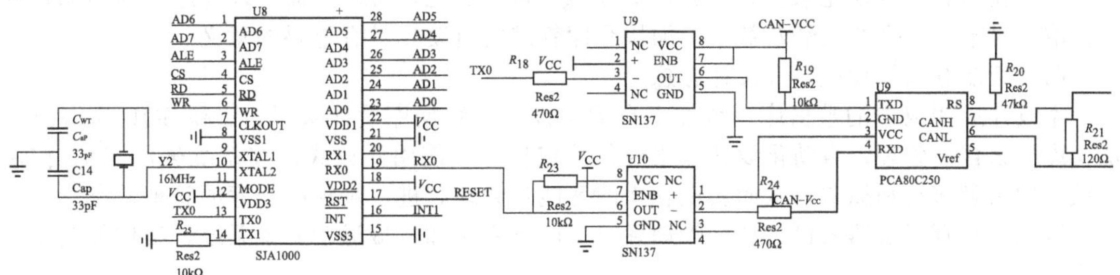

图 2-16　CAN 总线通信接口电路

差动接收能力。引脚 RS 为效率电阻输入端，它允许选择三种不同的工作方式：高速、斜率控制和待机。在 CAN 总线两端各有一个 120Ω 的电阻，其作用为匹配总线阻抗。另外，为了提高可靠性，使用了 Philips 公司的 DC-DC 模块 BOSOSS 对电源进行了隔离。

在 CAN 控制网络中，上位机可采用 CAN 适配器作为节点发送运算结果。但 CAN 适配器价格昂贵，故而采用 RS-232 串口把上位机的运算数据发送给下位机的任何一个节点，而下位机的各节点间采用多主方式的 CAN 总线进行通信，这样既节约了成本又满足了系统要求。

③ 位置信号采集模块　通过对光电编码器脉冲信号的计数，单片机可以得到电动机的位置信息，并对步进电动机失步等误差进行闭环处理。本系统中采用德国 FAULFABER 集团生产的 HEDS-5540 光电编码器，有 3 路输出，其中 ChA 和 ChB 为输出相位相差 90°的方波，精度为 500 脉冲圈，ChZ 为零位信号。使用 P89C51RD2 的可编程计数器阵列（PCA）5 个通道中的 2 个，设置其工作在捕获模式，对脉冲的上升沿和下降沿同时进行捕获，以实现对光电编码器脉冲的 2 倍频采集。

④ 电动机保护模块　电动机保护模块包括电动机位置保护、过热保护、过载保护。对于位置保护：由于本关节存在死区，如果电动机驱动关节达到死区时没有停止其运行，就会使电动机运行于堵转状态，严重时可能会烧毁电动机。为了防止关节进入死区，在关节的死区边缘设置了 4 个限位开关。对于步进电动机的过热过载保护，可采用检测电动机绕阻动态电阻等方法。在本系统中，采用较简便的方法，在电动机表面直接贴上美国 DALLAS 公司生产的单总线数字集成温度传感器 DS18B20 进行温控。

⑤ 位置信息存储模块　关节中两台电动机的位置信息在断电后须保存，以便为下一次运行提供当前位置信息。可采用 FPGA 存储信息，但 FPGA 的存储单元容量非常有限，为此在硬件系统中增加了非易失性存储器 EEPROM24C04 来保存这些信息。它采用 I^2C 串行总线。但是由于 P89CS1RD2 本身没有 I^2C 总线，必须用软件来模拟。在程序中采用了广州周立功公司编写的模拟 I^2C 协议的软件包。其中提供了对 I^2C 器件进行读写的子程序，使用方便。

（5）小结

本例运用单片机＋FPG 实现了基于双正弦驱动电流波形的三相反应式步进电动机新型细分驱动电路，并实现了基于步进电动机驱动的机器人多自由度关节控制系统。

驱动器体积小、细分精度高、运行功耗低、可维护性强。采用 75BC380 型步进电动机，其粗步距精度为 0.36°，通过驱动电路 72 细分后步距精度达 0.005°，电动机运行较平稳、效果良好。该驱动器运用于机器人多自由度关节控制中，不需要使用高精度编码器就可以使机器人关节达到很高的定位精度。

2.2.2 智能仓库管理机器人

一个仓库管理自动化系统，能够提供较为完备的功能，可以全面管理仓库中商品和货物的存取，对于提高企业的经营效率、加快仓库管理的自动化具有重要的意义。

（1）智能仓库管理机器人设计思想

本设计运用成熟的数据库系统加上自动化设备，数据库设计采用 VB 和 SQL Server 实现仓库的信合、管理，自动化设备采用现代数控技术，使用开放式数控系统软件 CNC 控制机械手的精确移动和抓取，从而实现仓库的智能化管理，进一步提高仓库的管理效率。

智能仓库管理机器人包括仓库管理系统、电子系统和机械运动系统系统，架构如图 2-17 所示。

其中，仓库管理系统是该系统的软件部分，包括 VB 和 SQL Server 建立的数据库系统

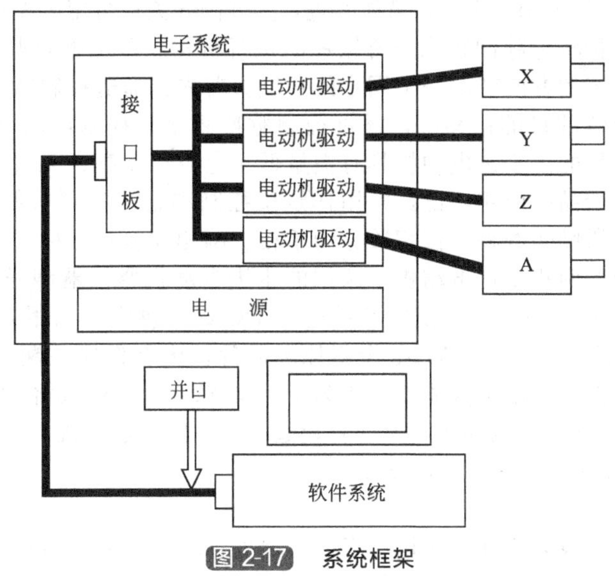

图 2-17 系统框架

和开放式数控软件 MACH3。电子系统由 MACH3 数控软件的接口板、各个轴的步进电动机驱动器以及整个电子系统的供电电源组成。机械部分是由丝杠传动的机械滑台组成，配有抓取物品的夹具。

(2) 智能仓库管理机器人系统的实现

本设计所要实现的目标是通过一台电脑管理仓库信息，并提取仓库物品使用 VB 和 SQL Server 建立管理仓库信息的软件系统，该软件系统管理仓库的所有信息，如仓库所有物品及物品所存放的仓库位置，查询所需要的物品，系统就能罗列出物品的详细信息，并能够输出提供给 MACH3 数控系统所需要的 G 代码，G 代码中包含有所需物品的位置信息。MACH3 数控软件加载生成的 G 代码并运行，通过计算机并口输出信号控制各轴步进电动机，从而推动机械滑台移动，将机械夹具准确定位到所需物品位置，然后实现抓取，并将物品送到指定位置。

(3) 仓库管理系统设计

现阶段仓库管理的特点是信息处理量特别大，所管理的物资设备种类繁多，而且入库单、出库单、需求单等单据的发生量特别大，关联信息多，查询和统计的方式各不相同，因此在管理上实现起来有一定的困难，在管理的过程中经常出现信息的重复传递等问题，仓储管理部门越来越需要一套低成本、高性能、方便使用、功能完善的自动化仓库管理系统。

该系统能够实现对仓库货物的各种信息的管理和查询，可以对货物的库存信息编辑。根据所查询货物的存放单号生成 G 代码。能够根据用户所选电动机和驱动参数计算出 MACH3 电动机调试所需的脉冲当量。系统最高级管理人员可以增加和删除其他用户信息，普通人员具有对信息查看的权限。

(4) 电子系统设计

智能仓库管理机器人系统的电子系统采用 MACH3 实现，MACH3 是由美国 Artsoft 公司开发的由 Windows 为平台的开放式数控软件。MACH3 软件使用 PC 电脑的 LPT 端口作为 CNC 设备的输入与输出，输出脉冲信号与方向信号，控制步进电动机驱动器，从而实现控制数控机床 MACH3 通过计算机并口来控制机器运行，输入信号是工作并口加载输入上的电压，输出信号是并口输出针脚上的电压，电压大小的测量是以电脑的 0V 线为基准软件支持所有国际标准 G 代码，最多能控制六轴，能实现复杂零件高精度加工，最高控制精度

为0.0001mm。简单的系统用一个并口就能实现，其外围开关点可用VB来编辑顺序输入输出。

步进电动机是一种将电脉冲转化为角位移的执行机构。驱动器接收到一个脉冲信号后，驱动步进电动机按设定的方向转动一个固定的角度。首先，通过控制脉冲个数来控制角位移量，从而达到准确定位的目的；其次，通过控制脉冲频率来控制电动机转动的速度和加速度，从而达到调速的目的。步进电动机具有惯量低、定位精度高、无累积误差、控制简单等特点，在机电一体化产品中应用广泛，常用作定位控制和定速控制。步进电动机种类很多，按结构分为反应式和激励式两种；按相数分为单相、两相和多相三种。

本设计采用常用的两相步进电动机。选用的步进电动机驱动器型号为TB6560，其技术参数为：工作电压直流10～35V，使用开关电源DC-24V供电；采用6N137高速光耦，保证高速不失步；采用东芝TB6560AHQ全新原装芯片，内有低压关断、过热停车及过流保护电路，保证最优性能；额定最大输出电流为±3A，峰值3.5A；适合42、57步进3A以内的两相/四相/四线/六线步进电动机，不适合超过3A的步进电动机；自动半流功能；细分，整步，半步，1/8步，1/16步，最大16细分。

(5) 机械系统设计

本项目要求实现直线运动和平而运动直线运动如伸缩、升降、横移运动。根据仓库的储物形式，机械运动部分采用直角坐标系的三轴滑台设计，步进电动机系统成本低，可以满足一般的需求，存取物品为直线运动，G代码运用G00（快速定位），G01（直线插补）两种功能代码三轴滑台按照空间直角坐标系设计，仓库物品堆叠摆放在*YOZ*平面，抓取夹具装在*X*轴上。本设计采用丝杠传动系统，通过联轴器将步进电动机和丝杠连接，将步进电动机的步距转换为位移。它的主要特点是机械结构简单，运动准确可靠，动作频率大。

2.2.3 变电站巡检机器人云台控制系统

变电站人工巡检方式存在劳动强度大，工作效率低，主观因素多，巡检不到位难以监控，检测质量难以控制，巡检结果数字化不便等问题。机器人巡检部分替代人工巡检已经成为一种趋势。巡检机器人对电力设备进行检测的工作流程为：机器人按照规划路线运行至设备检测位置（检测点）后，调用云台预置位，使检测设备对准待检电力设备。然后将采集到的电力设备图片及状态数据通过无线网络上传至监控后台，进行图像处理和数据分析。整个检测过程中，云台处于承上启下的位置，其性能直接影响巡检机器人完成巡检任务的质量。市场常见云台并不能完全满足变电站巡检机器人的应用要求，主要体现在：

① 变电站内待检电力设备数量多，检测点多，要求云台预置位在1000个以上。但市场现有的云台标准化产品预置位最多为256个。

② 预置位坐标保存在板卡本地，数据安全性不高，更换云台时复用坐标不便。

③ 不支持坐标调用，不便于进行二次开发和高级应用。

针对上述不足，开发了云台控制系统。

(1) 系统结构及特点

为使机器人长期可靠、快速准确地获取设备图片和状态数据，要求云台具有控制灵活、响应迅速、位置精度高、预置位数量多、可靠性高、防护能力强、便于集成及二次开发等特点。此云台专门针对变电站巡检机器人室外全天候、强电磁、强振动的应用场合设计，防护等级达到IP66，符合国家车载设备标准，具备高电磁兼容度。通过软硬件协同设计，解决了引言所述市场常见云台在变电站巡检机器人应用中存在的问题。

工控机根据监控后台规划的巡检任务及当前位置信息，通过485接口给云台控制板下发控制指令，包括预置位调用、自检、参数查询等。云台控制板驱动步进电动机实现云台横转、俯仰。通过槽型光电开关的反馈信号确定云台的原点位置。横转方向电气连接采用滑环，不受机械位置限制。垂直方向±90°设置有机械限位。所述云台的主要运行参数包括：

角度：水平，0～360°；垂直，－90°（±2°）～＋90°（±2°）。

匀速阶段速度：水平，9°～36°/s；垂直，9°～36°/s。

控制定位精度：0.02°。

预置位数量：本地 1000 个，监控后台可存预置位数量视存储空间而定。

（2）电动机选型

1）电动机类型

采用两相混合式步进电动机。步进电动机能够在开环条件下对速度和位置进行精确控制，控制简单，精度较高，性价比高。混合式步进电动机既具有反应式步进电动机步距小的特点，又具有永磁式步进电动机的输出力矩大、绕组电感小的优点。混合式步进电动机转子是永磁体。定子励磁只需提供变化的磁场即可，所以效率高、电流小、发热低、定位准确、稳定可靠。二相系统结构简单、成本低、步进频率高、反应速度快，是最常用的混合式步进电动机之一。

2）承载能力计算

根据应用要求，确定云台的最大负载，选择具备承载能力的电动机，对保证云台稳定可靠运行非常重要。云台搭载可见光摄像机及红外热像仪，最大负载约为 1kg。采用双侧载结构，搭载设备的重心到云台回转中心的距离为 25mm。垂直方向旋转的最大角度为 90°。云台承载能力计算以回转中心为基准。云台输出转矩 T 必须大于最大负载转矩，预留 40%裕量，计算如式（2-4）所示：

$$T \times 60\% > mg \times L \times \sin 90° \tag{2-4}$$

式中，m 为载荷质量，重力系数 g 取 9.8N/kg，计算得：T＞0.41N·m。垂直方向是云台的主要承载方向，水平方向受到的负载压力小于垂直方向。根据设计经验，并考虑采购及库存管理的便利性，水平方向与垂直方向选用的电动机一致。综上所述，本云台采用两相混合式步进电动机，额定电压 12V，额定电流 1A，静力矩 0.53N·m，步距角 0.3°。

（3）驱动控制电路

步进电动机分辨率受机械结构限制，直接控制精度不高。步进电动机在低速运转时会产生较大的振动和噪声，频率突变过大会造成失步或者过冲的现象，这些都会影响步进电动机的定位精度和使用寿命。为克服上述缺陷，在此采用微步控制技术，使电动机步进角度减小，低频振动减小，分辨率提高，达到可靠运行、精确定位的目的。

步进电动机微步控制一般由单片机进行线圈通电顺序编码，控制相对复杂。采用内置 1/32 微步分度器的驱动芯片 DRV8824 驱动两相混合式步进电动机。无需编码，内置分度器即可产生步进电动机运动所需的所有波形。DIR 引脚控制电动机旋转方向。PWM 信号经 STEP 引脚，控制步进电动机的速度和位置。通过 nENBL、nRESET 和 SLEEP 引脚设置驱动芯片工作状态。通过 MODE2：0 引脚设置驱动微步细分数。MODE2：0＝4，将整步细分为 16 个微步。通过 ISENA 和 ISENB 引脚连接采样电阻，实时监测电动机绕组电流，防止过流。

$$I_{\text{chop}} = \frac{V_{\text{REFX}}}{5R_{\text{ISENSE}}} \tag{2-5}$$

式中，R_{ISENSE} 为采样电阻值（R_{24}、R_{25} 阻值）；V_{REFX} 为参考电压（引脚 AVREF、BVREF 电压）。经计算，电动机绕组电流控制为小于 1.1A。

（4）软件开发

1）系统流程

云台控制系统软件采用基于命令触发的系统架构，执行工控机的控制命令，并反馈执行

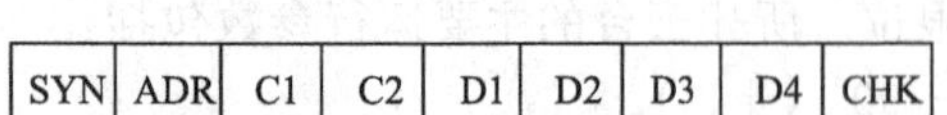

SYN	ADR	C1	C2	D1	D2	D3	D4	CHK

图 2-18 云台控制私有协议

状态。其他随机事件由中断进程处理。系统核心功能是云台电动机的速度和位置控制。

2）通信协议

采用 485 接口与工控机通信，支持通用的 PELCO _ D 协议，另外为了便于上传预置位坐标数据到监控后台，支持坐标调用，方便调试，自行制定了一套私有协议，格式如图 2-18 所示。

私有协议帧长度为 9 个字节，其中：SYN 为帧头同步字节；ADR 为地址字节；C1 和 C2 为命令字节，表明云台所要执行的命令；D1～D4 为数据字节，为命令所需的标志或参数；CHK 为校验字节。

系统根据功能需要设置的命令包括：版本号查询、系统重启、自检、姿态控制、当前位置坐标读取、指定预置位坐标读取、预置位设置、运动状态反馈等。使云台位置坐标的读取、上传、存储、调用、复用更加方便、安全。与位置坐标对应的预置位数量理论上扩充为无穷。

3）速度控制

实际运行过程中，由于巡检任务的特殊性，要求云台电动机能够快速启动、高速运转、立即停止。步进电动机速度与控制脉冲频率有关。启动频率过高会使步进电动机发生堵转、失步（步进电动机的启动频率必须小于最大牵入频率）。停止频率过低会使步进电动机发生过冲现象。采用的启动频率和停止频率均为 500Hz。即启动时，控制脉冲频率为 500Hz，然后逐渐提高至目标频率。停止时，控制脉冲频率先逐渐降低至 500Hz，然后停止输出控制脉冲。

为防止运行速度过快，停止冲击过大，将控制脉冲频率设定为小大于 2kHz。

云台以单片机 ATmega128 为控制核心，采用相频修正 PWM 模式控制步进电动机的速度和位置。为使步进电动机从起始速度平稳加速至目标速度，需要周期性均匀地改变当前速度。使用两个定时器。一个是速度定时器，用于产生精确的 PWM 脉冲，控制每秒步进 SPS (Step Per Second)，即步进电动机速度。另一个是加速度定时器，用于周期性地改变速度定时器。速度定时器 TOP 数值 SPS _ timer _ register 计算如式（2-6）所示：

$$\text{SPS\_timer\_register}=\frac{f_{\text{CLK}}}{\text{SPS}} \tag{2-6}$$

式中，f_{CLK}是振荡器频率，SPS 是步进电动机速度，SPS _ timer _ register 对应需要多少个定时器计数产生一个脉冲输出，存放在 OCRnA 寄存器中。进一步，此处采取基于相频修正的双斜坡操作，且设置分频系数，故速度定时器 TOP 值的计算由式（2-6）推导为式(2-7)：

$$\text{SPS\_timer\_register}=\frac{f_{\text{CLK}}}{2\times N\times \text{SPS}} \tag{2-7}$$

采用的晶振为 14.7456MHz，分频系数为 256。经过计算：

SPS _ timer _ register＝14745600/（2×256×SPS）＝28800/SPS

改变速度定时器 TOP 数值即可改变电动机速度。考虑到速度定时器的位数限制，且加减速过快影响云台运行稳定性等因素，设置 ATmega128 的定时器 0 为加速度定时器，工作在普通模式。需要调整云台速度时，加速度定时器每 10ms 中断一次，使速度定时器 TOP 数值增加或减少 4 个 LSB（Least Significant Bit）。

4）位置控制

速度定时器工作在相频修正 PWM 模式时，其 OCRnx 寄存器通过双缓冲方式得到更新的同一个时钟周期里溢出标志 TOVn 置位。根据溢出中断进行脉冲计数，可以确定步进电动机的相对步进数。根据原点位置和相对步进数即可确定绝对位置。步进电动机断电后，位置可能发生变化，所以每次上电后都要进行自检。通过凹槽型光电开关的反馈信号确定步进电动机的原点位置。当需要执行某个目标步进数时目标步进数执行完毕，立即停止电动机，为保护云台电动机，必须不断对比当前步进数与目标步进数，控制加减速过程。一般将步进总数的 20%用于电动机加速，60%用于电动机恒速，其余 20%用于减速。考虑程序运行速度，将算法简化。位置控制时，当已执行步进数 executed steps 与目标步进数 number of steps 差值小于设定值时，即开始减速，逐渐将控制脉冲频率降低至 500Hz。当已执行步进数 executed steps 等于目标步进数 number of steps－1 时，停止输出控制脉冲。

（5）小结

巡检机器人为提高变电站的数字化程度和全方位监控的自动化水平，确保设备安全稳定运行发挥了重要作用。云台作为主要功能部件，在机器人执行巡检任务过程中起到关键作用。

基于内置分度器的驱动芯片，细分控制二相混合式步进电动机，实现云台横转、俯仰，控制相对简单、控制精度高、稳定性好。通过支持绝对坐标调用，并将位置坐标上传至监控后台，增加预置位数量，提高坐标数据的安全性和易用性。便于进行二次开发和高级应用，也便于更换云台时复用预置位。巡检机器人云台控制系统，较好地解决了常见云台在巡检机器人应用中存在的一些问题，经工程应用验证，效果良好。

2.2.4　油罐清洗机器人全方位移动机构

（1）概述

油罐清洗机器人是代替人工作业的智能机械化工具，可以较好地完成作业任务，又大大减小了作业强度和危险系数，因此得到了广泛的关注和研究。油罐近似于圆柱形，内部空间狭小且不平坦，对油罐清洗机器人的机械结构和作业性能提出了特殊的要求，因此设计一种移动灵活、机动性强的油罐清洗机器人移动机构十分必要。全方位移动机构具有平面上 3 自由度的全向运动能力，不存在非完整约束，它可以向任意方向做直线运动而不需要事先作旋转运动，并且在以直线运动到达目标点的过程中同时可以做自身旋转运动调整机构的姿态，从而达到终态所需的姿态角，因而机动性好，特别适合于油罐清洗机器人。

轮式移动机构由于具有高度的运动灵活性和高效率性而被普遍应用，因此全方位移动机构以轮式较为多见。常见的轮式移动机构有单轮、两轮、三轮、四轮、六轮等，不同轮数的机构有着不同的特点。目前，几种典型的结构为偏置轮结构、万向轮结构或正交轮结构和球轮机构。三轮移动结构是轮式移动机器人的基本移动结构，该结构的主要优点是：能够可靠稳定地运动、能量利用率高、机构和控制相对简单。因此，设计了一种由全向单元构成的三轮式油罐清洗机器人全方位移动机构。

（2）移动系统设计

1）全向单元

全向单元是油罐清洗机器人全方位移动机构的基本组成单元，是一种通用的、标准化的结构单元，全向单元的数量不同可以构成不同结构形式的全方位移动机构。全向单元在平面内有 3 个自由度，即前后、左右和自转。全向单元由一个连续切换轮和一个步进电动机组成，考虑到机器人自身体积较小，因此首选带减速器电动机，这样步进电动机的输出轴可以直接与连续切换轮相连。步进电动机作为所连接的连续切换轮的驱动源，由远程安装有运动控制卡的主控制计算机连接驱动器对电动机进行转矩、角速度和输出角度的控制。连续切换轮是全向轮的一种，由一个轮盘和固定在轮盘外周的双排辊子构成。轮盘轴心同辊子轴心垂直，轮盘绕轴心转动，辊子依次与地面接触，并可绕自身轴心自由转动。为增加油罐清洗机器人作业过程中的稳定性和安全性，应用仿生吸盘原理，将带有众多小凹腔室的软橡胶包覆在刚性辊子外表面。这样，在作业过程中辊子在机器人重力作用下发生变形，凹腔室中的气体排出，使机器人吸附在油罐内壁上；同时包覆软橡胶又能防止刚性辊子与油罐内壁直接摩擦产生火花，影响作业安全。全向单元的结构如图 2-19 所示。

2）三轮全方位移动机构

三轮全方位移动机构由三个全向单元对称分布，各全向单元成120°角，彼此独立，如图 2-20 所示。这种分布方式在灵活性和稳定性上都较为优越，其原地自转中心与车体的几何中心重合即能实现车体绕自身中心的回转，适合于在油罐的狭小工作空间内和机器人自身方位的调整。

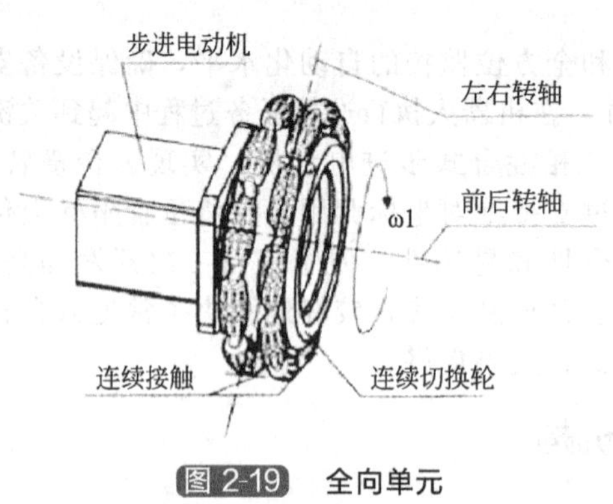

图 2-19 全向单元

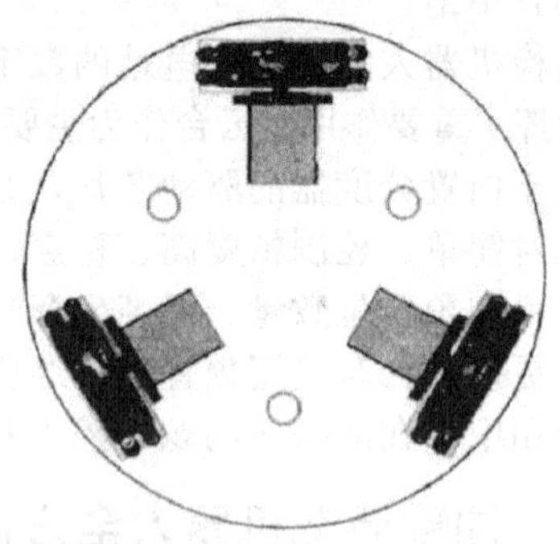
图 2-20 三轮全方位移动机构

3）控制系统

驱动电动机的性能直接影响着机器人的运动性能，并且对机械结构也会有一定的影响。选择某公司的 86 两相系列 86J1880-842（Z）步进电动机作为移动机构的驱动电动机，所配驱动器为 MSST10-S 驱动器，运动控制片为 JMC-2410 运动控制片，配以匹配的电缆、电源和变压器等组成全方位移动机构的驱动控制系统。电动机参数如表 2-2 所示。

表 2-2 86J1880-842（Z）步进电动机技术参数

步距角/(°)	静力矩/N·m	额定电流/A	定位力矩/g·cm	转子惯量/g·cm²
1.8	4.5	4.2	1300	1400

MSST10-S 驱动器有 3 种控制模式：脉冲方向模式、速度模式、SCL 语言模式，通过软件配置。在脉冲方向模式下，有脉冲/方向、双脉冲和编码器跟随模式。在速度模式中，包含固定速度和模拟量速度模式。可设定两种固定速度，可通过机械开关、限位开关进行速度切换，控制电动机的启停/反转。SCL 语言即为 MSST 系列驱动器基本的通信语言，可通过 PLC、PC 等上位机发送指令进行电动机控制。MSST10-S 驱动器电流大小由高速 DSP 芯片通过软件控制，精度可达 0.01A；输入信号平滑处理，自动微步计算，即使在低细分下也能保证运行平滑；抗共振算法，抑制系统中频共振；低速波形平滑算法，抑制低速力矩波动。

MSST10-S 驱动器技术参数如下。

供电电压：24～80V DC；输出相电流（峰值）：0.1～10A，软件设定；微步方式 200～51200 步/转，2 的倍数，软件设定；配合 MisNet Hub 实现多轴控制；RS-232 串口通信自动减流至 0～90%之间的任意百分比，软件设定；自检和自动设置，检验系统状态；强大的保护功能：过压、欠压、过热和过流保护；1 个模拟输入，3 个光隔数字输入，1 个光隔数字输出；适配电动机：4 线、6 线或 8 线的 17、23、24 或 34 步进电动机。

JMC-2410 是一款基于 PCI 接口 4 轴运动控制卡，控制步进电动机或接收脉冲命令的伺服电动机。JMC2410 使用了专用的运动控制 ASIC 芯片，支持硬件直线插补。参数计算、加

/减速处理、多轴直线插补由硬件完成，可以有效减小计算机的系统负担。JMC-2410 可接收编码器信号，并提供位置锁存函数。当锁存信号被触发，编码器当前位置就立即被捕获，并可产生中断。捕获当前位置信号过程由硬件高速完成。支持位置比较（大于、等于、小于）功能，比较条件满足时可产生比较输出信号，并且可产生中断。JMC-2410 提供了板号设置功能，用户将板号设定后，该卡上四个轴的轴号被确定下来，避免了使用 BIOS 自动查找控制卡时，PCI 接口接触不良导致各轴被重新编号的问题。JMC-2410 还具有许多其他高级功能，如飞行加速、减速，动态修改目标位置，支持非对称加减速。使用软件或外部输入信号可以控制 JMC-2410 的各个轴或多块卡上的轴同时开始运动或同时停止运动。JMC-2410 提供了 MotionPannel 程序，供用户在开发阶段来调试运动控制系统。此外，JMC-2410 提供了 DLL 动态链接库供用户进行二次开发，用户可以使用 C/C++、Visual Basic 进行运动控制程序开发。

全向单元之间通过 CAN 总线实现通信，全向单元与主控单元的通信也是通过 CAN 总线实现的。

（3）小结

三轮全方位移动机构硬件上采用连续切换轮和步进电动机组成的全向单元对称布局。机构具有轮式移动的高速高效性能，可以实现直线和原地旋转的 3 自由度运动，达到全方位移动的目的，具有良好的机动性，适合于空间狭小的油罐清洗机构。由于机构较为复杂，加上硬件固有的结构缺陷，致使其在实际运动时出现一些不确定性和误差，需要采用精度较高的驱动电动机和驱动轮，配合合理的控制，以减小摩擦、运动冲击和误差，满足工作要求。全方位移动机构可以采用不同的结构和布局。

2.2.5　基于运动控制卡的 6-DOF 切削机器人控制系统

六自由度切削机器人控制系统是一种典型的多轴实时运动控制系统。传统的机器人多采用的是封闭式控制系统，随着工业机器人的广泛应用以及智能控制体系的发展，传统的机器人控制系统软件兼容性差、容错性差和实时性差并缺少网络功能，不能满足现代工业和社会发展的要求，所以开放式控制系统应运而生，并很快成为一种重要的工业标准。开放式结构控制系统的发展是以 PC 为基础的，采用面向对象的模块化设计方法来构造系统。

（1）切削机器人的机械主体结构

切削机器人由四部分组成，分别是腰部、大臂、小臂以及腕部，它是具有六个回转关节的串联型机器人，切削机器人的机械结构如图 2-21 所示。因为要加工不同的工件，在切削过程中，切削工件的表面有时会比较复杂，因此机器人要有灵活的手腕，能够到达空间任意位置、完成任意姿态，所以在设计机器人的结构时，其手臂和腕部均有三个自由度。

切削加工机器人不同于一般工业机器人的搬运、抓取之类的功能，搬运等工业机器人在工作时，要求工作的起始位置准确即可，对运动过程的轨迹、速度和加速度没有过多的要求，即其运动轨迹的实现多是采用点位控制；而切削加工机器人在工作时，即要求工作的起始位置准确，又要求运动的轨迹、速度及加速度准确，采用的是连续控制方式。

运动执行部件及位置检测装置分别选用了步进电动机和编码器，而没有选用本身带有旋转编码器的伺服电动机，这是因为后者的旋转编码器采集的是伺服电动机走的步数，构成的是半闭环控制系统，不能保证运动件到达了预定的位置，选用步进电动机和编码器，它们组成的闭环控制系统，反馈的是运动件的实际运动参数，PC 机把接收到的参数信息与理论要求的参数进行比较计算，若运动件达到了理论上要求的位置，对此运动轴 PC 机不再发出脉冲信号，否则，将会发出控制指令，直到运动轴到达理论要求的位置，如此可以尽量消减从步进电动机到机械执行器间的传动误差。

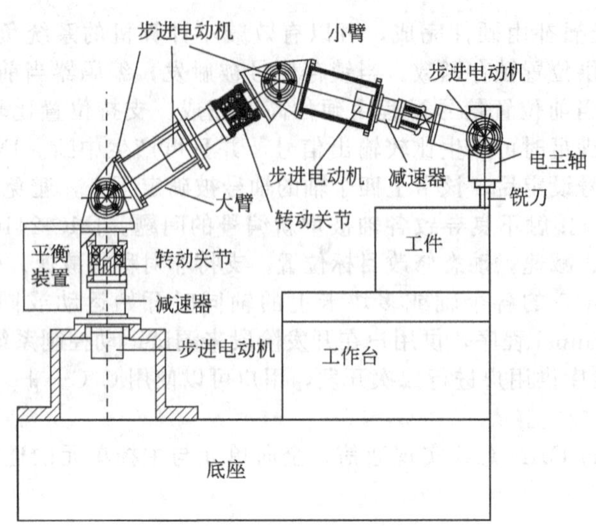

图 2-21 机器人机械结构图

(2) 切削机器人控制系统硬件构成

机器人控制系统采用了上下两级计算机，上位机是 PC 机，下位机采用可编程多轴运动控制卡。如图 2-22 所示，此机器人控制系统从其功能层次结构看，可以分为主控制器单元、底层控制单元和伺服系统单元。其中，主控制器单元由 PC 机组成，运行机械手控制主程序；底层控制器单元由可编程多轴运动控制卡组成，它完成脉冲信号、方向信号的输出以及编码器反馈信号的检测等功能，实现机械手的位置和速度控制；伺服系统单元由步进电动机和步进驱动器组成，提供机械手运动所需的动力。

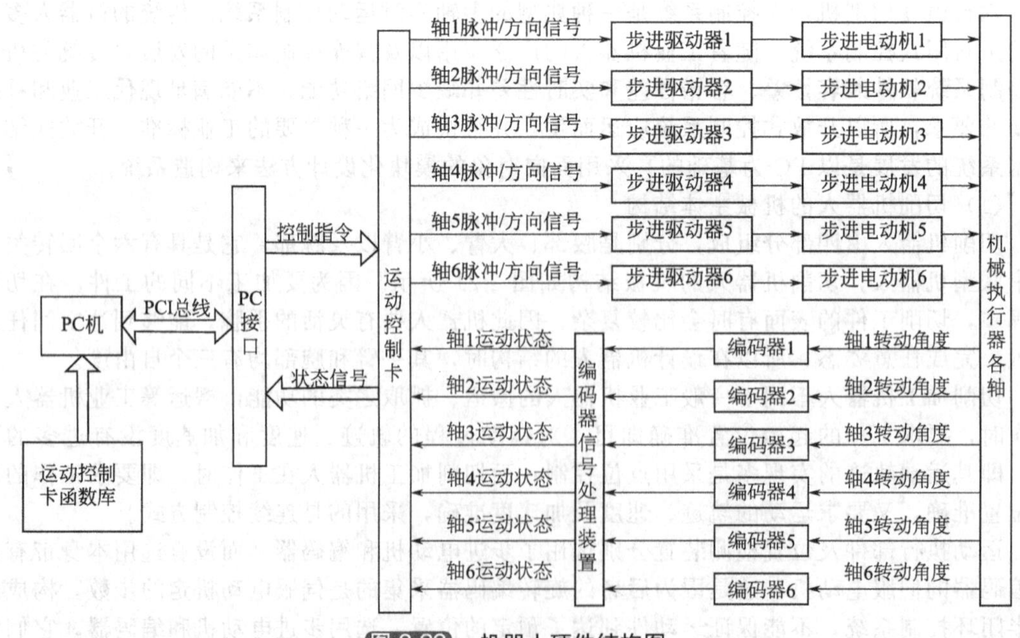

图 2-22 机器人硬件结构图

系统中可编程控制器选用的是众为兴公司开发的 ADT-856 运动控制卡，它可同时控制 6 个步进电动机，可以执行各种运动控制指令，脉冲输出的最大脉冲频率为 4MHz，可满足大部分运动控制应用的精度需求。

(3) 控制系统的软件开发

系统软件开发工具选用了 Visual C++6.0。Visual C++是一个功能非常强大的可视化应用程序开发工具，利用其基本类库 MFC 可以开发出功能强大的应用程序。它采用面向对象和模块化的思想进行开发，且 MFC 编程具有高效快速的特点，能够满足系统的要求，控制系统的软件结构如图 2-23 所示。

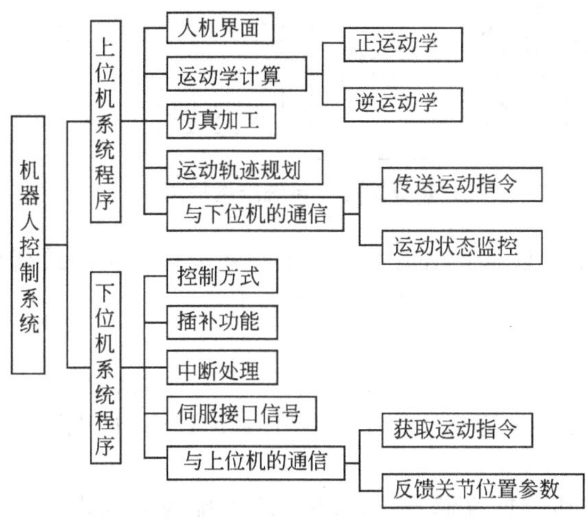

图 2-23　控制系统软件结构

根据机器人末端在空间的位姿，上位机控制系统需要完成运动学计算、轨迹规划等操作，计算出六个关节电动机的控制参数，并将参数传至下位机控制系统。而下位机控制系统即运动控制卡需将收到的控制信号传输至各个关节电动机驱动器中。

此外，上位机与下位机一个重要的通信功能是要完成数据交换，下位机将机械手各关节的实际位置参数反馈给上位机控制系统，对于下位机系统反馈的关节实际位置信息，上位机控制系统能够做到及时接收，以便准确有效地对整个系统进行实时监控。

(4) 小结

PC+运动控制卡的控制方案在运动控制领域已经得到广泛的应用。在这一控制方案中控制卡上的 CPU 与 PC 的 CPU 构成主从式双 CPU 控制模式，PC 机 CPU 负责人机界面、实时监控和发送指令等系统管理工作，卡上 CPU 处理所有运动控制的细节如升降速计算、行程控制、多轴插补等，无需占用 PC 机资源，使计算机资源得以充分。

2.2.6　太阳能自动谷物翻晒机器人

太阳能、风能等可再生能源的开发利用在我国发展迅猛。粮食收获后必须将含水量较大的粮食进行翻晒，否则将会发霉变质，造成不必要的经济损失。人工翻晒不仅费用高，而且工作环境也比较恶劣。周期长、效果不理想已成为生产者的难题。目前常用的翻晒方式有两种：一种是人工使用木锨进行翻晒，这种翻晒方式劳动强度大，翻晒效率低。另一种就是用大型机械设备进行烘干，这种方法可以解放广大农民的高强度劳动，提高翻晒效率，节约大量的人力。但是这种翻晒成本比较高，只适用于大型农场以及粮库。

可见，确有必要设计一种效率高且经济环保的翻晒系统。太阳能自动谷物翻晒机器人可以满足使用要求，该机器人操作简单、环保、高效。

(1) 系统总体设计

该系统结构框图如图 2-24 所示，该系统一方面是控制太阳能电池方阵能够跟踪太阳光最强烈的方向，使太阳能电池方阵更加高效地收集太阳能并将其存储在蓄电池里，供该系统所有元器件的使用。另一方面就是控制无线控制模块，使其可实现对该机器人的远距离控制，避免人工在阳光下暴晒。此外还控制步进电动机驱动器，实现对步进电动机的有效控制，从而实现该机器人的行走。超声波传感器也是通过主控芯片 ATmega128 的控制，完成该机器人的自动避障功能。

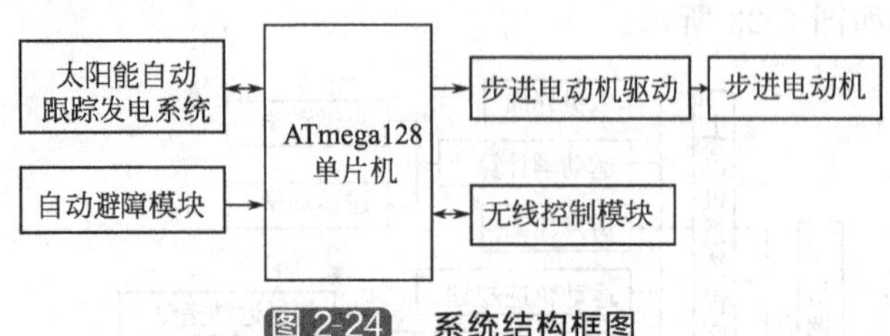

图 2-24 系统结构框图

主控芯片 ATmega128 是 ATMEL 公司的 8 位系列单片机的最高配置的一款单片机，稳定性极高，应用极其广泛。ATmega128 的特性如下：

① 高性能、低功耗的 AVR8 位微处理器。

② 先进的 RISC 结构：133 条指令大多数可以在一个时钟周期内完成；32×8 通用工作寄存器＋外设控制寄存器；全静态工作；工作于 16MHz 时性能高达 16MIPS；只需两个时钟周期的硬件乘法器。

③ 非易失性的程序和数据存储器：128KB 的系统内可编程 Flash，10000 次写/擦除周期；具有独立锁定位、可选择的启动代码区，通过片内的启动程序实现系统内编程真正的读-修改-写操作；4KB 的 EEPROM，100000 次写/擦除周期；4KB 的内部 SRAM；多达 64KB 的优化的外部存储器空间；可以对锁定位进行编程以实现软件加密；可以通过 ISP 实现系统内编程。

④ JTAG 接口（与 IEEE 1149.1 标准兼容）：遵循 JTAG 标准的边界扫描功能；支持扩展的片内调试；通过 JTAG 接口实现对 Flash、EEPROM、熔丝位和锁定位的编程。

（2）系统模块设计

① 太阳能自动跟踪发电系统　太阳能自动追踪发电系统就是让太阳能电池方阵随时正对着太阳，让太阳光的光线随时垂直照射在太阳能电池方阵的动力装置，其可以显著地提高太阳能光伏组件的发电效率。

本系统设计了一种能够自动跟踪太阳光照射角度的双轴自动跟踪系统。该系统是以 ATmega128 单片机为核心，利用太阳轨道公式进行太阳高度角及方位角计算，并利用计时芯片以及步进电动机驱动双轴跟踪系统，使太阳能电池板始终垂直于太阳入射光线，从而提高太阳能的吸收效率。

太阳高度角 α 指的是地球上某个点的切平面与某时刻此点和太阳连线的夹角。

太阳赤纬角 γ 是太阳光线与地球赤道的夹角，以北为正。

太阳高度角 α：

$$\sin\alpha = \sin\varphi\sin\delta + \cos\varphi\cos\delta\cos\omega \tag{2-8}$$

太阳方位角 γ：

$$\sin\gamma = \frac{\cos\delta\sin\omega}{\cos\alpha} \tag{2-9}$$

式中，φ 是当地地理纬度；δ 是太阳赤纬角；ω 是太阳时角。

太阳赤纬角 δ：

$$\delta = 23.45\sin\frac{360(284+n)}{365} \tag{2-10}$$

式中，n 是积日，从1月1日起，到该天的天数。

太阳时角 ω：

$$\omega = 15(12 - t) \tag{2-11}$$

式中，t 是一天当中的时刻，以当地正午的时角为0，上午为负，下午为正，例如，上午10时 $\omega=-30°$，下午14时 $\omega=30°$。

由式（2-8）～式（2-11）可计算出太阳高度角和方位角，以此进行两个角度的双轴跟踪，来实现太阳能自动跟踪。

该跟踪系统主要由太阳能电池方阵、转向机构、控制部分、蓄电池、时钟芯片等组成。太阳能自动跟踪发电系统结构框图如图2-25所示。

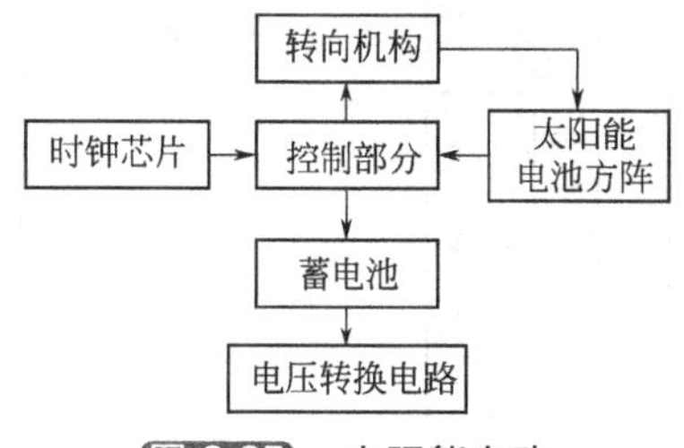

图2-25 太阳能自动跟踪发电系统组成

② 无线控制模块 为了避免人工在翻晒谷物时被阳光暴晒，本系统设计了对太阳能自动谷物翻晒机器人的远距离控制。无线控制芯片选用PT2262与PT2272。PT2262与PT2272是台湾普城公司生产的一种CMOS工艺制造的低功耗低价位通用编/解码电路，是目前在无线通信电路中作地址编码识别最常用的芯片之一。PT2262最多可有6位（D0～D5）数据端引脚，设定的地址码和数据码从17脚（Dout）串行输出，可用于无线遥控发射电路，该电路共设计了4个按键，控制机器人前进、后退、左拐、右拐。PT2272最多可有12位（A0～A11）三态（悬空，接高电平，接低电平）地址设定引脚，任意组合可提供531441个地址码，可用于无线遥控接收电路，该电路设计了4个LED，显示4个按键状态。其中PT2262、PT2272的地址都设定为全部悬空。无线遥控发射和接收电路图如图2-26所示。

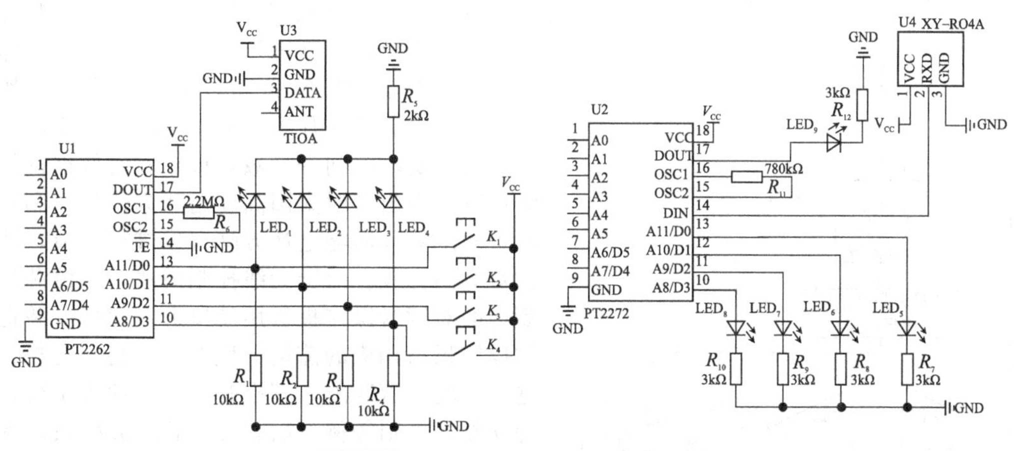

图2-26 无线遥控发射和接收电路图

③ 步进电动机驱动模块 步进电动机是一种将电脉冲信号转化为角位移的电磁机械装置，是数控系统常用的驱动执行组件。步进电动机必须有驱动器和控制器才能正常工作，驱动器的作用是对控制脉冲进行环行分配、功率放大，使步进电动机绕组按一定顺序通电，控制电动机转动。

本系统设计中，使用BL-210作为步进电动机的驱动器，该驱动器实现高频斩波，恒流驱动，具有很强的抗干扰性、控制信号与内部信号实现光电隔离、电流可选等特点，可带动1.0A以下所有的步进电动机、此外，细分数可选（1/2、1/4、1/8），对应的微步距角分别为（0.9°/STEP、0.45°/STEP、0.225°/STEP）。BL-210步进电动机驱动器电路图如图2-27

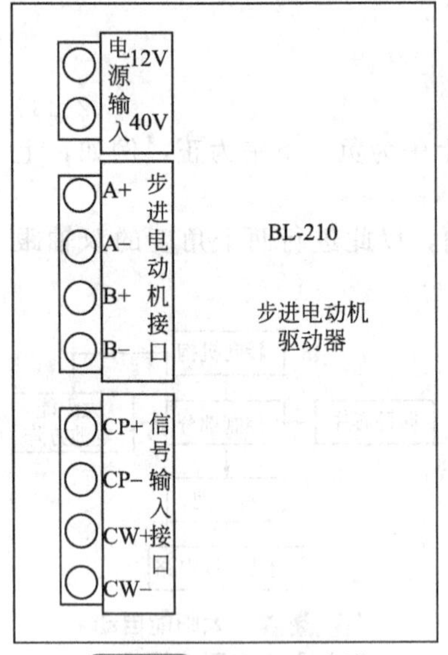

图 2-27 BL-210 步进电动机驱动器电路图

所示。A+、A－接步进电动机 A 相，B+、B－接步进电动机 B 相、CW－信号控制步进电动机的正反转，当 CW－输入高电平时，步进电动机正转，反之反转，CP－信号控制步进电动机的速度，ATmega128 单片机产生的 PWM 波从此端口输入，当 PWM 波频率高时，步进电动机速度较快，反之较慢、CP+、CW+为输入控制信号的公共阳端，都接高电平。

④ 超声波模块 为了实现该机器人能够自动避开前方道路上的一些障碍物，避免与障碍物发生意外碰撞造成损坏机器，在本设计中利用超声波测距原理来实现避障功能。

超声波发射头发出的超声波以速度 v 在空气中传播，在到达被测物体时被反射返回，由超声波接收头接收，其往返时间为 t，由 $s=vt/2$ 即可算出被测物体的距离。由于超声波也是一种声波，其声速 v 与温度有关，在使用时，如果温度变化不大，则可认为声速是基本不变的。ATmcga128 单片机发出 40 kHz 的信号，经放大后通过超声波发射头输出，超声波接收头将接收到的超声波信号经放大器放大，用锁相环电路进行检波处理后，启动单片机中断程序，测得时间为 t，再由软件进行判别、计算，得出距离数。

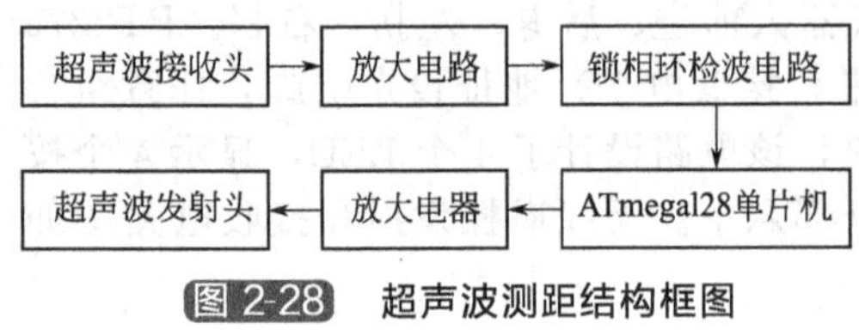

图 2-28 超声波测距结构框图

超声波测距结构框图如图 2-28 所示。

(3) 系统软件设计

在本系统软件设计中，采用模块化编写思想，对各个模块分别进行设计，最后进行整体调试仿真。对于太阳能自动跟踪发电系统软件设计，首先对主控芯片进行初始化，然后读取时钟芯片内的实时时间等参数，根据实时数据进行科学运算，得出实时太阳高度角和方位角，利用这两个角度对太阳能电池方阵方位进行调节，使其正对太阳光线。对于无线控制模块，主控芯片间断性的对键盘操作板所用端口进行扫描，并提取扫描结果与相应的前进、后退、左拐、右拐信号进行匹配，若匹配，则控制步进电动机执行相应的动作，否则等待下次扫描。超声波模块，等待外部给出中断的信号，主控芯片对发生中断的端口进行判断并做出相应的停止动作。

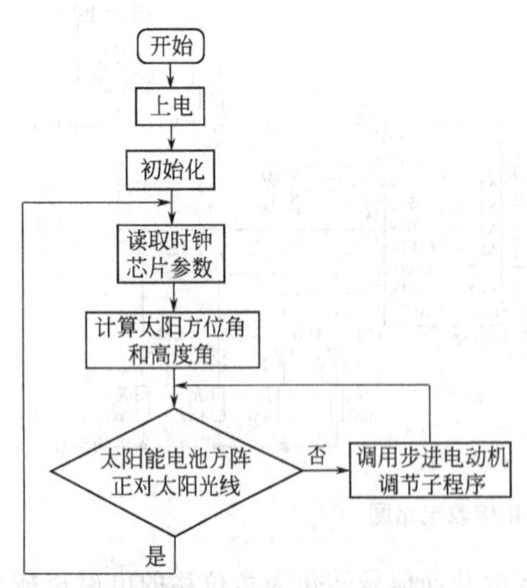

图 2-29 太阳能自动跟踪发电系统软件设计流程图

太阳能自动跟踪发电系统软件设计流程图如图 2-29 所示。

(4) 小结

在太阳能自动谷物翻晒机器人的系统设计中，主控芯片采用了 AVR 系列产品中的 ATmega128，该单片机内部集成了多种模块，提高了系统控制的稳定性。太阳能发电系统采用了自动跟踪发电系统技术，显著提高了太阳能电池的光电转化率。结果表明，该系统效果良好，运行稳定。

2.2.7 分拣搬运机器人

分拣搬运机器人是可以进行自动化搬运作业的工业机器人。针对机器人大赛中的分拣搬运机器人项目，设计了一款能够满足比赛要求的机器人。

(1) 比赛规则

比赛过程：自主分拣搬运机器人由启动区边线出发，在正五边形上自动寻找带颜色的色块，然后抓取或推动色块放置到对应颜色的存储区，比如红色块要放入红存储区。在指定的时间内搬运色块的数目多者为胜，若成绩相同则时间较短者为胜。

色块的放置：色块为直径 4cm、高 2cm 的空心塑料块，色块按照图中的指示放置，蓝色球放在五边形每条边的中点，红色球放置在五边形的顶点。

搬运规则：机器人把色块搬运到对应的放置区，机器人每次搬取的个数不限，但每次搬运色块的颜色必须相同。机器人在搬运过程中，除正在搬运的色块外不可以碰撞五边形区域内的其他色块。

(2) 比赛场地

比赛场地尺寸及位置如图 2-30 所示，左下角红色区域为红色块放置区，右下角蓝色区域为蓝色块放置区，黄色区域为机器人启动区。其中存储区外的黑线为宽 1cm 的黑色引导线。中间正五边形为色块放置区，正五边形的边长为 50cm。正五边形与启动区在同一中轴线上，如图中虚线所示（实际场地无虚线）。场地的其他区域均为白色。场地周边为白色高 20cm 的围栏（在比赛规则中，五边形指正五边形的边线，五边形区域指正五边形边线及其围绕的内部区域）。

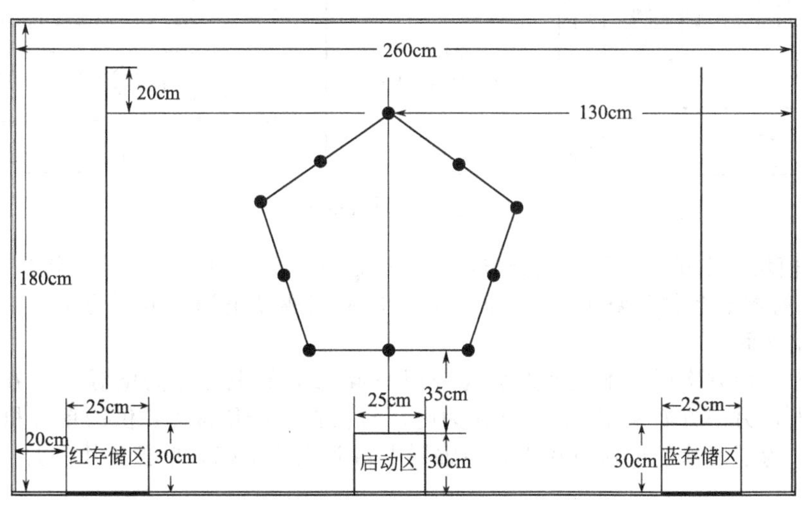

图 2-30 比赛场地示意图

(3) 系统硬件设计

① 机器人整体设计　本机器人采用三轮车身结构，其结构示意图如图 2-31 所示。两前轮分别利用两个步进电动机驱动以控制方向和速度，后轮为万向轮，起平衡作用。该结构可以方便地实现对机器人的控制，最大的特点是可以实现原地转向，灵活且效率高。

机器人采用 SST89E564RD 单片机作为控制核心，采用步进电动机、舵机为动作器件，使用 L298 集成块驱动电路驱动步进电动机，使用舵机带动机械手夹取物块。加上光电传感器的配合，完成前进、后退、寻迹、左转、右转、机械手的张开与闭合等动作。系统框图如图 2-32 所示。

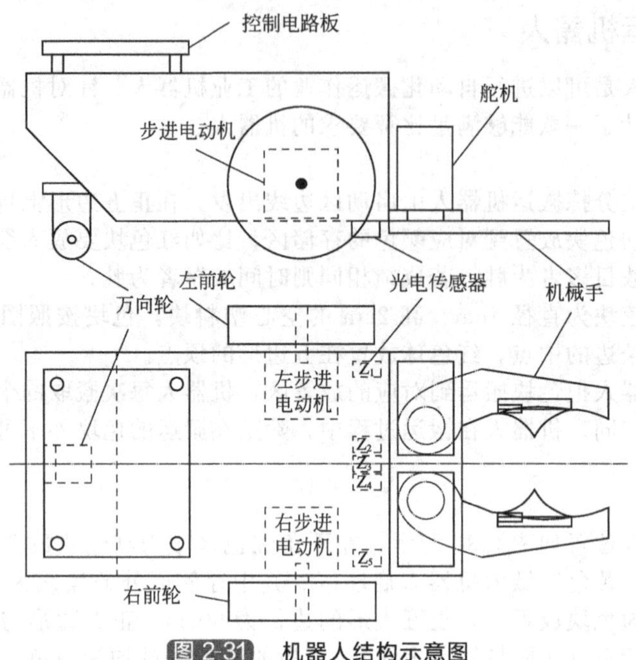

图 2-31 机器人结构示意图

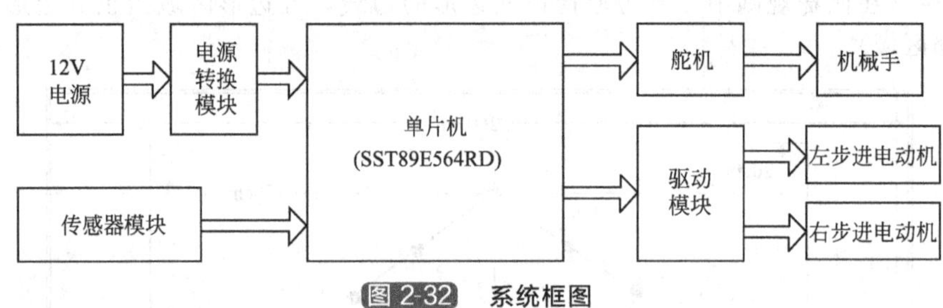

图 2-32 系统框图

② 电源模块　本机器人需要两类电源：一类是供给单片机、传感器、舵机工作的电源，通常为 SV，约数十至数百毫安；另一类为步进电动机驱动电源，电压为 12V，电流在数百毫安至数安培之间。

综合考虑各种方案后，本机器人最终采用一组 12V 的电池作为电源，一方面直接给步进电动机供电，另一方面采用 IM2940 作为电压转换器，降压成 SV 供给单片机、传感器和舵机。另外，为了消除舵机对单片机和传感器电路造成的干扰，单独采用一片 IM2940 为舵机供电。

③ 传感器模块　本机器人采用反射式红外光电传感器，其应用电路如图 2-33 所示。当红外光电二极管 VD_1 发出的光照射在白色区域上时，反射光很强，高灵敏度光电晶体管 Q_1 导通，输出低电平；当 VD_1 发出的光照射在黑色引导线上时，反射光很弱，光电晶体管 Q_1 截止，输出高电平。从光电晶体管出来的信号经过一个反相器后输入到单片机，供单片机使用。当反相器输出为高电平时，说明传感器位于白色区域上；当反相器输出为低电平时，说明传感器位于黑色引导线上。

光电传感器位于机器人的车身前部，其位置分布如图 2-34 所示，中间三个传感器恰好能保证都检测到黑色引导线。将 5 个传感器并排安放在机器人小车底盘下部，其分布垂直于机器人行走的方向，中间 3 个传感器用于寻迹，两端的 2 个传感器用于判断机器人的车身是否垂直于引导线。

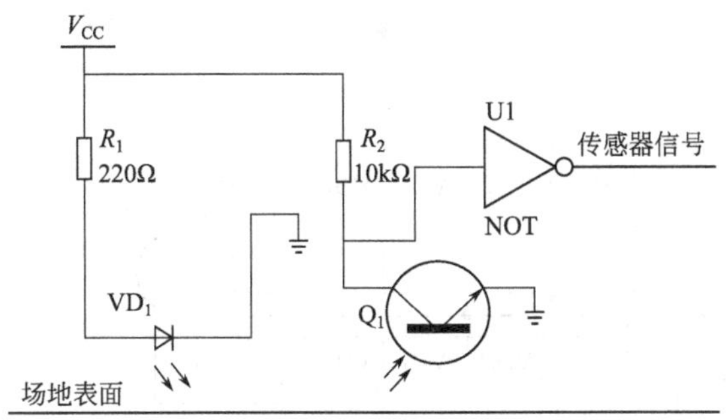

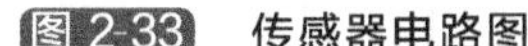

图 2-33 传感器电路图

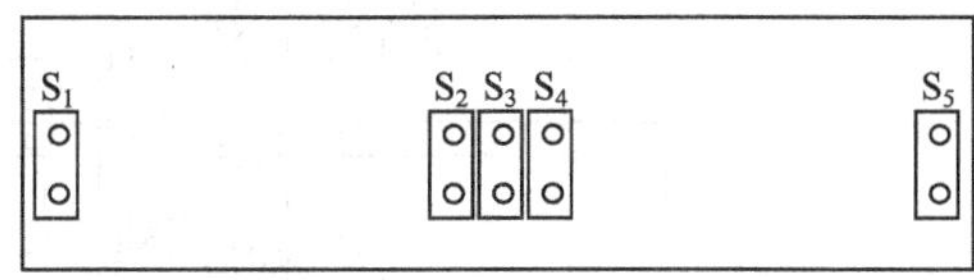

图 2-34 传感器位置分布图

当机器人沿着引导线行走时，S_2、S_3、S_4 工作。当 S_2 输出为高电平时，说明 S_2 偏离了引导线，机器人有向左偏的趋势，需要向右进行调整；当 S_4 输出为高电平时，说明 S_4 偏离了引导线，机器人有向右偏的趋势，需要向左进行调整；当 3 个传感器输出都为低电平时，说明机器人的前进方向与引导线大体一致，不需要调整。

当机器人在白色区域上行走，且接近比赛场地两侧的黑色引导线时，S_1、S_5 工作。如果 S_1、S_5 中的任意一个输出为低电平时，检测另一个传感器的输出是否也为低电平，如果是，说明机器人垂直于引导线，反之，说明机器人的姿态有所偏差，需要进行调整使其垂直于引导线，从而保证机器人转过 90°后能以一个较正的姿态开始寻迹行走。

④ 控制器模块　本机器人的核心控制芯片 89E564RD 单片机是美国 SST 公司推出的一款内嵌 89C52 核的单片机。除了性价比高之外，选用这款单片机还考虑到以下 3 点原因：

a. 它的引脚和指令系统与 Intel 公司的 MCS 51 系列单片机完全兼容，为编写软件程序提供了极大的方便。

b. 它具有在应用编程（IA P）和在系统编程（ISP）功能，为在线调试和程序烧录提供了极大的方便。

c. 它内置 3 个 16 位的定时计数器，为用定时器产生 2 路 RAM 信号来控制舵机提供了极大的方便。

⑤ 步进电动机驱动模块　本机器人的步进电动机驱动模块采用 L298 作为驱动芯片，用 2 片 L298 分别驱动左右两个步进电动机。L298 内部包括 H 型电路，该电路可以简单地实现步进电动机的控制，简化了硬件电路的结构。

L298 是一个高电压、大电流的全桥驱动器，它用于接收标准的 TTL 逻辑电平然后驱动电感类负载，如步进电动机、直流电动机等。两个输入使能端能够独立地允许或者屏蔽输入信号。

步进电动机驱动电路如图 2-35 所示，电路利用 L298 的 ENA 和 ENB 可以实现过流保护功能。当流过电阻 R_1 或 R_2 电流过大时，比较器的负端电压大于正端的电压，输出为低电平，ENA 和 ENB 为 Q 前面电路被切断，起到过流保护作用。输出端的上下共 8 个二极管起续流作用，保证电动机正常工作。

⑥ 机械手模块　机械手模块包括机械手和舵机两部分。

机械手设计成对称结构，合拢的时候类似于葫芦的形状，从而保证能同时稳稳抓取两个色块，提高了抓取的效率。其结构图参见图 2-32。

舵机是一种位置伺服的驱动器，适用于那些需要角度不断变化并可以保持的控制系统。本机器人选用的舵机的工作原理是：控制信号由接收机的通道进入舵机内的信号调制芯片，获得直流偏置电压。它内部有一个基准电路，产生周期为 20ms 宽度为 1.5ms 的基准信号，将获得的直流偏置电压与电位器的电压比较，获得电压差输出。最后，电压差的正负输出到电动机驱动芯片决定电动机的正反转。当电动机转速一定时，通过级联减速齿轮带动电位器旋转，使得电压差为 Q 电动机停止转动。

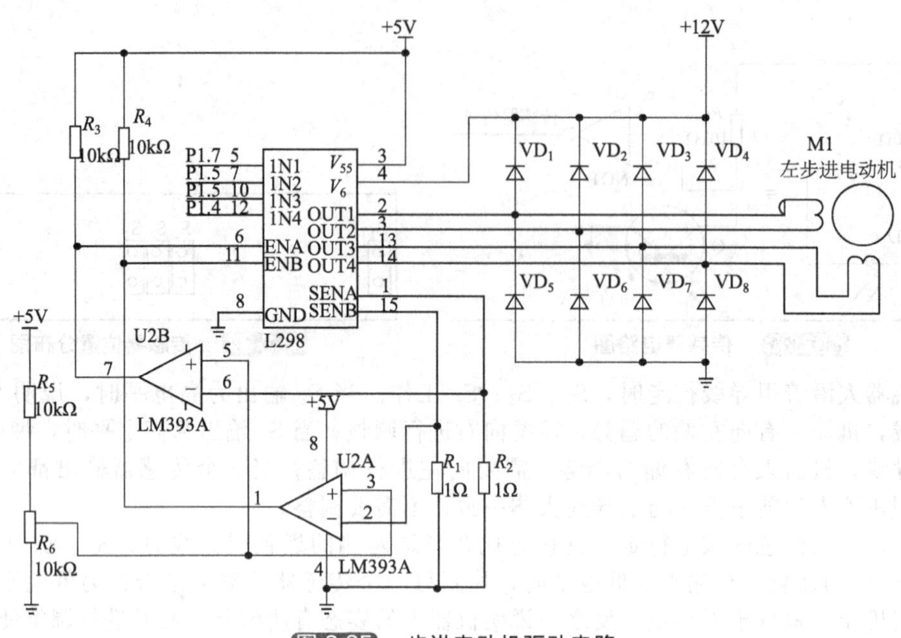

图 2-35 步进电动机驱动电路

开始

是否按下启动按钮（N / Y）

沿规划路线前进

是否到达色块放置位置（N / Y）

机械手动作夹取色块

沿规划路线到达指定存储区

放置色块

是否搬运完所有色块（N / Y）

返回启动区

结束

图 2-36 主程序流程图

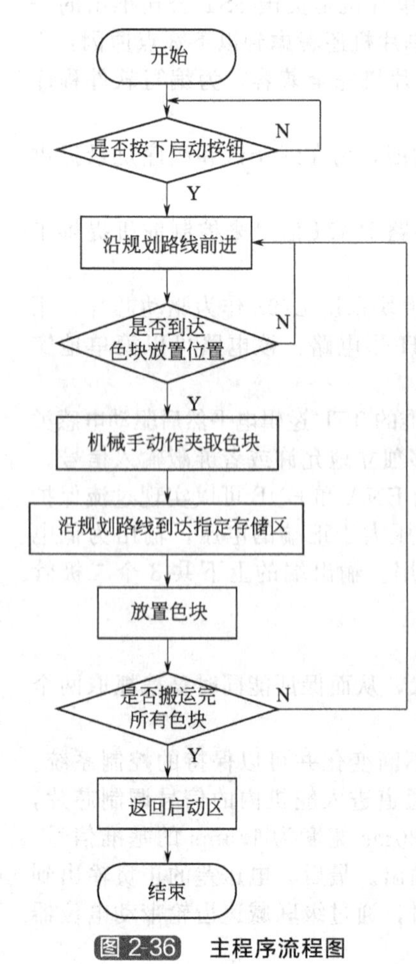

舵机的控制信号是由单片机的定时器产生的PWM信号，利用占空比的变化改变舵机的位置。PWM值和内部基准值两者比较，差值决定舵机的转向以及转角。在转动的过程中，舵机内部的基准值发生改变，越来越接近控制信号给定的PWM值，当两者相等时，表明已旋转到指定角度。

（4）系统软件设计

主程序流程图如图2-36所示，本机器人的软件设计主要包括步进电动机的控制和舵机的控制两部分。

由于步进电动机可以精确地控制到“步”，而且每一步走过的距离能够通过计算准确得到，因此对步进电动机的控制就非常容易。选用2个型号相同的步进电动机，一方面可以保证将机器人在白色区域走直线时的误差控制在很小的范围内，另一方面可以实现机器人左转或者右转任意规定的角度。配合 S_1 和 S_5 这两个传感器在机器人到达引导线时的修正作用，能够有效地消除累积误差，从而实现对机器人控制的高效、准确。在单片机内分别储存了与步进电动机前进、后退、左转、右转等状态对应的数据表，机器人在行走的过程中，首先搜索步进电动机当前的状态，与表中的数据进行比较，根据机器人要做的动作，查找对应表格中下一个状态的数据，将此状态赋给步进电动机，从而控制步进电动机的运动。

单片机系统实现对舵机输出转角的控制，需要完成两个任务：首先是产生基本的PWM周期信号，本设计是产生20ms的周期信号；其次是脉冲宽度的调整，即单片机模拟PWM信号的输出，并且调整占空比。本设计采用的方式是改变单片机定时器中断的初值，将20ms分为两次中断执行，一次短定时中断和一次长定时中断。

（5）路径规划

考虑到除了正五边形顶点的红色色块和底边的蓝色色块外，两个相同颜色的色块均在同一条水平线上，所以机器人可以同时搬运两块相同颜色的色块，从而提高搬运效率。本机器人参加比赛时的路径规划如图 2-37 所示，启动区、蓝存储区和红存储区的编号分别为 A、B、C，①～⑩代表 10 个要搬运的色块，机器人沿图中所示路线搬运全部色块的过程为：

A→①→B→②③→C→④⑤→B→⑥⑦→C→⑧⑨→B→⑩→A→C→A

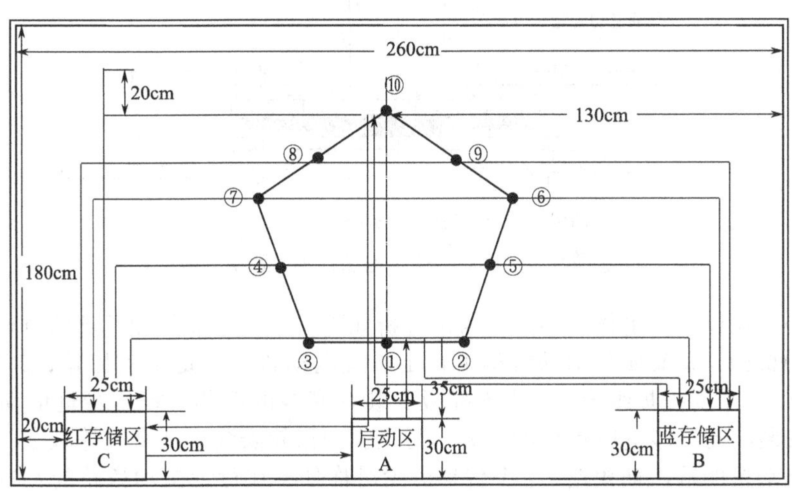

图 2-37　机器人路径规划示意图

2.2.8　基于齿轮传动的结构仿生螃蟹机器人

仿生机器人代表机械科学发展的一个重要方向。结构仿生是通过研究生物肌体的组成结构，构造类似生物体整体或部分单元的机械装置，力求通过相似结构实现相似或相近的功能。当前仿生机器人由概念设计、模型设计向实用化的方向发展。

（1）仿生螃蟹结构整体设计

仿生螃蟹机器人，由足运动主体、钳螯、连接结构和控制系统 4 部分组成，整体结构如图 2-38 所示。足运动主体是仿生螃蟹机器人的载体平台，主要由对称安装的 2 套齿轮曲柄连杆四足运动机构和支撑板组成，由行走步进电动机驱动实现横向行走、转向等基本动作。钳螯主要由 2 个不完全齿轮双摇杆机构组成，由摆动舵机驱动实现钳螯左右 45°内摆动，由抓取舵机驱动 2 个不完全齿轮双摇杆机构实现对物品的抓取动作。连接结构将 2 只钳螯安装在足运动主体上，并由升降步进电动机驱动齿轮齿条机构实现钳螯整体的升降。控制系统搭载在足运动主体上，步进电动机驱动模块和舵机驱动模块通过接收红外控制信号，控制步进电动机和舵机的旋转角度和速度，实现相应结构的驱动。

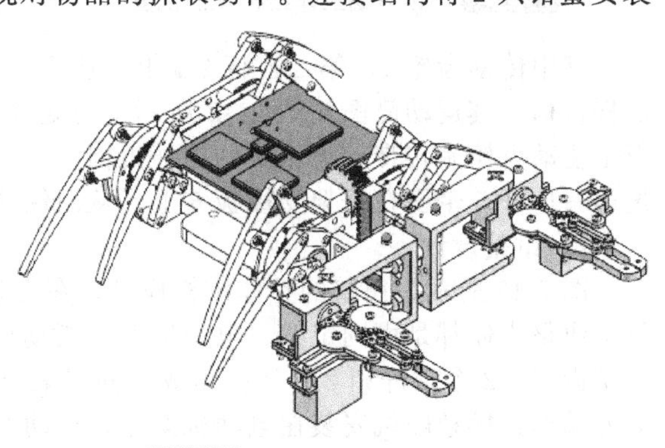

图 2-38　仿生螃蟹的整体结构

（2）螃蟹仿生结构的传动设计

1）足运动主体的设计

仿生机器人的主要特点是其驱动方式不同于常规的关节型机器人。如图 2-39 所示，仿生螃蟹机器人的足运动主体结构为

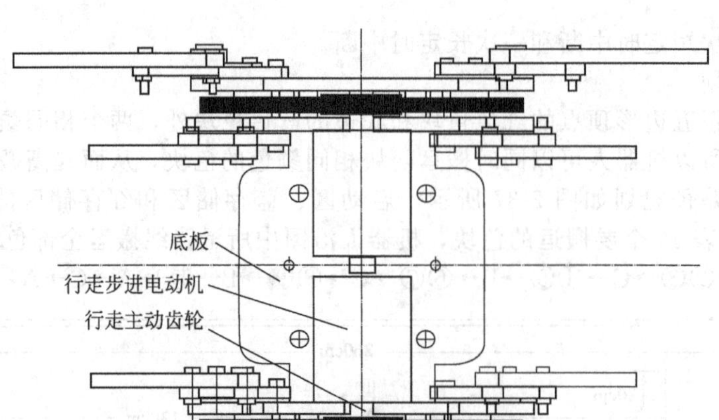

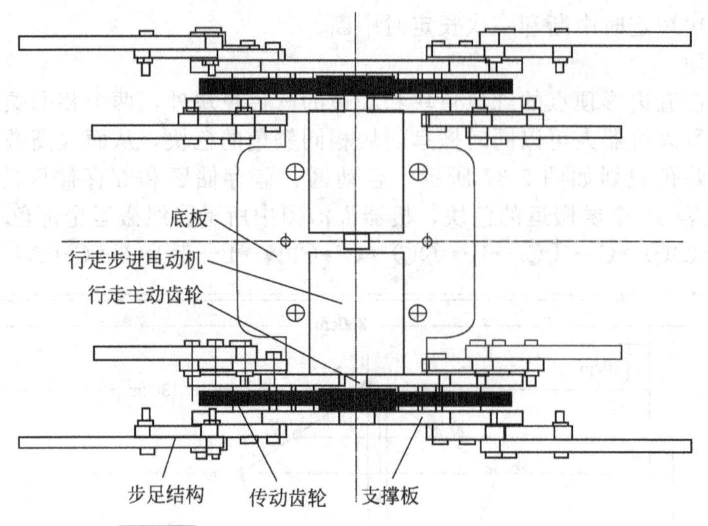

图 2-39 足运动主体结构俯视图（隐藏顶板）

中心对称结构，现以左足主体驱动系统为例分析如下：在底板前部和后部的对称位置各安装一套四足运动机构，每套四足运动机构由行走步进电动机、行走主动齿轮、2 个传动齿轮、4 个步足结构、2 个支撑板组成。2 个支撑板安装在底板的端部，行走步进电动机安装在底板上，顶板安装在行走步进电动机的上方。行走主动齿轮安装在 2 个支撑板之间的中间，且与行走步进电动机的输出轴相连，2 个传动齿轮对称分布在行走主动齿轮的左右两侧，且与行走主动齿轮做啮合传动。在每个传动齿轮的前后两侧各安装 1 个步足结构。每个步足结构由足、第一连杆、第二连杆和第三连杆组成，如图 2-40、图 2-41 所示。第一连杆的一端安装在支撑板的中上部，另一端与足的上端部相连接，第二连杆的一端与传动齿轮的端面相连接，另一端与足的中上部相连接，第三连杆的一端安装在支撑板的中下部，另一端与第二连杆的中部相连接。

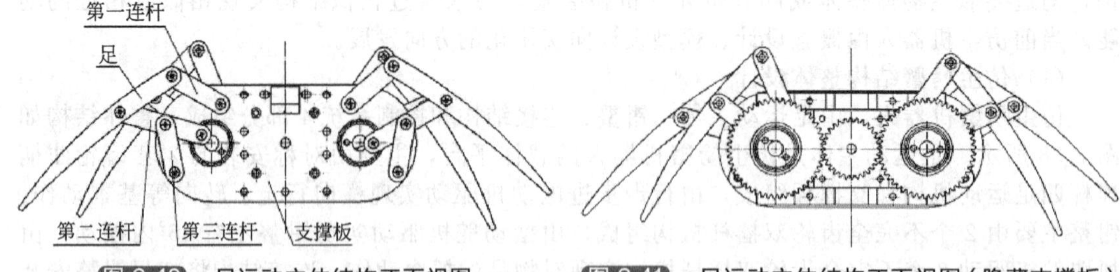

图 2-40 足运动主体结构正而视图

图 2-41 足运动主体结构正而视图（隐藏支撑板）

其中传动齿轮 1、第二连杆 2、第三连杆 3、足 4、第一连杆 5、支撑板 6 构成齿轮曲柄摇杆机构，其运动简图如图 2-42 所示。行走主动齿轮与 2 个对称分布的传动齿轮 1 啮合，行走主动齿轮旋转带动齿轮曲柄摇杆机构，使第二连杆 2 牵引足 4 行走，同时足 4 的一端通过第一连杆 5 牵引在机架支撑板 6 上，从而保证足 4 完成周期性规律的行走、转向动作。

2）钳螯设计

图 2-43 所示为钳螯的整体结构模型，在齿条的左右两侧对称位置各安装一个钳螯主体。每个钳螯主体都是由固定架、电动机架、摆动舵机、2 个连接卡、托盘、抓取舵机、2 个钥匙型齿杆、2 个爪杆和 2 个连杆组成。固定架与齿条的后部相连接，电动机架安装在固定架的外端部，摆动舵机安装在电动机架上，摆动舵机的输出轴与固定架相连接。2 个连接卡分别对称安装在托盘的上侧和下侧，连接卡的一侧与电动机架相连接，连接卡的另一侧与托盘

相连接，抓取舵机安装在托盘上。2 个钥匙型齿杆也安装在托盘上，在每个钥匙型齿杆的前端各安装一个爪杆，每个爪杆的中部与连杆的一端相连接，连杆的另一端与托盘相连接，钥匙型齿杆的圆盘部设有半圈齿，2 个钥匙型齿杆的半圈齿对称设置且啮合连接。靠近抓取舵机一侧的钥匙型齿杆与抓取舵机的输出轴相连接，爪杆的外端部上设有螯齿，2 个爪杆的螯齿对称设置。

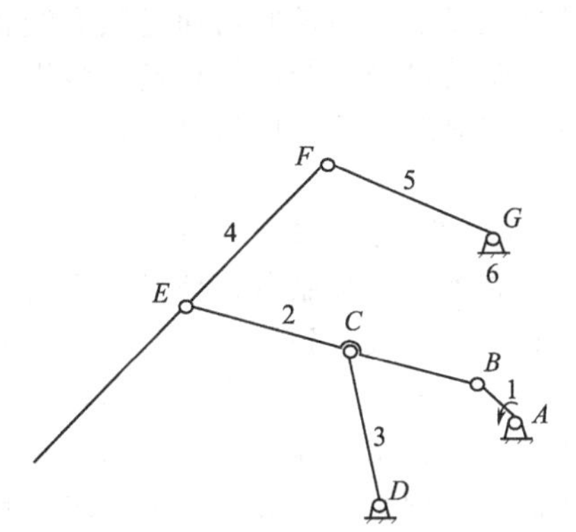

图 2-42　齿轮曲柄摇杆机构运动简图

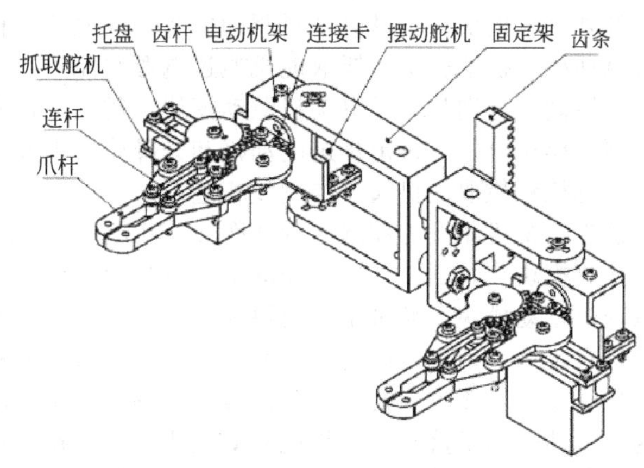

图 2-43　钳螯整体结构模型

钳螯上摆动舵机的主轴穿过电动机架与固定架连接，摆动舵机相对于固定架可作往复 45°旋转运动。托盘与抓取舵机采用螺栓连接固定，抓取舵机主轴穿过托盘孔与钥匙型齿杆连接。2 个钥匙型齿杆 7、2 个爪杆 8、2 个连杆 9 与托盘 10 共同构成左右对称型双摇杆机构，其运动简图如图 2-44 所示。两个钥匙型齿杆 7 在半圈齿部位啮合传动，形成旋转方向相反的运动，分别驱动钳螯左右两部分的双摇杆机构，实现左右两个爪杆 8 的同步反向运动，实现螯钳的夹紧、松开动作。

3）钳螯与足运动主体的连接结构

钳螯与足运动主体的连接结构由升降步进电动机升降主动齿轮、导杆架和导杆组成，如图 2-45 所示。升降步进电动机和升降主动齿轮都安装在靠近钳螯一端的 2 个支撑板的上部，在支撑板的外部靠近钳螯一侧左右对称位置各安装 1 个导杆架，导杆架的另一侧延伸到相应侧固定架的内部，在每个导杆架的外端安装 1 个导杆，所述导杆同时竖直穿过相应侧的导杆架和固定架。

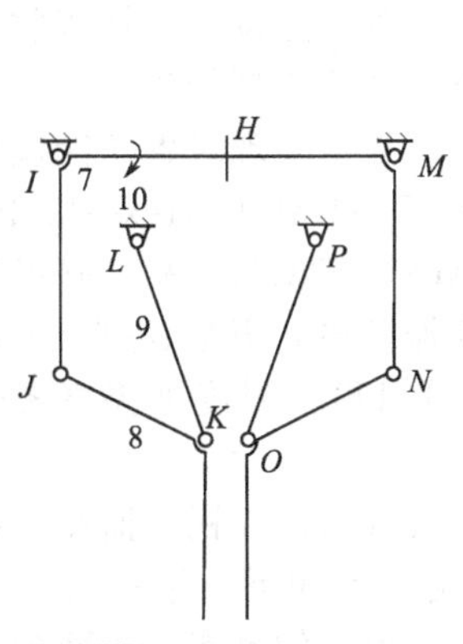

图 2-44　两不完全齿轮双摇杆机构运动简图

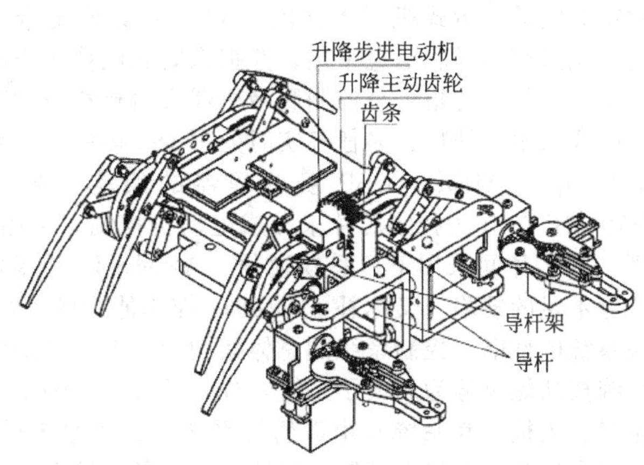

图 2-45　钳螯与足运动主体的连接模型

(3) 控制系统

仿生螃蟹机器人的控制系统由顶板、主控制器、电源稳压芯片、红外接收模块、步进电动机驱动模块、舵机驱动模块、眼睛灯和红外遥控器组成。主控制器安装在顶板的上部，电源稳压芯片和红外接收模块安装在顶板的中部，步进电动机驱动模块和舵机驱动模块安装在顶板的下部。在每个固定架内端的对称位置各安装 1 个眼睛灯。电源稳压芯片分别与主控制器、红外接收模块、步进电动机驱动模块、舵机驱动模块、眼睛灯、行走步进电动机、升降步进电动机、摆动舵机和抓取舵机通过电源线相连。红外接收模块与主控制器通过数据线相连。主控制器分别与步进电动机驱动模块、舵机驱动模块和眼睛灯通过控制线相连。步进电动机驱动模块分别与行走步进电动机和升降步进电动机通过控制线相连，舵机驱动模块分别与摆动舵机和抓取舵机通过控制线相连。

仿生螃蟹机器人的控制原理如图 2-46 所示，红外遥控器用于向红外接收模块发出信号，红外接收模块接收到红外遥控器的信号后将信号传递给主控制器，主控制器将信号传递给步进电动机驱动模块、舵机驱动模块和眼睛灯。步进电动机驱动模块接收到行走、转向信号后控制行走步进电动机的旋转角度和速度，驱动齿轮曲柄连杆机构带动足的行走和转向，步进电动机驱动模块接收到钳螯升降信号后控制升降步进电动机的旋转角度和速度，驱动齿轮齿条啮合传动带动钳螯升降。舵机驱动模块接收到钳螯摆动信号后控制摆动舵机的旋转角度和速度，进而驱动钳螯左右摆动；舵机驱动模块接收到钳螯抓取信号后控制抓取舵机的旋转角度和速度，驱动两个不完全齿轮双摇杆机构实现钳螯对实物的抓取；眼睛灯接收到信号后控制眼睛灯的亮灭。

2.2.9 履带式机器人控制系统

履带式机器人由于其固有的特性，如越野性能好、转向半径小、牵引力大、越障能力强、适应复杂路面行走等，越来越受到人们的青睐。某重点项目结合实验室研制的履带式机器人的工作任务和性能指标，提出了基于 ARM＋DSP 双处理器控制系统，采用基于 ARM Cortex-M3 内核的 STM32F103VET6 作为主控芯片来完成底层电动机的控制，采用 DSPTMS320DM642 芯片来完成图像的采集与处理，两芯片间采用 I^2C 总线通信。该控制系统具有集成度高、体积小、功耗低、实时性好等优点，实验表明该控制系统工作性能稳定，能很好地满足履带式机器人的控制任务。

(1) 控制系统总体设计

实验室研制的履带式机器人如图 2-47 所示，该履带式机器人能够在人的远程控制下，对周围的环境进行扫描和信息采集，并把采集到图像传送给上位机，上位机根据接收到的图像给下位机发送相应的指令来控制履带机器人执行相应的动作，属于典型的集运动控制、通信技术、图像采集与处理、多任务实时处理于一体的并行系统，为了实现对各功能模块的协调控制，提出了 ARM＋DSP 双处理器的架构，选用基于 ARM Cortex-M3 内核的 STM32F103VET6 作为控制芯片来完成电动机控制，选用 TMS320DM642 来完成图像的采集与处理，两芯片间采用 I^2C 总线通信。ARM＋DSP 双处理器架构，既解决了 STM32 图像处理稍显不足的缺陷，又弥补了 DM642 控制能力的不足，可以最大限度地提高履带式机器人控制系统的性能，控制系统的总体架构如图 2-48 所示。

该系统按功能可分为六大子系统，分别是行进主轴系统、云台系统、视觉监测系统、无线通信系统、人机交互系统和电源管理系统，各子系统的控制任务如下。①行进主轴子系统：控制两台轮毂电动机实现履带机器人的前进、后退及转弯，控制的难点在于两台轮毂电动机的同步性；②云台子系统：实现云台水平方向 360°周转以及垂直方向上 60°俯仰，要保证云台的精确定位；③视觉监测子系统：由 3 个摄像头分别实现对机器人的周围环境进行扫描，对机器人前方的路况进行勘探，对打击的目标进行瞄准；④无线通信子系统：采用无线网桥实现上位机与下位机间的指令及视频图像传输；⑤人机交互子系统：在远程终端对履带式机器人进行控制；⑥电源管理子系统：实现对各功能模块的供电。

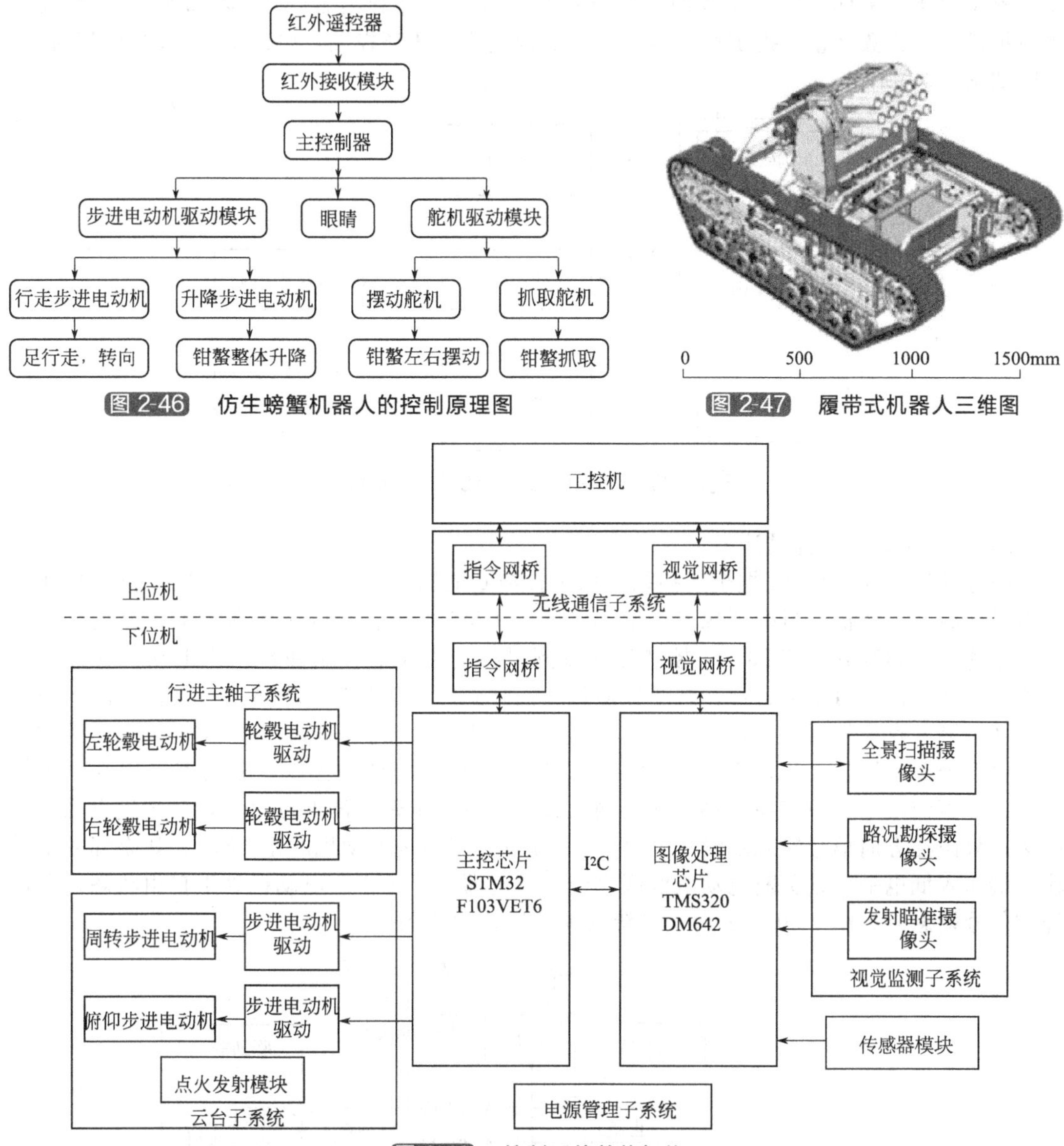

图 2-46　仿生螃蟹机器人的控制原理图

图 2-47　履带式机器人三维图

图 2-48　控制系统总体架构

（2）控制系统硬件设计

1）行进主轴子系统硬件设计

STM32F103VET6 微处理器工作频率可高达 72MHz，集成 256KB Flash 和 48KB SRAM 高速存储器，包含 3 个 12 位的 ADC、4 个通用 16 位定时器、2 个高级定时器和 2 个基本定时器（高级定时器和通用定时器都集成了编码器的接口），多达 80 个快速 I/O 接口，多达 2 个 I^2C 接口、2 个 SPI 接口、3 个 USART 接口、1 个 USB 接口和 1 个 CAN 接口，STM32F103VET6 强大的事务管理能力以及丰富的外设完全能够满足底层电动机控制的要求，同时提高了机器人控制的实时性、可靠性。为了实现对两台轮毂电动机的精确控制、实现较好的同步性能，采用双闭环控制思路来实现对轮毂电动机的精确控制，利用STM32F103VET6的通用定时器产生PWM信号，控制轮毂电动机的转动，利用光电编码器和STM32F103VET6的高级定时器来实现对电动机转速信息的采集，实现转速闭环；在驱动电路中接入采样电阻，对电动机的电流进行采样，并利用STM32内部的A/D转换器将模拟量转换为数字量，提供给内核芯片，实现电流的闭环控制，轮毂电动机的双闭环控制框图如图2-49所示。

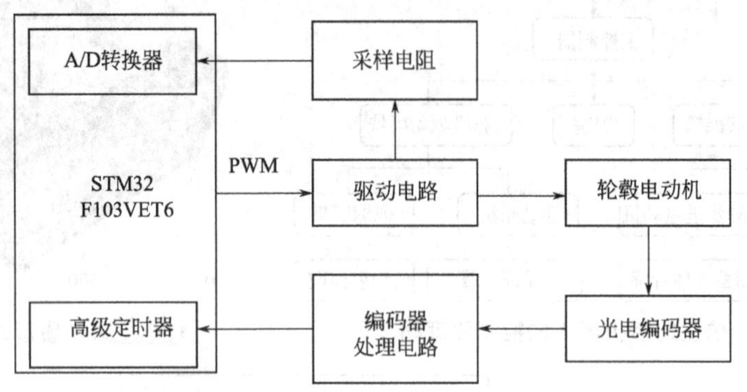

图2-49 轮毂电动机双闭环控制框图

2）云台子系统硬件设计

图像处理芯片DM642把全景扫描摄像头扫描到的图像发送到上位机，在上位机确认了打击目标后，上位机把目标图像发送给DM642，DM642把目标的方位通过I^2C总线发送给主控芯片STM32F103VET6，主控芯片在收到目标的方位后控制两台步进电动机转过响应的角度，从而使云台瞄准目标，把瞄准摄像头捕捉到的图像与目标图像进行特征匹配，当匹配成功时触发点火发射子系统。从云台的工作流程来看，云台的精确定位至关重要，因此选用两台细分驱动器来实现对两台两相混合式步进电动机的精确控制，驱动器采用共阳极接法、24V直流供电，只需在脉冲输入端输入频率可调的PWM波即可对实现对步进电动机的调速；只需在方向信号输入端输入高/低电平即可实现步进电动机的正/反转；如果释放信号输入端输入低电平，则关断电动机线圈电流，驱动器停止工作，电动机处于自由状态，因此释放信号端悬空。图2-50为云台子系统的硬件连接示意图。

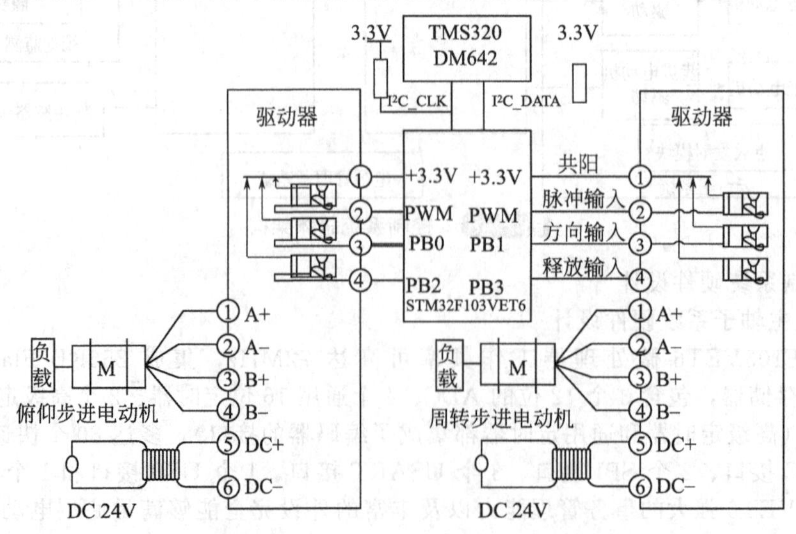

图2-50 云台子系统硬件连接示意图

3）视觉监测子系统硬件设计

TMS320DM642 是 TI 公司推出的一款用于视频和图像处理方面的芯片，主频高达 600MHz，对外接口丰富，主要有 3 个双通道视频口、10/100M 以太网口、I^2C 总线接口等，DM642 凭借其高速的处理能力和出色的对外接口能力，使其在视频和图像处理领域具有极大的应用潜力。所研究的视觉系统，需要完成三路视频图像的采集，分别是对机器人周围环境的扫描，云台对目标的发射瞄准，机器人前方路况的勘探。结合数字摄像头与模拟摄像头的特点以及机器人的性能指标，全景扫描功能选用带自带云台的模拟摄像头来实现，发射瞄准和路况勘探功能选用数字摄像头来完成。模拟摄像头输出的是模拟信号，需加一个视频解码器 SAA7115 将模拟信号转换成数字信号，然后 SAA7115 的数据线与 DM642 的视频口 VPO 相连，另外两路摄像头输出为数字信号，可直接与 DM642 的视频口 VP1、VP2 相连实现视频信号的输入，采集回来的图像通过 EMIF 口以 DMA 的方式导入到 SDRAM 中，对信息进行存储，并对图像信息进行处理，同时通过以太网口与无线网桥连接，把视频图像数据发送给上位机，若上位机返回目标图像，则 DM642 通过 I^2C 总线将目标方位信息发送给主控芯片，主控芯片控制云台转过指定的角度，此时发射瞄准摄像头开始工作，对目标图像进行捕捉，DM642 将捕捉到的图像与目标图像进行特征匹配，若匹配成功，则通过 I^2C 给主控芯片响应的指令，控制主控芯片执行响应的操作。DM642 图像采集结构框图如图 2-51 所示。

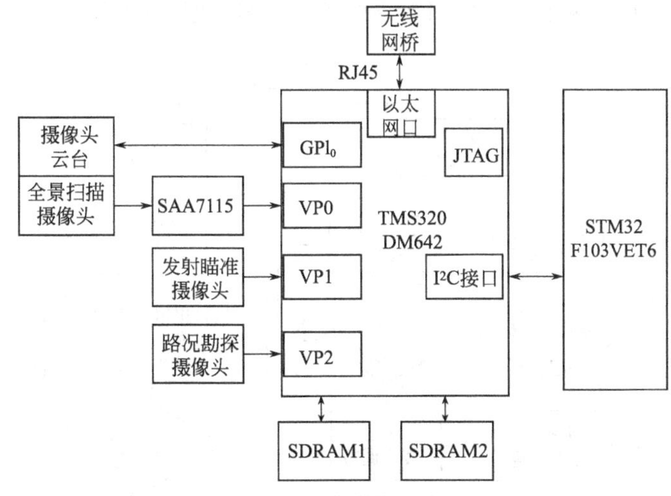

图 2-51　DM642 图像采集结构框图

4）I^2C 总线通信硬件设计

由于在硬件设计过程中，主控部分和图像处理部分分别采用了 STM32F103VET6 和 TMS320DM642 两块不同的处理芯片，两者之间有重要的数据信息来往，实现两者之间的高效可靠数据传输，是实现整个系统正常运行的重要保证。因此，在硬件设计时，必须要考虑两者之间的数据交互通道。表 2-3 中给出了几种常用信号传输接口的性能比较。

表 2-3　传输接口性能比较一览表

接口	优点	缺点
UART	简单，成本低，易实现	速度慢，难以保证误码率
USB	速度快，可靠性高	实现 USB 协议难度较大，设计较复杂

续表

接口	优点	缺点
Ethernet	速度快，通信距离远	实现起来难度大，占用较多 CPU 资源
HPI	速度快，可以大量数据传输	并行连接占用芯片的过多硬件资源
I^2C	采用片内总线，不占芯片额外资源	需要芯片支持 I^2C 接口或协议，传输距离不宜太远

从表 2-3 中可以看出，I^2C 为片内总线接口，其接口连接简单可靠，非常适合于短距离高效通信。由于硬件系统有两块芯片，将两块芯片做在同一块 PCB 板上可以大大减小控制板的尺寸，降低电磁干扰，提高整个系统的可靠性。STM32 和 DM642 片上都拥有 I^2C 模块，而 I^2C 通信是一种很简捷高效的片内总线，其不占用芯片额外资源，除了通信可靠性高外，该接口的硬件设计难度也较小，因此，在本系统中最终确定 I^2C 为 ARM 和 DSP 间的通信接口。

(3) 控制系统软件设计

1) 软件系统总体设计

履带式机器人按照模块化的设计思想可分为 6 个子系统，而且各个子系统间关系密切，比如云台电动机的运行方位就与视觉监测子系统密切相关，因此控制系统的软件部分也采用模块化、标准化、通用化的设计思想，按照功能进行模块划分，实现软件良好的可移植性、可扩展性和可读性。从整体上看，控制系统软件流程图如图 2-52 所示。

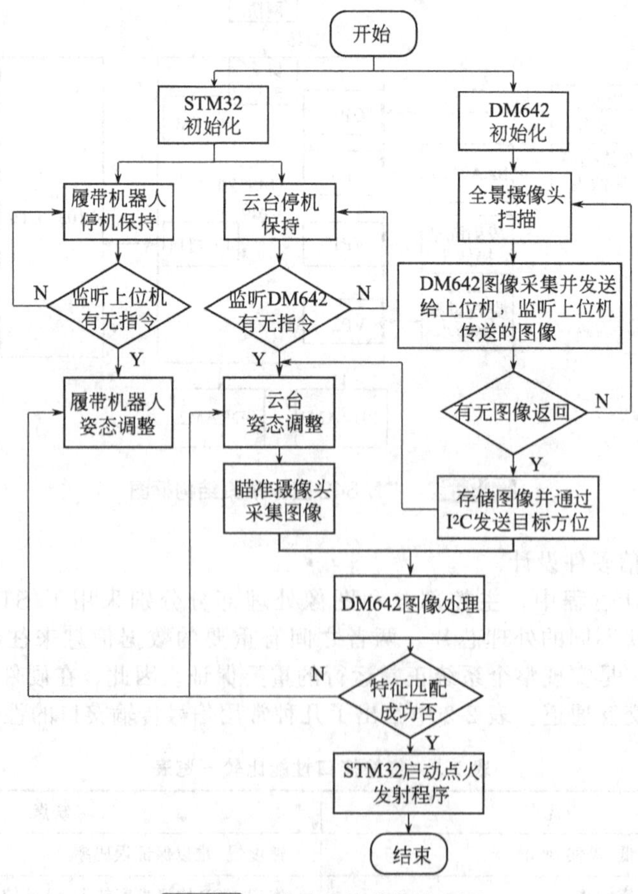

图 2-52 软件系统总体流程图

2）步进电动机的精确定位实现

步进电动机在作高频启停的过程中，易出现过冲和失步的现象，而云台子系统中又需要步进电动机高速运动，因此需要对步进电动机进行加减速频率规划。常用的步进电动机加减速曲线有直线型、指数型和 S 型，结合所用步进电动机的特性，采用直线型加减速曲线对步进电动机的频率进行规划。加速过程的速度并不是连续上升的，而是离散化的，频率每升到一阶，保持一段时间 Δt 之后，频率就会增加一个 Δf，即往上抬升一阶，再保持一段时间，如此反复，直到完成升速过程，进入匀速过程，减速过程与加速过程相反。加速过程离散化示意图如图 2-53 所示。结合步进电动机的矩-频特性曲线，将加速的阶数设为 6 阶，启动频率为 500Hz，最大频率为 5kHz，设计的加速过程的各阶参数值如表 2-4 所示。整个加速过程经历的总脉冲个数为 500，考虑到步进电动机的细分驱动为 10 细分，步进电动机的步进角为 1.8°，则整个加速过程电动机转过的角度为（1.8°/10）×500＝90°，水平方向的传动比为 60（俯仰方向的传动比为 3，不需要对俯仰方向步进电动机进行加减速控制），因此云台在水平方向步进加速过程中转过的角度为 1.5°，满足系统的要求。

表 2-4　加速过程各阶参数值

阶数 n	频率 f/kHz	时间 t/ms	脉冲数 m/个
1	0.5	2.000	20
2	1.5	0.667	60
3	2.5	0.400	100
4	3.5	0.286	140
5	4.5	0.222	180
6	5.0	0.200	—

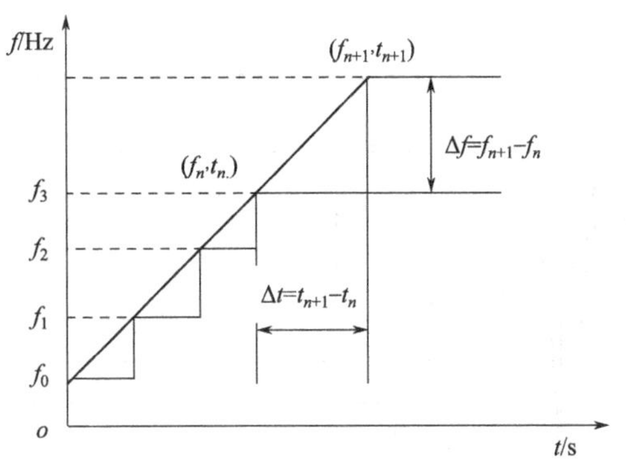

图 2-53　加速过程离散化示意图

（4）控制系统测试实验

为了测试履带机器人控制系统的性能，在搭建好的硬件平台上进行了 I^2C 总线通信测试实验，轮毂电动机控制实验和步进电动机控制实验。

为验证 STM32 与 DM642 间 I^2C 总线通信的可靠性，设计了 I^2C 总线通信实验，实验的具体思想是，先让 STM32 发送一些数据到 I^2C 总线上，同时通过串口调试助手打印这些发送数据的相关信息，并监听是否有数据返回；在 DM642 这一端，一开始就一直准备接收数据，如果接收到了 STM32 通过 I^2C 总线传来的数据，就将接收到的数据进行一定的处理工作（乘以 2），然后通过 I^2C 总线将处理之后的数据返回给 STM320。STM32 接收返回的数据并通过串口打印返回数据的相关信息。通过实时观察打印信息，如图 2-54 所示，可以看出 STM32 与 DM642 间的 I^2C 通信数据传输可靠，工作性能稳定，能够满足控制系统的要求。

要保证履带机器人能够稳定运行，必须保证两台轮毂电动机具有足够的响应特性，同时要实现对电动机转速的精确控制，从而保证两台轮毂电动机的同步性。前面已经提到过，通过双闭环控制思路来实现对轮毂电动机的精确控制，STM32 根据霍尔反馈实现对电动机转速的测量，从而实现速度闭环。电动机的速度控制由普通的 PID 控制器来完成，通过上位机测试平台，把测得的轮毂电动机的实际速度存储在 Access 数据库中，把该数据导入 MATLAB 中进行绘图，得到轮毂电动机的速度响应曲线如图 2-55 所示，从电动机的速度响应曲线可以看出，电动机响应曲线上升时间为 0.3s，稳态误差较小，系统工作性能稳定，能够满足系统要求。

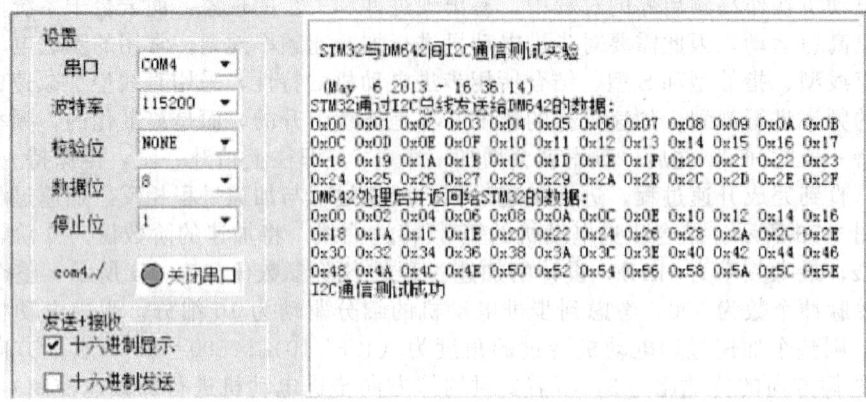

图 2-54 I²C 通信测试实验结果图

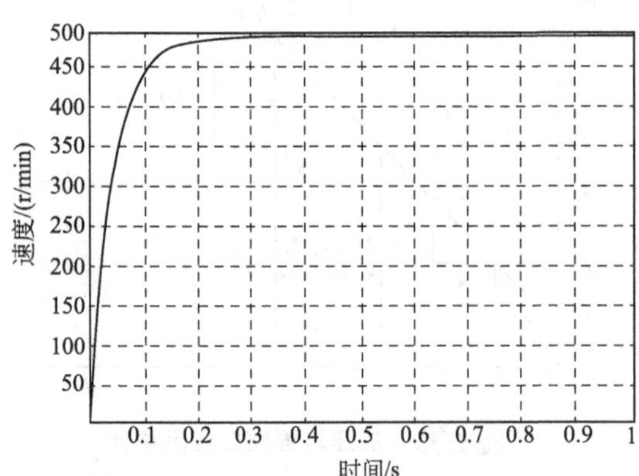

图 2-55 轮毂电动机速度响应曲线

要实现对目标的瞄准，云台的精确定位至关重要，因此需对步进电动机的控制效果进行检验。搭建了如图 2-56 所示的步进电动机测试平台，将光电编码器的内圈通过联轴器与电动机轴连接在一起，再将光电编码器与计数器相连。光电编码器的光栅刻线数为 3600，所以分辨率为 0.10，即每转动 0.10，A 相线和 B 相线都输出一个脉冲，通过计数器记录输出的总脉冲数，就可以计算出实际的转角值。水平方向步进电动机的转角测试数据如表 2-5 所示。从实验测得数据可以看出，电动机转过 1800°时的误差为 1.2°，换算到云台上的误差仅为 0.02°（水平方向传动比为 60），可以实现云台的精确定位。

最后进行了整车调试实验，如图 2-57 所示，实验结果表明两台轮毂电动机动态响应性能好，两芯片间 I²C 通信可靠，云台定位精确，控制系统工作性能稳定。

表 2-5 水平方向步进电动机转角测试数据

电动机理论转角/(°)	实际测得数据	实际转角/(°)	误差/(°)
30	297	29.7	0.3
60	596	59.6	0.4
90	896	89.6	0.4
180	1795	179.5	0.5
360	3594	359.4	0.6
900	8992	899.2	0.8
1200	11990	1199	1.0
1800	17988	1798.8	1.2

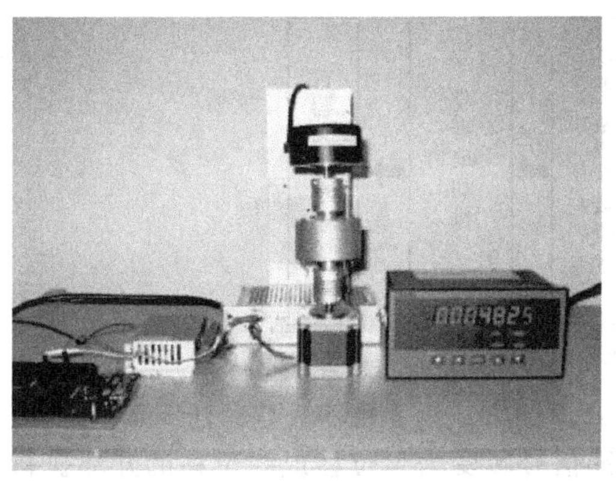

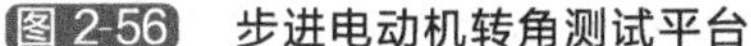
图 2-56　步进电动机转角测试平台

图 2-57　整车调试图

2.2.10　基于 PLC 的 KTV 自助机器人控制系统

KTV 休闲娱乐是娱乐活动之一，如何能实现自动点歌、自动选取消费品及美食等是目前设计要解决的问题。

（1）解决思路

自助机器人是在 KTV 活动中心解决这一问题的重要装置，控制装置可以选用 PLC 或者单片机来实现，操作装置主要是遥控器。消费者根据自己的喜好可以随意按动遥控器按钮就可以选中自己中意的菜单和美食，这样，一次投入对于经营者来说，既可以节省周而复始的人员成本，又可以使消费者参与和享受自助服务，更便于管理。自助机器人的出现，对于现代服务理念将是一个全新的挑战。

自助机器人是由小车系统来担负本身的运动和转向（在这里用小车比用环顾休闲吧台的流水线式的移动桌面更省空间和自主性更强；小车机构做成圆台形方便各个方向干涉）；在自助机器人的小车上装载有升降台装置，它专门负责机械手的垂直位移以满足消费者对各个位置高度不同的消费菜单的选择；自助机器人的机械手装载在升降装置的前上方，专门负责抓取或点击目标菜单。自主机器人的电气控制单元主要控制机器人的纵横向移动及转位移动，升降装置带动它本身和它的手臂来完成垂直运动，机器人的手臂靠电动机驱动相同齿数和模数的对啮合齿轮来驱动角位移，如果要实现点击目标只需要一个机械手臂操作就可以了，旋转动作可以实现屏蔽。为了防止在 KTV 里消费者在不使用机器人或者在跳舞时机器人在脚下对消费者造成伤害，自助机器人做成圆台形，一方而消费者碰到它会沿着圆台切面旋转而不撞伤消费者，二是在圆台的六个方向均安装红外线测距传感器，当消费者距离自助机器人接近 300mm 时机器人上的蜂鸣装置发出有节奏的音乐或者发出有节奏的亮光提醒人的位置（自助机器人身上的亮光和 KTV 的光线交相辉映美不胜收），同时自助机器人可以在传感器接通的方向驱动机器人沿着反方向移动（也就是消费者的前进方向）。整个自助机器人的操作是由步进电动机拖动，它总共有四个轴八个位移方向，消费者点击遥控按钮，PLC 接收其信号，然后 PLC 驱动步进电动机驱动器，驱动器驱动步进电动机按消费者的目标移动；整个控制过程的系统结构如图 2-58 所示，系统硬件部分由遥控器、PLC 控制器、驱动器、步进电动机、蓄电池等组成。操作面板实现对自助机器人的操作功能；控制器 PLC 发出脉冲、方向信号，通过驱动器控制步进电动机的运行状态。

自助机器人的电气控制单元就是负责将图 2-58 各单元逻辑接口连接，这样消费者在点击自助机器人驱动按钮时或者传感器接收到位移信号后，机器人能按控制要求进行位移。为便于操作者远程控制和娱乐化，驱动按钮安装在迷你遥控器上，遥控接收器收到信号后立即

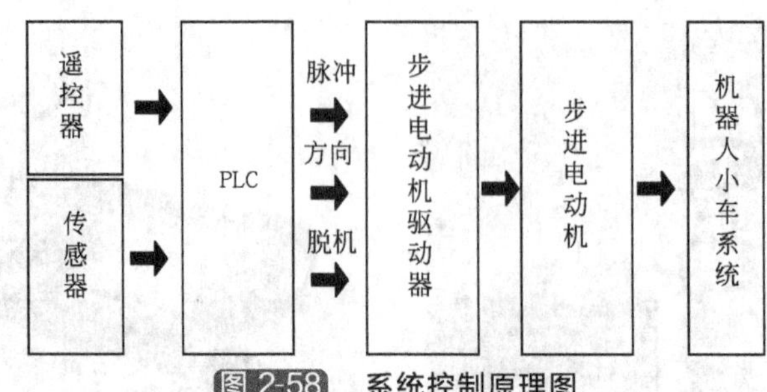

图 2-58 系统控制原理图

传给 PLC 的输入接口，PLC 驱动驱动器继而驱动电动机，自主机器人变“活”了。

步进电动机的主要作用是将接收到的电脉冲信号转变为角位移或线位移的开环执行元件，(如果是闭环系统，机器人的位移将更精确，但是价格将会更高)。自助机器人所能承载的食品或者菜单都是标准规格的，一般情况下不用考虑超载问题，故电动机的转速高低、停止的位置只取决于脉冲信号的频率和脉冲数，也就是说，给电动机加一个脉冲信号，电动机则转过一个最小步距角。因脉冲信号与电动机角位移的线性关系，步进电动机只有周期性的误差并且没有累积误差。脉冲信号的频率决定电动机的速度，使得自主机器人在速度、位置等控制环节用步进电动机来控制变得非常简单。

可编程控制器（Programmable Logic Controller，通常称 PLC）是一种工业控制计算机，具有模块化结构、配置灵活、高速的处理速度、精确的数据处理能力、多种控制功能、网络技术和优越的性价比等性能，能充分适应工业环境，与单片机相比，PLC 具有程序简单易懂，操作方便，可靠性高，编程容易和 PLC 故障诊断也很容易等特点，从而是目前广泛应用的控制装置之一。PLC 对步进电动机也具有良好的控制能力，尤其是利用其高速脉冲输出功能或运动控制功能对步进电动机的控制，也就是说 PLC 可实现对步进电动机的运动进行控制。利用 PLC 控制步进电动机，其脉冲分配可以由软件实现，也可由硬件组成。

（2）功能设计

对利用 PLC 的 KTV 自助机器人控制系统的研究和对步进电动机的控制原理以及 PLC 控制系统的硬件和软件设计机理。

1）步进电动机的控制原理及特性

① 步进电动机的控制原理　步进电动机是一种将电脉冲信号转化为角位移的执行单元。步进电动机的运行需要有脉冲分配的功率型电子装置驱动，这就是步进电动机驱动器，控制系统每发出一个脉冲信号，通过驱动器就能驱动步进电动机按设定的方向转动一个同定的角度（称为“步距角”），它的旋转是以步距角一步一步运行的。可以通过控制脉冲个数来控制角位移量，从而达到准确定位的目的；同时可以通过控制脉冲频率来控制电动机转动的速度和加速度，从而达到调速的目的。通过改变通电顺序，可以实现改变电动机旋转方向的目的。步进电动机可以作为一种控制用的特种电动机，利用其没有积累误差（精度为 100%）的特点，广泛应用于各种开环控制。

步进电动机不能直接接到工频交流或直流电源上工作，而必须使用专用的驱动器，如图 2-59 所示，它由脉冲发生控制单元、功率驱动单元、保护单元等组成。图 2-59 中点划线所包围的 2 个单元可以用微机控制来实现。驱动单元必须与驱动器直接耦合（防电磁干扰），也可理解成微机控制器的功率接口。

② 步进电动机的特点

a. 一般步进电动机的精度为步距角的 3%～5%，且不累积，所以具有良好的跟随特性。

b. 步进电动机外表所能承受的最高温度范围。步进电动机温度过高首先会使电动机的磁性材料退磁，从而导致驱动力矩下降乃至于失步，因此电动机外表允许的最高温度应取决

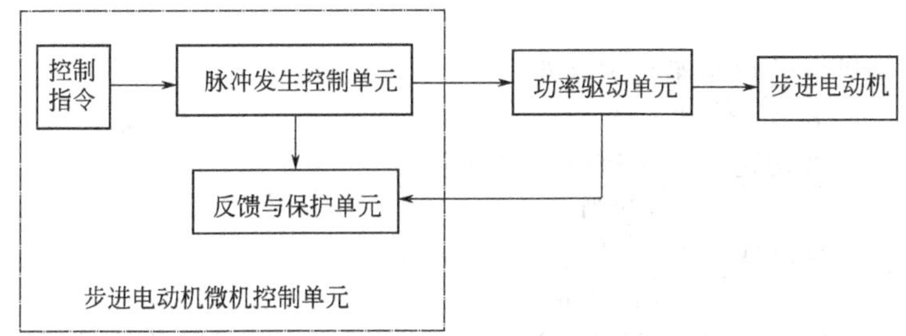

图 2-59　步进电动机驱动器工作原理图

于不同电动机磁性材料的退磁点，一般来讲，步进电动机外表温度在 80～90℃时完全正常。

c. 步进电动机的驱动力矩会随转速的升高而下降。当步进电动机转动时，电动机各相绕组的电感将形成一个反向电动势；频率越高，反向电动势越大。在它的作用下，电动机随频率（或速度）的增大而相电流减小，从而导致力矩下降。

d. 步进电动机低速时可以正常运转，但若高于一定速度就无法启动，并伴有沉闷的叫声。步进电动机有一个技术参数：空载启动频率，即步进电动机在空载情况下能够正常启动的脉冲频率，如果脉冲频率高于该值，电动机不能正常启动，可能发生丢步或堵转。在有负载的情况下，启动频率应更低。图 2-60 为步进电动机脉冲频率的变化规律图。

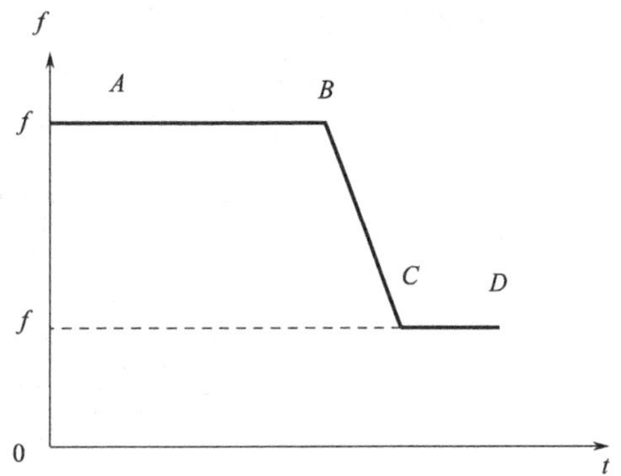

图 2-60　步进电动机脉冲频率的变化规律

③ 步进电动机脉冲频率的变化规律　系统设计中采用的步进电动机为 0.9°步距角二相步进电动机。步进电动机在启动和停止时有一个加速及减速过程，且加速速度越小则冲击越小，动作越平稳，所以步进电动机工作一般要经历以下的变化过程：加速→恒速（高速）→减速→恒速（低速）→停止。因步进电动机转速与脉冲频率成正比，所以输入步进电动机的脉冲频率也要经历一个类似的变化过程，其变化规律如图 2-60 所示。可见在步进电动机启动时要使脉冲升频，停车时使脉冲降频。

由于步进电动机驱动器在输入脉冲 200Hz 时处于振荡区内，容易损坏内部元件，而在 200Hz 以下运转速度较低，效率较低，故一般采用 350Hz 作为脉冲的低频起点。经测试，轻载时高频脉冲可达到 6.8kHz。

2）步进电动机 PLC 控制系统的硬件设计

① 步进电动机：步进电动机有步距角、静力矩、电流三大要素组成。根据负载的控制精度要求选择步距角大小，根据负载的大小确定静力矩，静力矩一经确定根据电动机矩频特性曲线来判断电动机的电流。一旦三大要素确定，步进电动机的型号便确定下来了。本系统使用的是南京步进电动机厂的 35BYG 系列的步进电动机，其转矩比较高。

② 驱动器：遵循先选电动机后选驱动的原则，电动机的相数、电流大小是驱动器选择的决定性因素；在选型中，还要根据 PLC 输出信号的极性来决定驱动器输入信号是共阳极或共阴极。为了改善电动机的运行性能和提高控制精度，通常通过选择带细分功能的驱动器来实现，目前驱动器的细分等级有 8 倍、16 倍、32 倍、64 倍等，最高可达 256 倍细分。在实际应用中，应根据控制要求和步进电动机的特性选择合适的细分倍数，以达到更高的速度和更大的高速转矩，使电动机运转精度更高，振动更小。经比较选用的是南京步进电动机厂的 HSM 系列的步进电动机驱动器。

③ PLC：在对 PLC 选型前，应根据下式计算系统的脉冲当量、脉冲频率上限和最大脉

冲数量。

$$脉冲当量=\frac{步进电动机步距角\times螺距}{360\times传动速比}$$

$$脉冲频率上限=\frac{移动速度\times步进电动机细分数}{脉冲当量}$$

$$最大脉冲数量=\frac{移动距离\times步进电动机细分数}{脉冲当量}$$

根据脉冲频率可以确定PLC高速脉冲输出时的频率，根据脉冲数量可以确定PLC的位宽。运用PLC控制步进电动机时，应该保证PLC具有高速脉冲输出功能，通过选择具有高速脉冲输出功能或专用运动控制功能的模块来实现。设计中，根据选型原则和功能要求，采用的步进电动机为0.9°步距角的二相步进电动机；因为考虑到是用在机器人小车上，所有部件都需要跟车移动，所以整体选用两块12V蓄电池，PLC工作电源选用24V DC，用的是信捷XC3-14的PLC两个（因有四个步进电动机，而每个XC3-14只有两个高速脉冲输出）。

④ 遥控器选择：机器人控制需要8个方向再加电源控制，选择HBGY801八方向（八点动型）+8个控制点，轻型遥控器。电源由空气开关手动启动。

⑤ 硬件连接：按照系统控制要求，系统I/O硬件连接如图2-61所示（部分内容）。

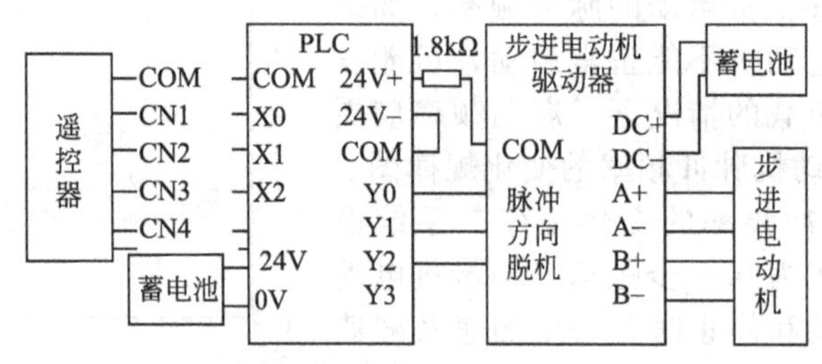

图 2-61 系统I/O连接图（部分）

3）步进电动机PLC控制系统的软件设计图

步进电动机控制程序可以采用梯形图语言或者指令表语言等进行编制，控制程序在上位机中编制、调试和编译后，即可下载到PLC中。如图2-62所示为一个电动机控制梯形图（部分）：Y0口输出脉冲信号，Y1和Y2为方向和脱机信号。DPLSF为32位可变频的形式产生连续脉冲的指令，STOP为脉冲停止指令。设计时先用西门子S7-200系列PLC编程调试，成功后改用无锡信捷的PLC。

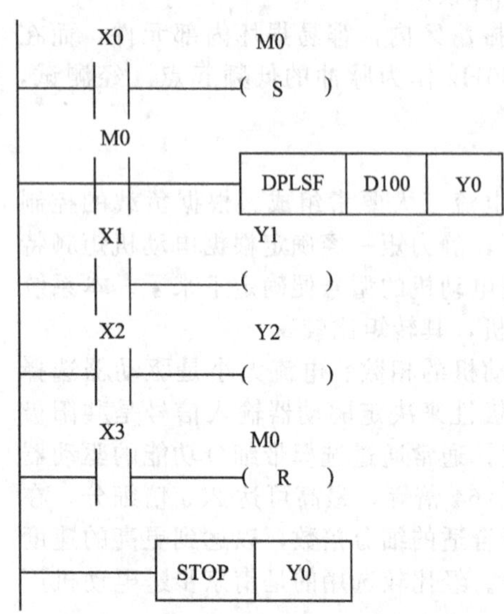

图 2-62 步进电动机控制梯形图

（3）小结

利用PLC可方便地实现对电动机的方向和位置进行控制，可靠地实现各种步进电动机的操作，完成机器人的各种复杂动作。步进电动机以其显著的特点，在自动化时代发挥着重大的用途。伴随着自动化控制技术的发展、传感器技术的发展以及步进电动机本身技术的提高，步进电动机将会在更多的领域得到应用。利用PLC技术可以对家庭、办公室、音乐机器人、自动搜救机器人以及工业控制中各种自动、半自动技术发展起到促进作用，也进一步展现了PLC技术对现代服务业的有力支持和广阔应用。

第3章 机器人直流伺服电动机驱动与控制技术及应用

3.1 直流伺服电动机及其在机器人的应用

电气伺服系统根据所驱动的电动机类型分为直流（DC）伺服系统和交流（AC）伺服系统。20世纪50年代，无刷电动机和直流电动机实现了产品化，并在计算机外围设备和机械设备上获得了广泛的应用。20世纪70年代则是直流伺服电动机应用最为广泛的时代。

3.1.1 直流伺服电动机的特点

直流伺服电动机通过电刷和换向器产生的整流作用，使磁场磁动势和电枢电流磁动势正交，从而产生转矩。其电枢大多为永久磁铁。

同交流伺服电动机相比，直流伺服电动机启动转矩大，调速广且不受频率及极对数限制（特别是电枢控制的），机械特性线性度好，从零转速至额定转速具备可提供额定转矩的性能，功率损耗小，具有较高的响应速度、精度和频率，优良的控制特性，这些是它的优点。

但直流电动机的优点也正是它的缺点，因为直流电动机要产生额定负载下恒定转矩的性能，则电枢磁场与转子磁场必须恒维持90°，这就要借助电刷及整流子；电刷和换向器的存在增大了摩擦转矩，换向火花带来了无线电干扰，除了会造成组件损坏之外，使用场合也受到限制，寿命较低，需要定期维修，使用维护较麻烦。

若使用要求频繁启停的随动系统，则要求直流伺服电动机启动转矩大；在连续工作制的系统中，则要求伺服电动机寿命较长。使用时要特别注意先接通磁场电源，然后加电枢电压。

3.1.2 直流伺服电动机的工作原理

直流伺服电动机的基本结构与工作原理与一般直流电动机相类似。

直流电动机的主磁极磁场和电枢磁场如图3-1(a)所示。主磁极磁势F_0在空间固定不动，当电刷处于几何中线位置时，电枢磁势F_a和F_0在空间正交，也就是电动机保持在最大转矩状态下运行。

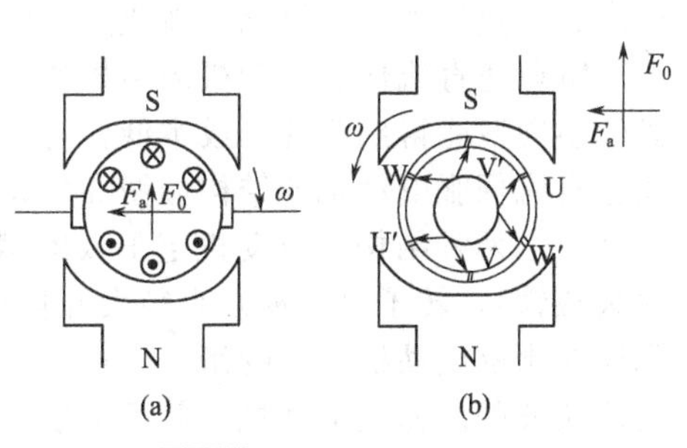

图3-1 直流电动机原理

如果直流电动机的主磁极和电刷一起旋转，而电枢绕组在空间固定不动，如图 3-1（b）所示，则此时 F_a 和 F_0 仍保持正交关系。

为了适应各种不同随动系统的需要，直流伺服电动机从结构上做了许多改进，如无槽电枢伺服电动机，空心杯形电枢伺服电动机，印刷绕组电枢伺服电动机，无刷直流执行伺服电动机，扁平形结构的直流力矩电动机。直流伺服电动机的特点及应用范围如表 3-1 所示。

表 3-1 直流伺服电动机的特点及应用范围

名称	励磁方式	产品型号	结构特点	性能特点	应用范围
一般直流执行电动机	电磁式 永磁式	SZ 或 SY	与普通直流电动机相同，但电枢铁芯长度与直径之比大一些，气隙较小	具有下垂的机械特性和线性调节特性，对控制信号响应速度快	一般直流伺服系统
无槽电枢直流电动机	电磁式 永磁式	SWC	电枢铁芯为光滑圆柱体，电枢绕组用环氧树脂粘在电枢铁芯表面，气隙较大	具有一般直流执行电动机的特点，而且转动惯量和机电时间常数好，换向良好	需要快速动作，功率较大的直流伺服系统
空心杯型电枢执行电动机	永磁式	SYK	电枢绕组用环氧树脂浇注成杯形，置于内外定子之间，内外定子分别用软磁材料和永磁材料制成	除具有一般直流执行电动机的特点，而且转动惯量和机电时间常数非常小，低速运转平滑，换向良好	需要快速动作的直流伺服系统
印刷绕组直流执行电动机	永磁式	SN	在圆盘型绝缘薄板上印刷裸露的绕组构成电枢，磁极轴向安装	转动惯量小，机电时间常数小，低速运行性能好	用于低速、启动和反转频繁的控制系统
无刷直流执行电动机	永磁式	SW	由晶体管开关电路和位置传感器代替电刷和换向器，转子用永磁铁做成，电枢绕组在定子上且做成多相式	既保持了一般直流执行电动机的优点，又克服了换向器和电刷带来的缺点，寿命长，噪声低	要求噪声低、对无线电不产生干扰的控制系统
直流力矩电动机	永磁式		转子做成扁平型结构	可以不经过减速机构直接带动负载，反应速度快，速度特性硬度大，能在堵转和低速下运行	适用于对速度和位置控制精度要求很高的系统

20 世纪 60 年代研制出了小惯量直流伺服电动机，其电枢无槽、绕组直接粘接固定在电枢铁芯上，因而转动惯量小、反应灵敏、动态特性好，适用于高速且负载惯量较小的场合。否则，根据其具体的惯量比设置精密齿轮副才能与负载惯量匹配，将大大增加成本。

直流印刷电枢电动机是一种盘形伺服电动机，电枢由导电板的切口成形，裸导体的线圈端部起换向器作用，这种空心式高性能伺服电动机大多用于工业机器人、小型车床和线切割机床上。

20 世纪 70 年代大惯量宽调速直流伺服电动机研制成功。它在结构上采取了一些措施，尽量提高转矩，改善动态特性，既具有一般直流电动机的各项优点，又具有小惯量直流电动机的快速响应性能，易与较大的惯性负载匹配，能较好地满足伺服驱动的要求，因此在数控机床、工业机器人等机电一体化产品中得到了广泛的应用。

宽调速直流伺服电动机的结构特点是励磁便于调整，易于安排补偿绕组和换向极，电动机的换向性能得到改善，成本低，可以在较宽的速度范围内得到恒转速特性。永久磁铁的宽调速直流伺服电动机的结构如图 3-2 所示，有不带制动器［图 3-2（a）］和带制动器［图 3-2（b）］两种结构。电动机定子（磁钢）采用矫顽力高、不易去磁的永磁材料（如铁氧体永久磁铁），转子（电枢）直径大并且有槽，因而热容量大；结构上又采用了通常凸极式和隐极式永磁电动机磁路的组合，提高了电动机气隙磁通密度。同时，在电动机尾部装有高精密低纹波的测速发电动机，并可加装光电编码器或旋转变压器及制动器，为速度环提供了较高的增量，能获得优良的低速刚度和动态性能。因此，调宽度直流伺服电动机是目前机电一体化闭环伺服系统中应用较广泛的一种控制用电动机，其主要特点是调速范围宽，低速运行平稳，负载特性硬，过载能力强，在一定的速度范围内可以做到恒力矩输出，应速度快，动态响应特性好。当然，宽调速直流伺服电动机体积较大，其电刷易磨损，寿命受到一定限制。一船的盲流伺服电动机均配有专门的驱动器。

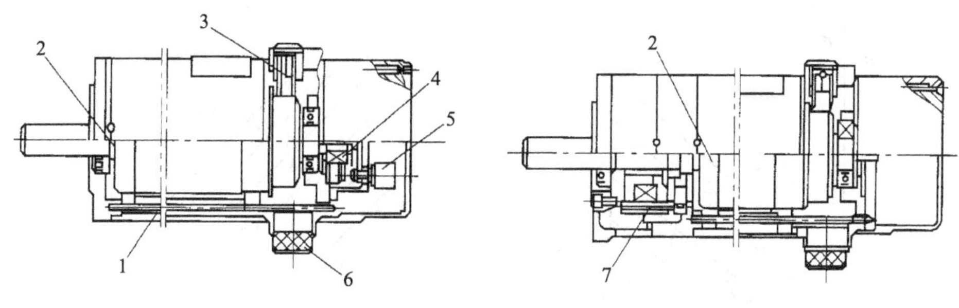

(a) 宽调速直流电动机结构　　(b) 带制动器的直流伺服电动机

图 3-2　直流伺服电动机

1—定子；2—转子；3—电刷；4—测速发电动机；5—编码器；6—航空插座；7—制动器组件

宽调速直流伺服电动机应根据负载条件来选择。加在电动机轴上的有两种负载，即负载转矩和负载惯量。当选用电动机时必须正确地计算负载，即必须确认电动机能满足下列条件：在整个调速范围内，其负载转矩应在电动机连续额定转矩范围以内，工作负载与过载时间应在规定的范围以内，应使加速度与希望的时间常数一致。一般讲，由于负载转矩起减速作用，如果可能，加减速应选取相同的时间常数。

值得提出的是，惯性负载值对电动机灵敏度和快速移动时间有很大影响。对于大的惯性负载，当指令速度变化时，电动机达到指令速度的时间较长。如果负载惯量达到转子惯量的 3 倍，灵敏度要受到影响，当负载惯量是转子惯量的 3 倍时，响应时间降低很多，而当惯量大大超过时，伺服放大器不能在正常条件范围内调整，必须避免使用这种惯性负载。

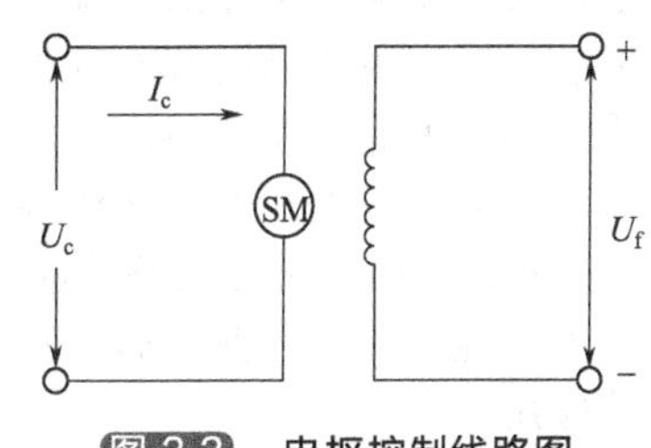

图 3-3　电枢控制线路图

直流伺服电动机既可采用电枢控制，也可采用磁场控制，一般多采用前者。电枢控制时，其线路如图 3-3 所示。励磁绕组接于恒定电压 U_f，控制电压 U_c 接到电枢两端。直流伺服电动机的机械特性 $n=f(T)$ 可表示为：

$$n=\frac{U_c}{C_e\Phi}-\frac{r_a}{C_eC_m\Phi^2}T \tag{3-1}$$

式中，C_e 为电势常数；C_m 为转矩常数；r_a为电枢电阻；Φ 为每极的磁通。

设 $\Phi=C_\Phi U_f$为比例系数，又规定控制电压 U_c与励磁电压 U_f之比值为信号系数，即 $\alpha=U_c/U_f$，则：

$$n=\frac{\alpha}{C_eC_\Phi}-\frac{r_a}{C_eC_mC_\Phi^2U_f^2}T \tag{3-2}$$

当控制电压 U_c 与励磁电压 U_f相等时，即 $\alpha=1$，$n=0$，堵转转矩为

$$T_0=\frac{C_mC_\Phi U_f^2}{r_a} \tag{3-3}$$

当 $T=0$，$\alpha=1$ 时可得到空载理想转矩，即

$$n_0=1/C_\Phi C_e \tag{3-4}$$

$$n/n_0=\alpha-T/T_0 \tag{3-5}$$

从上式可以看出，当信号系数 α 为常数时，直流伺服电动机的机械特性和调速特性都是线性的，从而可以绘出直流伺服电动机的机械特性，如图 3-4（a）所示，其调速特性如图 3-4（b）所示。

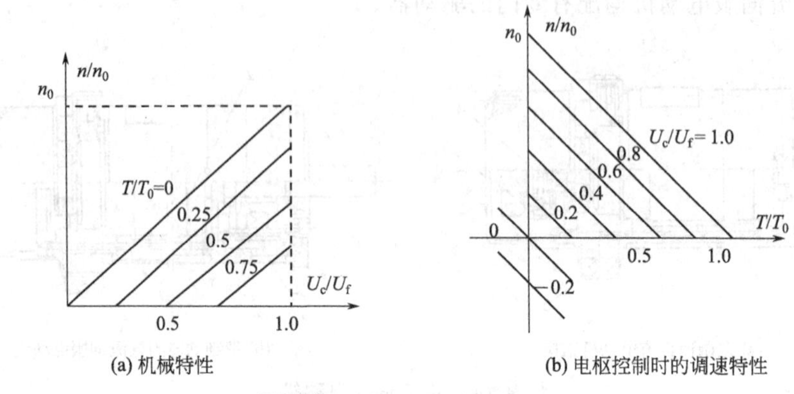

图 3-4　直流伺服电动机特性

3.1.3　直流伺服电动机驱动概述

直流伺服电动机为了直流供电和调节电动机转速与方向，需要将其直流电压的大小和方向进行控制。目前常用晶体管脉宽调速驱动和晶闸管直流调速驱动两种方式。

晶闸管直流驱动方式，主要通过调节触发装置控制晶闸管的触发延迟角（控制电压的大小）来移动触发脉冲的相位，从而改变整流电压的大小，使直流电动机电枢电压的变化易于平滑调速。由于晶闸管本身的工作原理和电源的特点，导通后是利用交流（50Hz）过零来关闭的，因此，在低整流电压时，其输出是很小的尖峰值（三相全波时每秒 300 个）的平均值，从而造成电流的不连续性。而采用脉宽调速驱动系统，其开关频率高（通常达 2000～3000Hz），伺服机构能够响应的频带范围也较宽，与晶闸管相比，其输出电流脉动非常小，接近于纯直流。目前，脉冲宽度调制（PWM）电路脉冲调宽式功率放大器得到越来越广泛的应用。

由于 PWM 式功率放大器中的功率元件，如双极型晶体管或功率场效应管 MOSFET 等工作在开关状态，因而功耗低；其次，PWM 式开关放大器的输出是一串宽度可调的矩形脉冲，除包含有用的控制信号外，还包含有一个频率同放大器切换频率相同的高频分量，在高频分量作用下，伺服电动机时刻处于微振状态，有利于克服执行轴上的静摩擦，改善伺服系统的低速运行特性；此外，PWM 式开关放大器还具有体积小、维护方便、工作可靠等优点。

PWM 直流调速驱动系统原理如图 3-5 所示。当输入一个直流控制电压 U 时，就可得到宽度与 U 成比例的脉冲方波，给伺服电动机电枢回路供电，通过改变脉冲宽度来改变电枢回路的平均电压，从而得到不同大小的电压值 U_a，使得电动机平滑调速。设开关 S 周期性地闭合、断开，开和关的周期是 T。在一个周期 T 内闭合的时间是 τ，开断的时间是（$T-\tau$）。若外加电源电压 U 为常数，则电源加到电动机电枢上的电压波形将是一个方波列，其高度为 U，宽度为 f，则一个周期内电压电平均值为：

$$U_a=\frac{1}{T}\int_0^{\tau}U\mathrm{d}t=\frac{\tau}{T}U=\mu U \tag{3-6}$$

式中，μ 为导通率，又称占空系数，$\mu=\tau/T$。当 T 不变时，只要连续地改变 τ（0～T），就可以连续地使 U_a 由 0 变化到 U，从而达到连续改变电动机转速的目的。实际应用的

PWM 系统采用大功率晶体管代替开关 S，其开关频率一般为 2000Hz，即 $T=0.5\text{ms}$，它比电动机的机械时间常数小得多，故不至于引起电动机转速脉动。常选用的开关频率为 500～2500Hz。如图 3-5 所示中的二极管 VD 为续流二极管，当 S 断开时，由于电感 L_a 的存在，电动机的电枢电流 I_a 可通过它形成回路而继续流动，因此尽管电压呈脉动状，但电流还是连续的。

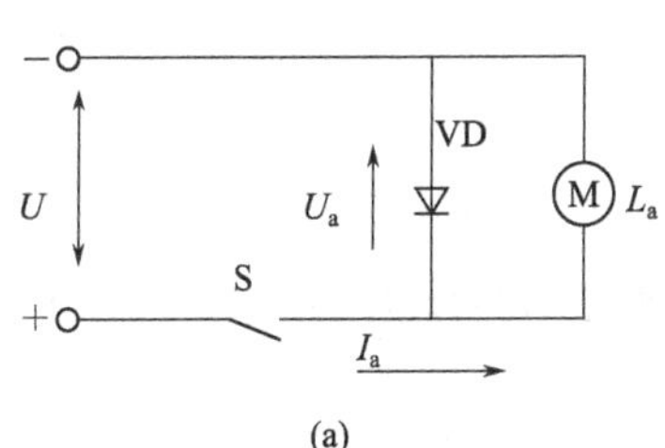

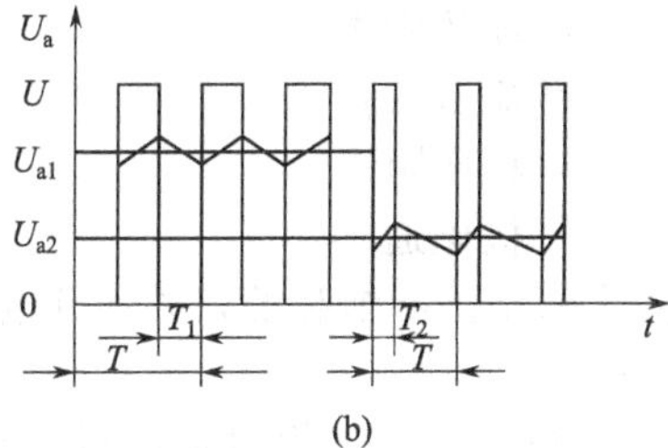

图 3-5　PWM 直流调速驱动系统原理

为使电动机实现双向调速，多采用如图 3-6 所示的桥式电路，其工作原理与线性放大桥式电路相似。电桥由 4 个大功率晶体管 VT_1～VT_4 组成。如果在 VT_1 和 VT_3 的基极上加以正脉冲的同时，在 VT_2 和 VT_4 的基极上加负脉冲，则 VT_1 和 VT_3 导通，VT_2 和 VT_4 截止，电流沿 +90V→c→VT_1→d→M→b→VT_3→a→0V 的路径流通，设此时电动机的转向为正向。反之，如果在晶体管 VT_1 和 VT_3 的基极上加负脉冲，在 VT_2 和 VT_4 的基极上加正脉冲，则 VT_2 和 VT_4 导通，VT_1 和 VT_3 截止，电流沿 +90V→c→VT_2→b→M→d→VT_4→a→0V 的路径流通，电流的方向与前一种情况相反，电动机反向旋转。显然，如果改变加到 VT_1 和 VT_3、VT_2 和 VT_4 这两组管子基极上控制脉冲的正负和导通率 μ，就可以改变电动机的转向和转速。

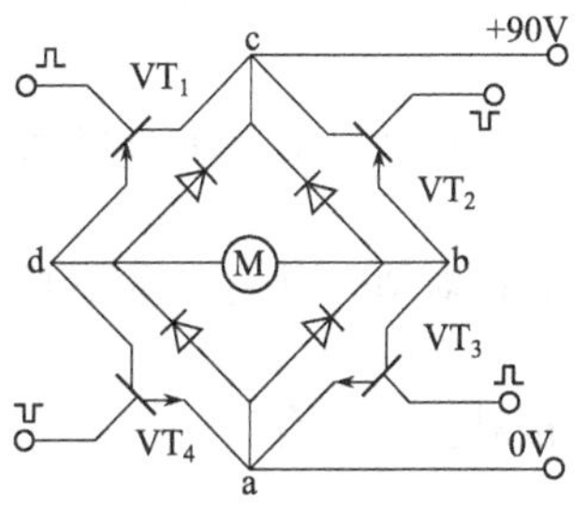

图 3-6　桥式电路

3.1.4　直流伺服电动机控制概述

直流伺服电动机的结构与普通小型直流电动机相同，不过由于直流伺服电动机的功率不大，也可由永久磁铁制成磁极，省去励磁绕组。其励磁方式几乎只采取他励式。直流伺服电动机的工作原理和普通直流电动机相同。只要在其励磁绕组中有电流通过且产生了磁通，当电枢绕组中通过电流时，这个电枢电流与磁通相互作用而产生转矩使伺服电动机投入工作。这两个绕组其中的一个断电时，电动机立即停转，它不像交流电动机那样有“自转”现象，所以直流伺服电动机是自动控制系统中一种很好的执行元件。

（1）控制方式及其特性

交流伺服电动机的励磁绕组与控制绕组均装在定子铁芯上。从理论上讲，这两种绕组的作用相互对换时，电动机的性能不会出现差异。但直流伺服电动机的励磁绕组和电枢绕组分别装在定子和转子上。

由直流电动机的调速方法中可知，改变电枢绕组端电压或改变励磁电流进行调速时，特性有所不同。直流伺服电动机由励磁绕组励磁，用电枢绕组来进行控制；或由电枢绕组励磁，用励磁绕组来进行控制。两种控制方式的特性不一样。下面就这两种控制方式的主要特性作一些简要的分析，以便正确使用并进一步认识直流伺服电动机。为便于分析起见，假定磁路不饱和，并不计电枢反应，在小功率的直流伺服电动机中，这两个假定是允许的。

1）电枢控制时直流伺服电动机的特性

电枢控制时，直流伺服电动机的线路图如图 3-7 所示。电枢控制是由励磁绕组进行励磁，即将励磁绕组接于恒定电压为U_f的直流电源上，使其中通过电流I_f以产生磁通Φ。电枢绕组接受控制电压U_c，即为控制绕组。当控制绕组接到控制电压以后，电动机就转动：控制电压消失，电动机立即停转。电枢控制时，直流伺服电动机的机械特性和他励式直流电动机改变电枢电压时的人为机械特性一样，即U_c=常数，$T_{em}=f(n)$，其表达式为

$$T_{em}=C_m\Phi U_c/r_\alpha-(C_eC_m\Phi^2/r_\alpha)n \tag{3-7}$$

式中 C_e——电动势常数；

C_m——转矩常数；

r_α——电枢电阻；

Φ——每极磁通。

由于认为磁路是不饱和的，并不计电枢反应，可得$\Phi\propto I_f\propto U_f$或

$$\Phi=C_\Phi U_f \tag{3-8}$$

式中，C_Φ为比例常数，又规定了控制电压U_c与励磁电压U_f之比为信号系数，即

$$\alpha=U_c/U_f \tag{3-9}$$

将式（3-8）及式（3-9）代入式（3-7），则得出

$$T_{em}=(C_mC_\Phi U_f^2/r_\alpha)\alpha-(C_mC_eC_\Phi^2U_f^2/r_\alpha)n \tag{3-10}$$

将T_{em}表示成控制电压等于励磁电压和电枢不动时的转矩（即$n=0$，及$\alpha=1$）

$$T_{emB}=C_mC_\Phi U_f^2/r_\alpha \tag{3-11}$$

的相对值，并将n表示成控制电压等于励磁电压时理想空载（即$T_{em}=0$）转速，即

$$n_B=1/C_eC_\Phi \tag{3-12}$$

相对值，则有

$$T=T_{em}/T_{emB}=\alpha-n/n_B=\alpha-v \tag{3-13}$$

由式（3-13）可看出，当α=常数时，直流伺服电动机的机械特性显然是线性的，如图3-8所示。

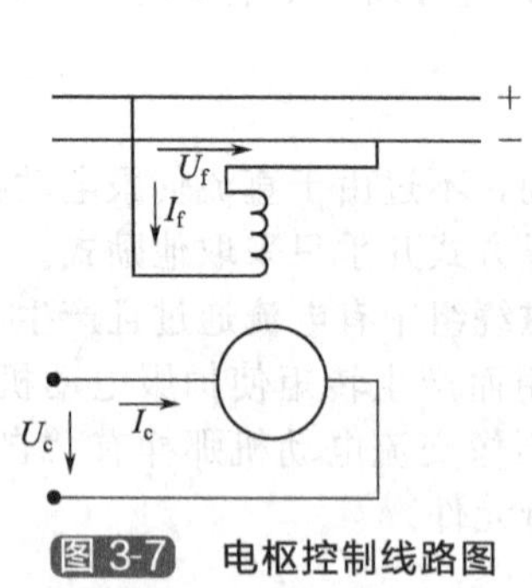

图3-7 电枢控制线路图

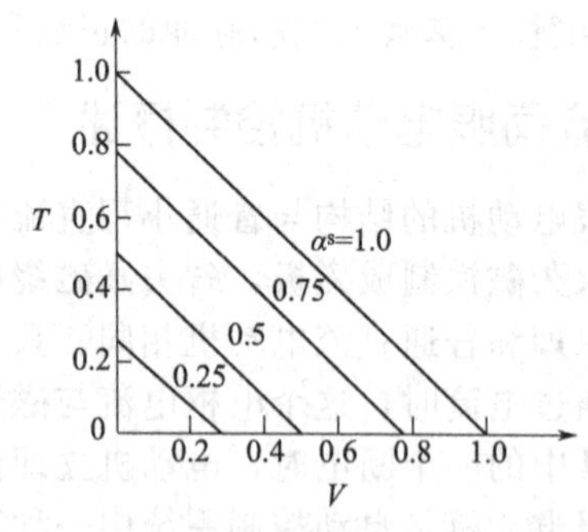

图3-8 电枢控制时的机械特性

从以上分析可得出，电枢控制时直流伺服电动机的两个主要特性——机械特性和调节特性都是线性的，并且特性的线性关系与电枢电阻无关。

如将式（3-13）变为$v=n/n_B=(-T_{em}/T_{emB})+\alpha=-T+\alpha$ (3-14)

则式（3-14）就是$T=T_{em}/T_{emB}$常数时的调节特性$v=n/n_Bf(\alpha)$，显然也是成线性的。如图3-9所示。

2）磁场控制时直流伺服电动机的特性

磁场控制的线路图如图3-10所示。在这种控制方式中，电枢绕组作为励磁绕组，接于恒定的励磁电压U_r，而励磁绕组作为控制绕组，受控制电压U_c，信号系数仍规定为$\alpha=U_c/U_f$，在磁路不饱和且不计电枢反应的情况下，可得

$$\Phi=C'_\Phi U_c \tag{3-15}$$

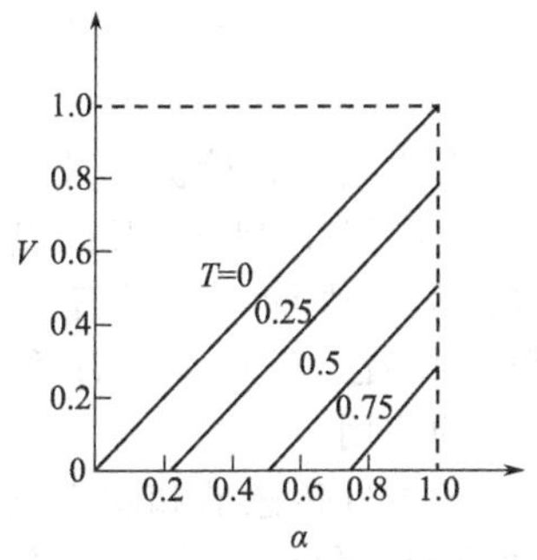

图 3-9　电枢控制时的调节特性

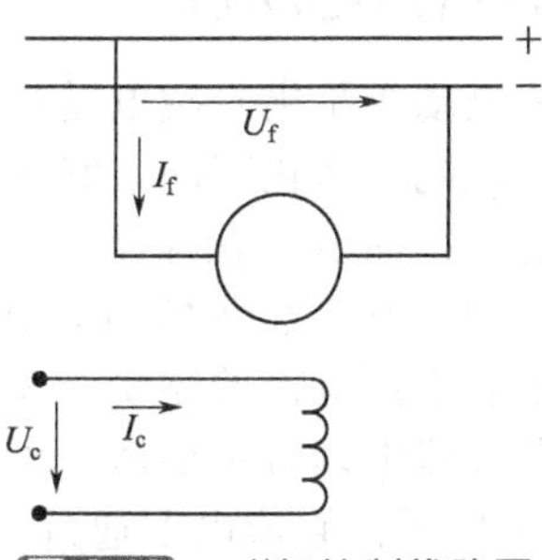

图 3-10　磁场控制线路图

由于在两种控制方式中，励磁电压 U_f 和控制电压为 U_c 所施加的绕组互换，则式（3-10）中电压 U_c 与 U_f 互换后，可得磁场控制方式的机械特性，即

$$T_{em}=(C_m C'_\Phi U_f^2/r_\alpha)\alpha-(C_m C_e C'^2_\Phi \alpha^2 U_f^2/r_\alpha)n \tag{3-16}$$

仍将 T_{em} 及 n 分别表示成 $T_{emB}=C_m C'_\Phi C_f^2/r_\alpha$ 及 $n_B=1/C_e C'_\Phi$ 的相对值，亦可得出机械特性和调节特性的表达式如下：

$$T=\frac{T_{em}}{T_{emB}}=\alpha-\alpha^2\frac{n}{n_B}=\alpha-\alpha^2 v \quad v=\frac{n}{n_B}=(\alpha-T_{em}/T_{emB})/\alpha^2=\frac{\alpha-T}{\alpha^2} \tag{3-17}$$

机械特性为：α=常数，$T=T_{em}/T_{emB}=f\ (n/n_B)\ =f(v)$，调节特性为：$T=T_{em}/T_{emB}$=常数，$v=n/n_B=f(\alpha)$，分别用图 3-11 和图 3-12 表示。

（2）控制方式的比较

比较图 3-11 与图 3-8，可看出 $\alpha=1$ 时，两种控制方式的电磁关系完全一样，所以两者机械特性一样。当 $\alpha<1$ 时，磁场控制的机械特性较为平坦，也就是说，在转速变化比较大时，转矩变化较小，这种特性在某些场合下也是可贵的。从图 3-12 可看出，磁场控制时的调节特性不是线性的，而且在 $T=T_{em}/T_{emB}=0\sim0.5$ 范围内不是单值函数，每个转速时应有两个信号系数，这是磁场控制最严重的缺点。通过对两种控制方式的特性分析比较可得出，电枢控制方式的机械特性与调节特性均为线性的，而特性曲线簇是一组平行线。另外，由于励磁绕组进行励磁时，所消耗的功率较小，并且电枢电路的电感小，时间常数小，响应迅速。因此直流伺服电动机多采用电枢控制方式。

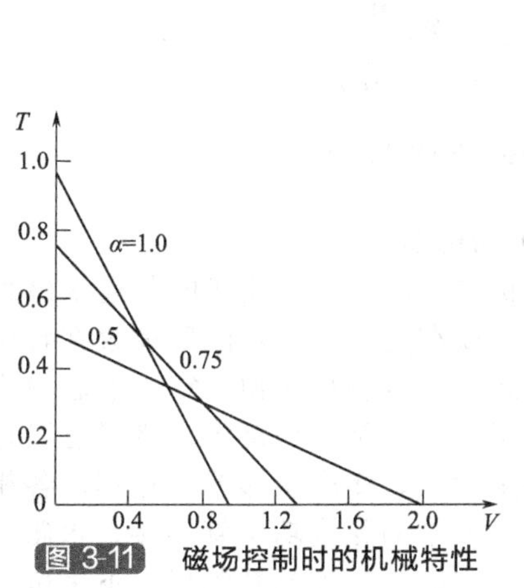

图 3-11　磁场控制时的机械特性

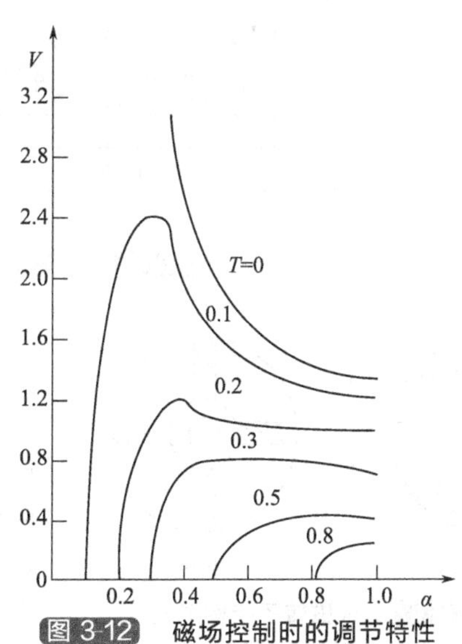

图 3-12　磁场控制时的调节特性

3.1.5 无刷直流电动机

无刷直流电动机是集永磁电动机、微处理器、功率逆变器、检测元件、控制软件和硬件于一体的新型机电一体化产品，它采用功率电子开关（GTR、MOSFET、IGBT）和位置传感器代替电刷和换向器，既保留了直流电动机良好的运行性能，又具有交流电动机机构简单、维护方便和运行可靠等特点，在航空航天、数控装置、机器人、计算机外设、汽车电器、电动车辆和家用电器的驱动中获得了越来越广泛的应用。

永磁无刷直流电动机主要由永磁电动机本体、转子位置传感器和功率电子开关三部分组成，如图 3-13 所示。直流电源通过电子开关向电动机定子绕组供电，由位置传感器检测电动机转子位置并发出电信号去控制功率电子开关的导通或关断，使电动机转动。直流无刷是基于交流调速原理基础上制造出来的，性能方面既有直流电动机的启动转矩大，转速稳定调速方便，又有交流电动机的结构简单没有易损件（没有直流电动机的电刷）。价格方面因为需要专门的驱动电路驱动故价格要比普通直流电动机高 3～4 倍。调速因为直流无刷电动机大部分都自带驱动电路（可以调速，也有恒速的），所以驱动起来只要给他接上额定电压后，输入调速 PWM 信号就可以了。这点无需再添加专门的驱动电路，另外直流无刷电动机因为有霍尔元件做反馈所以转速几乎是稳定恒速的。

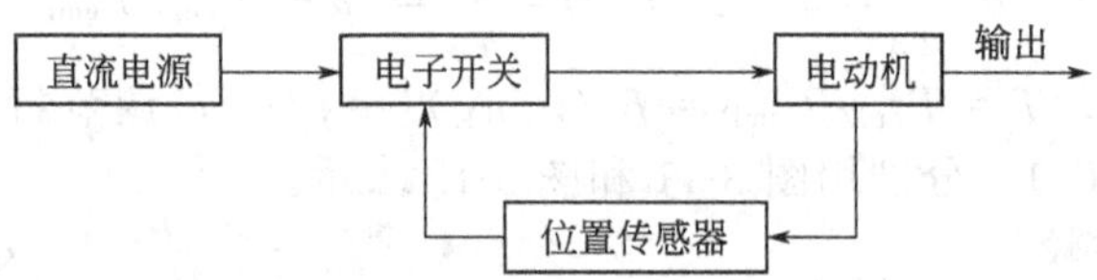

图 3-13 无刷直流电动机的原理框图

（1）基本结构

永磁无刷直流电动机的结构如图 3-14 所示，各主要组成部分的结构如下。

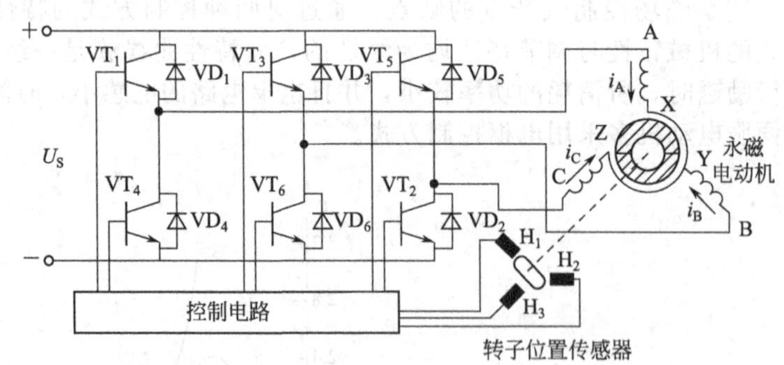

图 3-14 永磁无刷直流电动机的结构简图

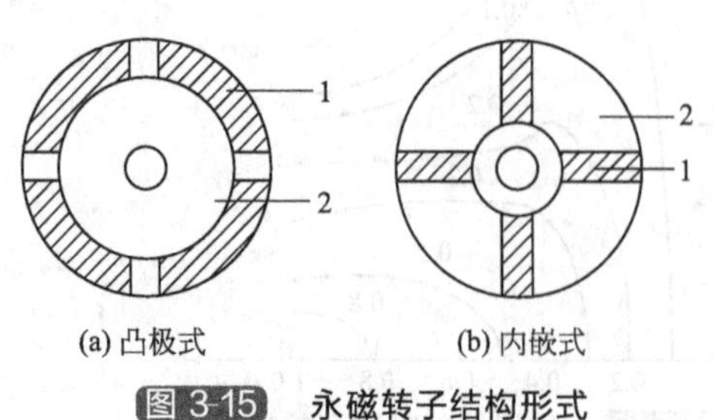

图 3-15 永磁转子结构形式

1—磁钢；2—铁芯

1）电动机本体

电动机本体是一台反装式的普通永磁直流电动机，其电枢放在定子上，永磁磁极放在转子上，结构与永磁式同步电动机相似。定子铁芯中安放对称的多相绕组，通常是三相绕组，绕组可以是分布式也可以是集中式，接成星形或三角形，各相绕组分别与电子开关中的相应功率管连接。永磁转子多用铁氧体或钕铁硼等永磁材料制成，不带鼠笼绕组等任何启动绕组，主要有凸极式和内嵌式结构，如图 3-15 所示。

2）逆变器

逆变器主电路有桥式和非桥式两种，如图 3-16 所示。其中图 3-16（a）、（b）是非桥式开关电路，其他是桥式开关电路。在电枢绕组与逆变器的多种连接方式中，以三相星形六状态和三相星形三状态使用最广。

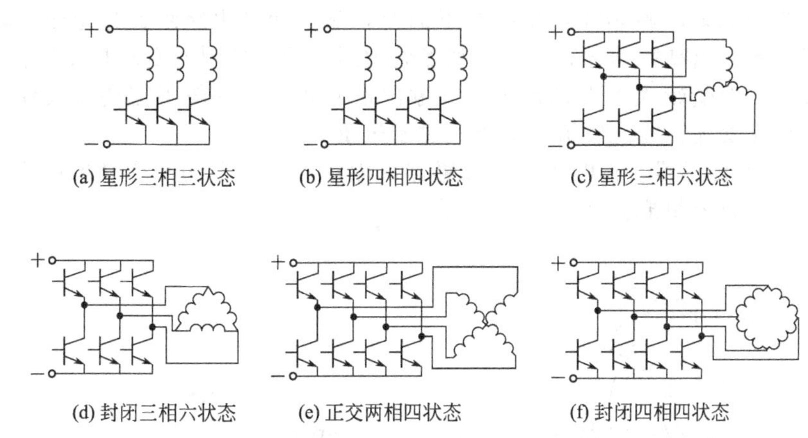

图 3-16　逆变器主电路

3）转子位置传感器

位置传感器是无刷直流电动机的重要组成部分，用来检测转子磁场相对于定子绕组的位置，以决定功率电子开关器件的导通顺序。常见的有磁敏式、电磁式和光电式。

① 磁敏式位置传感器。磁敏式位置传感器利用电流的磁效应进行工作，所组成的位置检测器由与转子同极数的永磁检测转子和多只空间均布的磁敏元件构成。目前，常用的磁敏元件为霍尔元件或霍尔集成电路，它们在磁场作用下产生霍尔电动势，经整形、放大后得到所需的电压信号，即位置信号。图 3-17 所示为集成电路。其中图 3-17（a）为外形图，它和小型的片式晶体管相似。霍尔集成电路有线性型和开关型，无刷直流电动机中一般使用开关型。开关型集成电路由霍尔元件、差分放大器、施密特触发器和功率输出电路组成，如图 3-17（b)所示。图 3-17（c）是霍尔集成电路的输出特性，其磁滞回线相对于零磁场轴是非对称的，霍尔元件输出电压的极性随磁场方向的变化而变化。当外加磁感应强度高于 B_{OP} 时，输出电平由高变低，传感器处于开状态。当外加磁感应强度低于 B_{RP}时，输出电平由低变高，传感器处于关状态。从图中可以看出，工作特性有一定的磁滞 B_H，有利于开关动作的可靠性。一般 B_{OP} 在 0.01～0.02T，B_H 在 0.02T 以下。配套的磁钢磁感应强度应大于 0.15T。

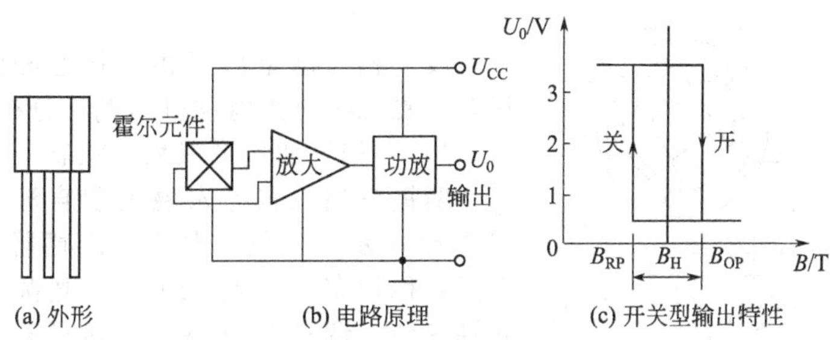

图 3-17　霍尔集成电路

霍尔传感器结构简单、体积小，但对工作温度和环境有一定限制。霍尔位置传感器是永磁无刷直流电动机中使用较多的一种。

② 电磁式位置传感器。电磁式位置传感器利用电磁效应来测量转子位置，其结构如图3-18所示。传感器由定子和转子两部分组成。定子由磁芯、高频励磁绕组和输出绕组组成。定子、转子磁芯均由高频导磁材料（如软铁氧体）制成。电动机运行时，输入绕组中通入高频励磁电流，当转子扇形磁芯在输出绕组下面时，输入和输出绕组通过定子、转子磁芯耦合。输出绕组中感应出高频信号，经滤波整形处理后，用于控制逆变器开关管。这种传感器机械强度较高，可经受较大的振动冲击，其输出信号较大，一般不需要放大便可驱动开关管，但输出电压是交流，需先整流。缺点是过于笨重。

③ 光电式位置传感器。光电式位置传感器由固定在定子上的几个光电耦合开关和固定在转子轴上的遮光盘所组成，如图3-19所示。

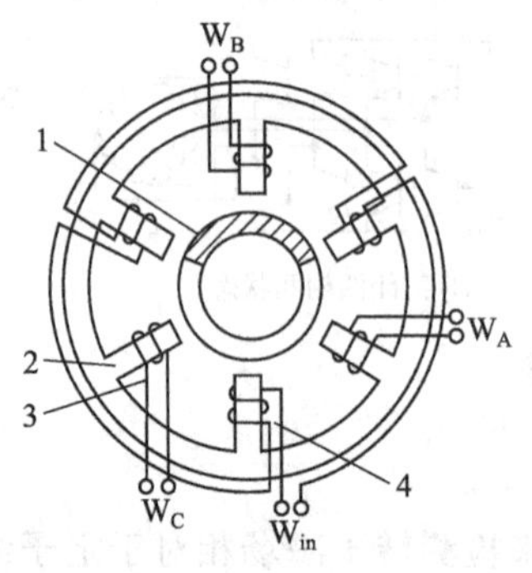

图3-18　电磁式位置传感器

1—转子磁芯；2—定子磁芯；3—输出绕组；4—高频输入绕组

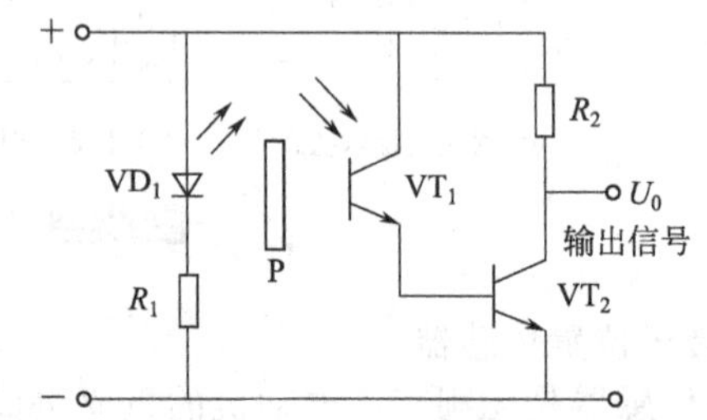

图3-19　光电式位置传感器

若干个光电耦合开关沿圆周均布，每个光电耦合开关由相互对着的红外发光二极管VD_1和光敏三极管VT_1组成。遮光盘P处于发光二极管和光敏三极管中间，盘上开有一定角度的窗口。红外发光二极管通电后发出红外光，遮光盘随电动机转子一起旋转，红外光间断地照在光敏三极管上，使其不断地导通和截止，它输出的信号反映了电动机转子的位置，经VT_2放大后驱动逆变器开关管。这种传感器轻便可靠，安装精度高，抗干扰能力强，调整方便，获得了广泛的应用。

随着微处理器技术的发展和高性能单片机的应用，近几年无位置传感器无刷直流电动机得到了迅速发展。结构上，无位置传感器无刷直流电动机与有位置传感器无刷直流电动机的主要区别是：前者不使用转子位置传感器，而使用硬件和软件来间接获取转子位置信号，从而增加了系统的可靠性。

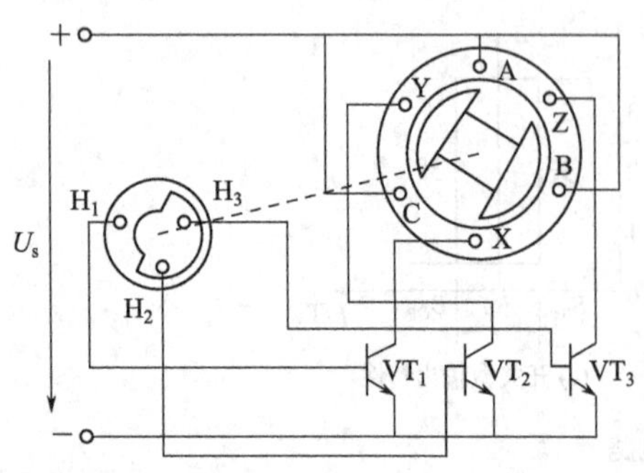

图3-20　星形三相三状态无刷直流电动机

(2) 工作原理

以一相导通星形三相三状态和两相导通三相六状态永磁无刷直流电动机为例，分析工作原理。

1) 一相导通星形三相三状态

两极三相三状态永磁无刷直流电动机示意图如图3-20所示。三只光电位置传感器H_1、H_2、H_3在空间对称均布，互差120°，遮光圆盘与电动机转子同轴安装，调整圆盘缺口与转子磁极的相对位置使缺口边沿位置与转子磁极的空间位置相对应。

设缺口位置使光电传感器H_1受光而输出高电

平，功率开关管 VT_1 导通，电流流入 A 相绕组，形成位于 A 相绕组轴线上的电枢磁动势 F_A。F_A 顺时针方向超前于转子磁势 F_r 150°电角度，如图 3-21（a）所示。电枢磁势 F_A 与转子磁势 F_r 相互作用，拖动转子顺时针方向旋转。电流流通路径为：电源正极→A 相绕组→VT_1 管→电源负极。当转子转过 120°电角度至图 3-21（b）所示位置时，与转子同轴安装的圆盘转到使光电传感器 H_2 受光、H_1 遮光，功率开关管 VT_1 关断，VT_2 导通，A 相绕组断开，电流流入 B 相绕组，电流换相。电枢磁势变为 F_B，F_B 在顺时针方向继续领先转子磁势 F_r 150°电角度，两者相互作用，又驱动转子顺时针方向旋转。电流流通路径为电源正极→B 相绕组→VT_2 管→电源负极。当转子磁极转到图 3-21（c）所示位置时，电枢电流从 B 相换流到 C 相，产生电磁转矩，继续使电动机转子旋转，直至重新回到图 3-21（a）所示的起始位置，完成一个循环。

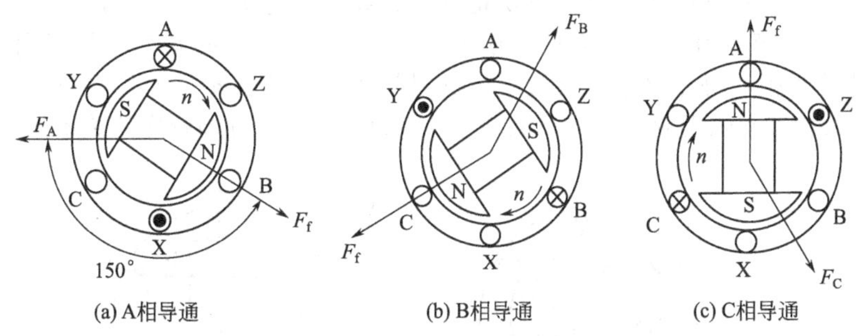

图 3-21　三相三状态无刷电动机绕组通电顺序和磁势位置图

由以上分析可知，由于同轴安装的转子位置传感器的作用，定子三相绕组在位置传感器信号的控制下供电，转子每转过 120°，功率管导通就换流一次，换流顺序为 VT_1、VT_2、VT_3。…这样，定子绕组产生的电枢磁场和旋转的转子磁场在空间始终能保持近似垂直（相位差为 30°～150°电角度，平均为 90°电角度）的关系，为产生最大电磁转矩创造了条件。

转子每转过 120°电角度（1/3 周期），逆变器开关管换流一次，定子磁场状态就改变一次。可见，电动机有三个磁状态，一方面，每个状态对应不同相的开关管导通，每个功率开关元件导通 120°电角度，逆变器为 120°导通型；另一方面，每一个状态导通的开关管与不同相绕组相连，每一状态导通一相，每相绕组中流过电流的时间相当于转子转过 120°电角度的时间。

同时也可以看出，换相过程中的电枢磁场不是匀速旋转磁场而是跳跃式的步进磁场，由这种磁场产生的电磁转矩是一个脉动转矩，使电动机工作时产生转速抖动和噪声。解决该问题的方法之一是增加转子一周内的磁状态数，如采用二相导通三相六状态工作模式。

2）二相导通星形三相六状态

一相导通星形三相三状态配上图 3-16（c）所示逆变器便可实现二相导通星形三相六状态，其原理接线图如图 3-22 所示。当转子永磁体转到图 3-22（a）所示位置时，转子位置传感器发出磁极位置信号，经过控制电路逻辑变换后驱动逆变器，使功率开关管 VT_1、VT_6 导通，A 进 B 出，绕组 A、B 通电，电枢电流在空间形成磁势 F_A，如图 3-22（a）所示。此时定子、转子磁场相互作用拖动转子顺时针方向转动。电流流通路径为电源正极→V_1 管→A 相绕组→B 相绕组→V_6 管→电源负极。当转子转过 60°电角度，到达图 3-22（b）所示位置时，位置传感器输出的信号经逻辑变换后使开关管 V_6 截止，V_2 导通，此时 V_1 仍导通。绕组 A、C 通电，A 进 C 出，电枢电流在空间合成磁场如图 3-22（b）所示，定子、转子磁场相互作用使转子继续顺时针方向转动。电流流通路径为电源正极→V_1 管→A 相绕组→C 相绕组→V_2管→电源负极。依次类推，每当转子沿顺时针方向转过60°电角度时，导通功率管就进行一次换流。随着电动机转子的连续转动，功率开关管的导通顺序依次为VT_2VT_3→VT_3VT_4→VT_4VT_5→VT_5VT_6→VT_6VT_1→…，使转子磁场始终受到定子合成磁场的作用而沿顺时针方向连续转动。

从图3-22（a）到图3-22（b）的60°电角度范围内，转子磁场顺时针连续转动，而定子磁场在空间保持图3-22（a）中F_A的位置不动，只有当转子磁场转过60°电角度到达图3-22（b）中F_f的位置时，定子合成磁场才从图3-22（a）中位置顺时针跃变至图3-22（b）中的位置。定子合成磁场在空间也是一种跳跃式旋转磁场，其步进角度为60°电角度，即1/6周期。

转子每转过60°电角度（1/6周期），逆变器开关管导通换流一次，定子磁场状态就改变一次。可见，与一相导通三相三状态不同，二相导通三相六状态控制方式时电动机有六个磁状态，每一个状态各有不同相的上、下桥臂开关管导通，每个功率开关管元件导通120°电角度（1/3周期），逆变器为120°导通型；另外，每一个状态导通的开关管与不同相绕组相连，每一个状态导通两相，每相绕组中流过电流的时间相当于转子转过120°电角度的时间。二相导通星形三相六状态永磁无刷直流电动机的三相绕组与开关管导通顺序的关系如表3-2所列。

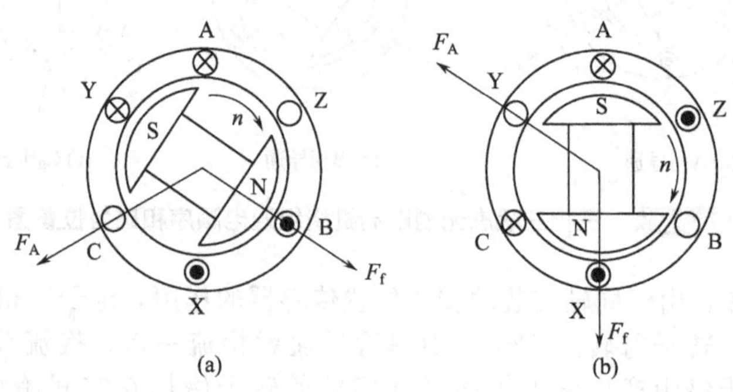

图3-22 二相导通三相星形六状态无刷电动机工作原理示意图

表3-2 二相导通星形三相六状态三相绕组和开关管导通顺序表

<table>
<tr><td>电角度</td><td>0°～60°</td><td>60°～120°</td><td>120°～180°</td><td>180°～240°</td><td>240°～300°</td><td>300°～360°</td></tr>
<tr><td rowspan="2">导通顺序</td><td colspan="2">A</td><td colspan="2">B</td><td colspan="2">C</td></tr>
<tr><td>B</td><td colspan="2">C</td><td colspan="2">A</td><td>B</td></tr>
<tr><td>V1</td><td colspan="2">←导通→</td><td></td><td></td><td></td><td></td></tr>
<tr><td>V2</td><td></td><td colspan="2">←导通→</td><td></td><td></td><td></td></tr>
<tr><td>V3</td><td></td><td></td><td colspan="2">←导通→</td><td></td><td></td></tr>
<tr><td>V4</td><td></td><td></td><td></td><td colspan="2">←导通→</td><td></td></tr>
<tr><td>V5</td><td></td><td></td><td></td><td></td><td colspan="2">←导通→</td></tr>
<tr><td>V6</td><td>←导通→</td><td></td><td></td><td></td><td></td><td>←导通→</td></tr>
</table>

3.1.6 无刷直流电动机驱动与控制

（1）概述

无刷直流电动机的应用范围非常广泛，在不同的场合对其运行性能的要求是不一样的，因此有性能指标、功率范围、控制结构、复杂程度都有很大区别的各种各样的驱动控制系统，但这些驱动控制系统都有一个基本的共同点，即内部都有电子换相控制电路，接收电动机本体转子位置传感器信号，经过逻辑电路的处理，发出换相控制信号。这称为有位置传感器驱动控制。

图 3-23 所示为无刷直流电动机控制系统框图。其中电动机本体、转子位置传感器和功率电子开关电路是最基本的部分。

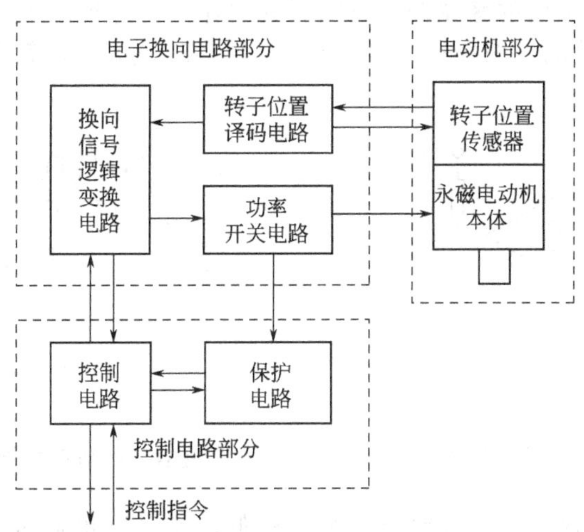

图 3-23　无刷直流电动机控制系统框图

转子位置传感器将产生的转子位置信号检测出来，送至转子位置译码电路，经放大和逻辑变换形成正确的换向顺序信号，触发导通相应功率开关元件，使之按一定顺序接通或关断绕组，确保电枢产生的步进磁场和转子永磁磁场保持平均的垂直关系，以利于产生最大转矩。换向信号逻辑变换电路则可在控制指令干预下，根据现行运行状态和对正反转，电动、制动、高速、低速等要求实现换相（触发）信号分配，导通相应的功率电子开关器件，产生出相应大小和方向转矩，实现电动机的运行，保护电路实现电流控制、过流保护等。

（2）开环型无刷直流电动机驱动器

开环型三相无刷直流电动机驱动器内部包含有电子换相器主电路——三相 H 桥式逆变器、换相控制逻辑电路、PWM 调速电路及过流保护电路。电路结构如图 3-24 所示。

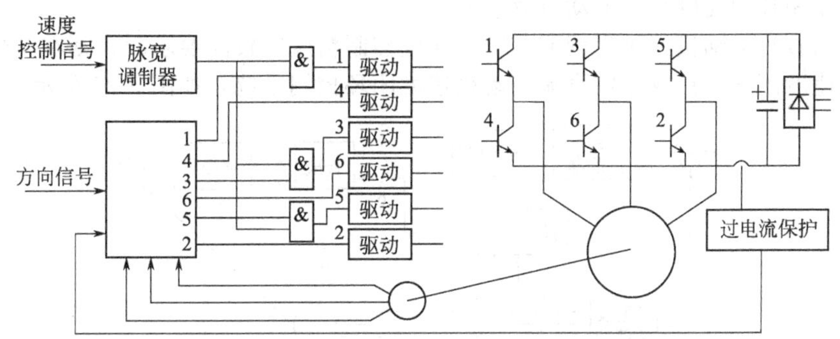

图 3-24　开环型三相无刷直流电动机驱动器

1）换相控制逻辑电路

三相永磁无刷直流电动机的转子位置传感器输出信号，在每 360°电角度内给出 6 个代码，换相控制逻辑电路接收这些代码，并对其进行译码处理，得出电子换相器主回路（三相桥式逆变器）中 6 个开关管的驱动控制信号。换相控制逻辑电路还可以控制电动机的正反转。

2）PWM 调速电路

电子换相器解决了无刷电动机的换相问题，但要解决电动机调速问题则需要脉宽调制电路。图 3-25 所示为一种实用的脉宽调制电路。其主体是一片比较器 LM311，输入的控制信号 U_c与三角波信号 U_t叠加，叠加后的信号是 $U_+=(1-\eta)U_t$，其中 $\eta=R_2/(R_1+R_2)$，如图 3-26 所示。

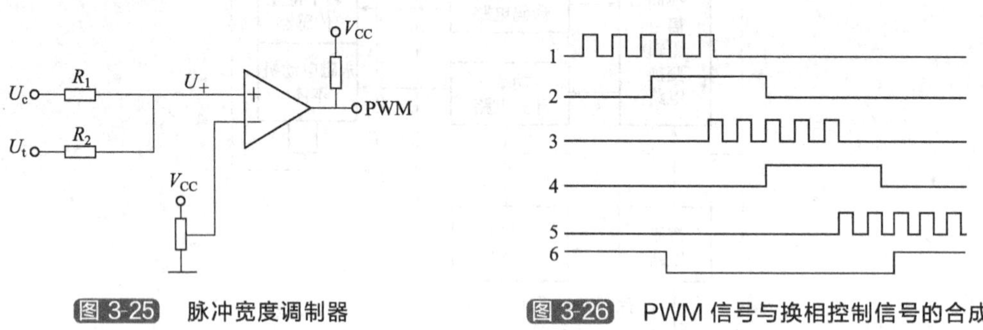

图 3-25 脉冲宽度调制器

图 3-26 PWM 信号与换相控制信号的合成

在 $U_c=0$ 时，要求脉宽调制器输出为恒定的低电平，这可通过调节比较器的反相端输入 U_- 来实现。设三角波信号 U_t的峰值为 U_{tm}，则应当有 $U_-=(1-\eta)U_t$。脉宽调制电路输出的 PWM 信号的频率由三角波信号的频率决定，在目前实际的无刷直流电动机控制系统中，这一频率一般都在 10kHz 以上。

由换相控制逻辑电路输出的换相信号的频率与电动机的转速有关，还与电动机的磁极数有关。由于换相控制信号的频率远远低于 PWM 信号的频率，因此可以把 PWM 信号和换相控制信号，通过逻辑与的办法合成在一起，通过调节 PWM 信号的占空比调节电动机的定子电枢电压，实现调速。

3）保护电路

无刷直流电动机在开环运行的情况下，最重要的保护就是过流保护，一般在主回路中的直流母线上取得过流反馈信号，在过流保护环节中与设定的保护值比较，当超过保护值就引发了保护动作，一般是封锁逆变器中的开关管实现保护。

（3）速度闭环型无刷直流电动机驱动器

当对无刷直流电动机的速度调节范围和速度控制精度有较高要求时，则在开环型驱动器基础上加上速度闭环，形成无刷直流电动机速度闭环控制系统，如图 3-27 所示。

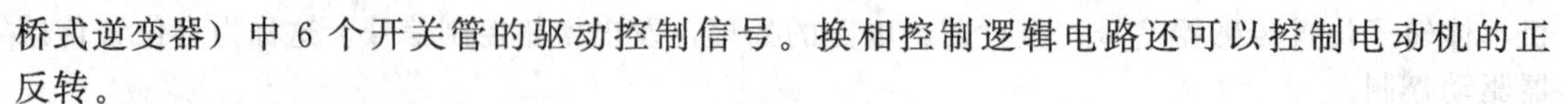

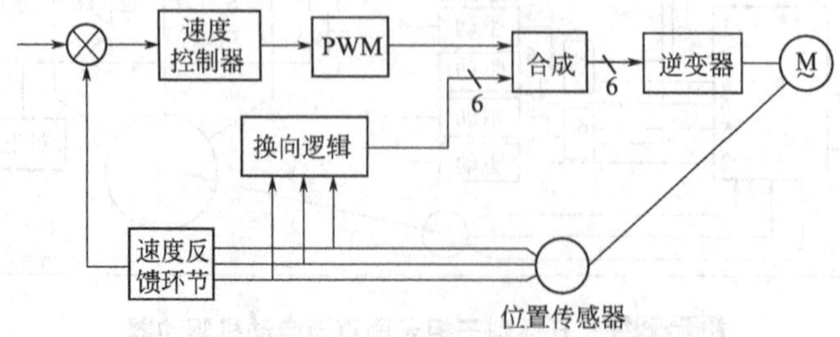

图 3-27 速度闭环的控制系统

图 3-27 所示的闭环调速系统中，速度控制器的输出信号用作脉宽调制器的控制信号。一般将霍尔位置传感器的信号加以处理后，形成速度反馈信号。

由于反馈通道中存在大的滤波惯性环节，使得系统较易振荡，较难稳定。在设计速度控制器的动态参数时，应当考虑相位超前补偿，以抵消由于反馈通路带来的相位滞后。所以这里的速度控制器一般不是一个纯粹的比例积分控制器。

(4) 速度电流双闭环型无刷直流电动机控制系统

采用速度单闭环控制的无刷直流电动机控制系统可以提高电动机的速度控制精度，减小速度误差。如果对系统的动态性能要求较高，例如，要求电动机快速启制动，突加负载时速度改变小、恢复快等，单闭环系统就无法满足要求了，此时，需要转速和电流双闭环控制。如图 3-28 所示，其中转速环由 PI 调节器构成，电流环由电流滞环调节器构成。

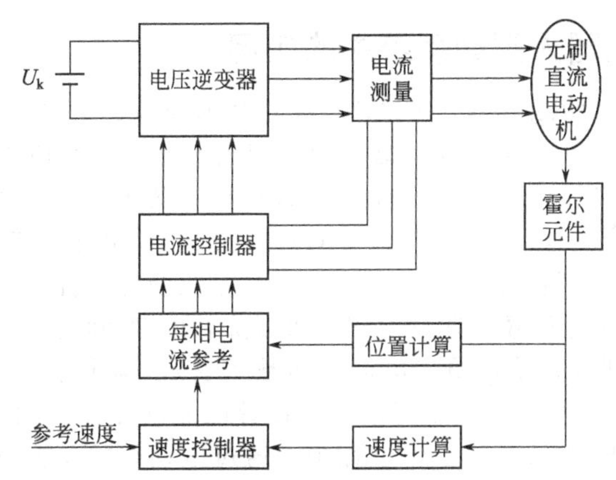

图 3-28　转速电流双闭环无刷直流电动机控制系统框图

3.1.7 直流伺服电动机在机器人驱动与控制应用概况

在机器人技术领域中，直流电动机作为机器人各关节的主要执行机构得到了广泛应用，电动机及控制系统的设计决定了机器人的运动性能和控制精度。

(1) 直流伺服电动机应用于机器人的优势

机器人自身特点决定了其传动机构要结构紧凑、体积小、重量轻，电动机应具有高的动力/重量比。此外，为获得高的加速性能，应选择转动惯量小的电动机转子。

直流伺服电动机具有一系列优点：高转矩/惯量比，动态响应快；调速范围宽，低速脉动小；低速转矩大，连续运行稳定及过载能力强；高效节能；体积小，重量轻；多种灵活安装方式；结构简单，维修方便；工艺稳定，产品一致性好；噪声振动小，使用寿命长；高的防护等级，可按用户要求提供更高要求的防护等级；高等级绝缘结构，提高了电动机使用寿命，增加了电动机可靠性。和液压、气动等驱动方式相比，直流电动机驱动具有体积小、功耗小、精确度高等优点。

显然，直流伺服电动机很适合机器人的应用环境和控制与动力要求。尤其在功率较小且精度要求高的场合，机器人多采用直流伺服电动机传动。

(2) 直流伺服电动机的选型

电动机的选型是机电系统设计的核心问题之一，而电动机驱动负载的计算则是电动机选型中关键和重要的一步。因而，选型时需要研究机器人关节负载的计算方法。

在机器人设计中，通过对关节负载转矩的需求来选出可能的直流电动机型号，电动机选型必须满足以下两个条件：有效转矩必须要比所选电动机的连续转矩小；所选电动机的堵转转矩通常要大于所需的峰值转矩。

运行良好的电动机，其工作转速和工作转矩的所有数据点都位于理想电动机的机械特性

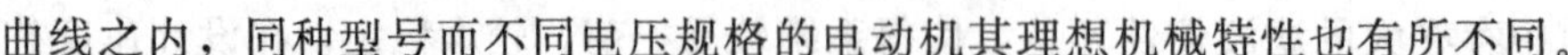

曲线之内，同种型号而不同电压规格的电动机其理想机械特性也有所不同。

在满足要求的情况下，遵循功耗越小越好的原则，从电动机额定电压低的开始，选取若干不同的规格。通过负载特性曲线与电动机理想机械特性曲线相比较，判断所需电动机的工作转速和工作转矩的所有数据点是否都位于理想电动机的机械特性曲线之内，验证所选的机器人各关节所选电动机能符合机器人运动性能要求。

3.2 机器人直流伺服电动机驱动与控制应用实例

3.2.1 IR2110 在机器人驱动系统中的应用

机器人常用的电动机驱动电路一般采用 PWM 调速原理，采取 H 全桥或半桥电路形式。根据构成器件不同，主要可分为三种。第一种采用固态继电器组成 H 全桥或半桥电路。这种电路的响应频率一般只有 100Hz～1kHz；驱动电流受继电器最大电流的限制。第二种采用集成电动机驱动芯片，如 LMD18200、LG9110 等；芯片集成度高，响应频率可达到 10MHz，但是驱动电流一般都在 1～3A 范围，适合于驱动打印机等。第三种采用 MOSFET 驱动芯片和 MOSFET 组成 H 桥式驱动电路，可以弥补以上两种方法的不足，其驱动能力强(最大工作电压可以达到数百伏，最大电流可达数十安)，响应速度快（响应时间为数十纳秒)，导通电阻小。现今，很多根据第三种方法设计的驱动器，采用双极工作模式，输入信号需要 2 路带死区的 PWM 信号。工作过程中，通过电动机的正向和反向交替导通改变速度，即使在电动机停止时，两端电压也不为零。在此从环保节能、控制系统简化方面考虑，对此类方法进行改进。采用单极工作模式，输入信号只需 1 路 PWM 信号，工作时只有一个方向导通和截止交替进行改变速度，能量利用率大幅提高。

（1）机器人控制系统

机器人控制系统结构如图 3-29 所示。控制系统选用 Atmega128 单片机做处理器。Atmega128 是 Atmel 公司生产一款功能强大的 8 位高档 AVR 系列单片机，采用先进的 RISC 结构，最大运算速度可以达到 16MIPS。ATmega128 含有丰富的 GPIO 引脚和 4 个定时/计数器；内部的 2 个 8 位 PWM 通道使用 T/C1 和 T/C3，可实现 2～8 位、相位可调的 PWM 脉宽调制输出 H1；内部的 2 个 16 位定时/计数器 T/C2 和 T/C4，用于对编码信号计数，采集位置信号。

编码器采用 Autonix 的 E30S6-360 光电旋转编码器，每旋转一圈 A、B、z 相输出 360 个方波脉冲信号。A、B 为相位差 90°的正交编码脉冲信号，z 为脉冲信号。QEP（正交编码脉冲）电路通过异或门 74LS86 输出的脉冲频率加倍，同时根据 A、B 相位的先后顺序通过 D 触发器 74HC74 产生计数方向信号。

红外传感器的检测距离可以在 0～1m 的范围内可调，输出信号经过光耦滤波后送给处理器。ATmegal28 根据红外传感器阵列检测到的信号采取相应的避让措施。

（2）驱动电路设计

电动机驱动器含逻辑信号处理电路和功率驱动电路。逻辑信号处理电路提供输入信号和功率驱动电路的接口，功率驱动电路实现弱电控制强电，能够有效地避开强电对弱点的干扰。

1）逻辑信号处理电路

逻辑信号处理电路用于产生满足功率驱动电路要求的时序信号，且对输入信号进行互锁保护，如图 3-30 所示。

电动机速度信号 PWM1 和方向信号 Dir1 经过逻辑电路后产生 IR2110 所需的控制信号

IN1、IN2、IN3、IN4，由与门 74HC00 和与非门 74HC08 对 PWM1 和 Dir1 或 Did 进行逻辑运算。运算结果经过三态缓冲门 74HCl25，实现输出信号互锁保护，使 IN1 和 IN2 或 IN3 和 IN4 不能同时为高。Dir1=1 时，电动机正转，Dir1=0 时，电动机反转。

运算逻辑如下：

$$P1 = PWM1 \cdot Dri1 \tag{3-18}$$

$$P2 = \overline{PWM1 \cdot Dir1} \tag{3-19}$$

$$P3 = PWM1 \cdot \overline{Dir1} \tag{3-20}$$

$$P4 = \overline{PWM1 \cdot \overline{Dir1}} \tag{3-21}$$

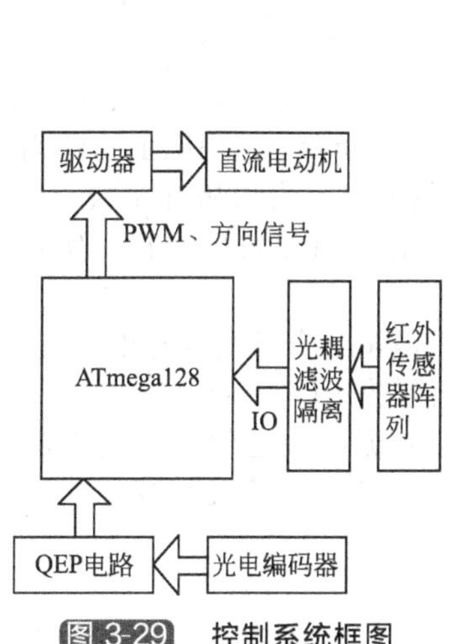

图 3-29 控制系统框图

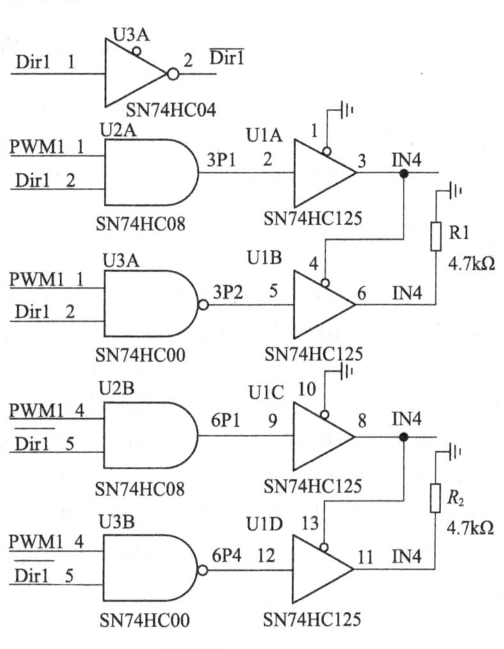

图 3-30 逻辑电路

为了防止启动时 IN1～IN4 出现短暂的全高电平状态和运行过程中逻辑门电路的时间延时，造成上下桥瞬间短路而损坏 MOSFET，故采用互锁保护电路。74HCl25 是 4 通道三态缓冲门芯片。当三态门控制端为低电平时，输入等于输出，反之控制端为高电平时，输出为高阻状态。如图 3-30 所示，UIA、U1C 做常通状态，U1B、U1D 的输出 IN2、IN4 受 INI、IN3 控制，输出端被拉低，即当 IN1=0 时，IN2=P2，INI=1 时，IN2=0。

当上桥导通时（IN1 或 IN3=1），下桥不管输入如何都被强制截止，所以，默认上电状态下桥是截止的，避免了上电短路。逻辑电路输出时序如图 3-31 所示。

2）功率驱动电路

功率驱动部分采用 2 片 IR2110 驱动 4 片 MOS-FET 构成 H 桥控制电路，如图 3-32 所示。IR2110 是高压、高速功率 MOSFET，IGBT 专用驱动芯片，具有独立的高、低端输出双通道，门电压需求在 10～20V 范围。悬浮通道用于驱动 MOSFET 的高压端电压可以达到 500V。MOSFET 选用 IRF540，其最大工作电压为 100V，最大电流为 28A，导通电阻为 0.0077Ω，响应时间 51ns。

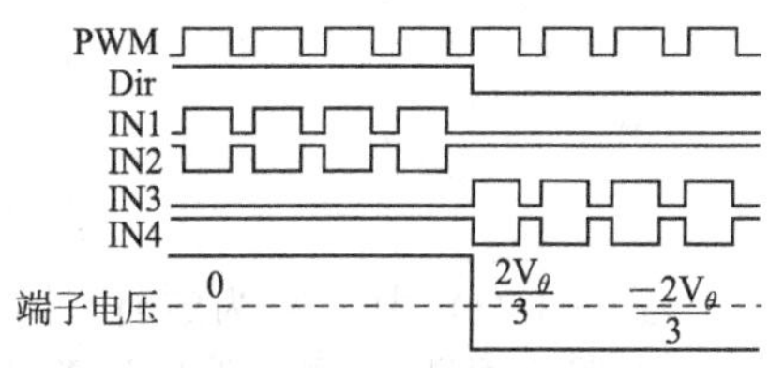

图 3-31 逻辑电路时序

自举电路输出端电源 V_{CC} 是 15V，输入信号端电源

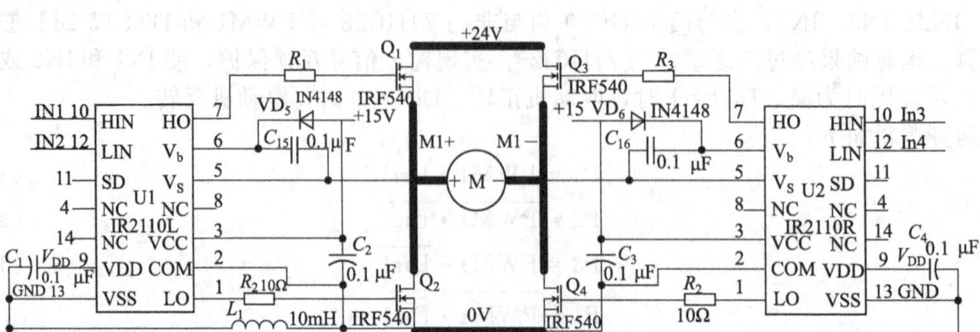

图 3-32　功率驱动电路

V_{DD}是 5V，C_{15}、C_{16}是自举电容，VD_5、VD_6 是二极管，C_2、C_3 是滤波电容，Q_1、Q_2、Q_3、Q_4 是 IRF540。强电流部分在图中被粗线标记。当 Q_1、Q_4 导通时，电动机正转，Q_2、Q_3 导通时，电动机反转；当 Q_2、Q_4 导通时，电动机两极与地短接，电动机刹车制动。

U1、Q_1、Q_2 采用自举电路，实现 Q_1、Q_2 的交替导通。当 INl＝0、IN2＝1 时，U1 的 LO 端产生高电平，＋15 V 经过 VD_5、C_{15}、Q_2 接地给 C_{15} 充电。当 IN1＝1、IN2＝0 时，C_{15}放电。此时 C_{15}相当于电压源。U1 的 V_b端是正极，V_s 端是负极。由 IR2110 的内部结构图知，V_b端、H0 端和 HIN 端是内部 BIT（记为 Q_{in}）的集电极、发射极和基极。IN1 高电平，C_{15}正极电压经过 $Q_{in}R_1$、Q_1 回到 C_{15}的负极，Q_1 导通。如此循环执行，实现 Q_1、Q_2 的交替导通。U2、Q_3、Q_4 与其原理相同。

由此可见，上桥 Q_1 的导通必须要以下桥 Q_2 的导通为前提，给自举电容充电。理论上，Q_1 是不能实现 100％占空比导通的。应用时，设置占空比上限为 97％。IN4 恒为 1，Q_4 始终导通，Q_1 接通不同占空比可实现电动机正转调速。当 Q_1 导通时，电动机全速正转；Q_2 导通时，电动机两端都接地，电动机刹车性能好。同理，Q_3 的不同占空比可实现电动机反转调速。

角速度速度公式为

$$\omega_{\mu}=\mu\omega_{额定} \tag{3-22}$$

式中，μ 为占空比。

(3) 运动程序设计

在亚太机器人大赛中，行走电动机使用 MAXON 的 RE40。电动机额定功率为 150 W，额定电压为 24 V，最大连续为 6A，启动电流达到 75A。根据以上设计所需驱动信号的要求，ATMegal28 使用 Tl 和 T3 两个 PWM 输出通道 OC1、OC3 作为左右行走电动机的速度信号。方向信号由 PA 端口输出。

ATmegal28 的 PWM 产生原理如下：T_n（n＝1，3）从 0 开始计数，OCn 输出高电平，直到计数值等于 OCRnA 设定值时 OCn 输出低电平，计数值增加到 TOP 值自动从 0 开始计数，OCn 从新输出高电平。如此重复计数，改变 ICRn 和 OCRnA 即可产生不同频率下不同占空比的 PWM 波形。f、μ 的计算公式为：

$$f=\frac{f_{\mathrm{CLK}}}{N(1+\mathrm{ICRn})}\ (\mathrm{MHz}) \tag{3-23}$$

$$\mu=\frac{\mathrm{OCRnA}}{\mathrm{ICRn}}\times 100\% \tag{3-24}$$

式 (3-23) 中，N 为定时/计数器时钟源的分频参数，可通过控制寄存器设置。

在采样周期 T 内，编码计数器 T/C2 和 T/C4 的变化值 Nl、N2 可作为左右电动机的位置和速度反馈。采用增量式 PID 算法，对左、右电动机的速度进行闭环调节。如式 (3-25)、

(3-26) 所示，η_2 为给定的速度比，为左、右电动机占空比比值 $\lambda=\mu_{左}/\mu_{右}$。

$$e_i=\frac{N_{i1}}{N_{i2}}-\eta_2 \tag{3-25}$$

$$\Delta\lambda=K\left[e_i-e_{i-1}+\frac{T}{T_i}e_i+\frac{T_d}{T}(e_i-2e_{i-1}+e_{i-2})\right] \tag{3-26}$$

在软件设计时，主要编写以下 3 个函数：设置函数 set (uint frequency，uint speed，uchar dir，设置机器人运动参数，设定 PA 口作为方向输出，设置频率和占空比)。启动函数 run () 使能信号输出，设置 T/C1 和 T/C3 工作模式为快速 PWM 模式。当比较匹配时 PWM 输出引脚 OC1 和 OC3 清零，达到上界时，OC1 和 OC3 置位。停止函数 stop () 禁止信号输出，清零 PA 口，禁止 T/CO 和 T/C3工作。软件框图如图 3-33 所示。

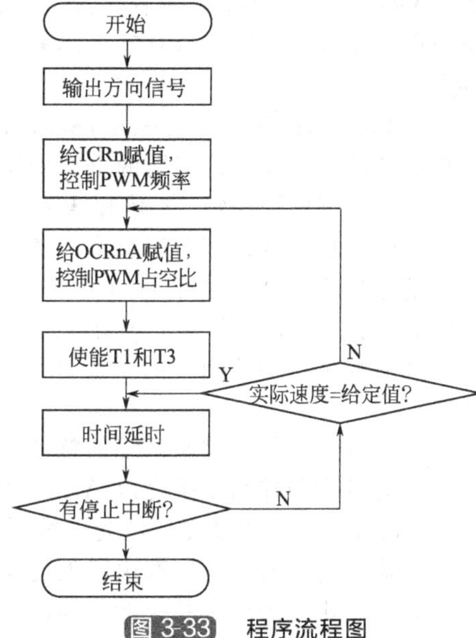

图 3-33　程序流程图

(4) 试验结果

在下列工况下对速度响应性能进行测试。AVR 控制器产生频率为 47.5 kHz 的 PWM 信号，占空比由 50%～25%～75%调变，测试结果数据用 Matlab 输出图形。得到速度响应曲线如图 3-34 所示。可见，此种方法设计的驱动器的速度响应可近似为欠阻尼二阶系统曲线。启动过程相比运动过程中的速度响应更难，所以以此参数来说明此驱动器的性能。

最大超调量为：$\sigma\%=\frac{0.538\text{V}-0.5\text{V}}{0.5\text{V}}\times100\%=7.6\%$

调整时间为：$t_s=1.03T$ (T 为 PWM 周期)

而且系统无静态误差。以上系统的性能参数说明，由 IR2110 设计的驱动器的速度线性特性好、无静差、响应快。

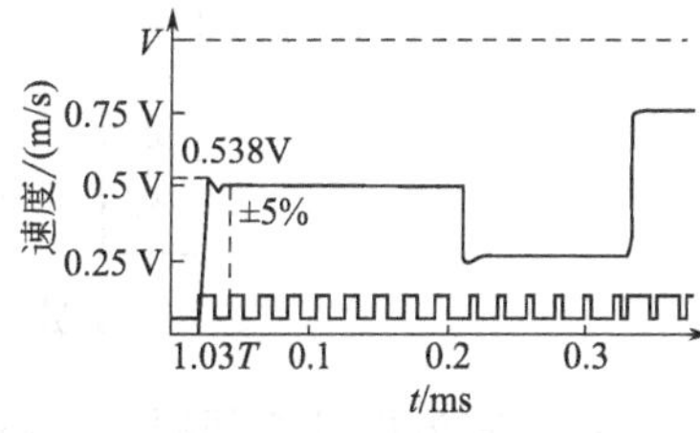

图 3-34　响应曲线

(5) 结论

在实际应用中，有两个经验值得借鉴：①选材时，相同器件应选用相同厂家且特性相似的器件，减少不同特性参数的器件对 H 桥式电路的影响；②在电路板设计时，采取合理的措施把强电和弱电隔离开来，抑制 MOSFET 的强电干扰。

IR2110 设计的驱动器特点显著，调速性能好，调速频带宽，所要求的控制信号简单。该驱动器的保护电路性能良好，安全性高，无控制信号时，电动机处于刹车状态，可用于很多工业领域。IR2110 在机器人运动控制系统中的应用方法，从两届机器人比赛中的使用效果来看，其优点明显，能够有效地构建机器人路径规划和跟踪过程的速度闭环控制系统。

3.2.2　基于 ARM9 和 LM629 的电动机伺服控制系统

伺服系统最简单的控制目标，就是使系统的输出 Y 和系统的参考或指令信号 R 的差值 (Y－R) 尽量小。伺服系统在现代生产生活中应用广泛，如 AGV (自动导航车)、LGV (激光导航车)、移动机器人等。在足球机器人的设计当中，要实现足球机器人的精确运动控制，主要是依靠伺服控制系统的性能。在基于 ARM9 和专用的集成运动控制芯片 LM629 的基础上，设计了全新的足球机器人电动机伺服控制系统。该控制系统由 1 片 S3C2440 芯片、

1片LM629、1片L298和1台带增量式光电编码的直流电动机构成，这种全新的电动机伺服控制系统具有较高的速度控制精度，动态品质优良，使得足球机器人能够根据场上的形势做出更合理、更快的反应，从而提高了系统的运行速度和可靠性。

(1) ARM9和LM629

目前，基于ARM9技术的处理器已经占据了32位RISC芯片75%的市场份额，可以说，ARM技术几乎无处不在。ARM9芯片采用RISC（Reduce Instruction Computer，精简指令集计算机）结构，具有寄存器多、寻址方式简单、批量传输数据、使用地址自动增减等特点。

LM629是由National Semiconductor公司生产的智能化专用运动控制芯片，在1个芯片内集成了数字式运动控制器的全部功能，使得设计快速、准确的伺服控制系统变得轻松、容易。它具有伺服周期短、4倍频增量式编码器接口、16位可编程数字PID滤波器及32位位置、速度、加速度寄存器等突出的特点。LM629输出的控制量是2根信号线的PWM信号，一根信号是PWM幅值信号（8位分辨率）；另一根是符号线。所以，LM629输出单极性PWM信号。它适用于有正交增量式光电编码器提供位置反馈的交直流伺服控制系统，能完成高性能数字运动控制中的实时计算工作，可以方便地与桥式功率放大电路构成位置闭环系统。

(2) 电动机伺服控制系统的整体设计方案

电动机伺服控制系统是以ARM9微处理器为核心，以LM629作为伺服控制调节器，以PWM功放电路为驱动器，以光电编码器为反馈元件来构成电动机伺服系统。其中位置、速度、电流等调节器的功能都由微处理器来完成，其速度反馈由微处理器根据位置反馈量计算出来。电动机伺服控制系统的整体设计方案如图3-35所示。

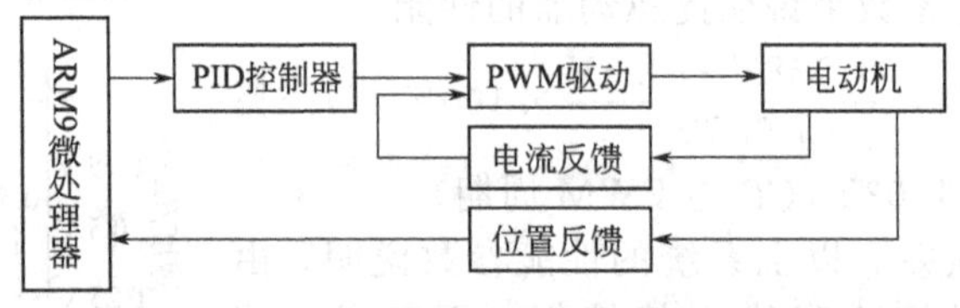

图3-35 电动机伺服控制系统的整体设计方案

(3) 直流电动机伺服控制系统的硬件设计

1) 主处理器

主处理器选用三星公司ARM920T内核设计的S3C2440微处理器，该产品是为手持设备和常用的低功耗、高性能应用方案提供的小尺寸微处理器。S3 C2440采用ARM920T内核，标准0.13μmCOMS封装，内置内存编译器。它的低耗电量、精简、高雅和全静态设计特别适用于低廉、功耗敏感的应用设备。此外，其总线结构采用最新的AMBA结构，S3C2440还提供了杰出的CPU性能，1个由Advanced RISC Machine，Ltd公司设计的16/32-bit的ARM920TRISC处理器。ARM920T内核包含MMU单元、AMBA总线和1个由各为8字长的16KB指令缓冲和16KB数据缓冲的哈弗结构的缓冲单元。在该系统中，S3C2440微处理器实现用户的接口，如显示、键盘等；同时完成控制器PID所需的K_P、K_i、K_D系数，控制参数，控制指令的设定。

2) 伺服运动控制器

LM629作为伺服控制调节器，除接受ARM9的指令集位置、速度、加速度3个运动参数和滤波器PID的参数K_P、K_I、K_D外，同时还对输出信号进行处理，获得位置信号，经数字PID运算后输出PWM和反向控制信号，将其送给直流电动机驱动芯片。

芯片LM629的连线很简单，它的数据总线与S3C2440芯片进行通信，输入运动参数和控制参数，输出状态信息，PWM 的输出信号直接连到 H 桥驱动器 L298 上。直流电动机的反馈采用增量式编码器，编码器的 A、B 两相正交信号经 LM629 内部电路完成 4 倍频。C 相信号是电动机每转 1 圈产生的脉冲信号，用于电动机的精确回零。LM629 应用框图如图 3-36 所示。

(4) 直流电动机伺服控制系统的软件设计

软件设计是实现直流电动机伺服控制系统的关键，特别是控制算法的开发，它直接影响到系统的最终控制性能。由于 LM629 的内部含有梯形发生器和数字 PID 调节器，因此极大地简化了直流电动机伺服控制系统的软件设计。

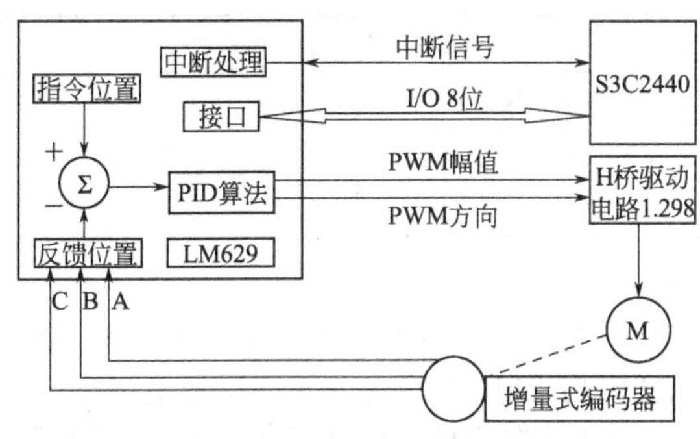

图 3-36 LM629 应用

1) 伺服控制系统的数字 PID 算法

在伺服控制系统中，微处理器完成电动机闭环控制系统的位置、速度等调节器的所有功能，它将编码出来的反馈值与指令值进行比较，再按一定的算法计算电动机下一步的位置速度。目前，电动机控制中较为普遍且实用性较好的算法仍是 PID 算法。PID 算法的原理如图 3-37 所示。

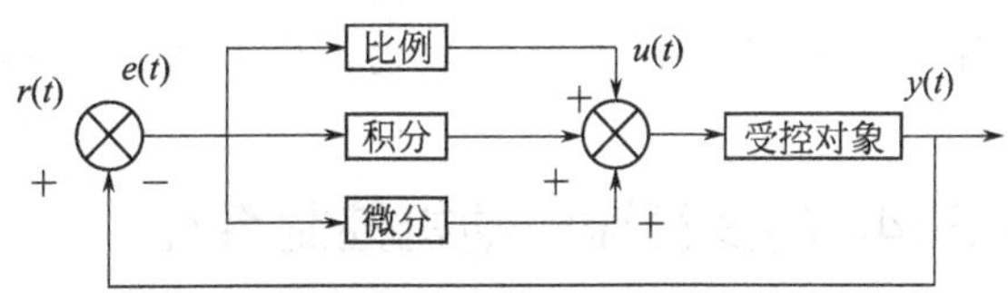

图 3-37 PID 算法的原理

图中：$r(t)$ 是给定值，$y(t)$ 是控制系统最终的实际输出值，给定值与输出值的变差为

$$e(t)=r(t)-y(t) \tag{3-27}$$

$e(t)$ 作为 PID 控制器的输入，$u(t)$ 作为 PID 控制器的输出，所以 PID 控制器的规律为

$$u(t)=K_{\mathrm{P}}\left[e(t)+\frac{1}{T_{\mathrm{I}}}\int_{0}^{t}e(t)\mathrm{d}t+T_{\mathrm{D}}\frac{\mathrm{d}e(t)}{\mathrm{d}t}\right] \tag{3-28}$$

式中，K_{P}为比例常数；T_{I}为积分常数；T_{D}为微分常数。

在 PID 控制器中，比例环节的作用是对偏差瞬间做出快速反应。偏差一旦产生，控制器立即产生控制作用，使控制量向减少偏差的方向变化。控制作用的强弱取决于 K_{P}的大小，K_{P}越大，控制作用越强，但过大的比例系数会使系统不稳定。

积分环节的作用是将偏差积累起来输出。在控制过程中，只要有偏差存在，积分环节的输出就会不断增大，直到 $e(t)=0$ 为止，输出 $u(t)$ 才能维持在某一常量，使系统趋于稳定。然而，积分环节的存在将使系统达到稳定的时间变长，限制系统的快速性。

微分环节将对偏差立即纠正，而且还要根据偏差的变化趋势预先给予纠正。微分作用的引入将有助于减小超调量，克服振荡，使系统趋于稳定，加快系统跟踪速度。

2）伺服控制系统的数字 PID 参数设置

若已知被控对象的数学模型，就可以用常规方法获得 PID 控制参数。但有些系统很难获得较为精确的数学模型，这时可通过试验来确定 PID 参数，一般有过渡过程响应法和临界稳定测量法 2 种方法，该系统是采用临界稳定测量法来获得控制参数。首先采用比例环节对被控制对象进行控制，然后逐步加大比例系数，直到系统处于临界稳定状态，即系统开始出现振荡。测出此时控制器的比例系数 K，振荡器 T，PID 参数便可根据表 3-3 确定下来。

表 3-3　利用临界稳定法调整 PID 参数

控制器类型	K_p	T_I	T_D
P	0.5K		
PI	0.45K	0.85T	
PID	0.6K	0.5T	0.12T

3）忙状态检测

“忙”状态的检测是软件设计的重要部分，它贯穿于整个程序设计中。“忙”状态位位于状态字节的最低位，在 ARM9 向 LM629 写命令或读写数据字节后，“忙”状态位会立刻被置位，此时，会忽略一切命令或数据传输，纸质信息被接受，“忙”状态位会复位，所以在每次写命令或读写数据前必须检测此状态位。

（5）系统测试及结果分析

设计基于 ARM9 和 LM629 的直流电动机的伺服控制系统之后，通过 2 个标志来观察机器人运行的平稳性（带有旗标的刚性钢丝）和速度调控的平稳性（带有橡胶的刚性钢丝）。小车运动时，如果旗标摆动小，可知运动平稳。如果小车在检测到目标并靠近然后停止时，橡胶标志前后摆动小，可知机器人对于速度的控制较为平稳。机器人在最大功率运行过程中，从旗标抖动情况来看，运行较平稳，没有发现偏差现象。在机器人从搜索到目标到接近目标时，橡胶标志始终保持一种较小且平稳的摆动，由此可见机器人速度控制准，定位精确。

3.2.3　基于 C8051F340 的多直流电动机控制系统

针对 4 自由度小型机械手的电动机控制，设计了多直流电动机的控制系统。该机械手安装了 4 个小型的直流电动机，分别控制各个关节的运动。

在控制直流电动机时，一般单片机（如 8051 系列的单片机）采用内部定器产生 PWM 波形控制电动机，但这类单片机内部通常只有 2～3 个定时器，也就说只能控制 2～3 个直流电动机，同时软件编程复杂。针对以上弊端，采用 C8051F340 作为微控制器。C8051F340 是一个完全集成的混合信号系统级芯片（SoC），具有 5 个 16 位可编程定时/计数器阵列（PCA），可用于 PWM 波发生器；4 个通用 16 位定时器；40 个通用 I/O 口；USB 控制器；3.3V 工作电压；能够访问片外存储器；采用全速、非侵入式在系统调试接口，提供 C 编译调试环境；是一款性价比较高的微控制器。

（1）系统硬件设计

1）整体设计

系统的整体硬件设计框图如图 3-38 所示：PC 机负责人机交互、发出控制信号；C8051F340 通过 USB 接收来自 PC 机的控制信号，输出 4 路 PWM 信号，分别经光电隔离、放大后，驱动 4 个电动机，同时安装在电动机上的光电码盘分别输出脉冲信号，经整形后，进行方向判断和计数器计数。

2）驱动电路部分设计

由 C8051F340 输出的 PWM 信号比较微弱，不足以直接驱动电动机，这就需要直流电动机驱动芯片的支持。根据本系统直流电动机的工作电压为 12V 和电流为 1A，选用 LMD18200 作为电动机的驱动芯片。LMD18200 是美国国家半导体公司（NS）推出的专用于直流电动机驱动的 H 桥组件，输出电压范围为 12～55V，额定输出电流 3A，可通过输入的 PWM 信号实现 PWM 控制，可以实现直流电动机的双极性和单极性控制，内设过热报警输出和自动关断保护电路。

图 3-39 为本系统一路电动机驱动电路原理图，采用单极性驱动方式，即引脚 3 接 PWM 信号，引脚 4 接地，引脚 5 接高电平。C8051 H40 产生 PWM 控制信号，通过光电耦合器 4N25 后与 LMD18200 相连，其目的是隔离，以避免 LMD18200 驱动电路对控制信号的干扰。在引脚 1 和 2，引脚 10 和 11 之间接入 10nF 的自举电容可保证 PWM 信号开关频率高达 500 MHz。

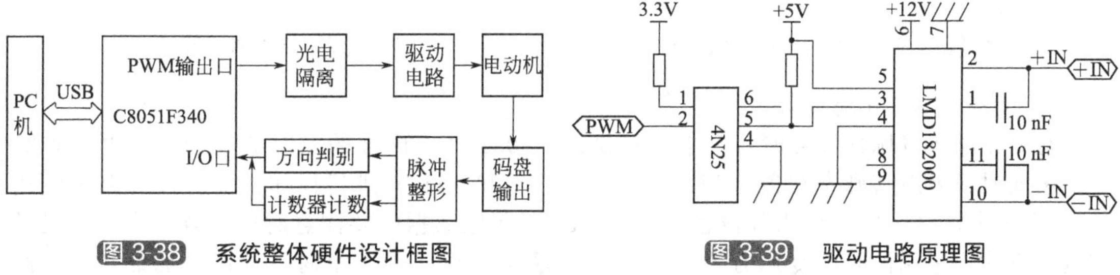

图 3-38　系统整体硬件设计框图

图 3-39　驱动电路原理图

3）光电码盘反检测电路

电动机的闭环控制不仅需要给定值，而且还要定时返回电动机轴的输出值，以便与给定值比较，提高系统的稳定性，所以在各电动机轴上安装了增量式光电码盘，机械手各关节的位置信息就是由码盘的输出脉冲处理后得到的。处理电路包括脉冲整形，方向判别和计数 3 个部分。

① 脉冲整形　光电码盘检测电路安装在机械手上，易受外界干扰，从而导致误计数，同时如果码盘的信号的脉冲波形不好，也会影响正确计数。为了提高系统的工作性能，本设计采用 741S14 对输出脉冲进行脉冲整形。

② 方向判别　码盘上有相差为 90°的两个码道（A 和 B），当电动机运行时，码盘随之同步运行，经整形后的 A、B 两相脉冲分别输入到 D 触发器（74F74）的 D 端和 CP 端，如图 3-40 所示，两个脉冲波形相差 90°，正转时 A 超前 B 90°，Q＝1；反转时 B 超前 A 90°，Q＝0。

③ 脉冲计数　为了使电路结构简单，利用定时器对脉冲信号进行计数，C8051F340 内部集成有 2 个可以用来对外部脉冲计数的定时器。由于机械手安装有 4 个电动机，需要外部扩展 2 个计数器，本设计中选用 8254 为另外两个电动机计数。由于 8254 的输出信号为 TTL 电平，而 C8051F340 的工作电压为 3.3V，为了使芯片稳定工作，采用 SN74CBTD3384DW 芯片实现两者电平的转换。

（2）软件设计

为了实现对电动机位置的控制，采用如下方法：每隔 1 ms 对 4 路计数器的值进行读取，并与给定值进行比较，当小于给定值的 1/4 时，电动机加速转动；位于给定值的 1/4 与 3/4 时，电动机匀速转动；大于给定值的 3/4 时，电动机减速转动直到停止。利用 C8051F340 内部的定时器 2 来实现采样，即将定时器 2 设置为 16 位的自动重装载方式，每隔 1ms 就产生一次中断。下位机程序流程如图 3-41 所示。

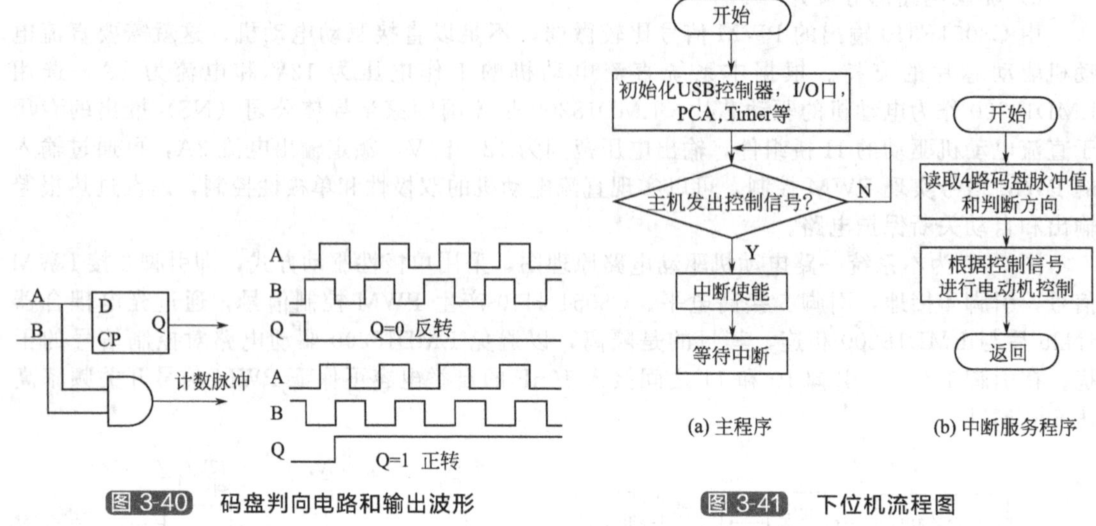

图 3-40 码盘判向电路和输出波形

图 3-41 下位机流程图

1）读取码盘输出脉冲数

在对 4 路码盘脉冲计数时，其中 2 路是由 C8051F340 内部的定时器 0 和定时器 1 计数的，读取时只要对特殊寄存器（TL0，TH0，TL1 和 TH1）进行操作；而另外 2 路是利用 8254 进行计数的，8254 作为外设在与 C8051F340 传输数据时要注意时序问题。由于本设计在接口方式上采用的是非复用方式，故时序设置为：ALE 为 4 个时钟周期，地址建立时间为 3 个时钟周期，读写建立时间为 16 个，地址保持时间为 3 个时钟周期。在时序设置正确后，对 8254 的计数器读操作如下：

XBYTE [0x7FFF] =0x00；//设置通道 0 锁存命令

current counter1=XBYTE [0x1FFF]；//先读低 8 位

current counter2=XBYTE [0x1FFF]；//再读高 8 位

以上是对 8254 通道 0 进行的读操作过程，0x7FFF 为 8254 控制字寄存器的地址，0x1FFF 为通道 0 的读写地址，在对 8254 某个通道读取数据前要先送某通道的锁存命令，同时如果功能在 16 位状态时，要先读低 8 位，再读高 8 位。

2）PWM 波形的实现

在 C8051F340 中，PWM 由 PCA 产生，将 PCAO 设置成 8 位 PWM 输出方式。其工作原理为：系统不断地将 PCA 计数器的低 8 位寄存器 PCAOL 的值与该模块低 8 位寄存器 PCAOCPLn 的常数值比较，当两者相等时，在 CEXn 引脚上输出 1；当 PCAOL 溢出时，在 CEXn 引脚上输出 0，并且自动将保存在 PCAOCPHn 中的常数值送入 PCAOCPLn。只要改变 PCAOCPHn 寄存器的值就可以改变 PWM 占空比，从而实现电动机的调速。

3）上位机软件部分

上位机主要完成电动机控制信号的发送，比如方向和位置，本系统的上位机程序是在 MFC 框架下利用 Measurement Studio 控件实现的。在方向上可以实现上、下、左、右的运动；同时在位置上可以通过移动滑块来实现运动的距离，图中滑块刻度值表示电动机转动的圈数；点击“发送”按钮时，按钮的颜色由红色变成绿色，表示主机已经将数据通过 USB 传输给下位机。

(3) 小结

使用 C8051F340 控制直流电动机，不仅简化系统结构，而且能够通过主机与外界进行友好地交流。基于 C8051F340 和 LMD18200 的直流电动机控制系统可以广泛地应用到实际生产现场中。整个系统的设计方案简捷，设计成本低廉，性能可靠，现场使用方便。

3.2.4 基于 MC9S12DG128 单片机的迷宫机器人

迷宫机器人是一种由微处理器控制，集感知、判断、行走功能于一体的微型机器人。它可以在迷宫中自动感知并记忆迷宫地图，通过一定的算法寻找最佳路径到达目的地。迷宫机器人竞赛是一项综合性的竞赛，涉及检测、人工智能、自动控制、嵌入式系统和机械等多个学科的知识，已经成为锻炼大学生动手能力和知识运用能力的平台。标准的迷宫由 256 个方块（单元）组成，每个方块 18cm 见方，排成 16 行×16 列。

迷宫机器人实际上是一种智能的电动小车，通常使用两个步进电动机进行驱动，由一个或多个处理器进行控制。通过传感器探测迷宫信息，为其行走和决策判断提供依据。使用步进电动机具有控制简单的优点，电动机转速只需开环控制，但是需要较高的供电电压，在转速较高时会发生丢步现象，而且体积较大。从减小迷宫机器人整体尺寸和重量的角度出发，设计了一种新型迷宫机器人。该迷宫机器人以飞思卡尔 MC9S12DG128 单片机为主控制器，采用小型直流减速电动机进行驱动并通过码盘和光电传感器检测电动机转速，使用收发一体化反射型光电传感器 RPR220 检测迷宫信息。微控制器控制并采集传感器信号，根据信号结合算法控制电动机的加速、减速、制动、反转动作，使小车在迷宫中调整姿态，记忆迷宫地图并找出最短路径，以最快速度冲刺到终点。

（1）迷宫机器人功能和构成

迷宫机器人在迷宫中要能按照一定规则完成行走，必须具备以下几点功能：拥有稳定且快速的行走能力；能正确判断能力；记忆路径的能力。为此，迷宫机器人硬件部分主要由以下几部分构成：

① 可控的行走机构。行走能力一般由电动机提供，通常采用的有直流电动机、伺服电动机、步进电动机等，同时配备相应的驱动电路提供电动机工作所需的高电压、高电流，并且能够通过驱动电路控制电动机的转速、转向，以达到能够控制的目的。

② 迷宫信息感知部分。为了保证迷宫机器人在迷宫中不触碰迷宫墙壁，需要对迷宫进行探知，这个部分主要涉及传感器的应用。常用于障碍探知的传感器有光电传感器、超声波传感器、接近开关等，通过传感器获取迷宫机器人周围的环境信息，为路径决策提供数据。

③ 数据的处理和路径记忆部分。电子技术尤其是大规模集成电路的发展给迷宫机器人的这一部分的设计提供了很好的解决方法。处理器的诞生大大降低了设计的复杂程度，一块小小的 CPU 完全解决了数据采集、记忆、处理等问题，同时处理器加入算法后使得迷宫机器人成为了真正的智能迷宫机器人。

迷宫机器人运行过程中信号的流程如图 3-42 所示，以 MC9SDG128 处理器为核心，传感器电路采集迷宫环境信息，信号经过滤波传送给处理器的 AD 采集模块，处理器根据环境信息输出相应占空比的方波，经 L298 电动机驱动电路送到电动机，控制电动机的正转、反转、加速、减速等动作，使得迷宫机器人在迷宫中穿行并调整迷宫机器人到达期望的姿态，同时测速传感器给出电动机信息，计算迷宫机器人的位置和速度，为算法的执行提供数据信息。

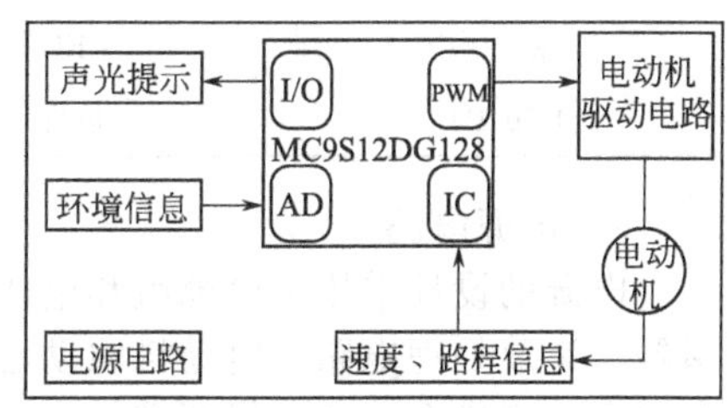

图 3-42 系统整体硬件构成

（2）控制系统硬件设计

1）系统整体硬件构成

为了能使迷宫机器人自主搜索，自主避障，完成在迷宫中探测和冲刺任务，迷宫机器人的硬件构成包括以下各功能模块：电源为整个系统供电；处理器控制整个系统的运行；光电传感器用于探测迷宫机器人周围有无墙壁以及车体离墙壁的距离；电动机驱动电路使迷宫机器人在迷宫中运行；码盘和光电传感器检测电动机转速并记录迷宫机器人行走的距离，确定迷宫机器人在迷宫中的坐标。

2）控制器电路设计

在选择处理器时，使用了飞思卡尔 MC9S12DG128 单片机，该处理器是 16 位微处理器，属于飞思卡尔单片机家族中的 MC9S12 系列。设计中，要求处理器必须具有以下资源：A/D 通道至少有五路，PWM 通道至少两路，串行通信接口至少一个，输入捕获通道至少两个，I/O 口 10 个以上。MC9S12DG128 拥有 10 位 A/D 通道 16 个，8 位 PWM 通道 8 个，SCI（串口模块）2 个，增强型定时器 1 个，可以提供输入捕获通道 8 路，并且 80 引脚的处理器体积较小，完全满足设计要求，故采用这款处理器作为迷宫机器人的控制器，其外围电路如图 3-43 所示，处理器的引脚分布如表 3-4 所示。

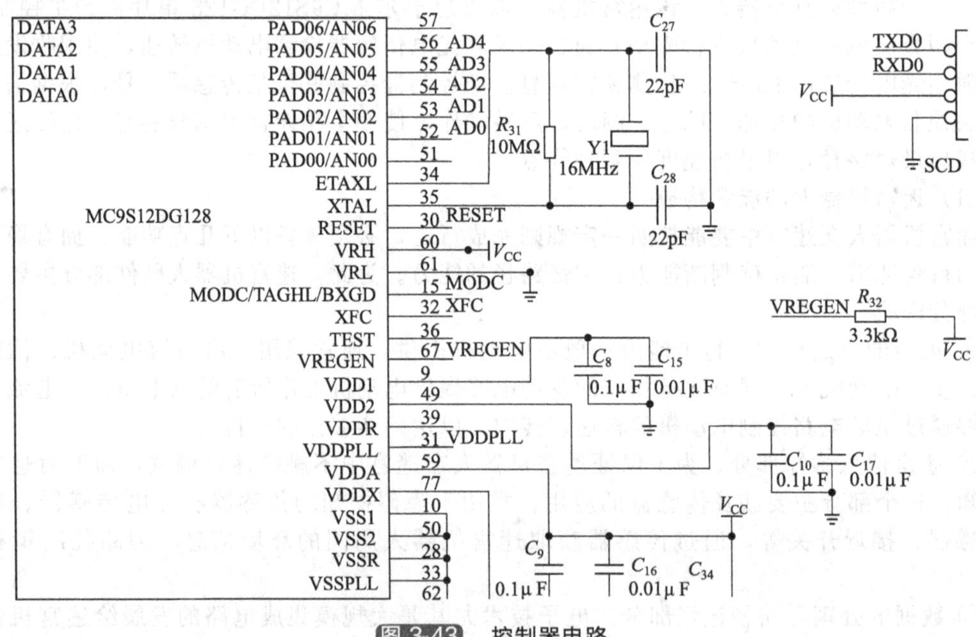

图 3-43 控制器电路

表 3-4 处理器引脚分配

端口	功能	端口	功能
PB0～PB4	传感器开关控制	PP1、PP2	PWM 输出口
PE2、PE3	电动机控制	PAD01～05	AD 采集端口
PB6、PB7	电动机控制	PB5	启动按钮
PE4～PE6	LED 控制	PE7	蜂鸣器控制
PT0、PT1	速度采集	PS1、PS2	串口调试口

3）电源电路

电源的设计采用了电池组和电压转换电路来实现不同元器件对电压的要求。处理器、传感器、运放处理电路、电动机驱动芯片供电均采用＋5V 供电，而对于电动机则直接用可充电锂电池组供电，电动机两端最大电压可以达到 7.4V，在电动机的承受范围内，并且能够提高电动机的最大转速。电源部分的电路如图 3-44 所示。

4）电动机驱动电路

电动机在迷宫机器人设计过程中充当着重要的角色，执行部件的工作大都依赖于电动机，而对电动机的控制就尤为重要。基本的电动机控制包括电动机的转向和转速的控制两大部分，同时还有些场合需要电动机处于抱死的状态。对于直流电动机来说，改变电动机的转向十分容易，只需将连接电动机的电极进行一次交换就可改变电动机的转向，同样，电动机转速的控制也并不是很复杂，如果能够控制给电动机所提供的功率就可改变转速，通常采用脉宽调制（PWM）信号控制电动机的转速。

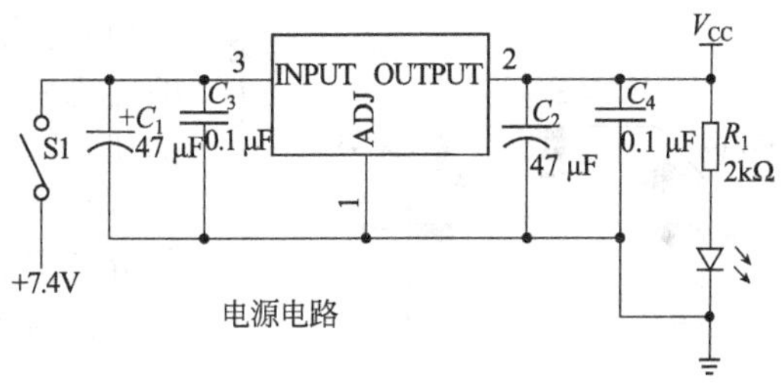

图 3-44　电源电路

本设计使用的电动机是直流减速电动机，用于驱动直流电动机的电路有很多，这里采用集成芯片 L298 来驱动。电动机驱动电路设计中加入了续流二极管，以保证 L298 的正常工作，其电路如图 3-45 所示。其中，控制器产生的两路 PWM 信号分别接于 L298 的 PWMA 和 PWMB 引脚，用于调节电动机的转速。同时 INI、IN2、IN3、IN4 端口是 L298 逻辑控制端口，通过 INI 到 IN4 电平的高低不同控制电动机的动作，如正转、反转、抱死等，其逻辑真值表如表 3-5 所示。

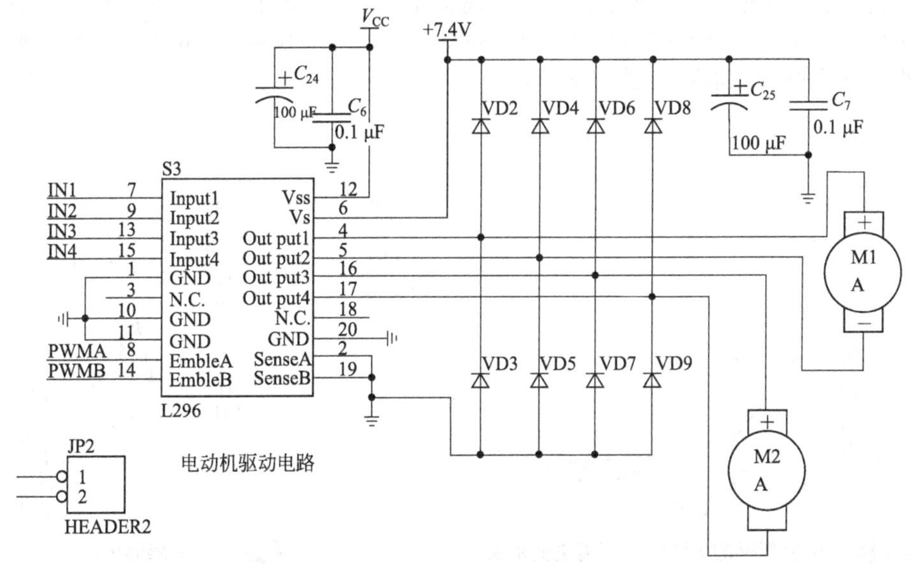

图 3-45　电动机驱动电路

表 3-5　L298 逻辑真值表

IN1	IN2	PWMA	电动机动作
0	1	1	正转
1	0	1	反转
×	×	0	停止
0	0	×	刹车
1	1	×	刹车

5）传感器电路

迷宫机器人在迷宫中运行需要实时感知迷宫环境，通过对迷宫环境的探测得知路况，为

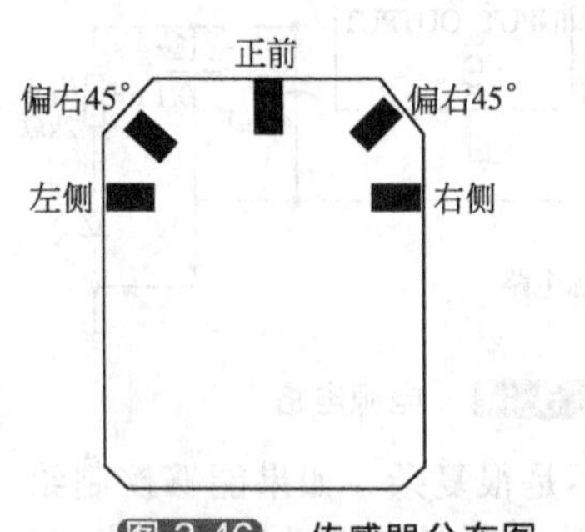

图 3-46 传感器分布图

处理器算法决策提供有效信息。标准迷宫是由反射性很强的白色墙壁构成，迷宫机器人探测迷宫信息有许多方案，例如 CCD 摄像头、超声波传感器、光电传感器等。从设计成本和使用方面综合考虑，采用了五个红外式光电传感器，其分布情况如图 3-46 所示，通过把反射光的强度变转换成电压信号传送给控制器 AD 转换接口。

光电传感器使用了日本 ROHM 公司生产的发送和接收一体化反射型光电探测器 RPR220，其发射器是一个砷化镓红外发光二极管，而接收器是一个高灵敏度硅平面光电三极管。RPR220 内置可见光过滤器能减少离散光的影响，体积小，结构紧凑。为了减少传感器之间的相互干扰，传感器的打开与关闭用处理器控制，确保不出现两个以上传感器同时打开的情况，消除相互干扰。设计中使用了 LM324 和 LM321 共五路运放对各传感器的信号进行滤波和放大。

为了避免阳光中红外光线的干扰，在软件设计中处理器在采集传感器信号时对每个传感器进行了两次采集，第一次在关闭发射管的情况下采集 AD 值，第二次在打开发射管的情况下采集 AD 值，将两次数值的差值作为迷宫墙壁反射红外线得到的 AD 值，减少了外界误差。经过实验验证该电路能够探测的最大距离大于 18cm，超过了一个迷宫单元的长度，最小饱和距离小于 1.5cm（如图 3-47 所示），满足传感器能够探测 2 cm 以上距离的要求。以其中一路传感为例，其电路如图 3-48 所示。

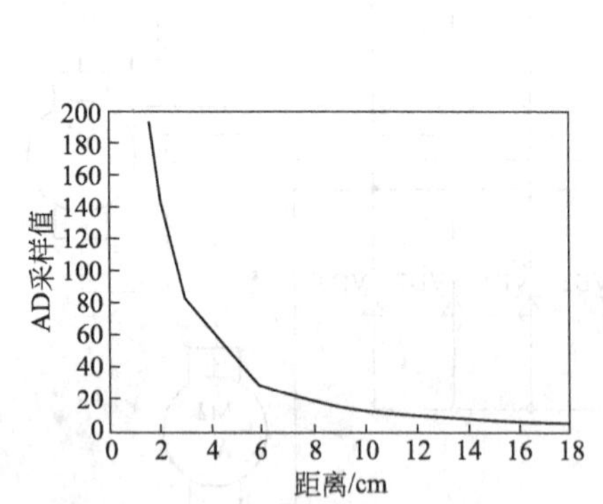

图 3-47 实验测得的 AD 值与距离之间的关系

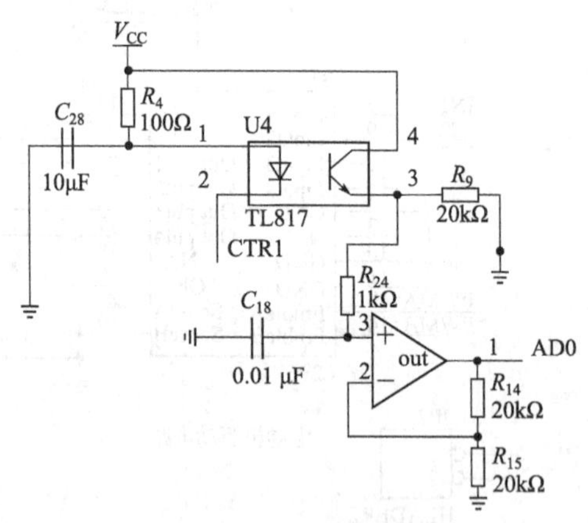

图 3-48 传感器电路

（3）电动机转速检测模块

采用步进电动机时，在不考虑丢步的情况下，不需反馈便可计算出迷宫机器人走过的距离，从而得到其在迷宫中所处的位置。而使用直流减速电动机时，需要对电动机转速进行测量，通过积分得到迷宫机器人走过的距离和位置信息。电动机转速的检测采用了光电对管和码盘，码盘固定在电动机转轴上。电动机旋转时，码盘间断地阻挡光电对管的光线，产生不同的电平，从而形成方波信号。

转速的测量实质是对脉冲宽度进行测量，使用 MC9S12DG128 的 ECT 模块对脉冲信号进行捕捉，可以测得两个上升沿之间的时间间隔，然后转换成车体速度，相应的速度测量程序如下：

```
unsigned int speed;
interrupt 8 void TIM_CAP0_ISR( void)
{
```

```
    unsigned int LastCap= 0;//第一次触发
    unsigned int ThisCap;//第二次触发
    Disablelnterrupts;
    ThisCap= TC0;
    switch(TFLG2_TOF)
    {case 0;
     speed= ThisCap- LastCap;
     break;//两次作差得到速度
     case 1:
     speed= ThisCap+ 0xFFFF- LastCap;
     TFLG2= 0x80;
     break;//若溢出,则加一个时钟周期
    }
    LastCap= ThisCap;
    TFLG1  1= 0x01;
    Enablelnterrupts;
}
```

（4）小结

从减小迷宫机器人整体尺寸和重量以及制作成本的角度考虑，基于飞思卡尔MC9S12DG128单片机，使用直流减速电动机作为驱动，设计了一种新型迷宫机器人。与使用步进电动机相比，迷宫机器人的尺寸从11cm×7cm×7cm缩小到7.5cm×7.5cm×4cm，总体重量由554g减小到135g。实验证明，该设计方案完全满足迷宫机器人的功能要求。

3.2.5　基于ATmega128的砂糖橘简易采摘机器人

大多数果农需要抓紧时机采摘已成熟的砂糖橘，多为人工采摘，速度慢，耗时耗力。为了实现砂糖橘的采摘、分级、包装的自动化，设计了砂糖橘采摘机器人。砂糖橘采摘机器人采用AT mega128为主控制芯片，用TCS230颜色传感器作为识别砂糖橘的传感器。用3个直流电动机和3个步进电动机控制各个机械部分。通过实验考察了机器手臂的运动精度、整机的控制性能以及工作性能。

（1）设计原理及机构

1）设计原理

设搜索臂上电位器的值为e_1、步进电动机的步数为S_6（系统初始化时，$S_6=0$）。电位器主要用于测量Arml与Arm2的夹角θ_1（图3-49）。测量臂夹角与电位器灯A/D值关系如表3-6所示。

表3-6　测盘臂角度与电位器A/D值关系表

角度θ_1/(°)	90	60	30
电位器A/D值x	1424	1050	684

根据表中的数据可以得到拟合曲线为

$$\theta_1=0.081e_1-25.404$$

设Arm2高为h_1，x为物体距Arm1的距离，则有

$$x=h_1\tan\theta_1$$

这样就得出了物体距搜索臂的距离，但还要一个数据才能确定物体的位置。设系统上电时，搜索臂上步进电动机的步数$S_6=0$，经测量，该步进电动机每走2048步电动机转动360°。如图3-50所示，设物体在O点搜索臂为点O_1，设当搜索到物体时，搜索臂上的步进电动机

的步数为 S_6。则步进电动机转过的角度为

$$\theta_2=\frac{S_6}{2048}\times 360$$

$$\theta_3=\frac{3\pi}{2}-\theta_2$$

则由 x 与 θ_3 两个参数就可以换算出物体和抓物臂的具体位置了。

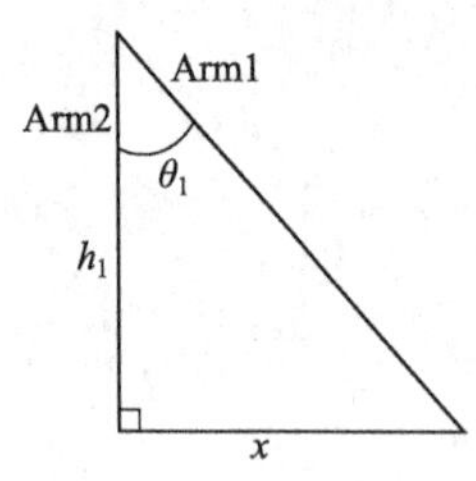

图 3-49 搜索示意图

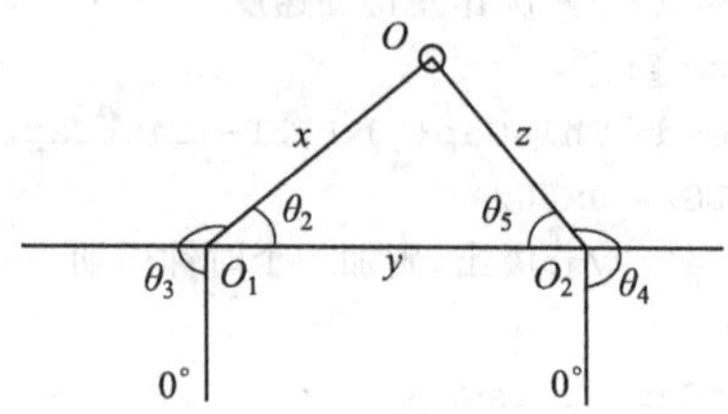

图 3-50 旋转的角度示意图

下面计算物体与抓物臂的位置。设抓物臂所在位置为 O_2，O_1 与 O_2 的距离为 y，x 与 θ_3 已在前面求出。

由三角形余弦定理可得出物体距 OZ 的距离：

$$z=\sqrt{x^2+y^2-2xy\cos\theta_2}$$

再次使用余弦定理可得

$$\theta_5=\arccos\frac{x^2+y^2-z^2}{2xy}$$

可得抓取臂需要转过的角度

$$\theta_4=\frac{3\pi}{2}-\theta_5$$

得到了 z 就可以计算出抓取臂能抓取物体的状态参数。

设抓取臂底座的步进电动机要转的角度为 S_2。由于抓取臂底座的步进电动机每分 200 步转 360°。因此，

$$S_2=\frac{\theta_4}{360}\times 200$$

由三角形定理即可由已知量 z 算出另两个状态量，但在测试的过程中，由于本身机械精度的影响，由公式算出的参数与实际参数差距很大，因此最后采用了查表的方法计算出另两个参数 e_4、e_5。由于手臂只能抓到距 O_2 点 7～43cm 范围内的物体，因此将这个范围化分成 72 等分，测量记录这每一等分 e_4 和 e_5 的值，做成数组存放起来，这样只要计算出 z 就可查到 e_4 和 e_5 的值。

机械部分如图 3-51 所示，手臂机械部分参数如表 3-7 所示。

表 3-7 手臂机械部分参数

部件	参数	部件	参数
步进电动机 6 转一周的步数	2048 步	右臂第一级高	12.8cm
步进电动机 2 转 90°的步数	50 步	右臂第二级长	20.0cm
底座高度	1cm	右臂第三级长(包括爪子)	27.0cm
左臂高	24.5cm	两臂距离	10.2cm

2）硬件控制电路

控制系统的电路大概由以下几部分组成：核心模块、颜色采集模块、电动机驱动模块、A/D 转换模块、人机交互模块、液晶显示模块和电源模块，系统总体结构如图 3-52 所示。

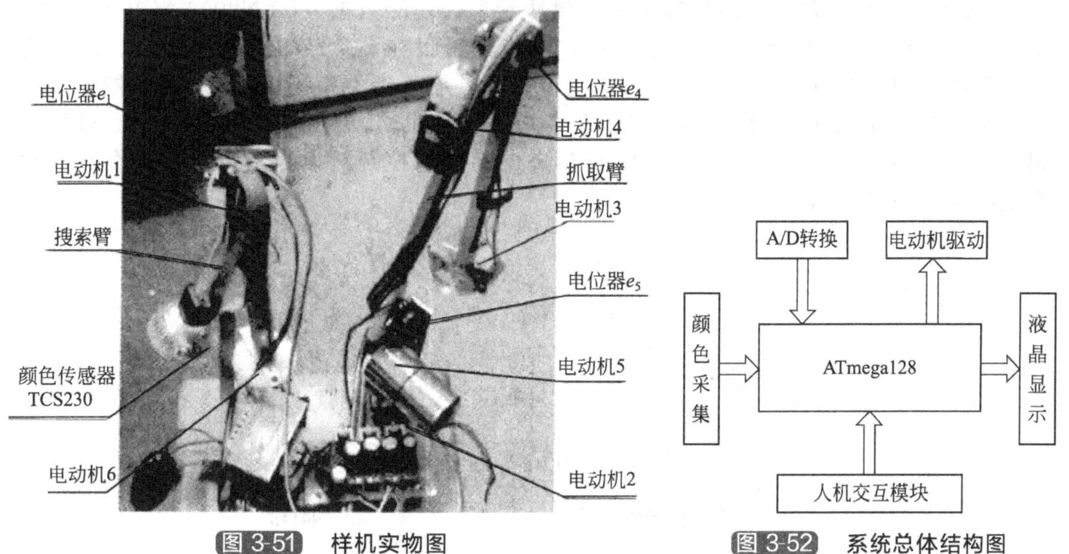

图 3-51　样机实物图　　图 3-52　系统总体结构图

① 单片机。

此系统采用 ATmega128 单片机，该单片机的片内外设非常丰富：128KB 系统内可编程 Flash（具有在写的过程中还有读的能力，即 RWW）、4KB 的 E_2PROM、4KB 的 SRAM、56 个通用 I/O 口线、32 个通用工作寄存器、实时时钟 RTC、4 个灵活的具有比较模式和 PWM 功能的定时/计数器（T/C）、两个 USART、面向字节的两线接口 TWI、8 通道 10 位 ADC（具有可选的可编程增益）、具有片内振荡器的可编程看门狗定时器、SPI 串行端口、JTAG 口、SPI 串行编程口和具有 64KB 外部存储器寻址的外部扩展总线等接口。考虑到设计时的实际需要，在电路里还增加了一个手动复位按钮。由于该系统的计算量比较大，单片机内部振荡器的最高频率（8 MHz）已经很难满足要求，因此增设了一个 16 MHz 的晶体振荡电路。

② 颜色采集模块。

采用的是 TAOS 公司推出的 TCS230 颜色传感器。TCS230 的输出信号是数字量，可以驱动标准的 TTL 或 CMOS 逻辑输入，因此可直接与微处理器或其他逻辑电路相连接。由于输出的是数字量，并且能够实现每个彩色信道 10 位以上的转换精度，因而不需要 A/D 转换电路。当用 TCS230 识别颜色时，要用红色、绿色和蓝色的值对所测颜色的 R、G 和 B 进行调整。这里有两种方法来计算调整参数：

a. 依次选通 3 种颜色的滤波器，然后对 TCS230 的输出脉冲依次进行计数。当计数到 255 时停止计数，分别计算每个通道所用的时间。这些时间对应于实际测试时 TCS230 每种滤波器所采用的时间基准，在这段时间内所测得的脉冲数就是所对应的 R、G 和 B 的值。

b. 设置定时器为一固定时间（10 ms），然后选通 3 种颜色的滤波器，计算这段时间内 TCS230 的输出脉冲数，计算出一个比例因子，通过这个比例因子可以把这些脉冲数变为 255。把测得的脉冲数再乘以求得的比例因子，得到所对应的 R、G 和 B 的值。

③ 电动机驱动模块。

该模块主要由 L298N、ULN2003 与 74HC595 组成。一片 L298N 可控制两个直流电动机和一个四线两相步进电动机，最高输入电压为 46 V，最大输出电流为 4A，能推动功率比较大的直流电动机。1298 外围电路只需在输出端接上保护二极管。通过单片机控制两个输入端的高低电平可以实现电动机的正转、反转、停止，还可以用 PWM 脉冲控制实现电动机调速。此处直流电动机和四线两相的大功率步进电动机都是采用 1298N 来控制的。ULN2003 可以直接处理原先需要标准逻辑缓冲器来处理的数据。ULN2003 灌电流可达 500 mA，并且能够在关态时承受 50 V 的电压，输出还可以在高负载电流并行运行。由于要推动两个五线制的步进电动机，除公共端接电源外，共有 8 个端口用 ULN2003 来控制。该机共使用了 6 个电动机（3 个直流电动机和 3 个步进电动机），需用单片机 18 个 V0 口控制电动机，为了节约 V0 口，采用 74HC595 将步进电动机的控制转换为串行控制。直流电动机驱动电路如图 3-53 所示。

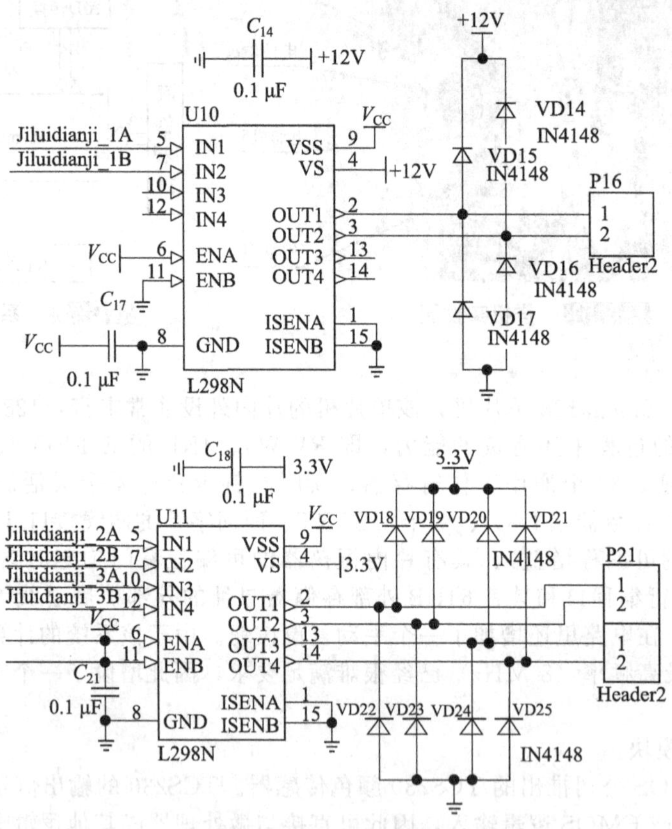

图 3-53 直流电动机驱动电路

④ A/D 转换模块。

要测量手臂各个位置的参数和物体所在平面的坐标，必须达到很高的精度，综合考虑，选择 12 位的串行 A/D 转换器 MAX187。在此使用一片 MAX187 和一个模拟开关 CD74HC4051，CD74HC4051 做多路复用，使 ADC 能做 3 个模拟电平的转换。为了使测量更准确，各运动关节上的电位器采用电压基准源 TL431 来稳定输入电压。TL431 是一个有良好热稳定性能的三端可调分流基准源。它的输出电压用两个电阻就可以任意地设置到 V_{erf}（2.5～3.6V）范围内的任何值。

⑤ 液晶显示模块。

采用一块 TFT320×240 彩色液晶屏。该液晶为 16 位真彩色，共 65000 色，能显示非常丰富的内容，使人机界面更友好。该液晶采用 3.3V 供电，由于单片机使用 5V 供电，因此不能直接与单片机相连，需在单片机与液晶间加一个电平转换器 SN74LVC4245。

SN74LVC4245 为 3～5V 双向电平转换器。

(2) 软件设计

颜色采集是采用了 ATmega128 内部定时器 1 与定时器 2 配合测量的方法测量 TCS230 输出的频率。即用定时器 1 定时 20 ms，用 TCS230 输出的方波推动定时器 2 计数。当定时器 2 开始算脉冲时，定时器 1 开始定时。当定时器 1 产生中断，计算出定时器 2 记的脉冲数，即可得到所测颜色的值，颜色值为：定时器中断次数×256＋TCNT2，以便用于颜色识别。

先进行粗略搜索要查找的物体颜色，即先对要搜索的范围进行快速搜索，并定时检测颜色传感器的信号。当发现颜色传感器有与目标物体颜色一致的输出时，开始对该区域进行测量。即根据颜色传感器的输出搜索附近区域，再根据所得到的参数（对应电位器的值与步进电动机的值）测出物体的大小。若大小与目标物体大体一致，则认为已经找到物体；若大小与物体相差太远，则认为是干扰信号重复第 2 步的操作。系统总体程序流程图如图 3-54 所示。

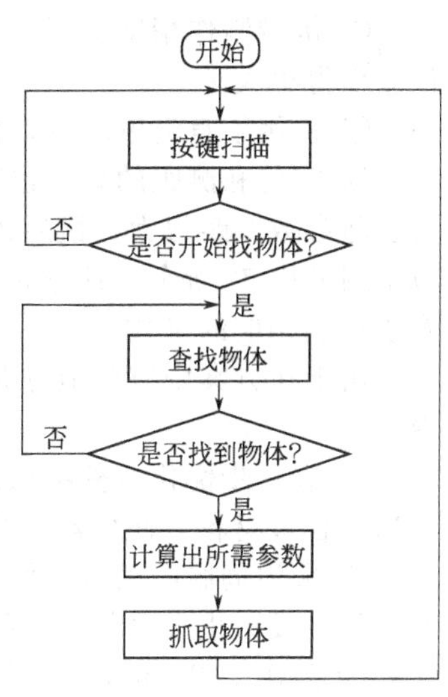

图 3-54　系统软件总体流程图

(3) 结论

为了验证算法的正确性，实验完成后，进行了大量的试验，其中测量数据如表 3-8 所示。物体角度（电动机 2 要转的角度）的测量结果如表 3-9 所示。

表 3-8　物体距离测量结果　　cm

物体距抓取臂的距离	单片机测出的距离	误差
7	8.3	+1.3
10	12.1	+2.1
20	19.5	−0.5
25	25.7	+0.7
30	31.2	+1.2
35	35.1	+0.1
40	42.2	+2.2

表 3-9　物体角度测量结果　　(°)

实际角度	单片机测出的角度	误差
130	132	+2
140	139	−1
150	149	−1
160	161	+1
170	170	0
190	190	0
210	210	0
230	231	0

由表 3-8 可知，每段距离的测量误差呈随机分布，且都有相当大的误差。这可能由以下原因造成的：

① 机械制作精度达不到要求，使得软件设计复杂，同时几个部分的误差得到累加，让误差变得更大。

② 采用了直流电动机，使得控制精度不够。

③ 定位和测距的算法也不是最佳方案。搜寻物体采用三角形定理，由公式算出的参数与实际参数差距很大，最后采用了查表法计算出相应的参数。由于将样机的手臂能够抓取的范围划分成 72 等分，测量记录每一等分的值，并做成数组存放起来，这样可先计算再通过查表得到相应的参数。

由于在方案中有些地方并没有采用最佳方案，如果系统做如下改进，可能会达到更好的效果：

① 进一步优化机械结构。需要进行结构参数的优化设计，优化各臂杆的结构尺寸，应用新型合金材料，使机器人的结构更加轻巧。

② 采用伺服电动机。如果采用伺服电动机做手臂控制，则精度、速度将会有很大的提高，软件设计也会变得简单得多。

③ 采用 CCD 摄像头。若采用 CCD 摄像头，则本机将真正具备视觉功能，这样果实定位更准确。

④ 采用测距传感器测量机械手同砂糖橘果实之间的距离，比如采用超声波测距等方法，则可以很好地定位果实的坐标。

总之，该机器人结构小巧、紧凑，设计新颖。实验结果表明，该机器人在采摘砂糖橘的过程中，虽然存在相当大的误差，但由于机械爪做得很巧妙（能应付相当大的误差），而且由于步进电动机角度比较准确（见表 3-9），抓取物体的成功率达到了 95 %。所以该机器人工作的稳定性和可靠性还是比较好的，具有一定的实用价值。

3.2.6 鱼塘冰层智能钻孔机器人

冰上智能钻孔机器人的设计方案，主要以 STC89C52 单片机为控制核心，结合供电模块、驱动模块、温度采集模块、视频传输模块实现在人为的控制下完成钻冰、打孔、移动。由此人们可以在岸边控制机器人在鱼塘冰面上作业，大大降低冰面作业的危险性并提高捕鱼效率。

（1）总体设计方案

系统的整体设计方案如图 3-55 所示，以 STC89C52 单片机为基础核心进行设计开发，摄像头对视频信号采集处理以后通过线路将信号发送到路由器中，然后路由器进行处理以后将其发送出来，通过与该路由器连接的电脑就可以将采集的视频信号读取并且显示在主控制界面上。通过采集的视频，人为的分析计算，通过点击主控制界面上面的控制按钮来控制小车的姿态与工作模式。

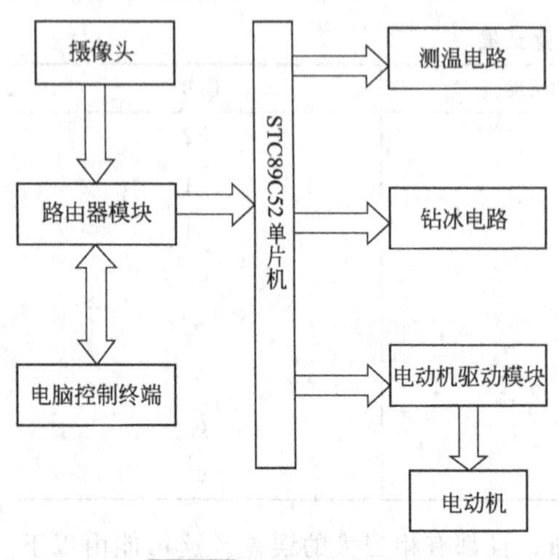

图 3-55 系统设计方案

将控制信号进行打包发送到已经连接的路由模块上，当路由器模块收到上位机发送来的信号后，通过串口通信与单片机进行通信，单片机通过读取串口数据，并且进行数据解包然后读取控制命令指令，并且执行相应的控制命令，如机器人运动、钻孔、温度测量等控制，并且同时也将小车采集的温度数据通过串口通信发送到路由模块，路由器模块进行处理以后通过 Wi-Fi 信号将数据发送到电脑终端设备显示以提示当前冰下温度。

(2) 系统硬件的设计

1) 系统供电电路的设计

采用 4 节 3.7V 的充电电池作为外部直流电源，总电压为 14.8V，然后利用稳压电路稳压再输出给电路中的单片机和电动机供电。采用 LM2576-5.0 集成稳压芯片作为总体的稳压。通过电池或者变压器输入一个电压，经过桥式二极管整流得到一个有较大波纹的直流电，经过第一个电解电容进行滤波将得到一个较为平稳的直流电，将输入的电压稳定在 5V，给单片机供电。

2) 电动机驱动电路的设计

对电动机的驱动主要有两种方法，第一种就是采用 L298N 电动机驱动芯片进行驱动，第二种就是采用继电器搭接桥式电路进行电动机正反转驱动，采用两个继电器控制电压方向来控制电动机的正反转向。

3) Wi-Fi 模块的设计

Wi-Fi 模块采用的是 703N 路由器改造的 TTL 电平串口通信模块，通过刷机将 703 无线路由器改装成所需要的 Wi-Fi 数据传输模块，并且兼容各种摄像头以及能够稳定可靠地和 STC89C52 单片机进行串口通信。如果摄像头是 301 芯片的，在电脑上显示会花屏，所以还需要对脚本进行修改。

(3) 系统软件设计

1) 软件设计总体方案

系统的整体部分软件设计方案流程图如图 3-56 所示。

程序在开始执行的时候是对单片机 I/O 口的一个初始化，以及对温度、内部寄存器的初始化，Wi-Fi 模块的初始化，然后进行连接电脑，当与电脑成功连接以后，程序开始等待串口中断，是否有数据接收到，并且 Wi-Fi 模块实时地向目的地址发送视频信号，当接收到上位机发送的数据以后，单片机进入判断程序，判断数据的内容进行相应的执行，然后在返回到程序串口接收中断等待程序当中。

2) 电动机驱动程序的设计

直流电动机驱动是通过改变电流方向来改变电动机的转向，L298N 就是一款驱动电动机的芯片以驱动一个步进电动机和两个直流电动机。在程序设计当中，对电动机的两个引脚分别写 0 和 1 进行正反转的控制，由图 3-57 所示当串口接收到上位机发送的电动机控制指令以后，进入电动机驱动子程序，首先对电动机进行初始化，判断指令是否正确，正确进入电动机相应的执行函数，否则返回到串口中断接收等待程序，等待下一条指令。

3) 上位机操作界面程序设计

上位机是人机交互的平台，可以通过人为的输入设定相关参数，控制小车的运行以及工作模式和状态，监视小车的各个工作环节。上位机有登录界面和控制界面两个界面。登录界面简洁明了，输入用户名、密码后点击“登录”，即可进入控制界面。

控制界面主要有视频显示功能，Wi-Fi 设置功能，小车控制，以及相应的工作控制平台，可以通过本组态软件控制小车的所有工作和监视小车的运行状态。

(4) 系统软硬件调试

1) 系统软件的调试与实现

使用 C# 语言在 Visual Stdio 环境下设计上位机登录界面和操作界面，通过添加控件以及绘制图形和文本窗口来实现界面的制作，通过程序控制实现相应的按键，实现对应的触发事件。

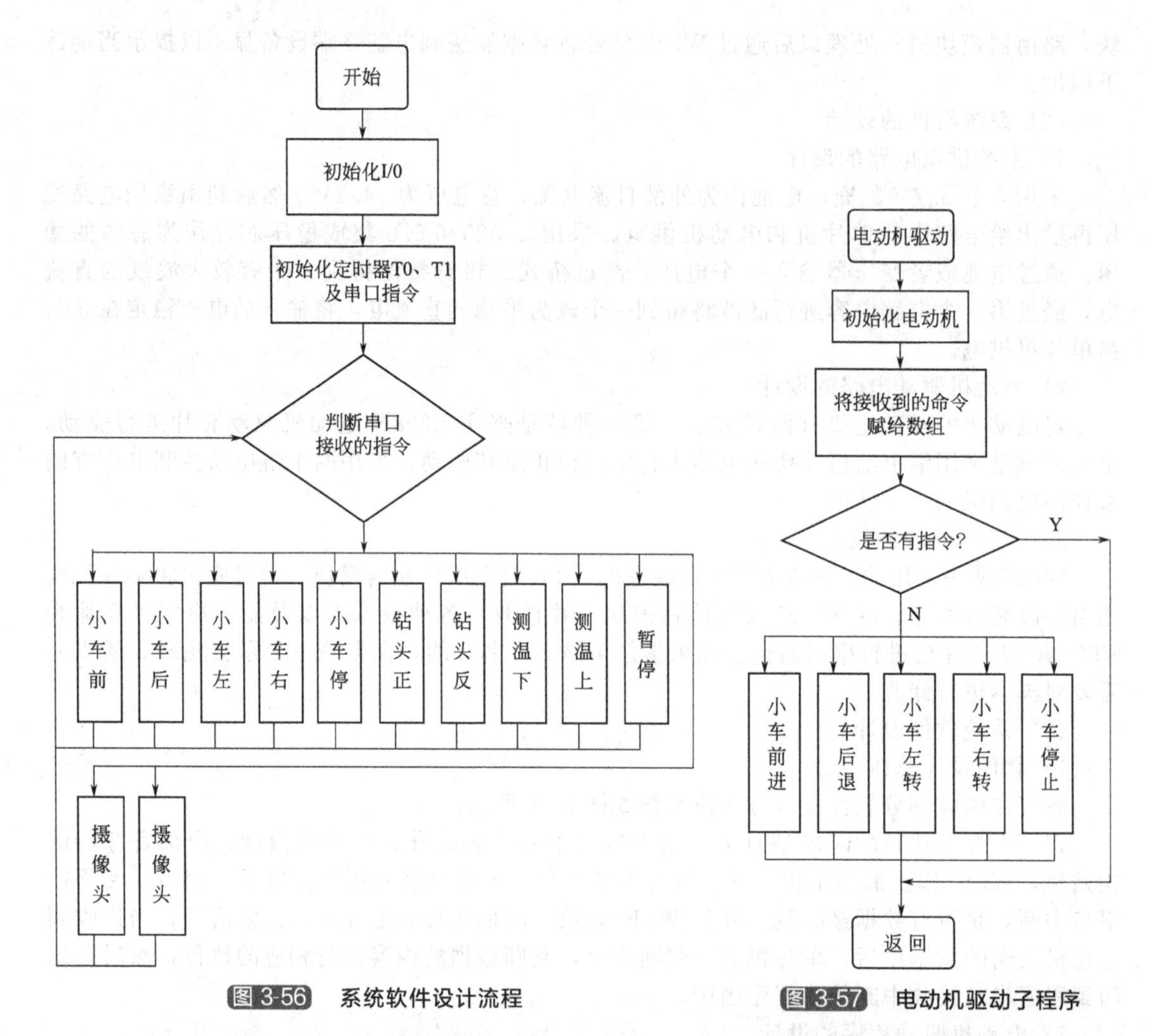

图 3-56 系统软件设计流程

图 3-57 电动机驱动子程序

在运行界面输入用户名和密码将登录到控制界面，当在登录界面将用户名和密码输入正确以后点击登录按钮将进入主控界面，登录界面将被关闭，在登录界面中，通过电脑设置连接 Wi-Fi 信号，之后点击“开启 Wi-Fi”，将会使主机与从机相连，并且可以通过主机控制从机的工作运行，开启视频采集将会把从机的摄像头所采集到的视频信号显示在主机控制界面的视频显示框中。

2）系统的硬件调试与实现

硬件调试首先检查机构，电动机的固定，钻头的固定，摄像头的安装位置等；同时保证整个车体的稳定性与强度。所以整个车体采用角铝进行搭接，用螺纹杆来进行一系列的连接和固定。摄像头位于温度和钻头电动机的上方，通过上位机控制摄像头的方向来控制所能够看到的视野，将摄像头向下就可以监视到电动机运行的状态，然后人为地控制车体的方向，来进行冰面作业，并且测得冰下面的温度。

3.2.7 吸尘机器人控制系统

清洁机器人是服务机器人的一种，可以代替人进行清扫房间、车间、墙壁等。一种应用于室内的移动清洁机器人，主要任务是能够代替人进行清扫工作，因此需要有一定的智能。清洁机器人应该具备以下能力：能够自我导航，检测出墙壁、房间内的障碍物并且能够避开；能够走遍房间的大部分空间，可以检测出电池的电量并且能够自主返回充电，同时要求外形比较紧凑，运行稳定，噪声小；要具有人性化的接口，便于操作和控制。结合清洁机器人主要功能探讨其控制系统的硬件设计。

（1）测控系统及功能

为了使吸尘机器人运动更加流畅，防止出现卡死的现象，把吸尘机器人外观设计成扁圆柱形的，扁圆形的设计可以使其自由进入沙发、床和家具底下，把一些边角都能够清扫干净。与地面平行的圆形底盘由三个轮子共同支撑，左右两侧的为驱动轮，分别由两个微型直流电动机直接驱动，前面的支撑轮为万向轮。机器人的这种外形和车轮布局可使其方便地实现原地转弯，大大提高了行走的灵巧性，这在空间范围较小的地方更为突出。采用碰撞、超声波和红外传感器组成多传感器系统，在机器人的上方装有红外接收装置；在机器人的底部边缘，每隔 45°装有接近传感器，用来检测台阶，防止跌落；在机器人的前方装有碰撞传感器，前方和左右装有超声波传感器，用来检测周围环境。机器人上装有电源管理系统，如果电压过低会停止清扫，并且去自动充电。

1）微控制器

传统的微处理器如 51 系列虽然开发周期短，成本低，但其实时性不好，难以实现复杂的控制算法；另外，增加的外围电路数据转换速度慢，使机器人的性能得不到充分的发挥。高速 DSP 的出现虽然使得系统模块化和全数字化，但其开发成本高。与 DSP 具有同等性能的 ARM 微处理器资源丰富，具有很好的通用性，其主要技术优点是高性能，低价格，低功耗，广泛地应用于各个领域，因此将 ARM 应用于机器人控制系统不失为一种好的策略。LPC2210 是飞利浦带有一个支持实时仿真和跟踪的 ARM7TDMI-S 微处理器，其采用 3 级流水线技术，能够并行处理指令。由于具有非常小的尺寸和极低的功耗，多个 32 位定时器、PWM 输出和 32 个 GPIO 使它特别适用于工业控制和小型机器人系统，满足了机器人对控制器运算速度的要求。以 LPC2210 为核心，设计结构简单，性能稳定的清洁机器人车体系统。

机器人控制系统主要完成的任务：接收传感器和编码器传来的数据，综合处理进行清扫路径规划；驱动左右轮前进行走，控制清扫、吸尘机构，完成各种底层控制动作；设计合适的人机接口，在 LCD 上显示机器人状态和运行时间。因此，机器人控制系统包括传感器模块，电动机驱动模块，红外遥控接收模块、LED 指示灯和液晶显示模块。整个控制系统组成及各部分间相互关系如图 3-58 所示。其中外扩了 1 块 512 KB 的数据存储器 SRAM（IS61 LV25616AL）和 2 MB 的程序存储器 FLASH（SST39 VF1601），满足了路径规划时对存储空间的需求。

2）传感器部分

传感器类似于人的五官，是机器人感知外部环境的直接手段。机器人通常采用测距传感器对周围环境和障碍物进行检测。常用的测距传感器有超声波、红外、视觉和激光测距仪。3D 激光测距仪价格昂贵且笨重，2D 的需要安装路标配合，不适合清洁机器人使用。立体视觉对处理器的要求太高，难以满足实时性和鲁棒性的要求。红外传感器采用发射固定波长红外线并接收同一回波的主动方式，探测视角小，方向性强，但是受环境影响大，距离比较近。超声波能测得目标的距离信息，但是有盲区，两个超声波比较近的时候还会出现串扰现象。红外线传感器和超声传感器单个使用只能获得目标的距离信息，不能获得目标的边界信息。

① 超声波传感器　清洁机器人和一般的移动机器人不同，它要求把墙边，家具以及房间内的其他物体旁边都清扫到，因此其他要求能够非常接近障碍物但是不碰上。基于这个要求，用超声波传感器是比较合适的，它可以测量机器人与障碍物之间的距离，通过软件控制

机器人的运动来保持机器人的沿边清扫。这里采用的超声波传感器是超声波模块Ping28015，模块集成了超声波的一对发射和接收以及检测部分，体积比较小，适合清洁机器人使用。

这一款超声波传感器有以下优点：适应各种环境，不受灰尘和光线的影响；盲区为2.5cm，可以把传感器安装在合适的位置就可以避开盲区；探测发散角度为15°，反应距离2.5m以内，该课题的检测距离为0.5m。超声波传感器的基本原理是测量从声波发射和回到接收器所用的时间。这一款传感器的发射端口和接收端口是一个引脚，首先由控制器发射一个5μs宽度的高电平脉冲来激发传感器发射40kHz的超声波，脉冲发出750 μs后，引脚电平置高；当传感器接收到回波时，引脚的电平被拉低。由信号端高电平的宽度就可以知道由发射到返回需要的时间，宽度为115μs～18.5ms之间。公式$s=vt/2$，式中，s表示传感器与目标的距离；t表示发射到回收的时间；v是声波速度，$v=340$m/s。由此可以知道传感器与障碍物之间的距离。一次探测时间最多是20ms，5个传感器查询完毕，用时100ms，因此两个相邻传感器采用分时段进行使能，就会避免相互干扰，而不会影响机器人速度。

② 红外接近传感器　反射式光电开关是由红外LED光源和光敏二极管或光敏晶体管等光敏元件组成的，当有障碍物阻拦时光线能够反射回来，输出为低电平信号；当没有障碍物阻拦时，光线不能反射回来，输出为高电平信号。

吸尘机器人的近距离红外接近传感器由两组相同的红外发射、接收电路组成。每一组电路可分为高频脉冲信号产生、红外发射调节与控制、红外发射驱动、红外接收等几个部分。通过38kHz晶振和非门电路得到一个38kHz的调制脉冲信号；利用三极管驱动红外发射管（TSAL6200 ）的发射。发射管发出的红外光经物体反射后被红外接收模块接收，通过接收头（HS0038B）内部自带的集成电路处理后返回一个数字信号，输入到微控制器的I/O口，如图3-59所示。接收头如果接收到38 kHz的红外脉冲就会返回输出低电平，否则就会输出高电平。通过对I/O口的检测，便可以判断物体的有无。

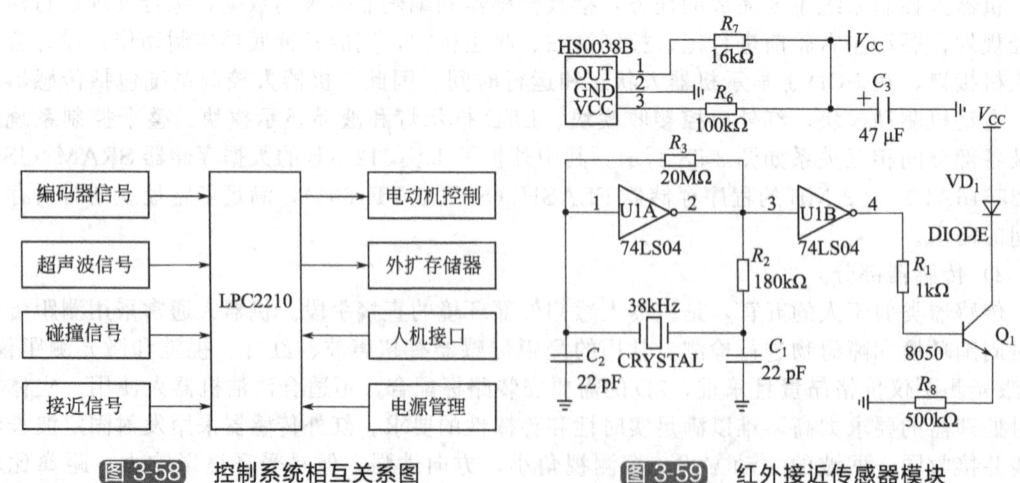

图3-58　控制系统相互关系图　　图3-59　红外接近传感器模块

③ 碰撞开关传感器　两个槽型对射光电开关均布在机器人左前和右前方。如此的布局可以使机器人感知来自前方、左前、右前三个方向的障碍物，从而根据障碍物方向的不同做出不同的反应。当机器人碰到障碍物时，弹簧在障碍物的作用下，向内压迫碰撞开关摆臂，促使簧片挡住光电开关的光线，输出低电平。当没有障碍物作用时，簧片在弹簧的作用下恢复，光电开关的光线没有被遮挡，输出高电平，如图3-60所示。

这三个传感器中，超声波传感器用来探测前方和左右的墙壁、障碍。左边和右边的两个超声波传感器垂直于行走方向放置，用于机器人的沿边行走规划；设定机器人行走时与墙边的距离值，调节机器人的行走方向，使两个超声波与墙边的距离近似等于设定值，保持机器人沿墙行走时保持适当的距离，不会撞到或者远离墙壁。前方两个碰撞传感器和一个超声波配合用来探测前半部分的环境；接触传感器具有检测范围大、信号无需调理、占用资源少的优点，通过接触碰撞，检测那些未能被超声波传感器检测到的杆状障碍比如家具腿等，传感器之间的位置如图 3-61 所示。

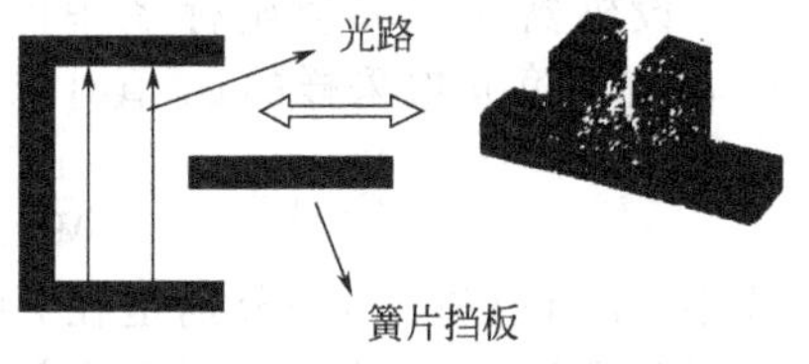

图 3-60　碰撞开关传感器示意图

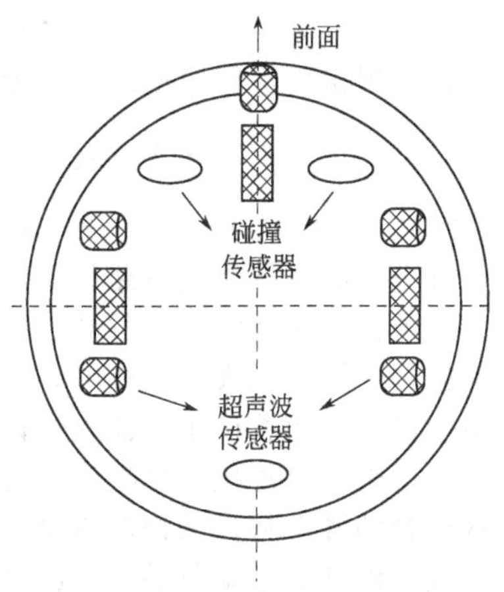

图 3-61　传感器布置示意图

接近传感器用来探测地面是否有悬崖，在机器人底部的正前、左前、右前和后方各布置 1 个。除了上述三种传感器以外，在三个轮子上都装有一个常开的开关传感器，当轮子悬空的时候，开关就会闭合，输出低电平。当轮子悬空时可以让机器人停止运转。

（2）电动机控制系统

在小功率系统中，直流电动机线性特性良好，控制性能优越，适合于点位和速度控制。为了实现直流电动机的正反转运行，只需要改变电动机电源电压的极性。电压极性的变化和运行时间的长短可以由处理器实现，而提供直流电动机正常运行的电流则需要驱动电路。

H 桥式驱动电路是比较常用的驱动电路。该设计两个行走驱动电动机采用分立器件功率场效应管和续流二极管搭建，成本低，便于散热，如图 3-62 所示。

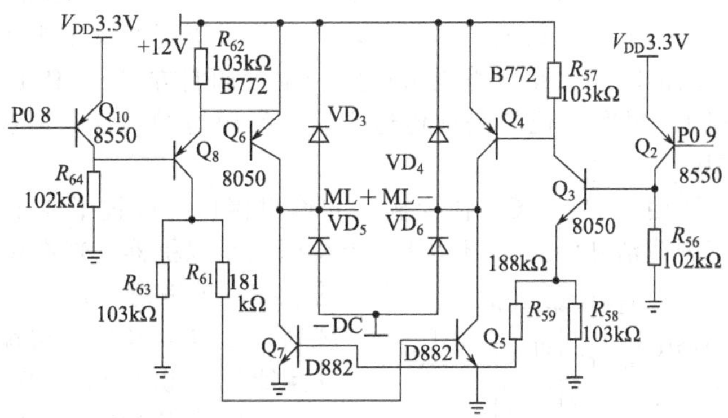

图 3-62　行走电动机驱动电路图

用 ARM7 的 P0. 8 和 P0. 9 来控制电动机，这两个引脚都是 PWM 输出引脚，可以控制电动机的速度。该部分主要保证机器人能够在平面内移动，同时轮上带有编码器，可以对行走的路程进行检测。通过航位推算可以实现机器人的转弯，假设机器人光电码盘的分度数为 N；控制器收到的脉冲数为 m；轮子的直径为 D；两个轮子之间的间距为 W，则轮子前进的距离为：

$$S = \pi m D / N \tag{3-29}$$

设机器人在环境坐标系中的位姿为 $(X(t), Y(t), t)$，则第 $n+1$ 次采样的方位角 φ_{n+1} 值和第 n 次采样的 φ_n 值有以下关系：

$$\varphi_{n+1}-\varphi_n=\frac{1}{W}\int_n^{n+T}[v_R(t)-v_L(t)]\mathrm{d}t=\frac{1}{W}(\Delta S_{Rn}-\Delta S_{Ln}) \tag{3-30}$$

式中，$v_R(t)$ 和 $v_L(t)$ 分别是在 t 时刻两轮的速度；ΔS_{Ln} 和 ΔS_{Rn} 为两个主动轮从第 n 次采样时刻到第 $n+1$ 次采样时刻之间所行走的距离。

$$\Delta S_{Rn}=\pi(m_{R(n+1)}-m_{Rn})d/N \tag{3-31}$$

$$\Delta S_{Ln}=\pi(m_{L(n+1)}-m_{L_n})d/N \tag{3-32}$$

如果规定要进行原地转弯，就是一个轮子正转，另外一个轮子反转的方式，那么：

$$\varphi_{n+1}-\varphi_n=\frac{1}{W}\int_n^{n+T}[v_R(t)+v_L(t)]\mathrm{d}t=\frac{1}{W}(\Delta S_{Rn}+\Delta S_{Ln}) \tag{3-33}$$

从式（3-29）～式（3-33）可知，由两轮编码器的脉冲数就可以知道两个轮子的转弯角度和行进距离，从而进行路径规划。清扫电动机就是带动清扫滚轮的转动，把灰尘带到风口处。吸尘机器人清洁地面的功能是通过其自身携带的小型吸尘器完成的。该小型吸尘器与一般家庭用的拖线式吸尘器相同，吸尘口贴近地面，是一条鸭嘴式的窄缝，在里边加入一个真空吸尘器，吸尘腔位于机器人体内。吸尘电动机相当于一个排气风扇，用来吸引灰尘到垃圾收集箱。刷子电动机用来把边缘处的灰尘扫向中间的清扫滚轮处。清扫、吸尘电动机都是由场效应管的开关特性来控制电动机的运转。控制器的 I/O 口只需要给一个高、低电平信号，由三极管做开关带动驱动 MOF-SET 管来控制电源的通断，就可以控制电动机。

（3）人机接口模块

遥控可以使机器人的使用更加方便，其中有红外遥控方式和名片式无线远程通信。无线电通信方式容易受电磁干扰，红外遥控比较简单，发射距离也在 10 m 以上，能够满足需要。通用红外遥控系统由发射和接收两大部分组成，为了节省硬件资源，选用了一体化红外接收头，利用软件进行解码。发射器芯片选用 DT9122，所发射的 1 帧码含有 1 个引导码，16 位的用户编码和 8 位的键数据码和键数据反码。引导码由一个 9 ms 的载波波形和 4.5 ms 的关断时间构成，它作为随后发射的码的引导，当接收系统更能有效地处理码的接收与检测以及其他各项控制之间的时序关系，编码采用脉冲位置调制方式（PPM）。利用脉冲之间的时间间隔来区分 0 和 1，每次 8 位的码被传送之后，反码也被传送，减少了系统的误码率，接收器采用 HS0038B。

考虑系统需求，选用按键和 LCD 作为输入和输出接口。设置了 4 个按键，分别为电源开关、点位清洁、范围清洁和沿边学习功能。点位清洁是以机器人现有位置为中心进行 2m^2 的清扫，范围清洁是随机＋局部遍历的路径规划，沿边学习是对房屋的边角进行清扫，并且能记下拐角点的坐标，估计房屋的大小。输出选用 MG240128A 型点阵图形液晶模块，LCD 在系统中负责显示机器人的运行时间。同时，还有 LED 灯用来显示机器人状态，比如是否清扫完毕，电量情况。系统采用 12V 镍氢电池给电动机供电，再分出 5V 给控制系统供电。由于 LPC2210 是双电源供电，CPU 内核为 1.8V，I/O 口需要 3.3V，所以电源电压经 LM2575 转换成 5V 电压后，由 V_{DD} 分别提供 1.8V 和 3.3V 电

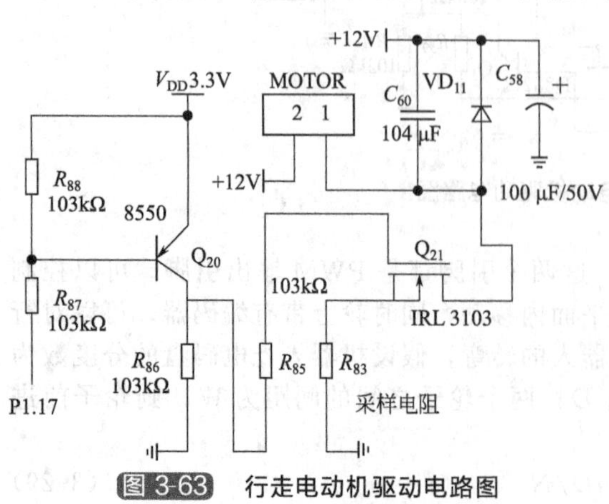

图 3-63　行走电动机驱动电路图

压。图 3-63 中的 R_{83} 是采样电阻，通过 A/D 转换就可以知道通过 R_{83} 的电流，从而监控电源电压的变化。

3.2.8　排爆机器人机械臂控制系统

排爆机器人是指能代替人到不能去或不适宜去的有爆炸危险的环境中，直接在事发现场进行侦察、搬运和处理爆炸物及其他危险品的机器人。当排爆机器人移动到距离爆炸物较近距离时，后方操作人员控制机械臂接近爆炸物。当排爆机器人进入最佳工作位置时，用机械臂接近爆炸物，根据现场情况决定是利用水炮枪将爆炸物击毁，还是利用机械臂手爪将爆炸物搬离现场后再处理。由于爆炸物一般体积较小，需要机械臂手爪精准接近操作，这对控制系统精度提出了较高要求。

传统的做法是利用回传的二维视频等信息来操控机械臂。当人们双目观察自然界物体时，看到的物体是具有形态、大小、位置的三维图像；这是因为物体的物光与位相同时通过双目而呈现的结果。当物像通过摄像镜头时，在通过物光的同时滤掉了位相（透镜的光学特性），由此得到的是二维图像。它只能判别图像的上下、左右位置，而无法得到前后距离的信息。所以，二维视频图像很难进行高精度的三维视觉定位。通过视频图像进行远程操控机械臂，前、后距离信息的未知极易产生错觉，使操作失误而导致排爆失败。

“双目视觉定位”是近几年发展起来的三维定位方法，但相应控制器设计复杂，采集与计算的信息量很大，硬件要求高，一般嵌入式系统难以实现。如果采用信息融合技术，将机械臂上多种传感器信息融合处理（如安装在手爪上测量不同方向距离的传感器），就能提高信息实时性的同时又降低信息处理的硬件成本；通用的嵌入式系统通过科学合理的模块化设计就能完成机械臂的较高精度控制任务。

本项目提出机械臂设计任务：最大臂展 1.6m、肩部旋转 300°、肩部摆动 170°、大臂摆动 270°、小臂摆动 180°、手爪旋转 360°、手爪张开 0～25cm、最大抓举 15kg、水平展开抓举 6kg。根据以上指标，拟采用机器人动力学、运动学方法分析机械臂主要运动与控制特征，利用模块化方法设计相关硬件系统，编程控制机械臂执行仿真排爆任务并测试其性能。

（1）排爆机器人机械臂控制系统设计原理

1）排爆机器人机械臂控制系统特征分析

机械臂是一个相对独立的机构，它由肩关节、大臂关节、肘关节、腕关节、爪关节等组成，排爆机器人机械臂装配图如图 3-64 所示。

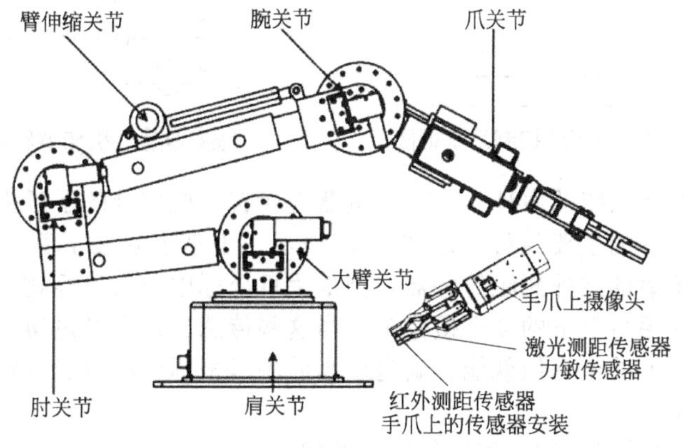

图 3-64　排爆机器人机械臂装配图

机械臂的每个关节内安装一个能够对相邻连杆施加转矩的伺服直流电动机和一个用以测量关节转角的编码传感器，可以实时获得各关节的位置矢量 $\boldsymbol{\Theta}$ 与速度矢量 $\dot{\boldsymbol{\Theta}}$。由动力学方程，可计算出施加在机械臂各关节上的力矩矢量$\boldsymbol{T}$，如下式所示：

$$\boldsymbol{T}=\boldsymbol{M}(\boldsymbol{\Theta}_{\rm d})\ddot{\boldsymbol{\Theta}}_{\rm d}+\boldsymbol{V}(\boldsymbol{\Theta}_{\rm d})\dot{\boldsymbol{\Theta}}_{d}+\boldsymbol{G}(\boldsymbol{\Theta}_{\rm d}) \tag{3-34}$$

式中，$\boldsymbol{M}(\boldsymbol{\Theta}_{\rm d})$为机械臂质量矩阵；$\boldsymbol{V}(\boldsymbol{\Theta}_{\rm d})$为离心力及哥氏力矢量；$\boldsymbol{G}(\boldsymbol{\Theta}_{\rm d})$为重力矢量。

由式（3-34）可以依照指定的模型计算出所需转矩以实现期望轨迹。如果动力学模型是完备、精确的，且没有噪声或其他干扰存在，则沿着期望轨迹连续应用式（3-34）即可实现期望轨迹运行。然而在现实环境中，由于动力学模型的不完备以及存在不可避免的干扰，使得这种开环控制方式不实用。

实际设计应用中，需要通过比较期望位置和实际位置之差、期望速度与实际速度之差来计算伺服误差，如下式所示：

$$\boldsymbol{E}=\boldsymbol{\Theta}_{\rm d}-\boldsymbol{\Theta} \tag{3-35}$$

$$\dot{\boldsymbol{E}}=\dot{\boldsymbol{\Theta}}_{\rm d}-\dot{\boldsymbol{\Theta}} \tag{3-36}$$

控制系统由式（3-35）、式（3-36）就能根据伺服误差函数计算驱动器所需的转矩。该控制系统设计利用传感器的反馈信息来减少伺服误差，实现闭环控制，其原理如图3-65所示。该闭环控制系统的核心问题是怎样保证相关传感器的测量精度与稳定性，这样才能保证系统相对稳定。

如图3-65所示，所有信号线表示$N\times1$维矢量，由此可见，机械臂的控制问题是一个多输入、输出的控制问题。由运动学和动力学理论可知，对于N个关节的机械臂，可以近似等效为N个独立的单输入、输出控制系统的叠加。根据伺服控制定律，建立伺服误差的二阶微分方程，如下式所示：

$$\ddot{e}+k_{\rm v}\dot{e}+k_{\rm p}e=0 \tag{3-37}$$

式中，e为伺服误差，$e=x-x_{\rm d}$，为期望轨迹与实际轨迹之差。轨迹跟踪控制器原理图如图3-66所示。

图3-66中，$f'=\ddot{x}_{\rm d}+k_{\rm v}\dot{e}+k_{\rm p}e$。由图3-66可知，系统即使存在误差，该误差在闭环系统中也会受到抑制，随之系统准确跟踪期望轨迹。

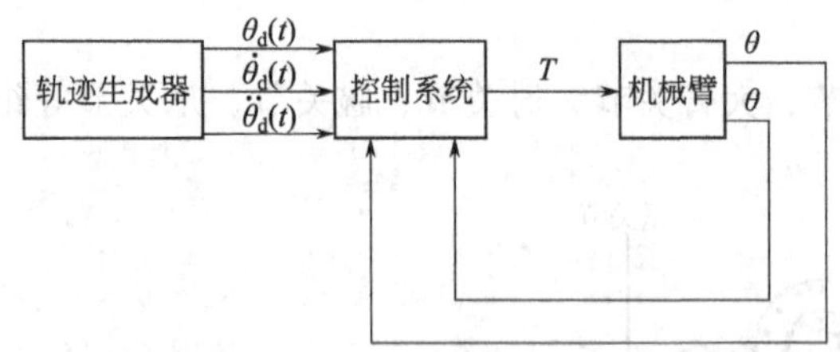

图3-65 机械臂单关节闭环控制系统框图

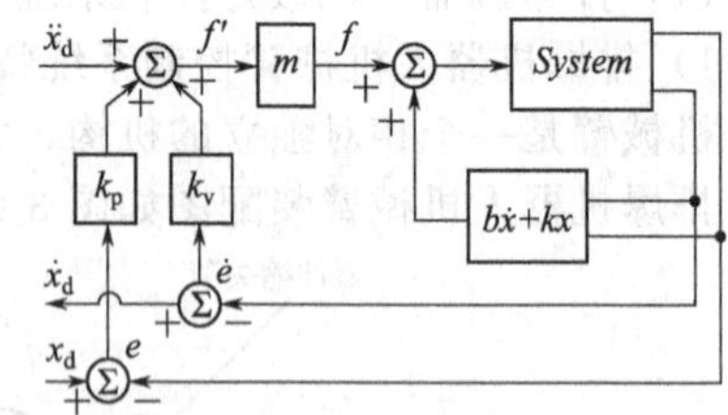

图3-66 机构臂轨迹跟踪器控制原理图

上述是机械臂控制系统的原理。对排爆机器人而言，机械臂的手爪坐标中心能与爆炸物坐标中心对齐才是设计的主要目标。如图3-64所示，手爪上安装了测量抓举力的压敏传感器、测量手爪张开距离的红外测距传感器、测量手爪坐标中心与目标物体前后距离的激光测距传感器以及安装在手爪上下的2个摄像头。当这些传感器信息经过协处理器融合到视频图像中，系统依照图像上的坐标值就能正确定位当前手爪坐标中心与目标物中心坐标位置，操控手爪使其正确定位。

2）排爆机器人机械臂控制系统硬件设计原理

依据分布式控制理论，控制系统通常由一个或多个主控制器和许多节点控制器组成。二者均具有信息处理能力，不同之处在于，主控制器主要针对系统总体进行判断、决策，节点控制器主要用于某方面的信息采集与控制，因此主控制器硬件性能要求可以有所降低。

目前，节点控制器（包含结构较复杂的各类传感器与执行器）以各种模块形式在市场上大量涌现，因此机械臂控制系统实现模块化设计非常易于实现。

机械臂由电气部件、控制驱动部件、总线通信接口、嵌入式操作系统、软件中间件等部分组成。其中电气部件由具有一定功能的通用部件组成，包括伺服电动机、编码器等部件；控制驱动部件用于控制或驱动相应电气部件；总线通信接口用于各控制驱动部件之间进行信息交换与传输；嵌入式操作系统负责各控制驱动部件硬件资源的分配与管理；软件中间件屏蔽了底层硬件和应用软件信息，可实现不同功能构件间的软件连接支持。上述按模块化思想开发的功能构件具有标准的硬件和软件接口，便于系统集成，可以降低设计、集成与制造的难度。

排爆机器人采用上位远程控制机＋底层主处理器＋底层协处理器的上、下位机结构，排爆机器人机械臂控制系统原理图如图 3-67 所示。

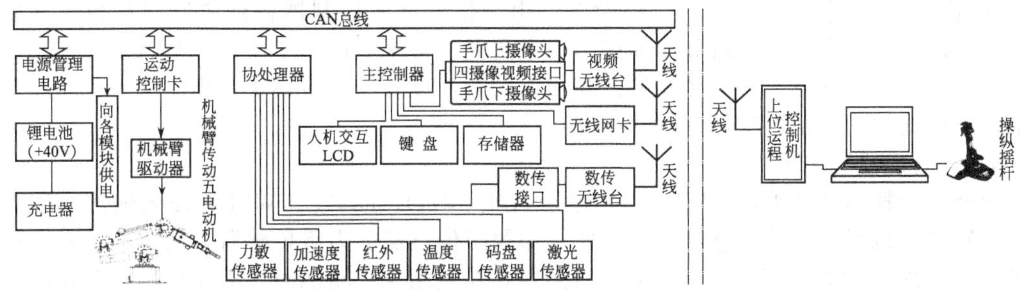

图 3-67　排爆机器人机械臂控制系统原理图

① 上位远程控制机。用于获取排爆机器人机械臂的运动过程中获取的各类传感器信息、摄像系统的图像信息，同时把运动指令发送给底层主处理器。

② 底层主处理器。用于接收上位机的运动控制指令并作解析，并转换成相关直流电动机驱动控制器指令，使机械臂执行上位机的运动控制。同时与底层协处理器通信，获取并处理机械臂上各类传感器的信息。

③ 底层协处理器。主要负责机械臂上安装的各类传感器所获取信息的预处理工作。

(2) 排爆机器人机械臂控制系统硬件设计

依据图 3-67 设计方案，机械臂控制系统包含三大模块：电源模块、主控制器模块、协处理器模块。

1) 电源模块设计

电源模块在整个控制系统中的作用非常重要，它直接决定整个系统的可靠性。在整个控制系统中，CPU 板、接插件板、协处理板、电动机驱动器、数传及视频无线台等的供电都来自锂电池＋40V 直流电压输入，经稳压递减得到 24V、12V、5V、3.3V 等所需电压。在第一级稳压电路输入插座后增加了 1 个稳压管进行过压保护，1 个瞬态抑制二极管用以防止外部电源串扰。24V 电压一路供机械臂驱动器、底盘驱动器、云台驱动器等需要 24 V 的电路，另一路经 DC-DC 稳压模块转换为 12V 电压。12V 电压一路供传感器接口电路、视频接口电路、视频无线台、数传无线台等电路，另一路经 DC-DC 稳压模块转换输出 5V 电压供需要的芯片。主控制器与协处理器绝大部分的芯片需要 3.3V 电压，该电压由相关 DC-DC 稳压模块转换获得。

由于电源系统是采用递减稳压，前级工作时产生的干扰信号很有可能通过电源对下级产生干扰。为保证各级电源可靠工作，必须强化各级的前后滤波，使干扰降到最小。特别是 3.3V 电压，它是提供 CPU、AD、DA 等重要芯片工作电压的电源，稍有波动会对控制精度造成很大影响，因此采用多个 0.01μF、0.1μF、10μF 等电容并接在输入与输出端，用以旁

路不同频段的干扰信号。各级电压通过高可靠接插件向主控制器、协处理器等提供所需电压。

2）主控制器模块设计

主控制器控制芯片采用PHILIPS公司生产的LPC2378芯片，它是一款基于ARM架构的微处理器，内含10/100Ethernet MAC、USB2.0全速接口、4个UART、2路CAN通道、1个SPI接口、2个同步串行端口（SSP）、3个I^2C接口等。片内高达512KB的Flash程序存储器，具有在系统编程（ISP）和在应用程序编程（IAP）功能；先进的向量中断控制器，支持32个向量中断；多达70个（LPC2368）或104个（LPC2378）的通用I/O引脚；10位A/D、D/A转换器等功能。芯片的这些硬件配置完全能满足主控制器的设计要求。

主控制器由LPC2378微处理器最小系统及其周围的电源、以太网、SD卡、视频、CAN总线、UART等电路组成，是整个系统的核心，也是系统中最复杂的电路板。主控制器通过外部总线与协处理器等进行通信，需要用到LPC2378微处理器信号线：16根数据线、16根地址线、读、写、片选、中断等。由于信号从主控制器板到协处理器板需要通过接插件连通，为提高信号质量和驱动能力，本研究在系统中使用了两片74LVC16245芯片对各信号进行缓冲、整形。所有跟主控制器相关的芯片设计成一组模块，集成在一块6层PCB板上，通过接插件与协处理器PCB板连接。

3）协处理器模块设计

协处理器控制芯片采用LPC2368，包括A/D、I/O、D/A、PWM等输入输出功能，可用于控制各类机器人常用传感器与执行器，如测距传感器、力敏传感器、伺服电动机、编码器等。LPC2368内含10位A/D、D/A转换器，在使用采集功能时，需要向微处理器提供外部参考基准电压，该系统中将外部SV电源经滤波处理后，作为参考电压的基准。

CPLD（EPM570T100C5）是协处理器的另一重要器件，主要用于实现机械臂各关节位姿状态的转换与计算功能，它与主控制器LPC2378微处理器之间通过并行接口进行通信，将LPC2378的地址总线、数据总线和控制总线连接到CPLD的相应引脚上，通过CPLD内部逻辑，利用宏单元在CPLD内部构造出相应的寄存器。主控制器就可以通过读写这些寄存器来完成对CPLD的控制（共256个16位的访问地址），实现机械臂各关节位姿的调整。

（3）排爆机器人机械臂控制系统软件设计

LPC2378微处理器是整个系统的核心，通过使用操作系统控制微处理器的底层硬件，可以较好地解决机械臂运行过程中的实时性问题，综观目前主流的嵌入式操作系统，μCOS-Ⅱ操作系统比较适合用于这一场合。构建一个适用于LPC23 XX系列CPU的μCOS-Ⅱ系统需完成以下几步：①编写或获取启动代码；②挂接SWI软件中断；③中断及时钟节拍中断；④编写应用程序。对于本系统而言，工作的重点在于挂接SWI软件中断、中断及时钟节拍中断、编写应用程序。

1）挂接SWI软件中断

将软中断异常处理程序挂接到内核是通过修改启动代码中的异常向量表实现，代码如下所示：

```
Reset
    LDR  PC,ResetAddr
    LDR  PC,UndefinedAddr
    LDR  SWI_Addr
    LDR  PC,PrefetchAddr
    LDR  PC,DataAbortAddr
    DCD  0xb9205f80
    LDR  PC,[PC,# -0ff0]
    LDR  PC,FIQ_Addr
ResetAddr       DCD       ResetInit
```

```
UndefinedAddr DCD      Undefined
SWI_Addr      DCD      SoftwareInterrupt
PrefetchAddr  DCD      PrefetchAbort
DataAbortAddr DCD      DataAbort
Nouse         DCD      0
IRQ_Addr      DCD      IRQ_Handler
FIQ_Addr      DCD      FIQ_Handler
```

2）中断及时钟节拍中断

这一步需要做以下两个方面的工作：

① 增加汇编接口的支持。

方法是在文件中 IRQ.S 适当位置添加如下所示的代码，其中 xxx 替换为自己需要的字符串。这样，汇编接口就完成了。

xxx _ Handler　HANDLER　xxx _ Exception

② 初始化向量中断控制器。

VICVectAddrX=（uint32）xxx _ Handler;

VICVectCntlX=（0x20 I Y）;

VICIntEnable=1<<Y;

3）编写应用程序

移植 μCOS-Ⅱ是为了在自己的系统使用 μCOS-Ⅱ。要在自己的系统中使用 μCOS-Ⅱ编写自己的应用程序就必须遵守 μCOS-II 的编程规范，主要包括主函数和用户任务。

依据以上分析，将机械臂控制系统的应用程序编写为模块形式，其任务流程图如图 3-68 所示。

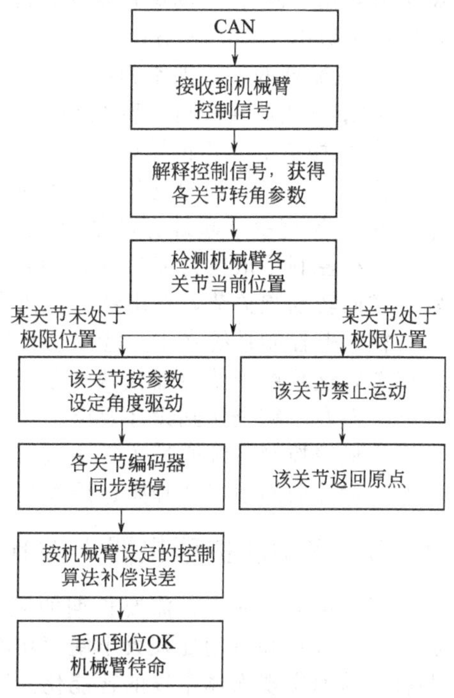

图 3-68　机械臂控制系统任务流程图

4）主控制器与协处理器通信

由图 3-67 可知，主控制器与协处理器通过 CAN 总线连接，考虑到使用的便利性与将来的可扩展性，采用 CAN2.0B 的协议，自定义的协议如表 3-10 所示，经过实测，该协议可以较好地满足机械臂各关节信息传输的需求。

表 3-10　主控制器与协处理器 CAN 通信协议表

手臂关节	ID	第 0 字节	第 1 字节	第 2 字节	第 3 字节	第 4 字节	第 5 字节
关节 7(肩旋转)	0×7	角度值	M	+/−	速度值	0×04	CR8 检验值
关节 1(肩旋转)	0×1	角度值	M	+/−	速度值	0×04	CR8 检验值
关节 2(肩旋转)	0×2	角度值	M	+/−	速度值	0×04	CR8 检验值
关节 3(肩旋转)	0×3	角度值	M	+/−	速度值	0×04	CR8 检验值
关节 4(肩旋转)	0×4	角度值	M	+/−	速度值	0×04	CR8 检验值
关节 5(肩旋转)	0×5	角度值	M	+/−	速度值	0×04	CR8 检验值
关节 6(肩旋转)	0×6	角度值	M	+/−	速度值	0×04	CR8 检验值

（4）排爆机器人机械臂控制系统仿真测试

排爆机器人完成整个系统设计装配调试工作后，首先对机械臂控制系统进行以下仿真测试工作：

① 机器人运行，机械臂收拢状态测试。输入肩关节、大臂关节转角 0°，肘关节转角 15°，腕关节转角－30°；启动运行程序，机械臂收拢。测得机械臂安装中心与手爪中心的间距为 779.58mm，视频显示数据 768.32 mm，相对误差 1.4%；机械臂质心与安装中心重合，符合机器人运行时要求。

② 最佳排爆距离测试。输入肩关节转角 0°，大臂关节转角 120°肘关节转角－15°，腕关节转角－40°；启动运行程序，测得机械臂安装中心与手爪中心的间距为 1492.65mm，视频显示数据 1482.92mm，相对误差 0.65%。

③ 最大机械臂长度测试。输入肩关节转角 0°，大臂关节转角 150°，肘关节转角－30°，腕关节转角－35°；启动运行程序，测得机械臂安装中心与手爪中心的间距为 1626.85 mm，视频显示数据 1618.23mm，相对误差 0.53%。

④ 机械臂的手爪抓举力测试。将长×宽×高为 200mm×200 mm×200 mm 正方体，重 16kg 的重物块放在离机械臂 0.8m 处，通过远程操控抓举成功，其大于设计重量。

⑤ 机械臂的手爪前端剪断导线功能测试。将几根 2.5mm^2 单股与多股铜芯电线放在离机械臂 0.8 m 处，通过远程操控手爪前端，成功剪断所放电线，能用于切断引爆器电源。

⑥ 机械臂手爪起螺钉功能测试。将螺钉固定的钢结构小架子放在离机械臂 0.8m 处，通过远程控制手爪夹持专用螺丝刀；调整各关节，使螺丝刀刀刃垂直螺钉凹槽面对中稍压紧，逆向转动腕关节，拧出螺钉。仿真难度较大，用时较长，有待进一步设计与改进。

机械臂控制系统在①～③项仿真测试中，视频数显与实测数据存在 0.53%～1.4%的相对误差，这是由于传感器模块非线性误差引起的。通过协处理器线性化处理后，误差降至 0.45%左右，完全达到设计要求。

机械臂控制系统通过仿真测试，进一步论证机械臂控制系统已具备排爆机器人远程定位控制、拆除剪断引爆器和搬运爆炸物的功能，完全达到设计目标。

3.2.9 多功能护理机器人控制系统

长期卧床的病人，需要长期的照料，多功能护理机器人能实现平躺、抬背、抬腿、屈腿、左右翻身和自动处理大小便等功能，且可在使用者认为舒适的角度范围内进行实时体位调整，从而实现人体康复的智能化。同时，护理机器人也可以作为轮椅使用，患者或护理人员操作它作为运动工具。

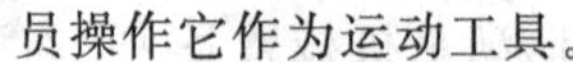

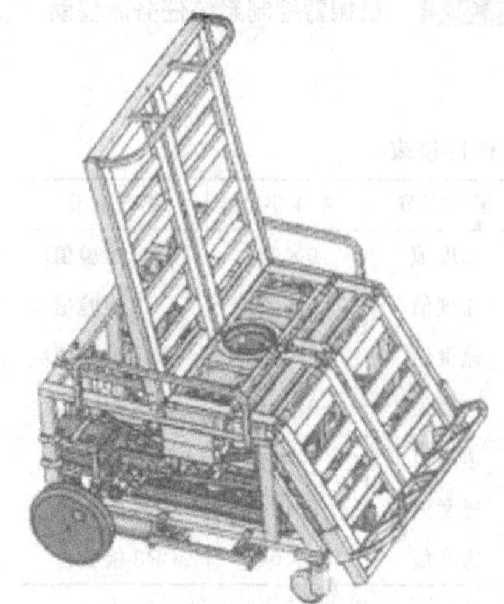

图 3-69 多功能护理机器人的结构示意图

(1) 多功能护理机器人的基本结构及其功能

1) 多功能护理机器人的基本结构

多功能服务机器人由支撑框架、抬背机构、抬腿机构（大小腿）、左右侧翻身机构、脚踏板升降机构、尿便处理装置、控制模块、动力模块等组成，如图 3-69 所示。抬背机构、抬腿机构（大小腿）通过电动推杆与动力模块连接，左右侧翻身机构通过升降机构与动力模块连接，脚踏板升降机构通过丝杆与动力模块连接。

2) 多功能护理机器人的功能

服务机器人的服务对象是长期卧床、瘫痪及下肢行动不便的患者。患者可以通过按键来控制多功能服务机器人，帮助自己实现抬背、抬腿（大、小腿）、左右翻身、脚踏板升降等动作。通过红外传感器、尿液传感器检测接便体中是否有大、小便，如果检测到大、小便，则对大小进行冲洗，然后对人身进行清洗，目的是防止患者臀部生痔疮，最后对人体私部、腿部进行吹干（夏天用冷风吹干，冬天用暖风吹干）。由于智能地解决了患者解大小便的问题，这样提高了患者的自理能力；护理机器人改变患者的体位，目的是帮助患者的肌体康复。

（2）多功能护理机器人控制系统设计

本控制系统分为硬件部分和软件部分。硬件部分主要包括功能载体驱动模块、电源管理模块、人机交互模块等。通过人机交互模块，服务机器人识别出使用者的输入信号，并将其传递给主控制器，主控制器根据输入信号，控制相应的机构执行相应的功能，从而实现各种体位的要求。软件部分的核心是各个机构的协调控制。

1）控制系统主要硬件设计

① 主控制器的选择　主控制器选用 ATMEL 公司的 8 位 AVR 单片机 ATmega128，它是一款 RISC 结构的高性能处理器，它工作于 16 MHz 时性能高达 16 MIPS，具有 128KB FLASH、4KB RAM、I^2C、SPI、DART 通信接口，7 路 PWM 输出口以及 53 个可编程 I/O 口。同时，片内的可编程看门狗定时器，提高了系统的抗干扰能力，完全能适合本机器人的应用。

② 功能载体驱动模块　多功能护理机器人的抬背、抬腿（大小腿）、左右侧翻身等功能，是通过直流电动机来带动，通过估算，直流电动机的功率要求在 100W 左右，再结合水泵、气泵的额定电压，选用额定电压为 24V，电流为 4A 的电动机。为了实现电动机的正转、反转和调速控制，选用集成电路 H 桥芯片 BTS7960121，其控制端口为单片机 ATmega128 的可产生 PWM 波的端口。BTS7960 是一款大功率半桥电动机驱动芯片，两片 BTS7960 即可组成全桥（如图 3-70 所示），实现电动机的正反转和调速控制。BTS7960 内部包含一个 P 沟道 MOSFET、一个 N 沟道 MOSFET、一个驱动 IC，具有逻辑电平输入，电流检测，死区时间产生和过热、过压、过流、短路保护功能。另外，BTS7960 通态电阻为 16mΩ，驱动电流可达 43A，完全能够满足本系统的应用需求。

对接便体进行冲洗和对人体进行清洗通过水泵来供水，对人体私部、腿部进行吹干，通过气泵来供气，水泵、气泵都选用参数为：额定电压为 24V，电流为 4A。由于通过气泵、水泵的电流很大，采用继电器对它们进行控制（如图 3-71 所示），控制端口分别为 ATmega128 单片机的 PAO、PAI 口。

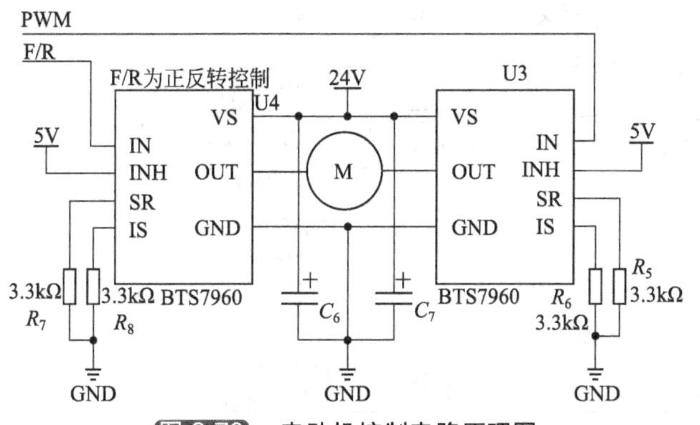

图 3-70　电动机控制电路原理图

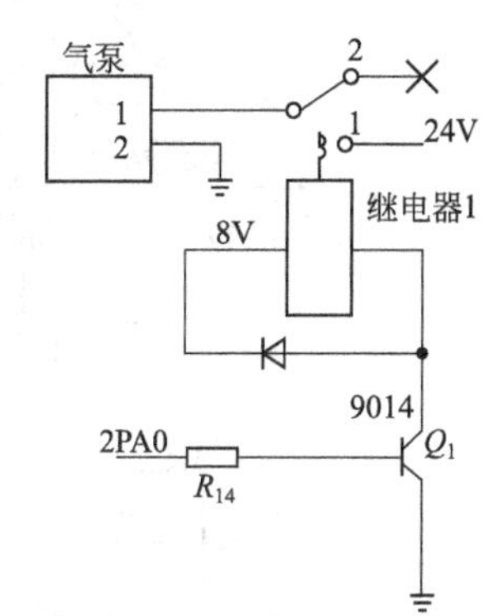

图 3-71　水泵、气泵控制电路原理图

③ 电源管理模块　本控制系统选用 2 个 12V 的蓄电池作为电源。由于电动机、水泵和气泵的额定电压为 24V，故通过串联 2 个蓄电池为它们提供电源。控制水泵、气泵通断的继电器的工作电压为 8V，这里采用芯片 LM2596T-ADJ 将 12V 电压降为 8V。电路板和可调速电动机驱动芯片 BTS7960 的工作电压为 5V，这里采用芯片 7805 将 8V 电压降为 5V。图 3-72 是电源管理模块电路图。

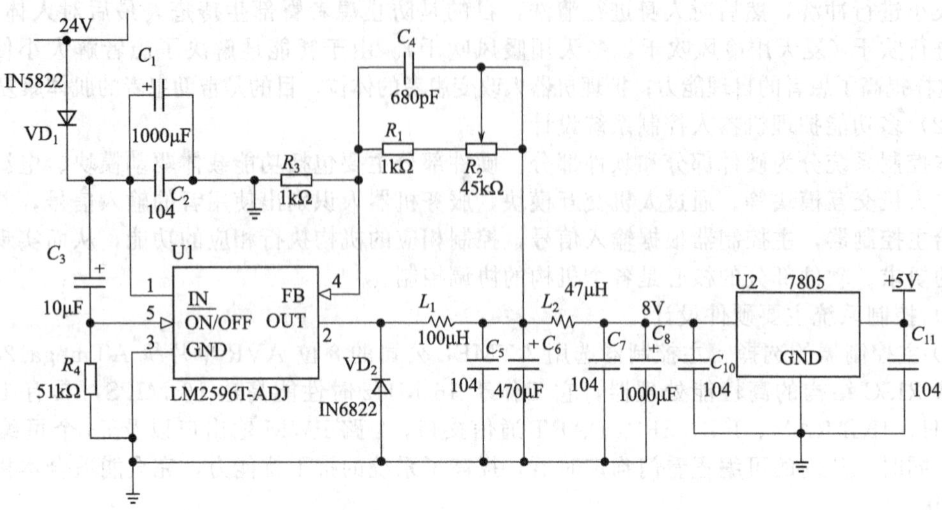

图 3-72 电源管理电路原理图

④ 人机交互模块 由于本系统需要控制抬背、抬腿、右翻身、左翻身、脚踏板升降、座便体升降、座便体冲洗等功能，需要比较多的按键，故采用矩阵键盘，键盘的扫描和管理采用芯片 ZLG7290。它采用 I^2C 总线方式，与 ATmega128 的接口仅需两根信号线，这样节省了 I/O 口。

为了让护理机器人更加人性化，本系统设计了语音提示，选用语音芯片 ISD4004，该芯片音质好，可以自动录音、放音，时间长达 8min，其电路原理图如图 3-73 所示。

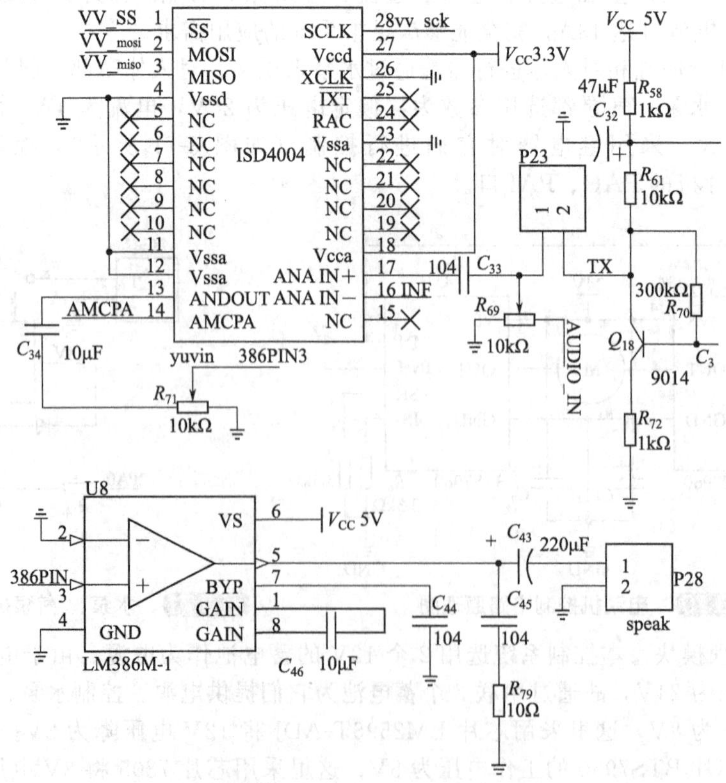

图 3-73 ISD4004 电路原理图

2）控制系统软件设计

本系统的程序由主程序（如图 3-74 所示）、自检程序、键盘扫描程序、大小便检测程序和各个功能程序等组成，主程序的作用是协调控制各个机构的运动，这是程序的核心。键盘扫描程序主要作用是判断哪个键按下了，需要调用哪个功能程序。

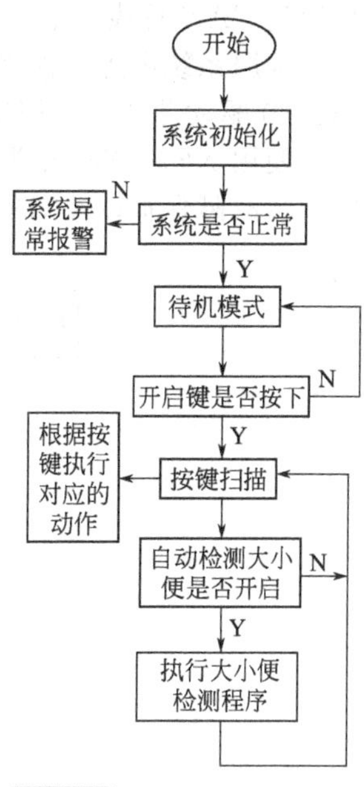

图 3-74　主程序流程图

由于护理机器人抬背、抬腿、左右侧翻身、脚踏板升降、座便体升降等功能是靠电动机来带动相应机构实现的，且动作都比较复杂，故电动机控制是程序设计中的关键部分。为了确保稳定性，编写了独立的电动机驱动程序，在需要的地方进行调用。采用模块化的设计思想，把抬背、抬腿、左右侧翻身、脚踏板升降等功能的程序也编写成独立的子程序，在主程序调用，其中，每个独立的子程序一方面要实时接收控制器的指令，另一方面要保证相应的机构准确到位地完成相应的动作。

以 PE3 口为例，编写产生 PWM 波的程序：

```
SET（DDRE，3）；//将端口设置为输出口
TCCR3A＝0X88；//方式 8 设置
TCCR3B＝0X11；//定时器 T3 选择一分频
ICR3＝8000；//产生频率为 1kHz 的 PWM 波
OCR3A＝6000；//占空比为 75％，可修改
```

（3）结论

在实验室的环境下，对服务机器人进行性能测试，测试结果见表 3-11。

表 3-11　体位调整指标

指标项	具体数值	指标项	具体数值
左翻身角度	0～45°	大腿板翻转角度	0～35°
右翻身角度	0～45°	小腿板翻转角度	－61°～35°
抬背角度	0～80°	腿部康复功能中小腿板翻转角度	－20°～35°

从表 3-11 的结果来看，服务机器人的体位调整指标基本能达到预期的要求，满足了患者对多种体位的要求，验证了本系统控制方案的可行性和可靠性。

3.2.10　巡检机器人无刷直流电动机伺服系统

由于输电线路具有架设距离长、所经地形复杂等特点，许多安全隐患人工检测往往难以发现，因此利用机器人实现高压输电线路的自动巡检具备极高的实用价值与发展前景。

机器人在巡检过程中需要翻越防振锤、绝缘子、耐张塔等各种障碍物。越障动作的多样性与复杂性对巡检机器人的运动控制系统提出了较高的要求。基于巡检机器人的工作特点，设计了一套采用转速、电流和位置三闭环控制结构的无刷直流电动机伺服系统，并详细介绍了该伺服系统的硬件组成以及软件设计。

（1）系统的总体结构

高压线巡检机器人控制系统主要由两部分构成：以工控机 PC104 为核心的主控制系统和以 XE167FM 实时信号处理器为核心的伺服控制系统。主控制系统要完成与地面控制台之间的数据交互，接收和分析机器人运行过程中通过传感器得到的各种外界环境参数，然后根据预先给定的控制策略向机器人发出一系列的指令，其中与各关节伺服电动机运行相关的指

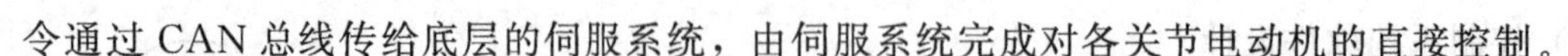

令通过 CAN 总线传给底层的伺服系统，由伺服系统完成对各关节电动机的直接控制。

伺服系统由主电路和控制电路两部分组成，其结构如图 3-75 所示。系统的主回路由 IR2130 驱动芯片，三相逆变桥、霍尔位置信号检测电路、数字测速电路等模块组成。控制电路使用 XE167FM 作为数字控制器，它包含 PWM 生成、霍尔信号捕捉、增量接口、A/D 转换、故障保护以及 CAN 通信等模块。

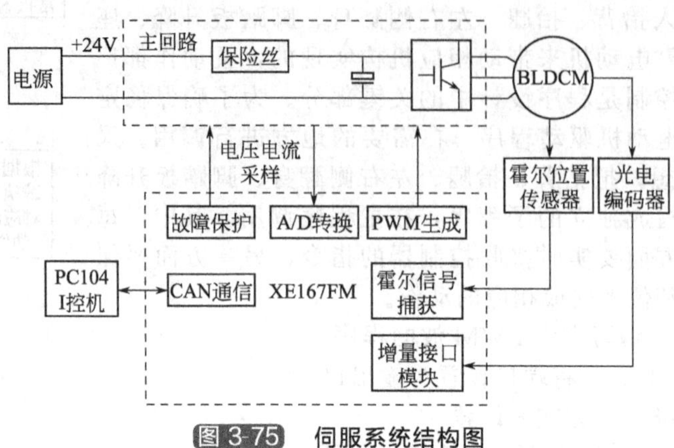

图 3-75　伺服系统结构图

（2）系统的硬件设计

1）驱动电路

系统主回路采用典型的三相全控电路，开关器件为 N 沟道 MOSFET，驱动器采用国际整流器公司的 IR2130 专用芯片，功率驱动电路结构如图 3-76 所示。IR2130 能输出 6 路驱动信号，由于它内部设有自举式悬浮电路，因此只用一路电源，便能同时驱动三相桥低压侧与高压侧的功率器件。它具有完善的保护功能，内部设有过电流、过电压和欠电压保护模块，并具备硬件封锁和故障指示环节，这些功能大大简化了用户故障保护电路的设计。使用

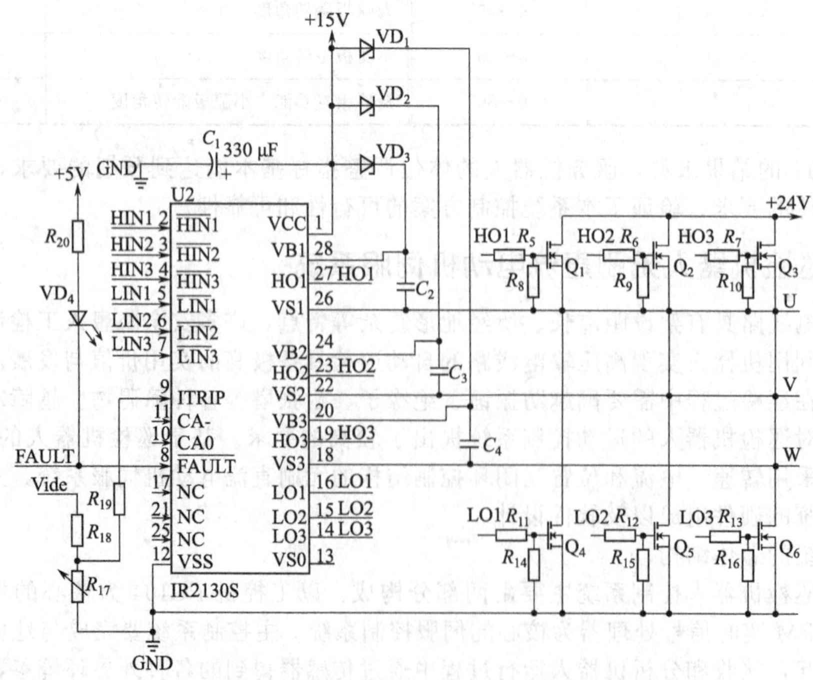

图 3-76　无刷直流电动机驱动电路图

电流传感器对直流母线电流进行采样，传感器的输出电压与电流成正比，将它经过分压后送入 IR2130 的过电流检测引脚 ITRIP，如果主回路发生过电流或直通，ITRIP 引脚的输入信号将高于 0.5V，芯片内部的比较器迅速翻转，使故障逻辑处理单元输出低电平，封锁 3 个输入脉冲处理器的输入，IR2130 输出全为低电平。工作电源 V_{CC} 欠电压时的保护过程与过电流相似，内部欠压保护电路同样会使芯片输出全为低电平。过电流或者欠电压故障发生之后，会使 IR2130 的 FAULT 引脚的电平由高变低，通过 XEl67FM 控制器检测 FAULT 引脚输出电平的高低便能获取主回路的工作状态。

2) 电流检测

使用 LEM 公司的霍尔电流传感器 CASR 对三相电流与直流母线电流进行检测。它利用电磁感应原理测量电流，具有功耗低、精度高、温漂系数小、抗噪声能力强、测量频带宽、电气隔离、可选择量程等优点。选择 6 A 作为 CASR 的原边标称电流值，它的输出信号为与采样电流呈线性关系的电压值，将该电压信号送入 XEl67FM 的 A/D 转换模块，经过换算，便得到相应的电流值。接在直流母线上的电流传感器的输出信号同时还需经过分压后送入 IR2130 的过电流检测引脚 ITRAP，以实现直流母线的过流保护。

3）转速与位置检测

电动机的转速检测信号由 3 通道增量式光电编码器给出。为了提高信号的抗干扰与长距离传输能力，通过线驱动 HEDL-9140 对编码器的 A、B、I3 路输出信号进行差分处理与放大，处理后的信号变为互补的差分信号，传输后送入控制电路中的差分输入接收器 26LS32 便可还原成原来的脉冲信号。A、B2 路信号通过 XE167FM 内置的增量接口单元进行转向判断，并经过 4 倍频后送入定时器计数。采用 M/T 法测速，为了保证高频计数器与光电编码器输出脉冲计数器同步计数，需要捕捉转速信号的上升沿，因此 A 相输出脉冲同时还需与 XE167FM 的捕获引脚相连。

无刷直流电动机转子的位置由安装在电动机内部的 3 个霍尔位置传感器给出，每个位置传感器根据转子永磁体所在的位置而输出高低电平 2 种信号，3 个传感器在空间上互相间隔 120°，转子每转过 60°（电角度），传感器位置信号的组合就会产生一次跳变。将 3 路位置信号分别送到 XE167FM 的捕获比较单元 CCU6 的 CC6POS0，CC6POS1 和 CC6POS2 引脚，控制器便能捕获到位置信号的每一次跳变，从而得到转子的当前位置。

(3) 系统的软件设计

伺服系统的控制程序由主程序、换相子程序、位置控制子程序、测速子程序、A/D 转换子程序、CAN 通信子程序和故障处理子程序等组成。控制软件主程序流程图如图 3-77 所示，主程序要完成对 XE167FM 各模块的初始化，IR2130 自举电容的充电、无刷直流电动机初始位置的检测以及启动。

位置控制子程序通过获得的光电码盘累计发出脉冲数来判断电动机的当前位置，将该脉冲数与实际要求电动机运行的脉冲数作比较，便能实现对系统位置环的控制。测速子程序采用 M/T 法完成对电动机的速度检测，以实现系统的转速闭环。A/D 转换子程序完成对直流母线电压和电流、电动机相电流的采样，检测到的相电流值将用于系统对电流环的控制。

故障处理子程序通过分析检测到的直流母线电压和电流值、IR2130 驱动芯片 FAULT 引脚电平等参数来判断电动机的运行状态，如果某一被监测的参数发生异常状况，则执行软件强制中断保护，封闭 XE167FM 中 CCU6 模块的 PWM 输出，从而关断逆变电路中的所有开关器件，使电动机停转，直到故障被排除，才允许电动机继续运行。无刷直流电动机的换相由换相中断子程序完成，程序流程图如图 3-78 所示。当电动机转动到某个位置时，由霍尔位置传感器采样到的霍尔序列表示当前位置，当霍尔序列发生跳变时，PWM 中断被触发，如果检测到的霍尔序列与期望霍尔序列相符合，根据正反转的要求，输出新的调制序列，完成一次换相。如果检测到错误的霍尔序列，则产生错误的霍尔事件。在这种情况下，需要重新对电动机的磁极位置进行检测，让电动机回到正常的运行状态。

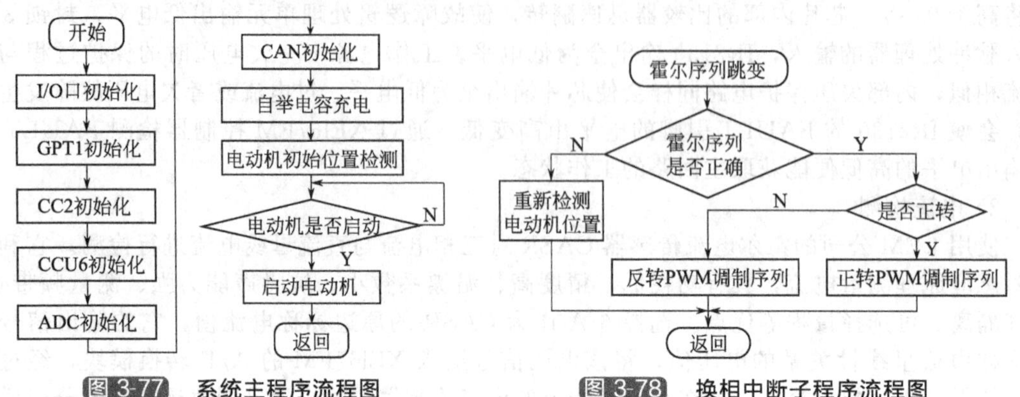

图 3-77 系统主程序流程图　　图 3-78 换相中断子程序流程图

（4）实验结果及结论

实验所用的无刷直流电动机型号为 Max-on 公司的 EC-msx 30，其额定电压 24V，额定功率 60W。图 3-79 是给定转速为 3 000 r/min 时系统的速度响应曲线，突加给定后，电动机的启动时间约为 0.18s，转速超调小于 5%。图 3-80 是位置运行模式下，系统的位置及速度响应曲线，从图 3-80 中可以看出，当给系统施加给定位置后，电动机转速迅速上升到某一指定值，然后以该值恒速运行，光电码盘发出脉冲数均匀增加，当累计脉冲数即将到达给定值时，电动机开始减速，到达给定位置时，转速迅速下降至零，由于电动机到达给定位置后转速不能立即降为零，因此系统存在定位误差，根据实验测定，其大小在 10 个脉冲以内。

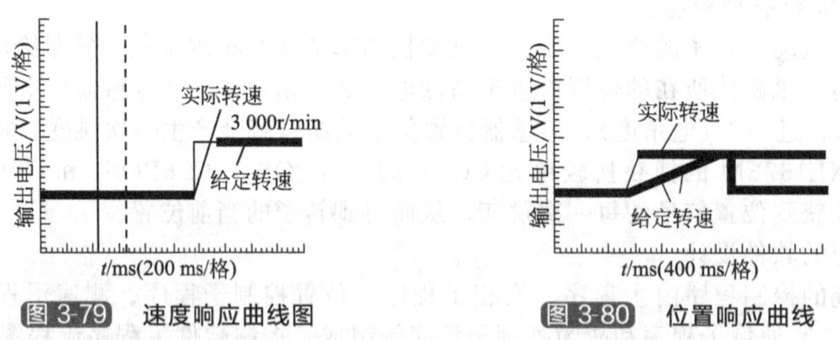

图 3-79 速度响应曲线图　　图 3-80 位置响应曲线

巡检机器人无刷直流电动机伺服系统结构合理，驱动与控制电路简单可靠，采用位置、转速、电流三闭环结构，此结构能够满足巡检机器人在各种复杂的越障情况下对电动机运行的要求。XE167FM 实时信号处理器具有强大的指令吞吐能力与数值计算能力，片上所集成的丰富的外设资源，方便了用户系统外围硬件电路的设计，以它为控制器的伺服系统响应快、精度高，非常适合用于巡检机器人对实时性与精确性要求非常高的对象上。

3.2.11 轮式机器人用无刷直流电动机控制系统

轮式机器人是一个集环境感知、动态决策与规划、行为控制与执行等多种功能于一体的综合系统，一般由机械本体、控制器、传感系统和输入输出系统接口组成。轮式机器人控制器是根据指令及传感系统返回的信号控制轮式机器人完成一定动作或作业任务的装置，它是轮式机器人的核心部分，是决定其性能优劣的关键部分之一。随着轮式机器人控制技术的发展，轮式机器人控制器也发生了巨大的变化。从整体结构来说，控制器由体积庞大的电子器件搭建的控制系统发展到专用集成电路构成的微型控制系统；从控制方式来说，模拟控制方式也已逐渐让位于以微控制器（或微处理器、DSP 处理器）为核心的控制方式，并向着全数字控制方向快速发展。由于无刷直流电动机具有体积小、重量轻、维护方便、高效节能、易于控制等一系列的优点，常被应用在轮式机器人领域。

在此针对轮式移动机器人的功能要求，设计了以 dsPIC30F4012 为控制核心的无刷直流电动机控制系统。

（1）系统硬件设计

1）整体设计及工作原理

轮式机器人采用 3 轮结构；前轮为万向轮，起支撑作用；后两轮用两个无刷直流电动机独立驱动，转弯灵活，控制简单，如图 3-81 所示。无刷直流电动机为三相二对极，带 3 路霍尔信号，额定电压为 24V，峰值功率为 210W，减速器为 14∶1，采用 PWM 方式驱动。

图 3-81　轮式机器人车体模型

控制上电后，DSP 通过 CAN 总线接收上位机发送的指令报文，并定时回传电动机的运行状态到上位机，上位机根据一定的控制算法产生当前霍尔位置信号下的各路驱动逻辑信号，经驱动放大后，对功率变换电路进行控制，进而实现对无刷直流电动机转速的调节，同时使得左右两轮的运动相互协调实现相应的运动。

图 3-82 是整体设计总体框架，它显示了硬件电路各部分以及与外设之间的关系。24V 的蓄电池为整个系统供电，在整个系统中 DSP 模块需 5V 供电，驱动电路模块需 15V 供电，功率逆变电路需要的供电电压为 24V，所以就需要电源电路模块将蓄电池提供的 24V 的电压转换为 5V 和 15V，分别给 DSP 驱动电路和功率变换电路供电。上位机相当于整个系统的大脑，它接收 DSP 通过 CAN 总线发给它的信息，并对这些指令进行逻辑处理，来调整电动机的转速，协调左右轮的运动。DSP 根据所接收到的上位机指令对电动机的换相进行控制，向驱动电路发送 PWM 脉冲调制信号。驱动电路将 DSP 发送的调制信号进行功率放大，向各个开关管送去能使其饱和导通与关断的驱动信号。驱动电路和功率变换电路组成了无刷直流电动机的开关电路。驱动电路和功率变换电路是 DSP 与被控电动机之间联系的纽带，逆变电路的功能是将电源的功率以一定逻辑关系分配给无刷直流电动机定子的各相绕组，使电动机能够实现连续的运转。

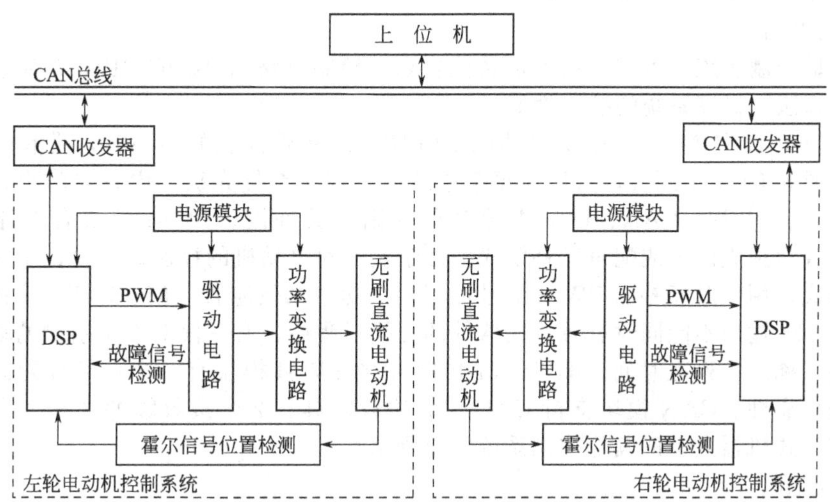

图 3-82　轮式机器人控制系统组成结构图

2）功率变换电路

功率变换电路和驱动电路是主控芯片与被控电动机之间联系的纽带，其传输性能的好坏直接影响着整个系统的运行质量。本系统采用三相全桥逆变电路，如图 3-83 所示。由于 MOSFET 具有开关速度快、高频特性好、输入阻抗高、驱动功率小、热稳定性好、安全工作区宽和跨导线性度高等显著优点，因而在各类中小功率开关电路中得到了广泛的应用。

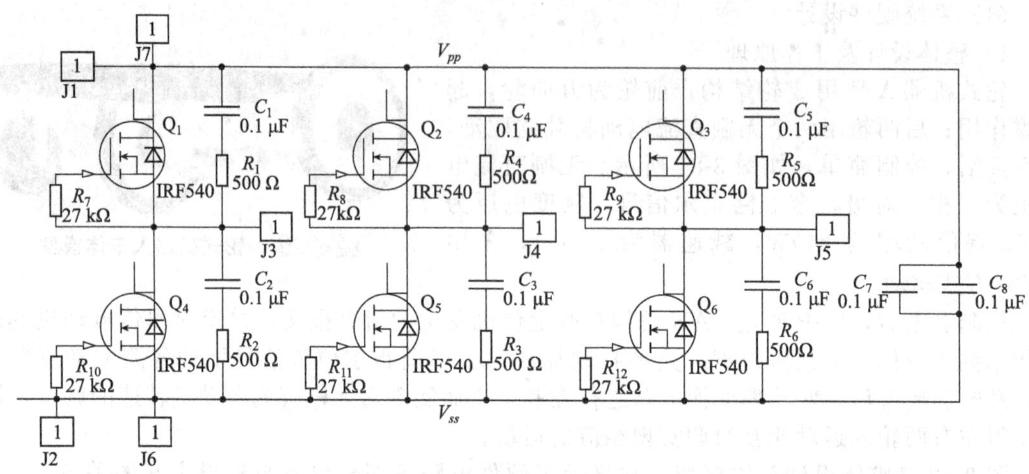

图 3-83 功率变换电路结构图

根据本系统的性能要求选用了型号为 IRF540 的 MOSFET，6 个 MOSFETQ_1～Q_6 组成三相全桥逆变电路，3 个桥臂的中点 J3、J4、J5 分别接电动机的 A、B、C 三相绕组。电容 C_7 和 C_8 为母线的滤波电容。每个半桥组成相同，以第 1 路的上桥臂为例，R_7 为 Q_1 的栅极防静电电阻，R 和 C，构成 Q_1 的缓冲吸收电路。MOSFET 的栅源极之间相当于一个大电容，静电荷累积后易产生高压，造成静电击穿，R_7 用来泄放栅极的静电荷。在功率管开通和关断时会出现较大的电压上升 dv/dt 和电流上升率，di/dt，对其他器件产生干扰，甚至造成误触发。因此多采用缓冲吸收电路对尖峰电压和电流进行吸收，在中小功率场合多采用 RC 缓冲吸收电路。吸收的这部分功率消耗在了电阻和电容上，从而提高了开关器件承受过载和短路的能力，改善了设备的电磁兼容性。

3）控制电路

为了满足控制系统高可靠性和可扩展性要求，控制电路以 dsPIC30F4012 为核心，它可以执行复杂算法，提高系统的控制性能。

dsPIC30F4012 是 Microchip 的电动机专用型 DSP 中性能较好的一款，带有多达 8 个不可屏蔽陷阱源和 54 个中断源，可以为每个中断源分配 7 个优先级，内置看门狗，片上集成 ADS、TMER、PWM、CAN、UART 等多种控制相关外设。PWM 模块有 6 路 PWM 输出，且可配置为独立模式或配对互补模式，便于实现对电动机的控制。本设计中设置为配对互补输出模式，用 3 对互补的 PWM 信号控制 6 个功率场效应管（MOSFET）。在互补模式中，一对 PWM 输出不能同时有效，在器件的切换过程中，有一段对 2 个引脚的输出均无效的短暂时间，称之为死区时间。dsPIC30F4012 中的 PWM 模块有一个可编程死区时间，确保了系统的可靠性。CAN 模块支持 CAN2 0B 协议，具有 2 个接收缓冲区和 3 个发送缓冲区，便于与轮式机器人上的其他控制系统组成网络。

4）驱动电路

功率元件驱动电路的特性在 PWM 控制系统中占有很重要的地位。在全桥电路中主电路有 6 个功率开关器件（此处为 MOSFET），若每个开关器件都用一个单独的驱动电路驱动，则需要 6 个驱动电路，还要配 4 个独立的直流电源为其供电，这会使得系统硬件结构复杂，可靠性下降，此处采用美国国际整流公司生产的专用驱动芯片 IR2130 其内部结构框图如图 3-84 所示。

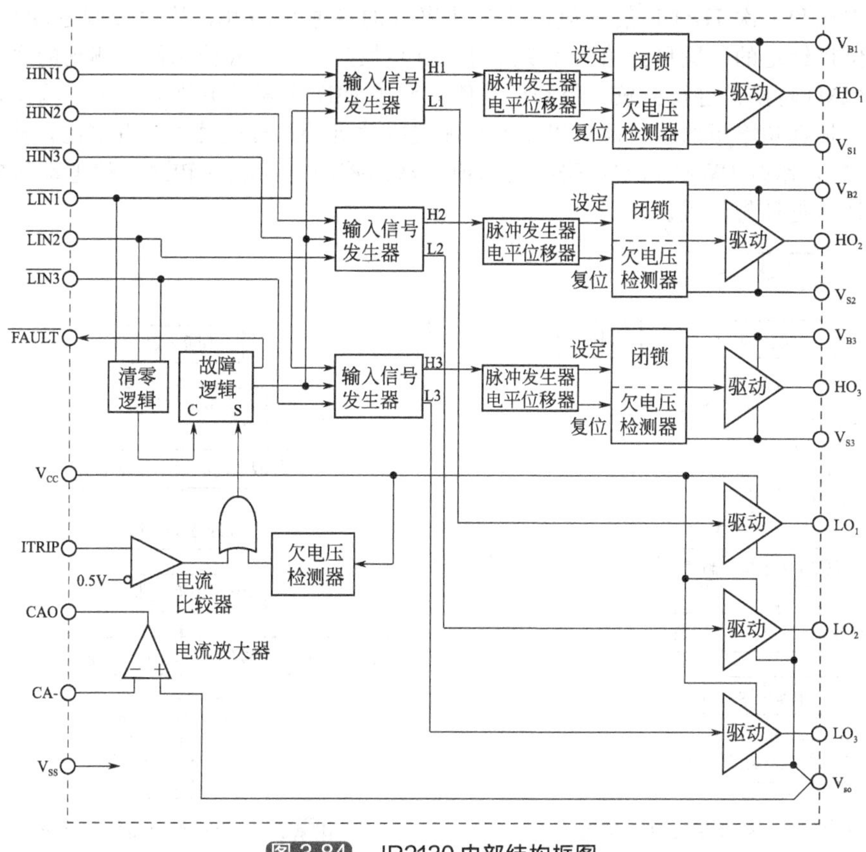

图 3-84　IR2130 内部结构框图

它是三相逆变器专用驱动芯片，只需一个供电电源即可驱动三相桥式逆变电路的 6 个功率管。芯片的工作电压为 10～20V，可用于驱动母线电压≤300V 的功率器件，最大可输出的正向峰值驱动电流为 250mA，反向峰值驱动电流为 500mA。它可对同一桥臂上、下两个功率器件的栅极驱动信号产生 2μs 的互锁延时，即死区时间，使得系统的可靠性提高。

IR2130 具有多种保护功能，内部设有过电流、过电压、欠电压、逻辑识别保护以及封锁和指示环节。发生故障时封锁 PWM 输入信号，使 IR2130 的输出全为低电平，保证 6 个功率管全部关断；同时，故障指示引脚输出低电平信号，可用于反馈给控制器报警。当工作电源欠电压时，同样封锁 6 路输出为低电平，故障输出引脚置为低电平。当检测到高压侧某路自举电源欠压时，封锁该路输出。IR2130 的另一重要保护功能是逻辑保护，即当同一桥臂上、下功率开关器件对应的输入信号都为低电平时，封锁这两路栅极驱动信号，防止直通现象的发生。

(2) 系统软件设计

1) 控制软件

控制系统的软件由主程序及若干中断服务子程序组成。

系统主程序流程图如图 3-85 所示，系统自检通过后进行外设初始化和数据初始化，对接收到的上位机 CAN 总线指令报文进行解包，并根据解包结果更新指令，切换控制系统的工作状态，同时系统采集相应的信号值计算电动机的转速，并将电动机状态信息进行打包，放进待发缓冲区。

PWM 中断服务程序的流程图如图 3-86 所示，在 PWM 中断服务程序中主要完成的任务是控制电动机的转速和换相。在本程序中首先读取 DSP 的端口 B 的值，得到相应的霍尔信号，根据本次和上次 HALL 信号值，控制功率管的导通与断开，从而控制电动机的换相；其次将上位机给定的位置目标值（需要经过 AD 转换）与角位移传感器检测到的实际位置值（需要经过 AD 转换）进行比较，得到误差值，调用 PID 计算子函数计算控制输出，经过占空比限幅（根据功率板的承载能力以及实验测定电动机最大转速时对应占空比，从而限定占空比的范围），修改 PWM 占空比寄存器的值，从而控制电动机的转速，使电动机的实际位置尽可能地接近理想位置。

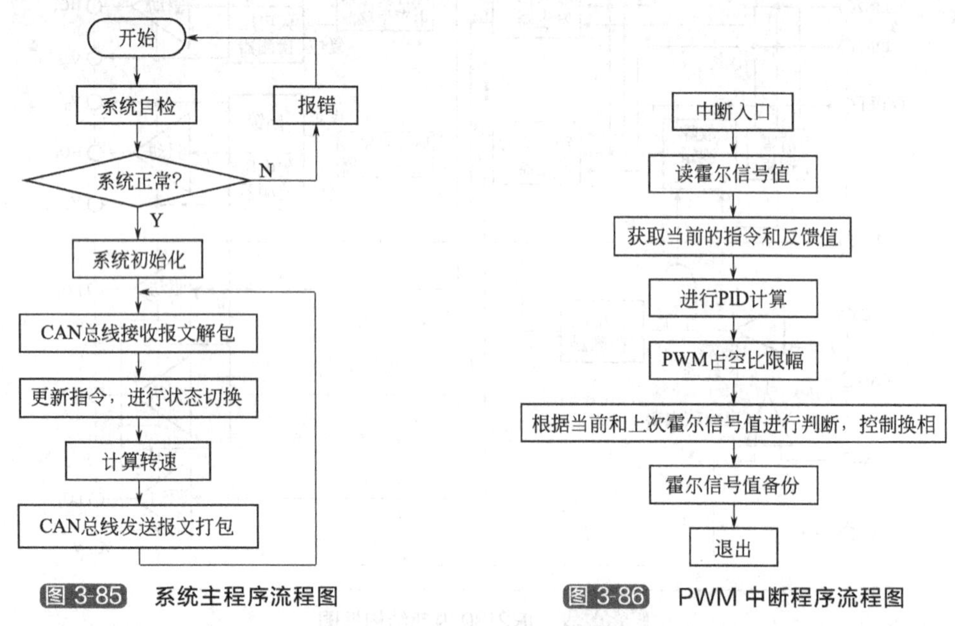

图 3-85　系统主程序流程图

图 3-86　PWM 中断程序流程图

2）积分分离 PID 控制算法

PID 控制算法是控制软件设计的关键部分，它将影响系统最终的控制性能。普通 PID 控制算法中引入积分环节的目的主要是消除静态误差，提高精度。当系统输出接近参考值时，积分作用很明显，但是在过程启动、结束和大幅增减设定值时，由于系统输出有很大偏差，会造成积分累积，引起系统较大的超调，甚至引起系统的振荡。积分分离 PID 控制算法对普通 PID 算法进行了改进，既保持了积分作用又减少了超调量，使得控制性能得到改善。

为了提高系统的控制性能，软件中采用了积分分离 PID 控制算法。其基本原理是，当被控量和给定量的偏差大于人为设定的阈值时，取消积分控制作用，以免产生过大超调；当被控量与给定值的偏差小于设定阈值时，投入积分控制作用，以消除静态误差。积分分离 PID 控制算法可表示为

$$u(k)=K_{\rm p}e(k)+K_{\rm g}K_{\rm i}\sum_{j=0}^{k}e(j)+K_{\rm d}[e(k)-e(k-1)]$$

式中，$e(k)$、$u(k)$ 分别为第 k 次采样时刻的输入偏差值和输出值；$K_{\rm p}$、$K_{\rm i}$、$K_{\rm d}$分别为比例、积分、微分系数；$K_{\rm g}$为开关系数，当 $|e(k)|\leqslant\varepsilon$ 时取 1，当 $|e(k)|>\varepsilon$ 时取 0，ε 为根据实际情况人为设定的阈值。

（3）实验及结论

图 3-87 为在联机调试过程中从 DSP 的 PWM 输出端口测得的 3 路 PWM 输出与各相绕组反电动势的波形图。

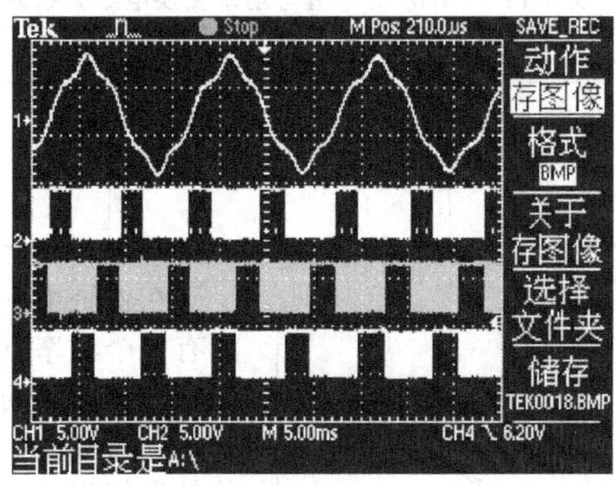

(a) A相

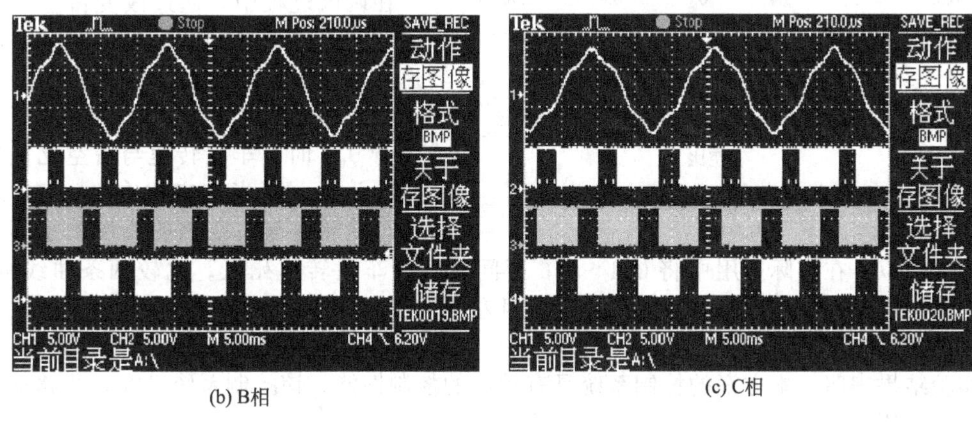

(b) B相　　(c) C相

图 3-87　3 路 PWM 输出和各相绕组的反电动势波形图

由图 3-87 可得各相绕组所处状态与 PWM 输出信号值之间的对应关系，如表 3-12 所示（设图 3-87 中 3 路 PWM 输出由下至上依次为 PA、PB、PC）。

表 3-12　绕组状态与 PWM 信号对应关系表

项目	PC	PB	PA	PWM 信号值
A 相高	1	1/0	0	4 或 6
A 相低	0	1/0	1	1 或 3
B 相高	0	1	1/0	2 或 3
B 相低	1	0	1/0	4 或 5
C 相高	1/0	0	1	1 或 5
C 相低	1/0	1	0	2 或 6

当 A 相为低、C 相为高时，取其对应的 PWM 信号值的交集，可得这一状态对应的 PWM 信号值为 1。由图 3-83 可知，应该开通第 1 桥臂的下管和第 3 桥臂的上管，采用同样的方法进行分析可得 PWM 信号值与功率变换电路之间的关系，如表 3-13 所示（L 表示开下管，H 表示开上管，N 表示上下管都关断）。

表 3-13　PWM 信号值与功率变换电路关系表

PWM 信号值	1	2	3	4	5	6
第 1 桥臂	L	N	L	H	N	H
第 2 桥臂	N	H	H	L	L	N
第 3 桥臂	H	L	N	N	H	L

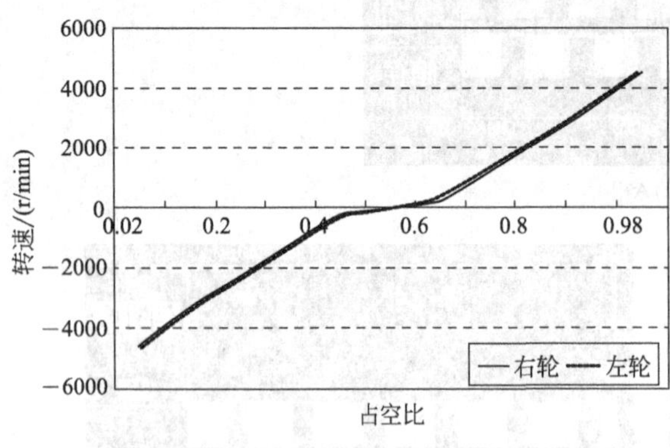

图 3-88　占空比与车轮转速关系曲线

在系统中，当电动机换相时，每次只能有一个功率管的状态发生变化，由此可以得出电动机的换相顺序为：3→1→5→4→6 或 2→6→4→5→1→3，这与理论分析的结果相吻合。

在调试过程中，通过改变占空比的值来改变轮式移动机器人车轮的转速，车轮转速与占空比设定值之间的关系如图 3-88 所示。观察曲线可得：当占空比大于 0.6 或小于 0.4 时，车轮转速与占空比呈较好的线性关系；而当占空比在 04～06 之间时，车轮转速与占空比的线性关系不是十分理想。所以，在实际应用中将 0.4～0.6 区间设置为车轮转速死区。比较两条曲线可得，当占空比相同时，左右两轮的转速不相等，且左轮大于右轮转速，这一结果对协调轮式移动机器人的运动有着至关重要的意义。

实验结果表明，本方案的控制系统具有较好的控制性能。该控制系统已在轮式移动机器人上得到应用。

3.2.12　基于 DSP 的双足机器人运动控制系统

在模仿人类进行迈步行走时，由于仿人机器人的重心经常要处于中心线以外的区域，使得它的身体很难保持站姿平衡，能够稳定地实现双足行走是仿人机器人研究的重点也是难点。人类需要大脑和肢体的相互配合来协调动作，机器人需要的则是运动控制器和驱动装置的强大支持，尤其是运动控制器，需要有高效率的芯片为基础，才能最迅速地采集数据、完成计算和发送指令。在本设计中机器人关节使用的是大功率三相无刷直流电动机，控制器采用 TMS320F2812 芯片，它是 TI 公司推出的一款针对控制领域做优化配置的数字信号处理器，器件上集成了多种先进的外设，为电动机高速度和高精度控制提供了良好的平台。

（1）系统概述

双足机器人每条腿设有 5 个自由度，这样既可以实现基本的步行功能，又尽可能地简化了控制变量，系统整体结构如图 3-89 所示，L_1 ~ L_5 分别对应左腿髋侧向、髋前向、膝前向、踝躁前向、踝侧向关节电动机，R_1 ~ R_5 对应右腿。考虑到成本因素和驱动性能，选用 Maxon 的 EC-max 系列三相无刷直流电动机来驱动关节活动，其中 1 号和 5 号电动机选用 EC-max35 型，其他均为 EC-max30 型。受安装空间所限，每条腿的运动控制器都为独立的个体，各运动控制器通过主控计算机进行协调控制并可基于运动指令单独完成动作，类似于人类反射弧的原理，减轻主控计算机的工作量，加快反应速度，主控计算机和运动控制器之间通过 CAN 总线来传递数据。

机器人双足步行时，主控计算机根据运动周期向底层运动控制器发送运行和停止等指令，完成对行走状态的监控和数据运算。单个运动控制器由 DSP 处理和电动机控制两部分

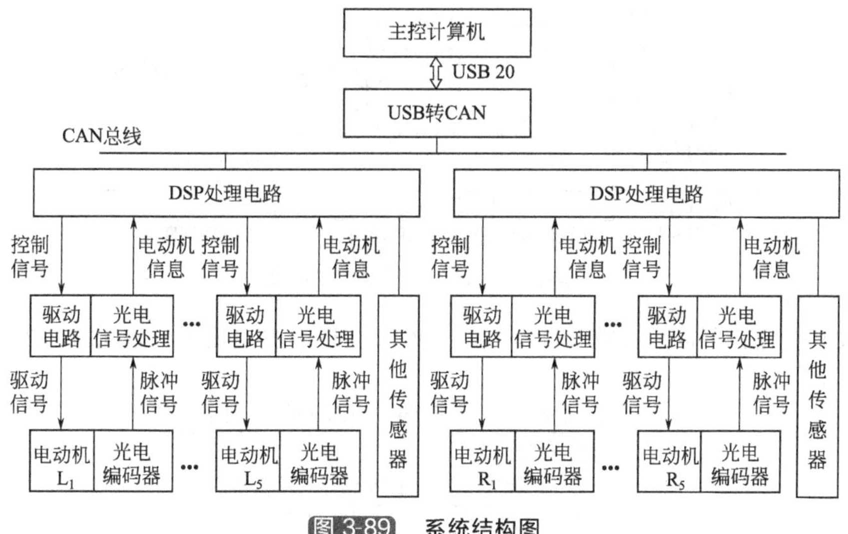

图 3-89　系统结构图

组成：DSP 处理电路负责与主控计算机和传感器之间交换各类信息、分析接收到的数据并运算输出相应关节电动机的控制信号；电动机控制电路根据控制信号驱动相应的电动机动作，达到要求的速度和角度，并对光电编码器信号进行处理，将执行结果反馈给 DSP 形成闭环控制，保证执行的精度。

数据处理器选用的是 TMS320F2812，它拥有基于 C/C＋＋高效 32 位 DSP 内核，提高了运算的精度；时钟频率高达 150MHz，增强了系统的处理能力；集成了 128KB 的 FLASH 存储器、4KB 的引导 ROM、数学运算表以及 2KB 的 OTPROM，改善了芯片应用的灵活性；两个事件管理器模块为电动机及功率变换控制提供了良好的控制功能；16 通道高性能 12 位 ADC 单元提供了两个采样保持电路，可以实现双通道信号同步采样，适合整个运动控制器的开发需求，其代码和指令与 F24x 系列完全兼容，更是保证了项目开发和产品设计的可延续性。

(2) 电动机调速原理

系统用 PWM 波形给出无刷直流电动机的转速信息，即利用电路一周期内的占空比变化，达到平均电压值的改变，以对应电动机不同的速度值。

在 TMS320F2812 中可以通过配置定时周期寄存器的周期值和比较单元的比较值来产生 PWM，周期值用于产生 PWM 波的频率，比较值用于产生 PWM 波的脉宽，改变比较值可以改变 PWM 波的占空比，改变周期值可以改变 PWM 波的频率。以事件管理器 A 为例，单路 PWM 信号的产生过程如下：

定时器 1 作为产生 PWM 信号的时基，通过控制寄存器 TICON 和周期寄存器 TIPR 设置时钟周期，通过寄存器 COMCONA 设置比较单元的各个参数，产生出三角波信号，在寄存器 CMPR1 和 ACTRA 中分别设置比较值和比较输出方式，设定的比较值实时与三角波信号比较，得到相应占空比的 PWM 信号。将定时器计数器 TICNT 设置为连续增计数方式时，产生非对称 PWM 波形，设定为连续增减计数方式时，可以得到对称的 PWM 波形。

图 3-90 所示是对称 PWM 波形产生的原理：若 PWM 输出为高电平有效，则当三角波的当前值小于比较值时输出为低电平，当三角波的当前值大于比较值时输出为高电平；低电平有效时，则反之。

如果在寄存器 DBTCONx 中设置了死区时间值，则相应事件管理器所有 PWM 输出通道使用同一个死区值。由于加入了死区，PWM 波高电平脉冲的宽度减少了一个死区时间，

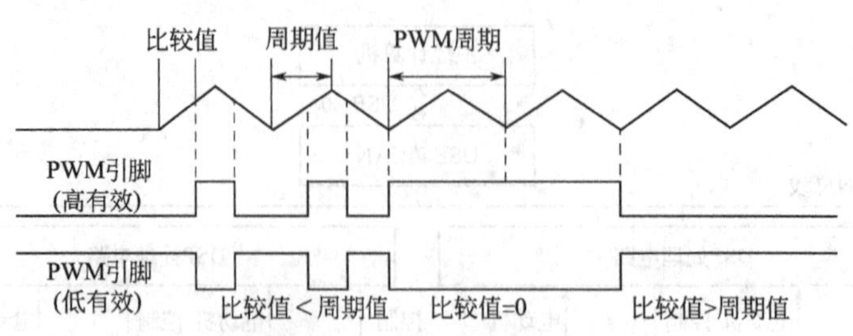

图 3-90 PWM 信号产生原理

但是周期没有变化，所以高有效和低有效的 PWM 波形的占空比可分别用式（3-38）和（3-39）来计算。

$$d=\frac{正脉宽}{PWM周期}=\frac{周期值-比较值-死区值}{周期值} \tag{3-38}$$

$$d=\frac{正脉宽}{PWM周期}=\frac{比较值-死区值}{周期值} \tag{3-39}$$

通过调节占空比，可以调节输出电压，用这种无级连续调节的输出电压可以给出速度信息，因此可以通过调整 PWM 信号有效电平的宽度达到控制转速的目的。

（3）硬件设计

整个硬件电路包括 DSP 芯片 TMS320F2812、电源、JTAG 仿真接口、通信、RAM，PWM，A/D，1/n 扩展、备用端口、电动机驱动和光电信号处理等模块，其控制系统结构如图 3-91 所示。

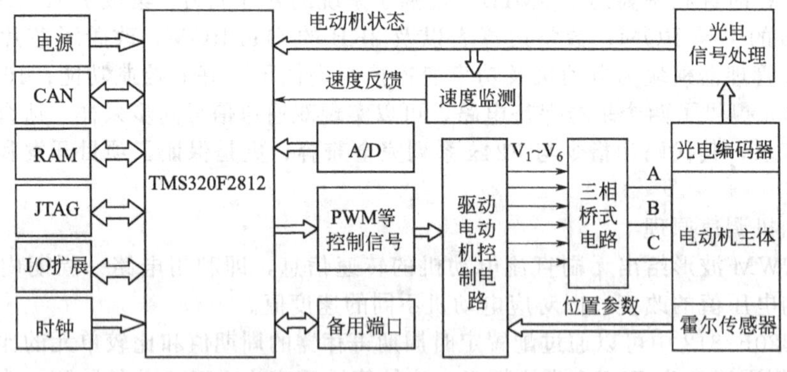

图 3-91 控制器硬件设计结构图

双足机器人总电源采用 24V 直流电源，为了满足 DSP 及外围电路的需要，需将电源转换成 5V、3.3V 和 1.8V。首先使用 DC-DC 变换器将 24V 转换成 5V，再选用 TPS767D318 电源转换芯片将 5V 转换成 1.8 V 和 3.3 V。该芯片专门针对 DSP 设备提供稳压电源，为双电源输出，每路电源的最大输出电流为 1A，此外该芯片的电压漂移非常低，在最大输出电流为 1A 的情况下为 350mV，每路输出还有过热保护、复位和监控输出电压等功能，能满足系统对电源性能的要求。

系统特别留有 JTAG 接口电路，使控制器可以通过 TDS510 仿真器连接到计算机，其仿真信号采用 JTAG 标准 IEEE1149.1，使用双列 14 脚的插座，并将 DSP 上的 EMU_0 和 EMU_1 上拉连接至 V_{CC}。

TMS320F2812 自身集成 CAN 总线的控制模块，所以在外围电路中加入 CAN 总线收发器 SN65HVD251D 即可实现 DSP 与 CAN 总线的通信功能。为了确保在 CAN 总线传输信号的完整性，设计时在 CAN 总线的两根传输线之间加上 150Ω 的电阻进行阻抗匹配，可以提高 CAN 总线传输信号的精度。

利用 XINTF 的区域 0 和区域 1 扩展一块存储容量为（64K×16）B 的 RAM 存储器 IS61LV6416-10T0，其数据存取时间为 10ns，能满足高速运行的需要，工作电压为 3.3V，与 DSP 工作电压一致，无需电平转换电路。

此外，DSP 控制系统中的 I/O 端口电压绝大部分为 3.3V，而外部信号一般为 5V，因此需要将外部 5V 信号转换为符合 DSP 芯片要求的 3.3V 信号，系统使用总线驱动器 74LVX4245 进行电平转换。

电动机驱动电路采用全桥驱动三相无刷直流电动机的控制方式，由于要独立控制 5 个电动机，系统需按照前面的原理由 DSP 事件管理器生成 PWM，并用其波形占空比给出转速信息，该信息结合转向、制动等信号通过控制电路转换后进行电动机的调速，这里使用三相无刷直流电动机控制器 MC330350 驱动电动机时，MCn035 的输出信号施加到三相桥功率电路 MPM3003 上，决定功率开关器件开关频度及换流器换相时机，使其产生出供电动机正常运行所需的三相方波，根据速度电压 MC33035 可改变底部半桥输出脉冲宽度，相当于改变供给绕组的平均电压，从而控制转速。

（4）软件设计

运动控制系统软件设计的关键是接收到主控计算机传来的运动控制指令后，电动机是否能够达到要求的速度和角度，考虑到整个系统运行过程中不可避免的误差，特别引入补偿算法，实现速度和位置双闭环 PID 控制，其具体的控制流程如图 3-92 所示。

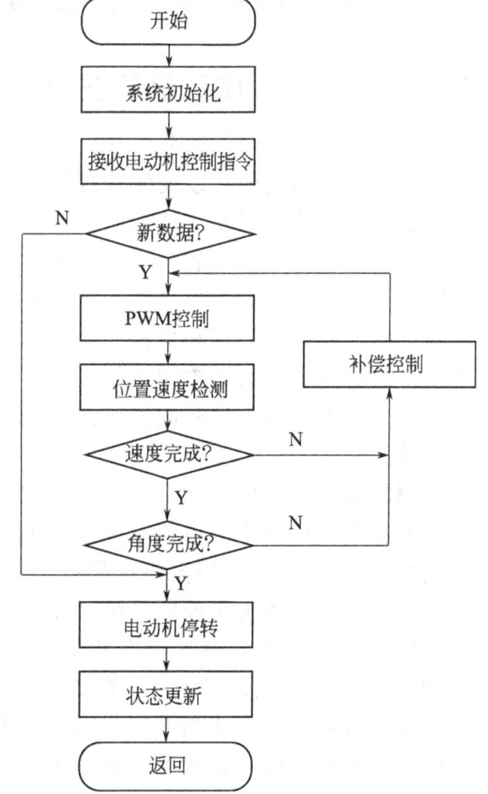

图 3-92　电动机控制流程

主控计算机根据步态规划的数据，发出运动指令，生成下一个运动周期各个电动机的转动方向和角度等控制参数，运动控制器接收到新的数据之后，PWM 控制根据数据计算出占空比信息并生成相应的 PWM 波，进而控制电动机转动，随后将电动机光电编码器传送回的信号转换成关节位置和速度等信息，补偿控制针对速度和位置误差采用 PID 算法进行调节，计算需要的执行量，调整 PWM 波形，在每一个运动周期内使电动机达到指定的速度，并使运动中的关节电动机能够克服机器人重力和外力的影响，保持在设定的角度。

仿真调试表明，程序运行后在指定的摆动角度下单关节电动机响应时间和稳定性基本满足双足步行要求。

（5）小结

在控制方案的具体实现过程中，根据机器人腿部系统的自身特点，将控制器围绕 DSP 处理和电动机控制电路来分别设计，这样既方便设计和调试，又增强了系统的灵活性和扩展性。电动机驱动采用速度和位置双闭环控制，保证运转精度。经测试，系统基本满足运动控制的要求，为双足步行规划提供了试验平台。

第4章

机器人交流伺服电动机驱动与控制技术及应用

4.1 交流伺服电动机及其在机器人的应用

4.1.1 交流伺服电动机的发展

从20世纪70年代后期到20世纪80年代以来，随着集成电路、电力电子技术和交流可变速驱动技术的发展，以及微处理器技术、大功率高性能半导体功率器件技术和电动机永磁材料制造工艺的发展及其性能价格比的日益提高，永磁交流伺服驱动技术有了突出的发展，交流伺服驱动技术已经成为工业领域实现自动化的基础技术之一。交流伺服电动机和交流伺服控制系统逐渐成为主导产品。著名电气厂商相继推出各自的交流伺服电动机和伺服驱动器系列产品，并不断完善和更新。交流伺服系统已成为当代高性能伺服系统的主要发展方向，使原来的直流伺服面临被淘汰的危机。20世纪90年代以后，世界各国已经商品化了的交流伺服系统采用全数字控制的正弦波电动机伺服驱动。交流伺服驱动装置在传动领域的发展日新月异。

德国Rexroth公司的Indramat分部1978年在汉诺威贸易博览会上正式推出MAC永磁交流伺服电动机和驱动系统，标志着此种新一代交流伺服技术已进入实用化阶段。到了20世纪80年代中后期，很多公司都有了完整的系列产品，整个伺服装置市场都转向了交流系统。早期的交流系统是模拟系统，在诸如零漂、抗干扰、可靠性、精度和柔性等方面存在诸多不足，尚不能完全满足运动控制的要求。近年来随着微处理器、新型数字信号处理器（DSP）的应用，出现了数字控制系统，控制部分可完全由软件进行。

迄今为止，高性能的电伺服系统大多采用永磁同步型交流伺服电动机，控制驱动器多采用快速、准确定位的全数字位置伺服系统，典型的生产厂家有德国西门子、美国科尔摩根和日本松下及安川等公司。

日本安川公司推出了小型交流伺服电动机和驱动器，其中D系列适用于数控机床（最高转速为1000r/min，力矩为0.25～2.8N·m），R系列适用于机器人（最高转速为3000r/min，力矩为0.016～0.16N·m）。之后又推出M、F、S、H、C、G共6个系列。

20世纪90年代先后推出了新的D系列和R系列，由旧系列矩形波驱动、8051单片机控制，改为正弦波驱动、80C、154CPU和门阵列芯片控制，力矩波动由24%降低到7%，并提高了可靠性。这样就形成了8个系列（功率范围为0.05～6kW）、较完整的体系，满足了工作机械、搬运机构、焊接机器人、装配机器人、电子部件、加工机械、印刷机、高速卷绕机、绕线机等的不同需要。

日本法拉克（Fanuc）公司以生产机床数控装置而著名，在 20 世纪 80 年代中期也推出了 S 系列（13 个规格）和 L 系列（5 个规格）的永磁交流伺服电动机。L 系列有较小的转动惯量和机械时间常数，适用于要求特别快速响应的位置伺服系统，如图 4-1 所示。

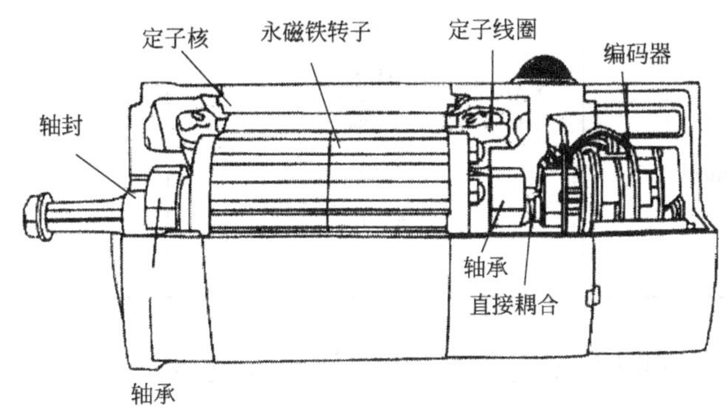

图 4-1　永磁式伺服电动机剖图

在控制上，现代交流伺服系统一般都采用磁场矢量控制方式，它使交流伺服驱动系统的性能完全达到了直流伺服驱动系统的性能，这样的交流伺服系统具有下述特点：

① 系统在极低速度时仍能平滑地运转，而且具有很快的响应速度。

② 在高速区仍然具有较好的转矩特性，即电动机的输出特性“硬度”好。

③ 可以将电动机的噪声和振动抑制到最低的限度。

④ 具有很高的转矩/惯量比，可实现系统的快速启动和制动。

⑤ 通过采用高精度的脉冲编码器作为反馈器件，采用数字控制技术，可大大提高系统的位置控制精度。

⑥ 驱动单元一般都采用大规模的专用集成电路，系统的结构紧凑、体积小、可靠性高。

正因为如此，在数控机床上，交流伺服系统全面取代直流伺服系统已经成为技术发展的必然趋势。

4.1.2　同步电动机与异步电动机

交流伺服系统按其采用的驱动电动机的类型来分，主要有两大类：同步电动机和异步电动机。

采用永久磁铁磁场的同步电动机（SM）不需要磁化电流控制，只要检测磁铁转子的位置即可。由于它不需要磁化电流控制，故比异步型伺服电动机容易控制，转矩产生机理与直流伺服电动机相同。其中，永磁同步电动机交流伺服系统在技术上已趋于完全成熟，具备了十分优良的低速性能，并可实现弱磁高速控制，拓宽了系统的调速范围，适应了高性能伺服驱动的要求。随着永磁材料性能的大幅度提高和价格的降低，其在工业生产自动化领域中的应用将越来越广泛，目前已成为交流伺服系统的主流。

交流异步电动机即感应式伺服电动机（IM）。由于感应式异步电动机结构坚固，制造容易，价格低廉，因而具有很好的发展前景，代表了将来伺服技术的方向。但由于该系统采用矢量变换控制，相对永磁同步电动机伺服系统来说控制比较复杂，而且电动机低速运行时还存在着效率低、发热严重等有待克服的技术问题，目前并未得到普遍应用。表 4-1 所示为交流伺服电动机特性实例。

表 4-1 交流伺服电动机特性

特性	同步伺服电动机	感应式伺服电动机
输出功率/W	1100	1100
峰值电流/(A/相)	11.7	14.4
峰值电压/(V/相)	68.9	79.3
功率因数/%	99.8	78.6
效率/%	91.1	82.0
电阻/Ω	0.284	1.035
感应电压常数/[mV/(r/min)]	100	100
转动惯量/kg·m²	8.8×10^{-4}	6.8×10^{-4}
功率变化率/(kW/s)	12	16

4.1.3 模拟式交流伺服系统与数字式交流伺服系统

交流伺服系统按其指令信号与内部的控制形式，可以分为模拟式伺服与数字式伺服两类。初期的交流伺服系统一般是模拟式伺服系统，而目前使用的交流伺服通常都是全数字式交流伺服系统。

(1) 模拟式交流伺服系统

典型的交流模拟伺服系统原理如图 4-2 所示。系统的工作过程简述如下：

速度给定指令 VCMD 来自数控系统；来自检测元件（通常为脉冲编码器）的信号经 f/V 变换后作为系统的速度反馈信号 TSA；它们经比较、放大后输出速度误差信号。速度误差信号再经调节器放大，作为转矩指令输出。转矩指令信号通过乘法器，分别与转子位置计

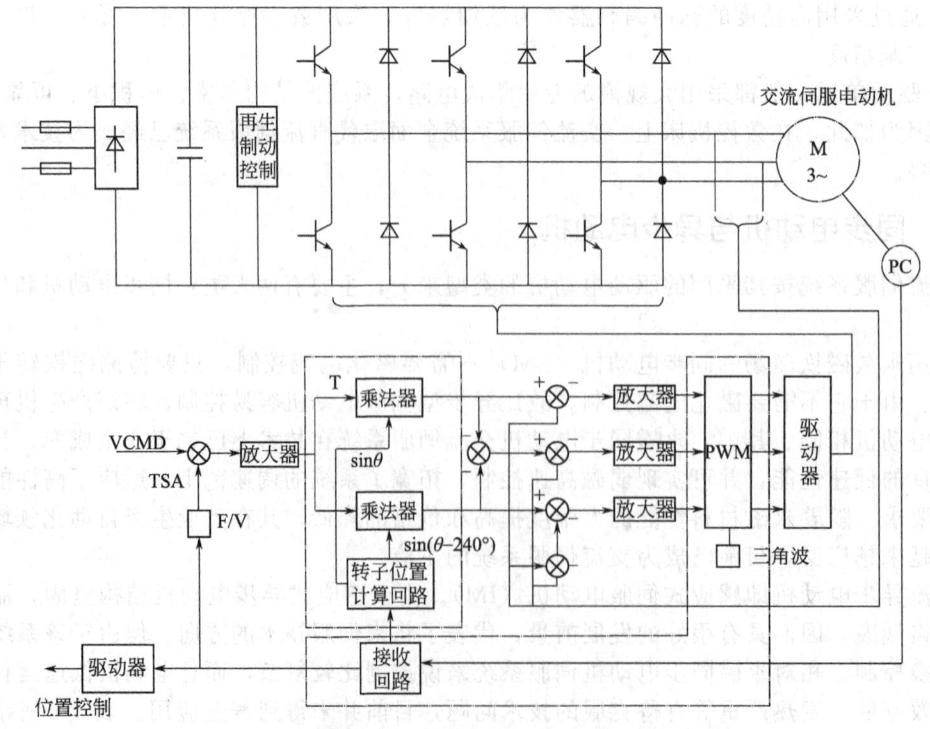

图 4-2 交流模拟伺服系统原理图

算回路中输出的 $\sin\theta$ 和 $\sin(\theta-240°)$ 算子相乘，其乘积作为电流指令信号输出。电流指令又与电流反馈信号相比较后，产生电流误差信号，电流误差信号经放大，输出到 PWM 控制回路，进行脉宽调制控制。脉宽调制信号通过功率晶体管与电源回路的逆变，形成三相交流电，控制交流伺服电动机的电枢。

图 4-2 中的虚线框，在实际系统中，通常为集成一体的专用大规模集成电路。在 FANUC 常见的交流伺服驱动中，其中一片型号为 AF20，它包括两个乘法器和一个转子位置计算回路；另一片型号为 MB63137，它包括 PWM 控制回路和脉冲编码器的接收回路。图 4-3 为交流模拟伺服系统的简化框图。

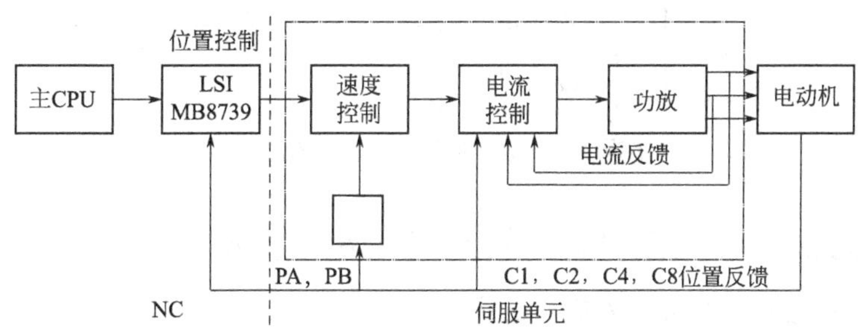

图 4-3　交流模拟伺服系统的简化框图

(2) 数字式交流伺服系统

数字式交流伺服系统是随着交流伺服控制技术、计算机技术的发展而产生的新颖交流伺服系统，它所用的元器件更少，通常只要一片专用大规模集成电路，如 FANUC 公司通常采用的是 MB651105 专用大规模集成电路，这种结构具有以下特点：

① 通过总线与调度，驱动系统的 CPU 和信号处理器可以共用 RAM。

② 具有 A/D 变换控制功能，可将模拟量转换为数字量。

③ 系统同时具有电流环、速度环、位置环控制的功能，以适应不同的控制要求。

④ 驱动系统 CPU 可与主 CPU 之间进行通信，容易采用总线控制方式。

⑤ 可以方便地产生 PWM 信号，控制电动机调速。

⑥ 可以进行位置检测信号（如：脉冲编码器信号）处理。

此外，在数字式伺服系统中，还可以采用绝对脉冲编码器作为位置检测器件，在数控系统停电后，仍能记忆机床的实际位置；因此，机床开机时可以不进行手动“回参考点”操作。

数字式伺服系统的框图如图 4-4 所示。通过比较图 4-3 与图 4-4 可以看出，与模拟式交流伺服系统相比，数字式交流伺服系统具有下述明显的优点：

① 系统精度不受电子器件的温度漂移影响：系统不需要采用自动漂移补偿电路，结构简单，精度高。

② 系统控制精度高，定位精度可达到 0.1μm 以上。

③ 系统所用的元器件少，可靠性高。

④ 功能上可扩充性好，如可以对系统的非线性、干扰转矩等进行补偿，提高系统的精度。

⑤ 维修方便，系统的诊断、监视功能比模拟伺服更强。

⑥ 对位置、速度、转矩、电流等信息进行了集中管理、控制，可以避免机械共振。

⑦ 系统的参数的设定与调节可以通过数字量进行，较模拟式伺服的电位器调节更精准更简单、容易。

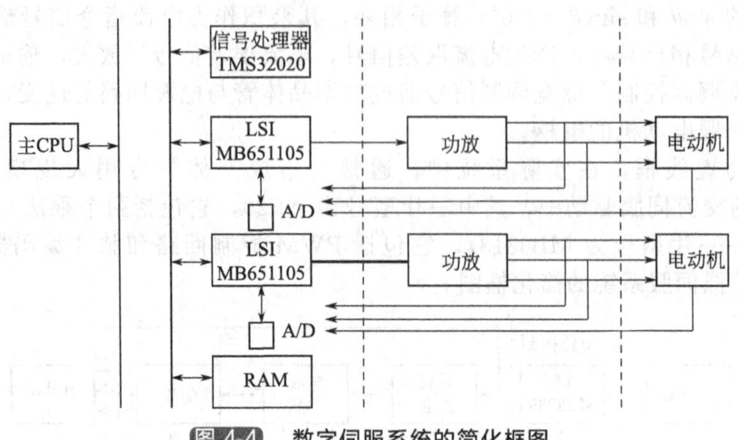

图 4-4 数字伺服系统的简化框图

4.1.4 交流伺服电动机在机器人驱动与控制应用概况

(1) 交流伺服电动机在机器人应用的优势

机器人拥有多个自由度，每台工业机器人需要的电动机数量在 10 台以上。机器人是非常复杂的系统，机器人的性能取决于伺服驱动控制系统。

机器人对伺服系统提出了较高的性能要求，可以归纳为启动速度快，动态性能好，适应频繁启停并且可以最大转矩启动，调速范围要求宽并且在整个调速范围内平滑连续，抗干扰能力强等。

随着相关技术进步和材料成本的降低，交流（AC）伺服系统继承了 DC 伺服系统的优点，克服了其缺点，并取得了比 DC 伺服系统更优良稳定的控制性能。高精度的 AC 伺服系统能满足机器人的控制要求，已成为机器人驱动电动机的首选。

(2) 机器人用交流伺服电动机及驱动与控制的特点

机器人用交流伺服电动机属高精度交流伺服电动机，伺服精度要求和响应时间比较高。机器人多采用总线型伺服控制。由于机器人的控制结构的特殊性，驱动与控制有三个要点：控制器的计算能力高，控制器与伺服之间的总线通信速度快（数据传输量会很大），伺服精度高。

机器人采用的伺服系统属专用系统，多轴合一，模块化，特殊的散热结构，特殊的控制方式，对可靠性要求极高。国际机器人巨头都有自己的专属伺服系统配套。专用化的机器人伺服电动机和驱动器，即在普通通用伺服电动机和驱动器的基础上，根据机器人的高速、重载、高精度等应用要求，增加驱动器和电动机的瞬时过载能力，增加驱动器的动态响应能力，驱动增加相应的自定义算法接口单元，且采用通用的高速通信总线作为通信接口，摒弃原先的模拟量和脉冲方式，进一步提高控制品质（如安川、松下、伦茨等主流伺服厂商以将 EtherCAT 总线作为下一代产品的总线标准）。同时，对于通用型的伺服驱动器删除冗余的通信接口和功能模块，简化系统，提高系统可靠性，并进一步降低成本。

(3) 交流伺服系统的性能指标

交流伺服系统的性能指标可以从调速范围、定位精度、稳速精度、动态响应和运行稳定性等方面来衡量。低档的伺服系统调速范围在 1∶1000 以上，一般的在（1∶5000）～（1∶10000），高性能的可以达到 1∶100000 以上；定位精度一般都要达到±1 个脉冲，稳速精度，尤其是低速下的稳速精度比如给定 1r/min 时，一般的在±0.1r/min 以内，高性能的可以达到±0.01r/min 以内；动态响应方面，通常衡量的指标是系统最高响应频率，即给定最高频率的正弦速度指令，系统输出速度波形的相位滞后不超过 90°或者幅值不小于 50%。三菱伺服电动机 MR-J3 系列的响应频率高达 900Hz，国内主流产品的频率在 200～500Hz。运行稳定性方面，主要是指系统在电压波动、负载波动、电动机参数变化、上位控制器输出特性变化、电磁干扰以及其他特殊运行条件下，维持稳定运行并保证一定的性能指标的能力。这方面国产产品包括部分台湾产品和世界先进水平相比差距较大。

（4）机器人用交流伺服系统的发展趋势

交流伺服系统经历了从模拟到数字化的转变，数字控制环已经无处不在，比如换相、电流、速度和位置控制；采用新型功率半导体器件、高性能 DSP 加 FPGA 以及伺服专用模块也不足为奇。机器人用交流伺服系统有以下发展趋势。

① 高效率化。尽管这方面的工作早就在进行，但是仍需要继续加强。主要包括电动机本身的高效率（比如永磁材料性能的改进和更好的磁铁安装结构设计），也包括驱动系统的高效率化，包括逆变器驱动电路的优化，加减速运动的优化，再生制动和能量反馈以及更好的冷却方式等。

② 直接驱动。直接驱动包括采用盘式电动机的转台伺服驱动和采用直线电动机的线性伺服驱动，由于消除了中间传递误差，从而实现了高速化和高定位精度。直线电动机容易改变形状的特点可以使采用线性直线机构的各种装置实现小型化和轻量化。

③ 高速、高精、高性能化。采用更高精度的编码器（每转百万脉冲级），更高采样精度和数据位数、速度更快的 DSP，无齿槽效应的高性能旋转电动机、直线电动机，以及应用自适应、人工智能等各种现代控制策略，不断将伺服系统的指标提高。

④ 一体化和集成化。电动机、反馈、控制、驱动、通信的纵向一体化成为当前小功率伺服系统的一个发展方向。有时称这种集成了驱动和通信的电动机叫智能化电动机（Smart Motor），有时把集成了运动控制和通信的驱动器叫智能化伺服驱动器。电动机、驱动和控制的集成使三者从设计、制造到运行、维护都更紧密地融为一体。这种方式面临更大的技术挑战（如可靠性）和工程师使用习惯的挑战，在整个伺服市场中是一个很小的有特色的部分。

⑤ 通用化。通用型驱动器配置有大量的参数和丰富的菜单功能，便于用户在不改变硬件配置的条件下，方便地设置成 U/f 控制、无速度传感器开环矢量控制、闭环磁通矢量控制、永磁无刷交流伺服电动机控制及再生单元等五种工作方式，适用于各种场合，可以驱动不同类型的电动机，比如异步电动机、永磁同步电动机、无刷直流电动机、步进电动机，也可以适应不同的传感器类型甚至无位置传感器。可以使用电动机本身配置的反馈构成半闭环控制系统，也可以通过接口与外部的位置或速度或力矩传感器构成高精度全闭环控制系统。

⑥ 智能化。现代交流伺服驱动器都具备参数记忆、故障自诊断和分析功能，绝大多数进口驱动器都具备负载惯量测定和自动增益调整功能，有的可以自动辨识电动机的参数，自动测定编码器零位，有些则能自动进行振动抑制。将电子齿轮、电子凸轮、同步跟踪、插补运动等控制功能和驱动结合在一起，对于伺服用户来说，则提供了更好的体验。

⑦ 从故障诊断到预测性维护。随着机器安全标准的不断发展，传统的故障诊断和保护技术（问题发生的时候判断原因并采取措施避免故障扩大化）已经落伍，最新的产品嵌入了预测性维护技术，使得人们可以通过 Internet 及时了解重要技术参数的动态趋势，并采取预防性措施。比如：关注电流的升高，负载变化时评估尖峰电流，外壳或铁芯温度升高时监视温度传感器，以及对电流波形发生的任何畸变保持警惕。

⑧ 专用化和多样化。虽然市场上存在通用化的伺服产品系列，但是为某种特定应用场合专门设计制造的伺服系统比比皆是。利用磁性材料不同性能、不同形状、不同表面粘接结构（SPM）和嵌入式永磁（IPM）转子结构的电动机出现，分割式铁芯结构工艺在日本的使

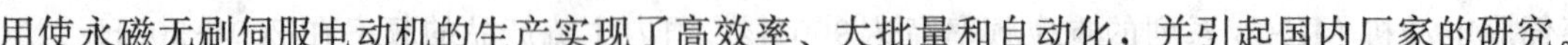

用使永磁无刷伺服电动机的生产实现了高效率、大批量和自动化，并引起国内厂家的研究。

⑨ 小型化和大型化。无论是永磁无刷伺服电动机还是步进电动机都积极向更小的尺寸发展，比如20mm，28mm，35mm外径；同时也在发展更大功率和尺寸的机种，已经有500kW永磁伺服电动机出现。体现了向两极化发展的倾向。

⑩ 其他。如发热抑制、静音化、清洁技术等。

4.2 机器人交流伺服电动机驱动与控制应用实例

4.2.1 工业机器人交流伺服驱动系统

工业机器人中的伺服系统一般为位置伺服，位置伺服系统通过上位控制器的插补运算获取控制信号，实现多轴机器人的位置控制，工业机器人通常使用半闭环式伺服驱动。

(1) 交流伺服驱动器硬件系统设计与实现

① 伺服驱动器硬件结构设计　交流伺服系统主要由伺服控制模块、功率驱动模块、通信接口模块、反馈检测模块以及配套的电动机组成。采用数字信号处理器（DSP）作为控制核心，实现复杂的控制算法。采用以智能功率模块（IPM）为核心来设计驱动电路，内部集成了驱动电路以及相应的过压、欠压、过流、过热等故障检测保护电路。

伺服驱动器可以划分为功能独立的两个模块：功率驱动模块、伺服控制模块。图4-5所示为伺服驱动器大致硬件结构原理图，其中内部虚线包围起来的部分是使用弱电的DSP控制模块。

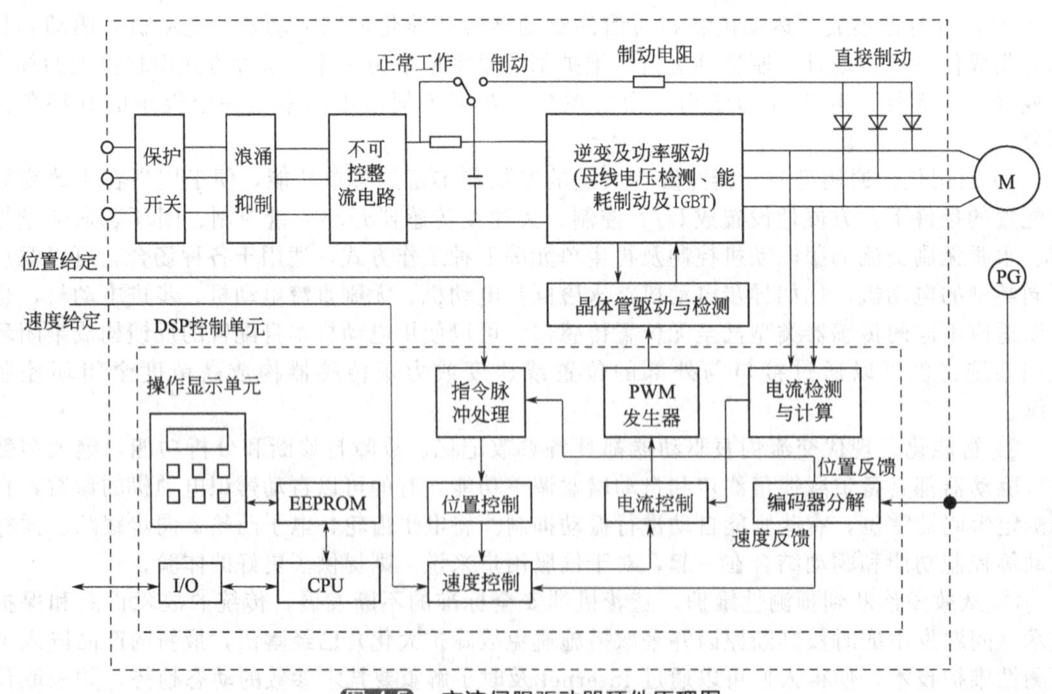

图4-5　交流伺服驱动器硬件原理图

② 整流电路设计　整流电路大致可分为单相和三相整流两种，本设计选用单相整流电路。该电路还具有浪涌抑制、电压检测和过流检测的功能。

③ 功率驱动模块实现　功率驱动部分采用智能功率模块（IPM）PS11032。芯片的输入端由DSP的PWM信号输出经过光耦隔离直接进行控制，输出点则直接连接三相电动机。

④ 信号采集模块实现　利用相电流采集电路对 W、V 两相电流进行检测，U 相电流则可由 DSP 计算得到。图 4-6 为霍尔传感器电流采集电路。

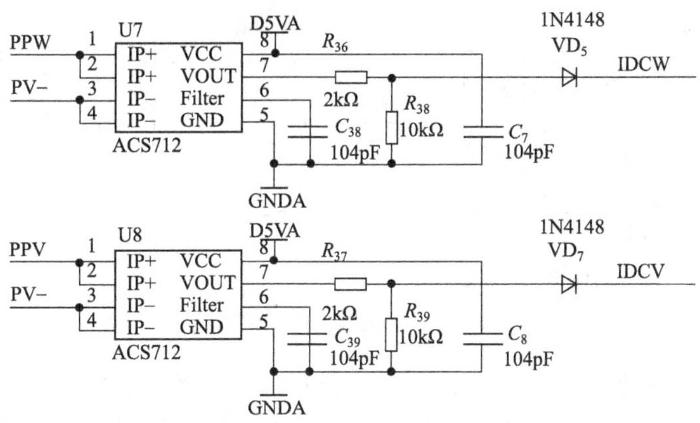

图 4-6　电流采集电路

霍尔电流传感器输出为双极性电流信号，而 DSP 芯片内置的 A/D 转换器只能提供单向的 0.3V 电压信号，为了兼容，在采样电路后需要附加电压偏移电路，如图 4-7 所示。双二极管 BAT54S 将输出信号的范围稳定在 0.3～3.3V 之间。通过对三相电压的零点检测将当前场效应管的工作状态表述成电压信号输送给控制器。

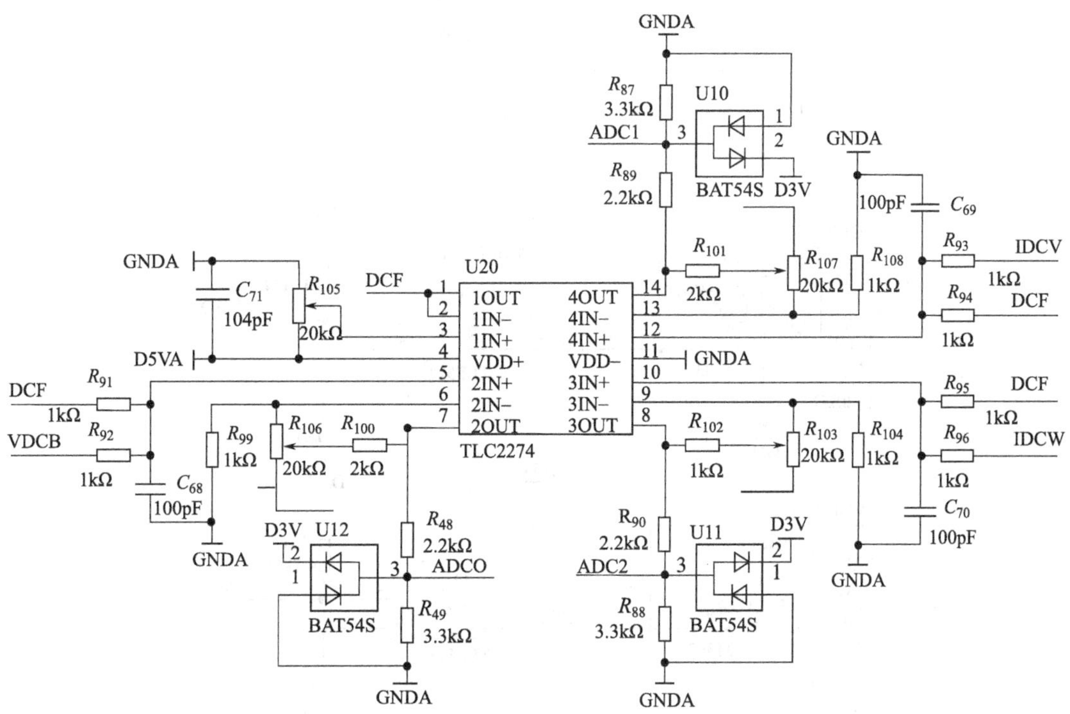

图 4-7　电压偏移电路

⑤ 安全保护模块实现　为避免上电时的过流状况，设计了采用继电器的保护电路，这部分电路受 DSP 功率模块的控制，如图 4-8 所示。

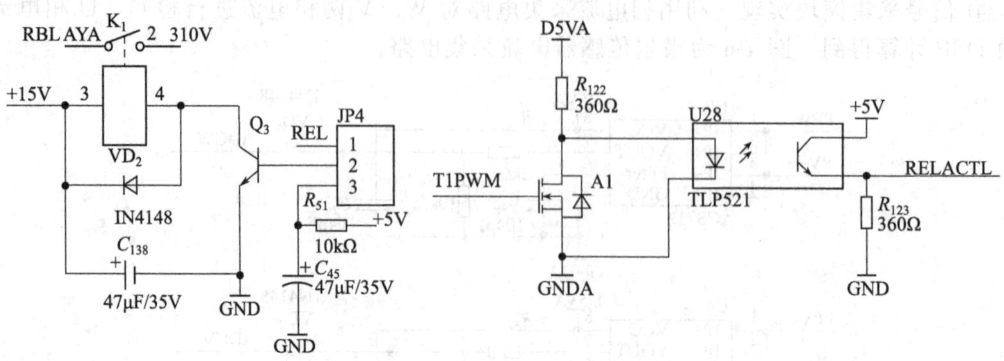

图 4-8 继电器上电保护电路

通过电阻分压来采集母线电压，以此来监控过压欠压故障。DSP 检测到过压欠压信号时可以封锁 PWM 输出以保护功率板，分压电路和电压比较电路如图 4-9 所示。

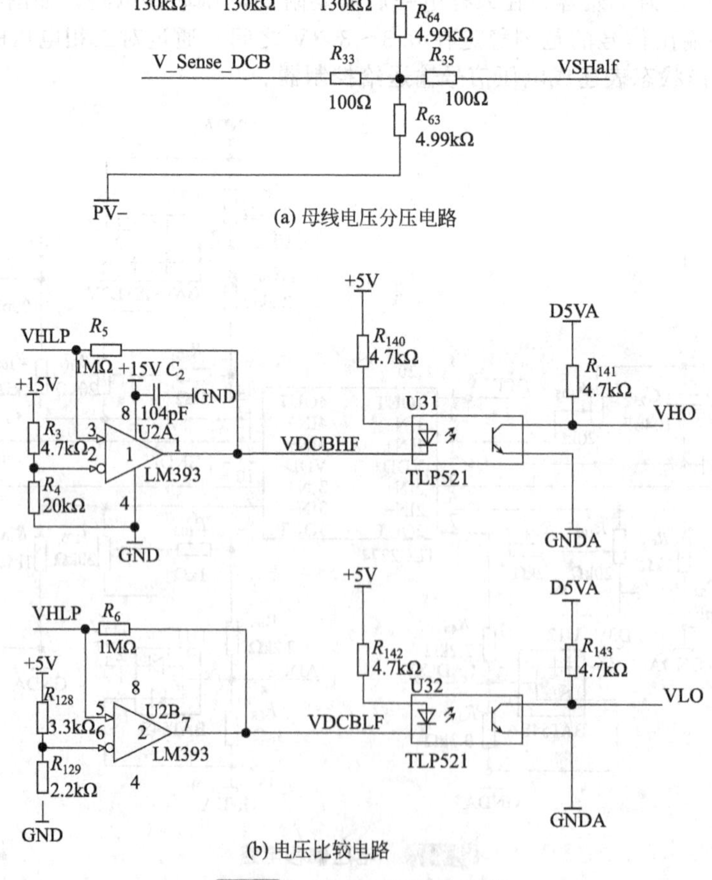

(a) 母线电压分压电路

(b) 电压比较电路

图 4-9 过压/欠压保护电路

(2) 交流伺服驱动器软件系统设计与实现

① 软件开发平台 软件开发平台使用 TI 公司的 Code Composer Studio（CCS）开发平

台，该环境下开发者可以直接用 C 语言开发。

② 伺服系统控制软件结构设计　交流伺服驱动器的控制软件按功能划分为三个主要任务以及一个非常规任务。三个主要任务是电动机控制、人机交互、CAN 总线通信，而非常规任务则为报警处理等。图 4-10 所示为交流伺服控制系统程序流程。

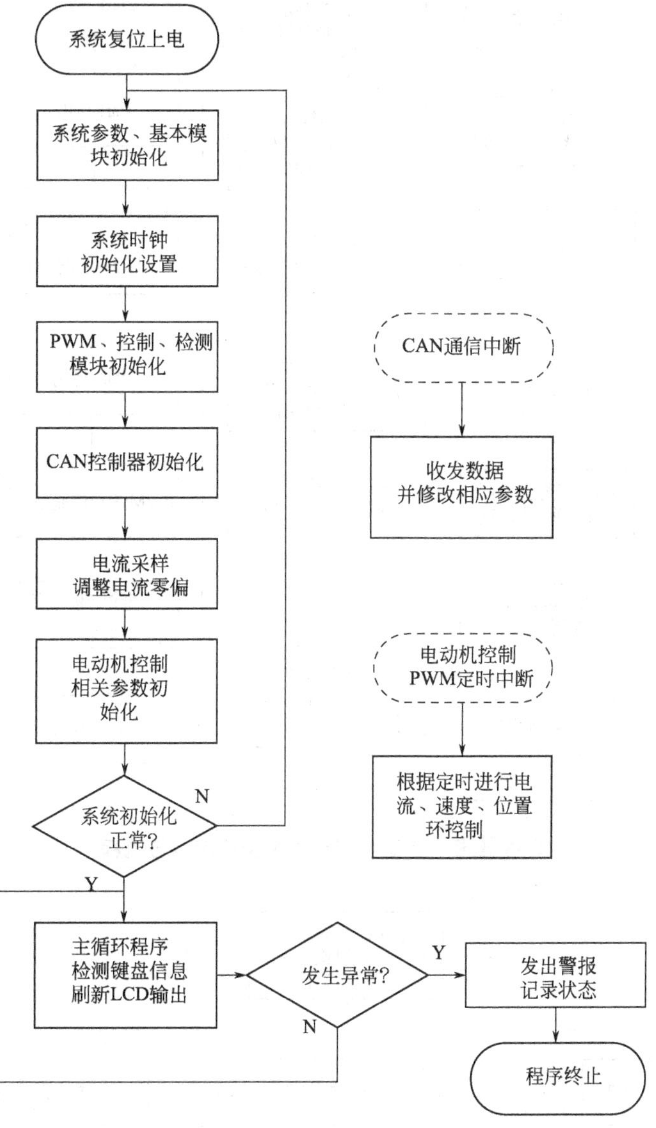

图 4-10　交流伺服控制系统程序流程

③ 交流电动机运动控制模块流程设计　交流伺服驱动器在运行时以定时执行 PWM 定时中断的方法来实现电动机的运动控制。运动控制定时中断程序运行流程如图 4-11 所示。

④ 人机交互模块实现　人机模块实现伺服控制器的测试，通过操作面板的控制，实现电动机试运行，运动参数调整，通信参数修改以及状态记录的查询功能，图 4-12 为人机模块的菜单结构。

⑤ 通信模块实现　工业机器人系统中，一台机器人控制器往往需要控制多个交流伺服

驱动器机器人控制器和伺服之间也大多以总线连接的方式通信。本设计中，DSP通过CAN口和上位系统数据交互，流程如图4-13所示。

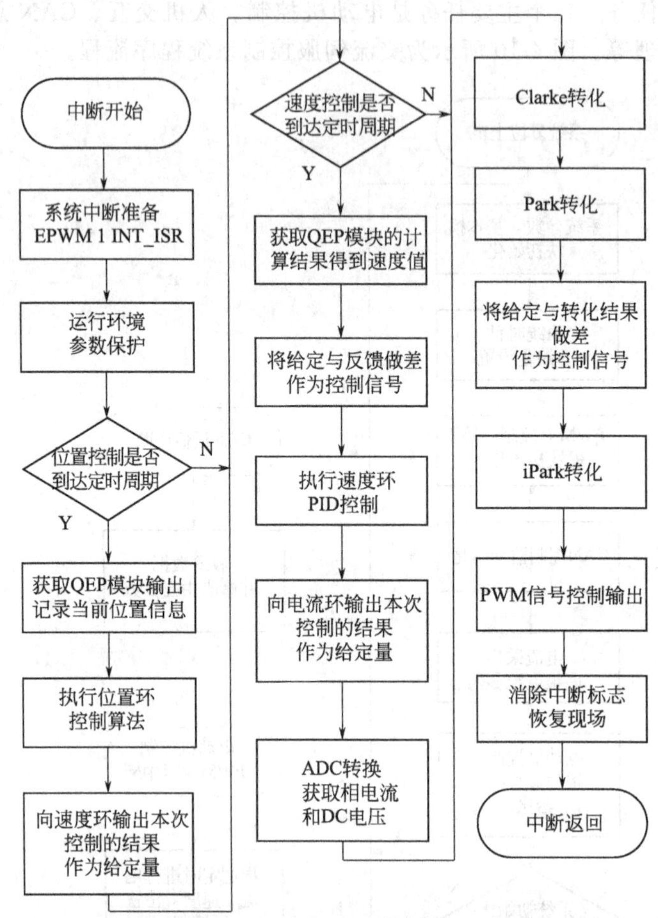

图4-11 运动控制定时中断程序运行流程

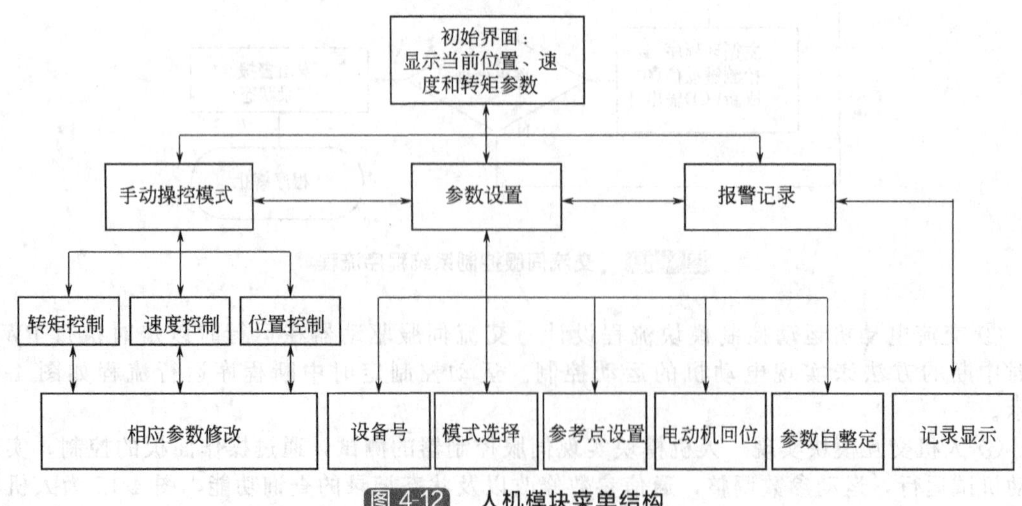

图4-12 人机模块菜单结构

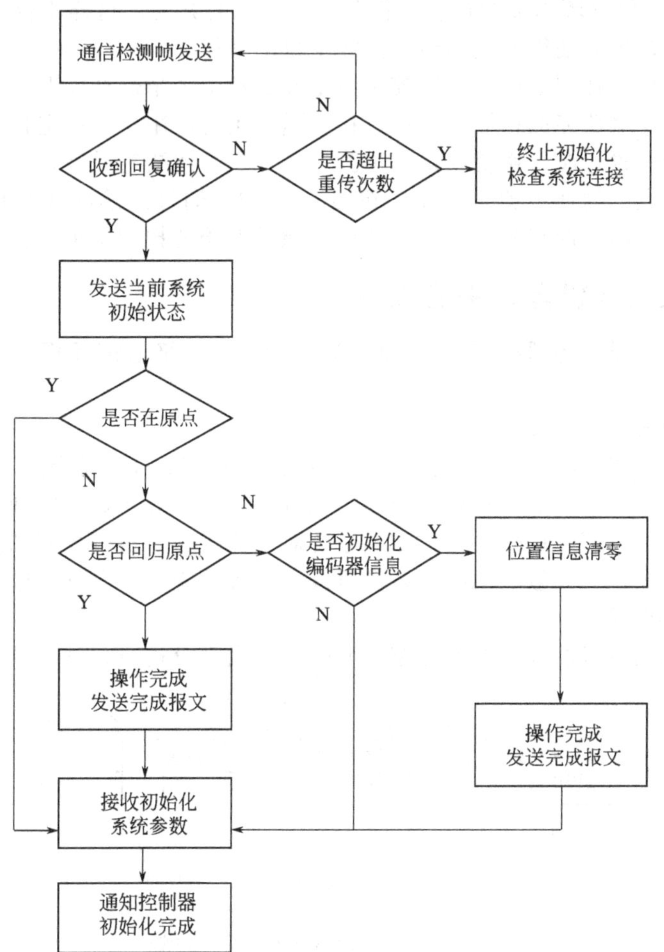

图 4-13　DSP 控制器 CAN 通信模块初始化流程

(3) 针对插补控制的位置环实现

机器人的路径控制经常使用 CP（Continuous Motion）运动，这种作业方式要求机器人必须沿着特定的路径运动，即要对路径中间点进行插值。

当各离散点转化为关节空间的速度、位置信息后，这些信息就可以通过控制系统总线传输给伺服驱动设备，对独立轴进行控制。

伺服系统的位置环控制基本思想如图 4-14 所示，t_1 和 t_2 是控制系统中两个插补时间点，系统的插补周期为 $t_2 \sim t_1$，A 和 B 为控制器插补周期上的两个状态点，假设 A 点为当前交流电动机所在的状态点，L_1 的斜率代表当前插补点电动机转动的速度，而 L_3 的斜率则表示电动机到达下一个插补点 B 后的预期速度，在信号与处理环节中，首先根据插补周期和前后两个插补点之间的位置差获得粗插补周期内的平均速度，在图 4-14 中表示为 AB 连线 L_2 的斜率，此时，若电动机按照该速度运行，则在规定的时间点 t_2 可以顺利到达下一个插补位置 B，但是这样带来的结果

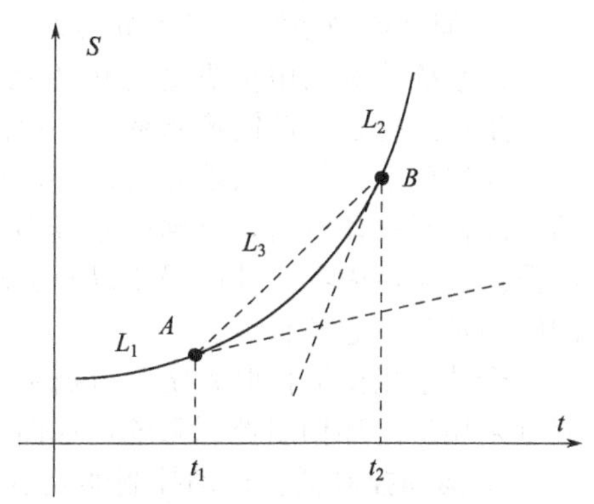

图 4-14　插补控制中的速度、位置给定示意图

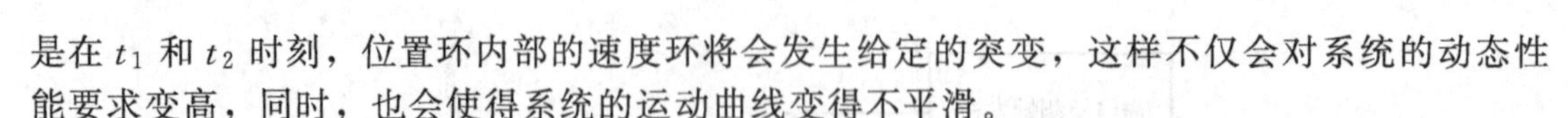

是在 t_1 和 t_2 时刻，位置环内部的速度环将会发生给定的突变，这样不仅会对系统的动态性能要求变高，同时，也会使得系统的运动曲线变得不平滑。

所以在给定的粗插补周期内，伺服控制器划分了若干个精插补周期，在控制信号预处理模块中添加了带有平滑功能的精插补模块，在实际应用时，用户可以选择以不同的形式在两个插补点之间进行位置过渡，系统默认的过渡方式为三阶曲线精插补，添加精插补的目的就在于消除各个插补点上的速度给定突变，在图 4-14 中，通过三阶曲线的精插补，可以使得插补点之间按照 AB 间的曲线进行运动，从而消除了系统的控制量突变。

4.2.2 PLC 在工业机器人中的应用

本例采用 PLC 控制、伺服控制、工业机器人设计、网络通信等相关技术，实现了对先进工业机器人的控制。

（1）工业机器人总体方案

① 工业机器人基本结构　工业机器人一般由执行系统、驱动系统、控制系统、感知系统、决策系统及软件系统组成。执行系统是工业机器人为完成作业，实现各种运动的机械部件。驱动系统为各执行部件提供动力。控制系统对工业机器人实行控制和指挥，使执行系统按规定的要求进行操作。一般它由控制计算机或可编程控制器、电气与电子控制回路、辅助信息和电气器件等组成。

工业机器人结构由机器人本体、控制器和软件三大部分构成。基本结构如图 4-15 所示。

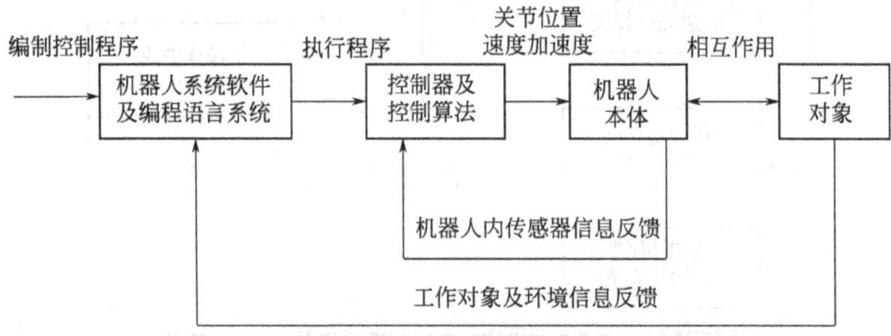

图 4-15　工业机器人基本结构

② 工业机器人设计的基本要求　工业机器人的指标是多种多样的。虽然机器人由编程控制，可以完成各种任务，但是都有经济实用的要求。它们的布局、大小、关节数、传动系统、驱动方式等将随工作任务和环境不同而异。设计必须满足工作空间、自由度、有效负载、运动精度和运动特性等基本参数要求。

③ 伺服控制系统　工业机器人的电气伺服控制系统有开环和闭环控制两种方式。开环机器人系统普遍采用步进电动机驱动，而闭环控制机器人多采用直流或交流伺服电动机驱动。闭环系统是负反馈控制系统，检测元件将执行部件的位移、转角、速度等最变换成电信号，反馈到系统的输入端并与指令进行比较，得出误差信号的大小，然后按照减小误差大小的方向控制驱动电路，直到误差减小到零为止。反馈检测元件一般精度比较高，系统传动链的误差、闭环内各元件的误差以及运动中造成的误差都可以得到补偿，从而大大提高了系统的跟随精度和定位精度。

全数字化交流伺服系统已占据主流，故工业机器人采用全数字交流伺服控制系统。运动控制采用半闭环伺服控制系统，如图 4-16 所示，运动控制系统包括：

a. 运动控制器：运动控制器是运动控制系统的大脑，向伺服电动机发出执行指示；

b. 伺服电动机（执行元件）：伺服电动机是动作控制系统的肌肉，将伺服传动机构的电能转化为使机器动作的机械能；

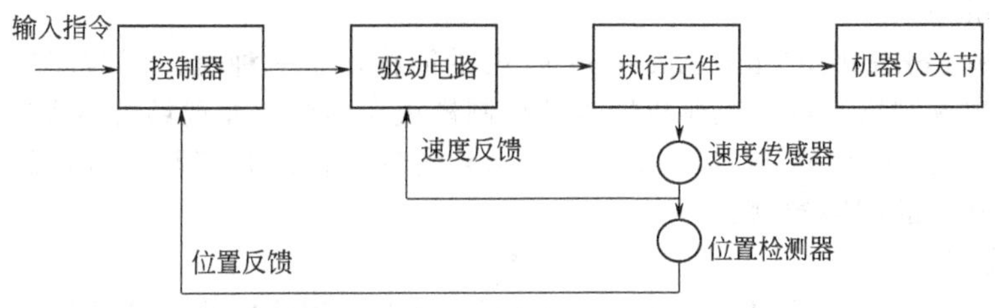

图 4-16　工业机器人半闭环控制系统

c. 伺服传动机构（伺服驱动器）：伺服传动机构或增强器，接收动作控制器发出的低级指令，然后大幅度地增强这些指令，向伺服电动机提供必要的能量；

d. 反馈设施：如编码器或解算器，将实时方位和速度信息反馈给动作控制器。

机器人控制器可定义为完成机器人控制功能的结构实现，可见机器人控制器是机器人的核心部分，它决定机器人性能的优劣，也决定机器人使用的方便程度，它从一定程度上影响着机器人的发展。高性能工业机器人的动态特性包括其工作精度、重复能力、稳定度和空间分辨度等。不但要实现 PTP 控制（point to point control），而且还要实现 CP 控制（continuous path control）。虽然采用基于 PC 的运动控制器和基于 DSP 运动控制器能够实现机器人的运动控制，但很难满足高性能工业机器人的各种要求，同时电路设计及编程复杂，需要有较高的理论基础。而采用 PLC 的控制接线简单，只需通过运动控制指令便可实现对机器人的运动控制，同时由于 PLC 在多轴运动协调控制、网络通信方面功能的强大，对机器人的控制成为现实。由 PLC 构成机器人控制器，硬件配置的工作量较小，无需作复杂的电路板，只需在端子之间接线。因此选用 PLC 为工业机器人运动控制器。

（2）控制系统

高性能工业机器人主要是各关节的驱动运动，不但要实现其 PTP、CP 控制，而且在多轴协调控制、速度、加速度、运动精度等方面对 PLC 提出了更高的要求，在 PLC 中日本欧姆龙（OMRON）公司的 PLC 和 A-B 公司的 PLC 在微小型控制方面功能较强大，德国西门子公司的 PLC 虽然目具有运动控制的功能，但仍不及三菱 PLC。三菱 PLC 具有完整的运动控制功能，通过高速度的背板，处理器与伺服接口模块进行通信，从而实现高度的集成操作及位置环和速度环的闭环控制。可实现从简单的点—点运动到复杂的齿轮传动，从而完全能够满足高性能工业机器人的要求。所以机器人控制采用三菱（MITSUBISHI）公司的 Q 系列 PLC。

1）PLC 模块

所选择的三菱 PLC，主要包括下列模块：

① 电源模块：Q-PLC 的电源模块，为 PLC 提供电源；作用是将交流电源转变为直流电源，供 PLC 的其他部分模块使用。

② CPU 模块：相当于大脑部分，信息的相关处理工作主要是由它完成。

③ I/O 模块：输入/输出信号集中处理模块，外面提供有接线端口，与外界的通信电缆相连。

④ CC-Link 模块：属于开放式设备级网络；主要是将一个控制器连接至多个不同的设备，同时降低配线成本并且增加额外的功能。

⑤ 以太网模块：属企业级网络，是最上位的网络，用于一个工厂中各部门之间的信息传递；利用该网络可以建立连接与 SCADA 及其他产品和质量控制管理系统相连。

⑥ 网络/信息处理模块：其功能主要是采用 MELSET/H 专用指令，制作除循环通信以外的数据收发程序。控制站/通用站使用。

2）CC-Link 模块

CC-Link 是 Control&Communication Link 的简称，是一种可以同时高速处理控制数据和信息数据的现场网络系统。工业机器人的控制模块在整个工业现场机器人控制中起着至关重要的作用。采用 CC-Link 技术，通过 CC-Link 实现了控制系统与上位机的通信，从而实现了对工业机器人的网络控制。

3）系统实现

面板包装于 PPBOX 内：18kg ROBOT（RH-18SH）将 PANEL、Spacer 分类，PANEL 经由 CV 经过二维条形码读取，CELL GAP 检查后流至 SR 磨边倒角机台；Spacer 放置于 Spacer 载出输送机后，待堆栈至指定数量后，自动载出。

4.2.3 小负载串联关节型垂直六轴机器人

（1）机器人概况

某 2kg 六自由度工业机器人项目属于一种小负载串联关节型垂直六轴机器人，由机器人本体、控制柜、手控器三部分组成。产品主要应用于电子、机械、食品等工业领域小型部件或精密产品的高速搬运、码垛、定位分拣、装配、检查等工作。图 4-17 为机器人构成图。

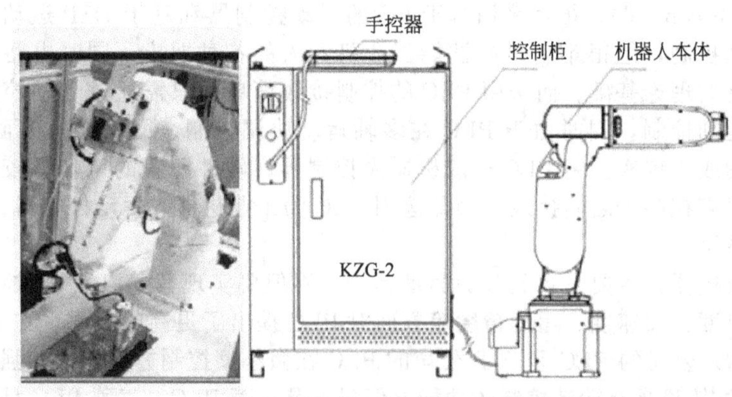

图 4-17 机器人构成

（2）机器人本体结构

图 4-18 为机器人的本体结构简图。该机器人的本体由铝合金材料构成，本体里面安装 RV 减速器和交流伺服系统，机器人的关节模块由伺服电动机、减速器和检测系统组成，机器人的整机由关节模块和连杆模块以重组的方式构成。该机器人具有以下优点：

a. 六自由度串联垂直关节结构，末端负重最大为 2kg，机身小巧、手臂细长、工作空间大、灵活性高；

b. 六个轴全部采用微型交流伺服电动机经 RV 减速机传动，国内尚属首创，国内外一般同类机型普遍采用谐波减速器结构；

c. 所有电气和气路走线全部集成于机器人内部，六个轴全部采用 RV 减速机传动，结构方面更为紧凑和美观。

（3）机器人控制系统

机器人的控制系统从原理上分为运动学控制和动力学控制。运动学控制以运动学为模型，各个关节电动机独立工作，工作模式为位置模式或速度模式，控制器同时控制六个电动机。整个控制系统结构简单、易于搭建，适合于低速机器人。此机器人基于运动学控制。

1）机器人运动控制硬件技术

图 4-19 为工业机器人控制系统硬件平台组成框图，主要包括 CPU 控制卡、运动控制轴

卡和 I/O 控制卡。

CPU 控制卡的主要功能是负责 PC 104 总线与 AXIS 模块、PORT 模块等各个模块以及手操器的通信，同时还要接收例如急停信号、状态信号等从 I/O 过来的信号。

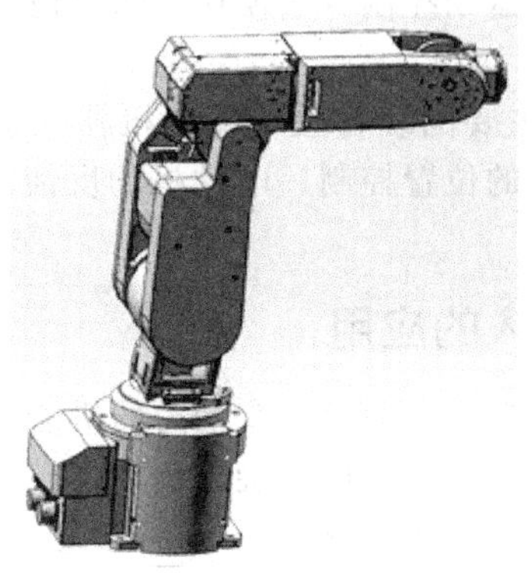

图 4-18　机器人结构简图

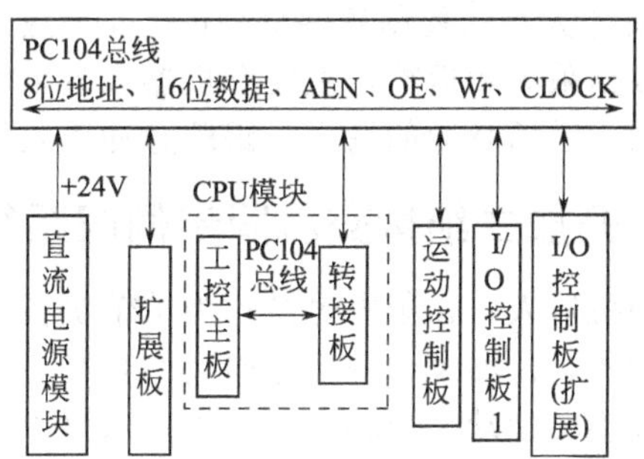

图 4-19　硬件平台组成框图

运动控制轴卡主要负责系统的六轴的运动控制，它与电动机伺服驱动器相连，包括各轴伺服电动机的脉冲指令输出、脉冲反馈输入、辅助的状态控制与检测 I/O 信号。

I/O 控制卡主要负责系统的通用 24 路 I/O 信号的输入与输出，以及 4 路模拟量的输出功能。

2）机器人控制软件技术

机器人运动控制软件部分控制按照模块化设计思想，可大致分为用户交互程序、应用功能、基本功能程序、基本运动程序、实时任务程序五个模块。

控制软件主要实现与伺服驱动器的数据交换，对机器人本体的手动按键控制、示教及再现控制，系统参数设置，软核 PLC 的实现，程序及文件编辑操作，作业管理等人机交互及控制功能。机器人控制软件部分的基本功能架构如图 4-20 所示。

机器人运动控制软件部分所涉及的实现方法如下：

a. 机器人运动控制软件部分的用户交互功能模块是系统和用户的交互界面。主要响应键盘输入、功能键输入，可实现设备及参数的管理和操作，并提供友好、简洁的操作界面和方法。

b. 机器人运动控制软件部分的应用功能模块则主要面向装配、装箱、转移、堆放工件等作业应用，如具有图形化编程功能，可以方便用户快速操作机器人工作。

c. 机器人运动控制软件部分的基本功能程序模块包主要完成和外部设备的通信、

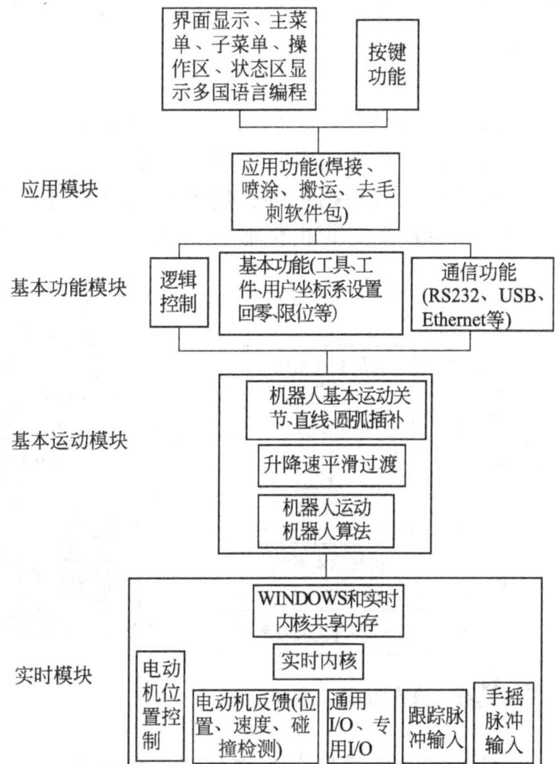

图 4-20　机器人控制软件部分的基本功能架构

软PLC、机器人基本功能的设定，以及实现关节坐标系、直角坐标系、工具坐标系、用户坐标系的建立和之间的转换，各关节的软件限位、回零（绝对编码器位置读取）功能。

d. 机器人运动控制软件部分的基本运动程序模块是工业机器人控制系统软件的核心，主要实现各个关节之间的联动运算控制，包括多轴插补运动控制算法模块、速度控制算法模块、速度平滑处理模块等。

e. 机器人运动控制软件部分的实时任务程序模块主要围绕各关节值与机器人末端位姿之间的数据采集和运算，主要有机器人各个轴的电动机的位置控制、电动机的反馈、I/O的实时控制、手摇脉冲的输入、跟踪脉冲输入等。

4.2.4 开放式结构交流同步伺服系统在机器人的应用

单轴机器人，在国内也被称为单轴机械臂。单轴机器人是只有一个动力的机器人，只能做一种动作，比如说，一个方向上的直线往复运动，或者一个方向的旋转运动，实现点到点的直线或旋转运动。单轴机器人可以通过不同的组合样式实现两轴、三轴、龙门式的组合，因此由单轴机器人并联组合而成的多轴机器人也被称之为直角坐标机器人。

单轴机器人可配置高精度交流伺服驱动器和伺服电动机，采用精密滚珠丝杆或同步带作为传动件。具有精密、坚固、运行平稳、定位精确、结构简单、噪声小、使用清洁、控制方便等多种特点。

单轴机器人、机械臂在液晶面板、半导体、家电、汽车、包装、点胶机、焊接、切割等具有定位、移载、搬运的自动化领域有着广泛的应用。

单轴机器人、机械臂由机械部分、传感部分和控制部分这3大部分组成。这3大部分又可以分成控制系统、驱动系统、感受系统、机器人-环境交互系统、人机交互系统和机械结构系统这6大子系统（见图4-21）。而控制系统和驱动系统是单轴机器人、机械臂的核心控制技术。

(1) 技术方案

传统单轴机器人、机械臂的控制系统由人机界面＋单轴位置运动控制系统＋可编程逻辑控制器（PLC）＋伺服驱动器＋伺服电动机组成（见图4-22原方案一和原方案二）：单轴位置运动控制系统根据运动控制的目标位置进行运动控制计算，计算出目标运动位置，输出脉冲指令给驱动器，再由伺服驱动器驱动电动机运转，进而带动机械结构运行。

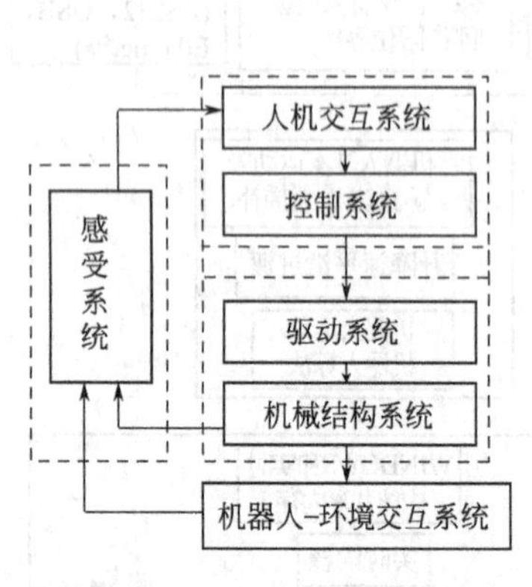

图4-21 单轴机器人基本组成

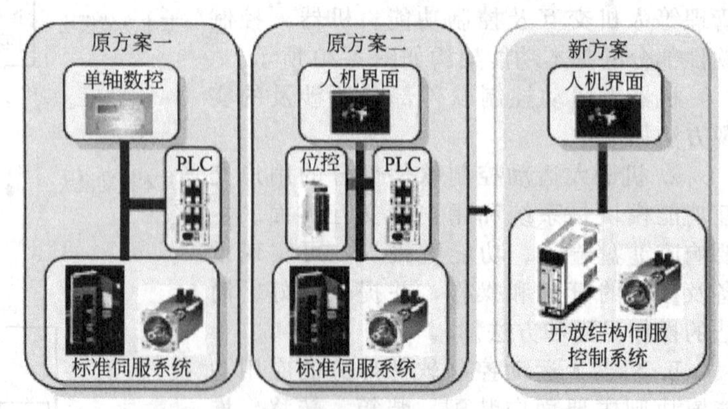

图4-22 方案比较

传统的单轴机器人控制系统有结构复杂、系统成本高、接线烦琐、可靠性差等自身缺点，越来越不能适应单轴机器人、机械臂的快速发展要求。而基于开放式结构的单轴机器人、机械臂专用控制系统就可以很好地解决这一系列的问题，系统将单轴机器人、机械臂所需的可编程位置控制和伺服驱动功能在一个系统中集成，大大提高了整个系统的可靠性、可维护性和抗干扰能力。

在 KT 系列伺服驱动器的基础上开发了具有开放式结构的单轴机器人、机械臂专用交流同步电动机伺服控制系统（见图 4-22 新方案）。

（2）单轴机器人、机械臂控制系统

具有开放式结构的单轴机器人、机械臂专用交流同步电动机伺服控制系统具有结构开放、软件功能集成、外部模块可扩展、强大的实时通信和丰富灵活的编程语言等多项优点。

整个系统由可扩展输入输出信号模块、可扩展存储模块、PLC（逻辑控制单元）、运动控制单元、交流永磁同步电动机驱动单元组成。具体组成框图见图 4-23。

1）系统特性

① 使用 32 位高性能 CPU，实现高精度、高速度单轴机器人、机械臂的伺服运动和逻辑控制；

② 具有灵活的点对点直接位置编程模式；

③ 具有自学习位置编程模式；

④ 具有自动位置加减速运动控制功能；

⑤ 具有标配 8 输入 4 输出可编程多功能输入输出口；

⑥ 具有可扩展可编程多功能输入/输出口；

⑦ 具有可扩展存储模块；

⑧ 具有完善的保护功能（有过流、过压、欠压、位置超差、编码器信号异常等多种报警保护）；

⑨ 具有 RS-485 通信接口（符合 MODBUS-RTU 通信协议），可通过与上位机连接，实现网络控制、参数设定、现场监控等多种通信功能；

⑩ 内置制动回馈能量电阻。

2）系统功能

① 可编程输入/输出接口（可扩展）　可编程单元有 8 个可编程多功能输入信号和 4 个可编程多功能输出信号：每一个输入与输出信号都可以根据参数设置来选定其功能；同时每一个输入与输出信号的有效信号（高电平、低电平、上升沿、下降沿）都可以根据用户的需要来设置。这样做极大地提高了系统的灵活性，为用户的操作提供了极大的便利，也提高了系统对于不同外围硬件的适应性。同时可编程输入/输出接口的数量可以通过系统总线进行扩展。

② 指令系统　整个可编程单元有着丰富的指令系统，提供了 100 余条指令供用户编程，可以灵活地实现用户的功能；整个指令系统有运动控制指令、跳转指令、逻辑运算指令、算术运算指令、比较指令、中断控制指令、子程序调用指令、定时指令、输入/输出指令、平滑过渡指令等多种类指令为用户的不同控制需求提供了保障。

③ 中断优先控制　整个可编程单元有 16 级不同优先级别的中断，每一级中断可以由任何的一个输入信号来触发，这样保证了系统中断的灵活性。也使用户的编程有了更多的选择，为实现较复杂的控制功能提供了强有力的保证。

④ 通信功能　整个系统还提供了 R-S485 通信功能，整个通信协议严格遵循 MODBUS-RTU 通信协议；可以通过基于 PC 的软件来对系统编程并监控单轴机器人、机械臂的运行工作状态；整个通信系统还可以连成网络，实现对单轴机器人、机械臂的联控与群控。

(3) 系统的设计和应用实现

在实际应用中单轴机器人、机械臂的系统设计采用逻辑工位规划、运动控制轨迹规划、系统编程、系统仿真和现场调试这 5 个步骤来实现（如图 4-24 所示）。

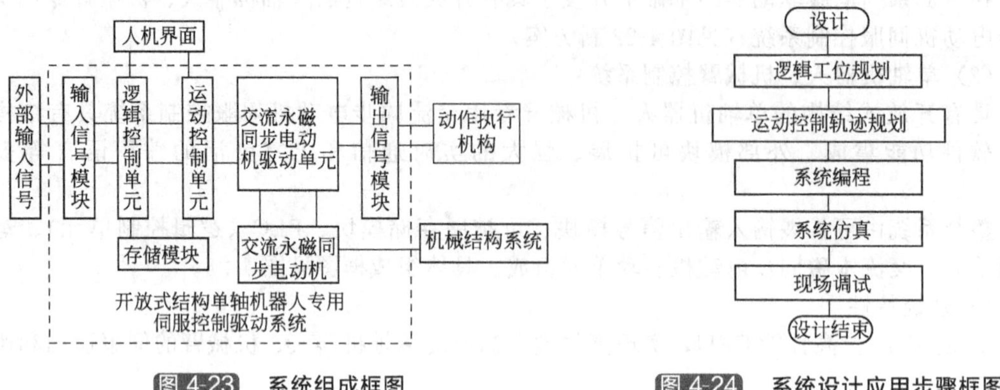

图 4-23 系统组成框图

图 4-24 系统设计应用步骤框图

1）逻辑工位规划

运用开放式结构单轴机器人伺服控制系统进行系统架构时，整个系统应采用模块化的理念进行设计，即将一个完整的生产序列根据工艺顺序进行多层次的分解，形成多个工作单元，同时要确保每个工序单元在实施方式上、空间布局上以及生产节拍的组织上适合单轴机器人完成每个工序单元的生产任务，以及和上下游的其他单元形成有序配合，这种配合体现在多工位之间能实现有序联动，统一生产节拍。所以在设计应用之初要进行逻辑工位的规划。

连续生产的常见的工序工位组织方式有环形工位和直线形工位，如图 4-25 所示。

开放式结构单轴机器人伺服控制系统内置 64 段可编程位置运动程序（P00～P63），通过扩展的程序存储模块可以扩展到 4K 段的位置编程容量；内置的 64 段可编程位置运动程序，可以通过 6 个可编程多功能输入信号定义为位置选择信号（PIN0～PIN5）来选择位置，并配以 START 位置启动信号来触发启动。扩展外部位置编程容量，可以通过扩展可编程多功能输入信号来选择并触发启动。

编程位置运动程序段除了可以通过输入信号来选择并启动外，还可以通过 485 通信和内置 PLC 程序来调用，可以适应不同种类的单轴机器人应用。

2）运动控制轨迹规划

开放式结构单轴机器人伺服控制系统提供了表 4-2 所示的参数用来规划运动控制轨迹。运转形式设定参数可以设置运转的坐标系、S 曲线、定位方式多种规划模式。

表 4-2 每段可编程位置运动程序规划参数

序号	参数名	内容
1	运转形式	通过参数的每一个比特位设定定位运转的形式
2	运转速度	设定定位运转的速度
3	目标位置	设定定位运转的目标位置
4	加速度	设定定位运转的加速度
5	减速度	设定定位运转的减速度

续表

序号	参数名	内容
6	跳转位置段	设定运动定位完成后要跳转的位置段
7	停止时间	设定运动定位完成后的停止时间
8	输出口设定	设定定位运转时的输出口信号

开放式结构单轴机器人控制系统除了可以用参数规划轨迹外，还可以用图 4-26 所示的图形界面来进行轨迹规划。

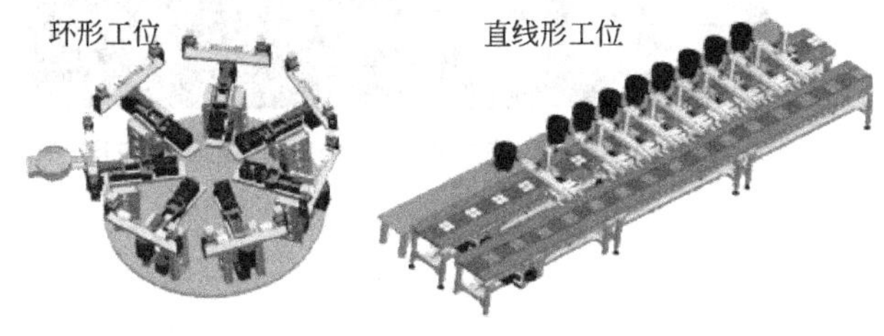

图 4-25　连续生产的常见的工序工位组织方式

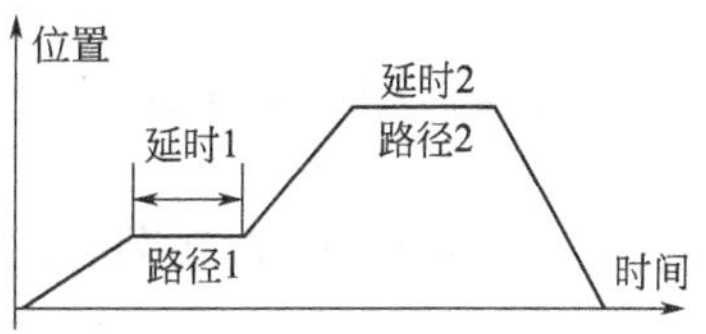

图 4-26　图形界面轨迹规划

3）系统编程

① 可以通过计算机专用编程软件进行编程　目前采用灵活的点到点直接位置编程模式，只需输入目标位置的坐标和运行速度即可完成一步点到点的位置编程；同时可以在位置指令间插入 PLC（可编程逻辑控制）指令，实现运动控制和逻辑控制的完美结合；在完成指令编程后可以通过指令编译、目标连接，形成可执行代码，并通过 485 通信下载到控制系统中。

② 示教模式编程　可以通过系统自带示教功能，在现场通过操作人员的点动运行，来示范位置运动轨迹，此时系统将记录整个运动轨迹；在点动运行结束后，计算机专用编程软件将根据系统记录的整个运动轨迹，自动生成位置运动控制指令程序。同时现场编程操作人员可以通过计算机专用编程软件，对自动生成的位置运动控制指令程序，进行编辑修改和优化。最后通过 485 通信将生成的可执行指令代码下载到控制系统中。

4）仿真模式

在完成编程后，可以在计算机专用编程软件上通过现场在线的指令生成运动轨迹波形图来验证编程的正确性和可靠性；同时可以在仿真模式下，实时在线修改控制系统中的程序，大大方便了现场用户的调试和应用。

5）现场调试

在现场调试中，具有开放式结构的单轴机器人、机械臂专用交流同步电动机伺服控制系统可以通过系统提供的各种调试功能，进行如下步骤的调试：①回原点运行调试；②点动负载运行调试；③系统试运行调试；④通过计算机监控软件记录外部输入信号，同时记录系统运行轨迹和输出信号。根据外部输入信号和不同的运行轨迹以及输出信号来判断系统的运行准确性。

（4）应用结果

具有开放式结构的单轴机器人、机械臂专用交流同步电动机伺服控制系统在实际的应用中比传统的单轴机器人、机械臂的控制效率明显提升，可靠性也有了显著的提高，功能更完善，保护措施也进一步提高，系统成本也明显降低，完全达到了国外同类产品的先进水平。图 4-27 和图 4-28 为现场应用情况。

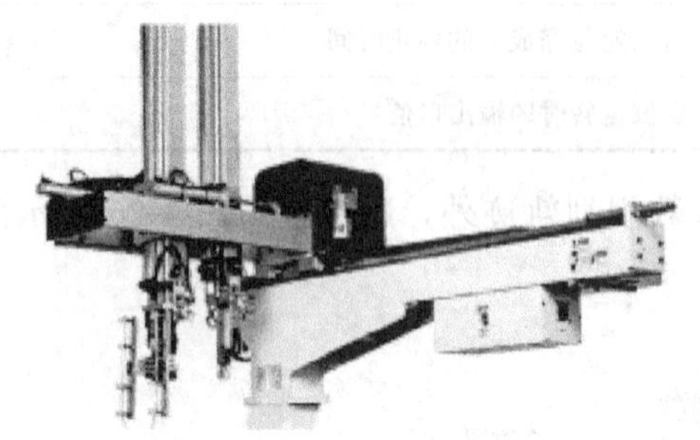

图 4-27 系统在单轴机械臂上的应用

图 4-28 系统在安装类单轴机器人上应用

4.2.5 焊接机器人控制系统

（1）开放式控制系统

开放性是指系统的开发可以在统一的、标准的、通用的软硬件平台上面，通过改变、增加或裁减结构对象，形成系列化，并可方便地将用户的特殊要求和技术集成到控制系统中。

它应该具有以下特性：

① 可扩展性。系统可以灵活地增加硬件设备控制接口来实现功能的拓展和性能的提高。

② 可互操作性。通过定义一系列的标准数据语义、行为模式、物理接口、通信机制和交互机制来实现。

③ 可移植性。在不增加硬件结构的前提下，利用现有的底层结构模式，通过配置和编译控制软件来实现系统的自定义。

④ 可增减性。系统的性能和功能根据实际需要方便地增减。

开放式结构的机器人控制系统，应建立一个开放的、标准的、经济的、可靠的软硬件平台。硬件平台应满足：①硬件系统基于标准总线结构，具有可伸缩性；②硬件结构具有必要的实时计算能力；③开放性要求硬件系统模块化，便于添加或更换各种接口、传感器、特殊计算机等；④低成本。

软件系统应具有以下特点：①可移植性，便于升级和软件复用；②交互性和分布性；③高效率。

操作系统的选择应基于以下原则：①通用性，必要的实时处理能力，具有多任务处理，多线编程功能，便于使用通用的软件开发工具，丰富的应用软件资源；②软件代码应根据实时操作需求，用具有数据抽象能力的语言编写，具有面向对象特征和模块化结构；③面向对象的编程应该是最便于机器人系统内核的设计和实现。

（2）开放式控制的系统结构

控制系统的硬件包括：一台工控机、两块开放式控制器、交流伺服控制系统和通信模块、CCD 摄像机和图像采集卡以及一些辅助设备，其硬件结构如图 4-29 所示。

工控机主要实现的功能有：①正、逆运动学计算及控制算法的实现；②与控制器和交流伺服驱动器以及 PLC 进行通信；③各关节编码器反馈信息和状态监控信号的显示；④机器人实时运动的三维仿真显示；⑤图像处理及显示。

工控机通过控制器发出电动机控制信号，经伺服放大器对指令信号进行放大后驱动机器人各关节电动机的动作；同时通过通信模块实时接收各电动机编码器反馈信号，并将反馈值

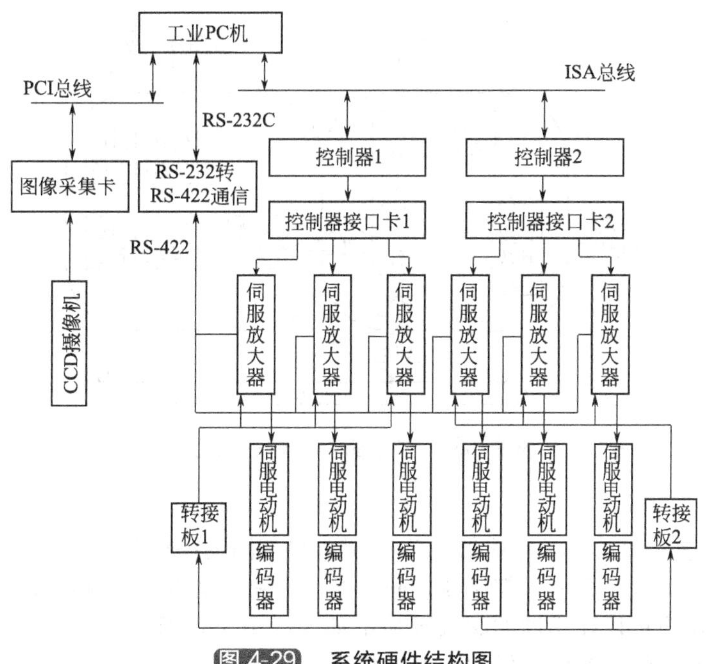

图 4-29　系统硬件结构图

进行数据存储，该存储的数据提供给各控制算法模块，经过处理后，再通过控制器产生控制指令输出，形成一个闭环控制系统。此外，此存储的数据还可用于实时数据显示，实现系统三维仿真显示和各关节电动机状态显示。

要使机器人具有柔性，功能可以扩展，其控制器结构必须是开放的。新的功能需要新的控制策略和新的控制方法，这要求软件是开放的；新的任务需要新的装置，这要求硬件是开放的。因此要使控制器的功能具有可扩充性，就需要控制器的软件和硬件都是开放的。

1）开放式控制器的硬件实现

图 4-30 所示是开放式控制器的内部流程，DSP 程序主要由命令中断模块和伺服中断模块组成。命令中断模块占用一个 DSP 硬件中断，在中断服务程序中，通过查表，找到工业 PC 机发送给控制器的命令函数的入口地址。如果是设置命令，程序会读取设置参数并将参数放置到 DSP 数据存储区内；如果是读取命令，程序会自动读取 DSP 数据存储区相应的数据，并返回给 PC 机。由于控制器的一些命令和参数是双缓存的，只有在参数更新后所设置的这些命令才有效。此时必须使用参数更新机制，它是通过控制器库函数 update（）来实现命令更新。伺服中断模块使用的是一个 DSP 定时中断；在定时中断服务程序中，会自动根据所设定的控制模式实时更新控制参数。通过计算，得到当前伺服周期完成的轨迹，并控制外部执行机构根据规划的参数完成相应的动作。对于闭环系统，在伺服周期内，也会采用累加的方式得到当前准确的位置。如果实际位置和规划的位置出现偏差，将会进行适当的调节，减少位置误差；同时在伺服中断中还会自动检测一些极限开关、位置断点等是否被触发。工业 PC 机与控制器通过 PC 总线以 I/O 读写的方式进行数据交换。来自外部的位置反馈信号，经过位置处理单元处理后，进入计数电路，通过 ISP 与 DSP 的双向收发接口完成外部位置的反馈。

2）开放式控制器的软件实现

开放性是此控制器的特点，控制器的软件设计也应该遵循这一原则，大体上分为三部分：上层的开发调试环境、驱动开发包以及底层的控制程序。

① 开发调试环境：开发、调试环境主要是为用户提供一个测试控制器以及开发控制程

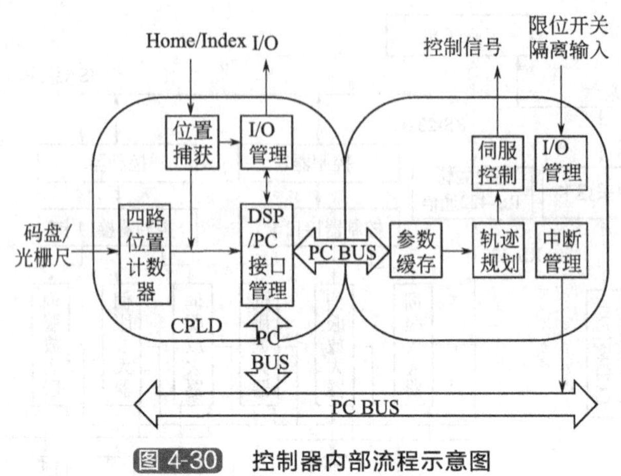

图 4-30 控制器内部流程示意图

度的软件平台。

② 驱动开发包：驱动开发包能够允许控制器在不同的操作环境下正常工作。其主要是针对不同的接口，负责计算机与控制器之间的通信，并将基本的接口函数以动态链接库的形式向用户开放，用户可以在不同的编程环境下如 VC ++，VB，CB，Delphi 等，直接调接口函数从而对控制器进行操作、管理，实现预定功能。

③ 底层控制程序：底层控制程序用于实现针对交、直流伺服电动机以及步进电动机的基本运动控制功能，采用 C 语言进行开发，是整个软件系统的基础。

3）交流伺服控制系统

在机器人控制中所使用的交流伺服系统，一般是由交流伺服放大器、交流伺服电动机和光电编码器组成的闭环控制系统。伺服放大器接收来自控制器的脉冲信号（脉冲的个数和频率分别对应位置和速度的给定值），并以此为给定值控制电动机的转动。伺服放大器从光电编码器获得闭环系统的位置反馈信号，通过通信模块传给工控机。六个关节的电动机选择了 HK -KFS 系列的超小型低惯性交流伺服电动机。

由于此类电动机的惯性矩较大，因此适合机器人这种负载惯性矩发生变动的场合以及韧性较差的设备（带驱动等），在电动机中还配置了电磁制动器，以增加安全性。相应地，伺服放大器选用了与电动机配套的 MELSERVO-12-Super 系列的交流伺服放大器。它有位置控制、速度控制、转矩控制三种模式，还可以进行控制模式的切换；具有 RS-232 和 RS-422 串行通信功能。在实际使用中，采取的是位置控制的模式和 RS-422 通信方式。其中，通过 RS-422 转 RS-232 通信，可以将伺服系统的运行状态、报警情况和绝对位置等传送到工业 PC，并可通过 PC 对伺服放大器进行参数设置、增益调整和试运行。

4）控制系统通信功能的实现

焊接机器人本体一般具有六个自由度，需要六个伺服电动机和相应的伺服驱动器，由于伺服放大器的 RS-232C 通信功能与 RS-422 通信功能不能同时使用，通过修改伺服放大器的参数 N0.16 选择使用伺服放大器的 RS-422 通信功能。通信电缆的连线如图 4-31 所示，通过转换器与工业 PC 机的 RS-232C 相连，在最后一个关节的伺服放大器上，必须将 THE 与 RDN 相连。伺服放大器（又称从站）接到工业 PC 机（又称主站）发出的指令后，将发出应答信息。需要连续读取数据，主站必须重复不断地发送指令。

因为通信总线上接有 6 个伺服放大器，为了判定和哪一个伺服放大器进行通信，主站在发送指令或数据时必须指明站号。传输的数据只对指定站号的伺服放大器有效。当发送数据时，如果站号为“*”，那么发送的数据对所有连接在总线上的伺服放大器都有效。

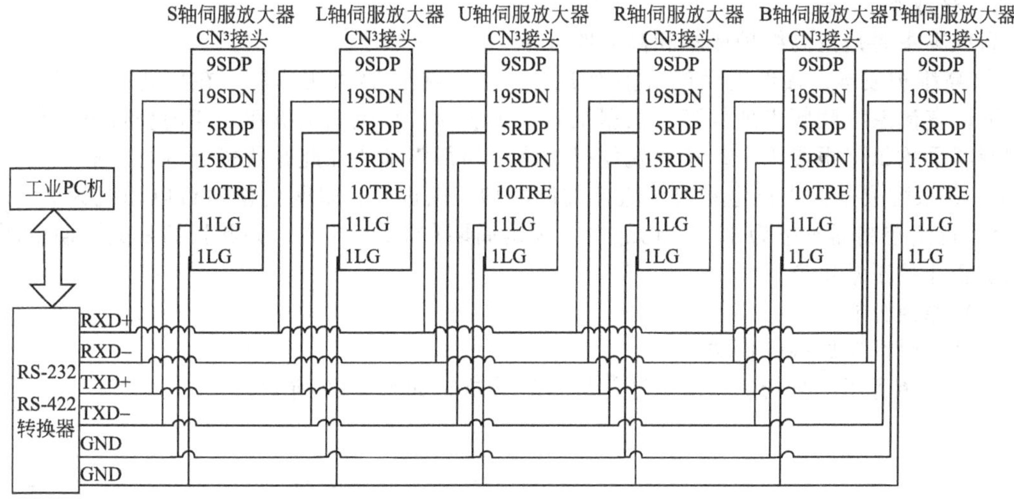

图 4-31　驱动器通信电缆连线图

（3）小结

与传统的焊接机器人相比，使用开放式控制系统，设备的通用性得到了增加，提高了设备的利用率和生产效率，直接带来了相应的经济效益。

4.2.6　交流变频控制系统在涂胶机器人中的应用

某汽车股份有限公司使用的涂胶机器人的供胶系统，全部为直流驱动模式。直流系统里的直流电动机和电动机控制器，均是美国进口，由国内供应商采购，然后转卖给用户。就在这一转手的过程中，价格被大大地提高。且从美国到国内，整个进货周期也长达 70 天左右，严重影响了企业的生产。在对直流系统的外形结构、工作原理及与机器人本体的信号交接进行研究后，发现最常用的交流变频系统在技术上完全可以取代。交流变频系统已经被广泛使用在各个生产行业，就工人的熟悉度来讲，也是掌握交流变频技术大过直流变频。

因此，无论是从人、机、料、法、环的任何方面来讲，供胶系统的交流化都是势在必行。

（1）现状调查

涂胶机器人是靠机器人手臂的移动，代替人工对汽车的前、后挡风玻璃进行涂胶操作，然后由人工将涂好胶的玻璃安装到汽车上。因机器人手臂的移动是靠程序设计的，所以相比人工涂胶具有精度高、速度快、品质可靠等优点。但总装车间的涂胶机器人却存在以下主要问题。

1）高能耗

吐胶机械手的供胶电动机，用于机械手吐胶时提供动力。此电动机无论是设备在吐胶还是不吐胶或处于等待状态时，都是处于运转状态，而涂一块玻璃时间为 23 s，生产线节拍为 110 s，因此，一个节拍内 87s 的时间，电动机都处于非增值的能耗阶段。

其次，由于车间工艺对胶型的要求，电动机在吐胶的过程中，没必要以 175V 的电压全速运转。电动机的工作状态如图 4-32 所示。

能量消耗图如表 4-3 所示。

表 4-3　供胶电动机能量消耗表

项目	非增值/s	每天空转时间/h	耗电量/kW
现状数据	87	20	30

2）高成本

高成本主要是指高维护成本和高采购成本。

① 高维护成本。A线的生产节拍为110s，工作制是24 h工作制。在如此高强度的使用频率下，直流系统频频出现故障。根据维修记录统计，直流电动机在3年内烧毁过1台，直流控制器平均每年报废1个。这样就使得维修车间每年都要在此花费资金进行维护。

② 高采购成本。直流电动机和直流控制器均美国进口，采购价格每台电动机为2.65万元/台，直流控制器价格为1.15万元/台。采购周期在70天左右，如此长的采购周期也严重影响了企业的正常生产。

（2）原因分析

1）“鱼骨图”原因分析法

采用“鱼骨图”分析法，对上述问题进行分析，如图4-33所示。

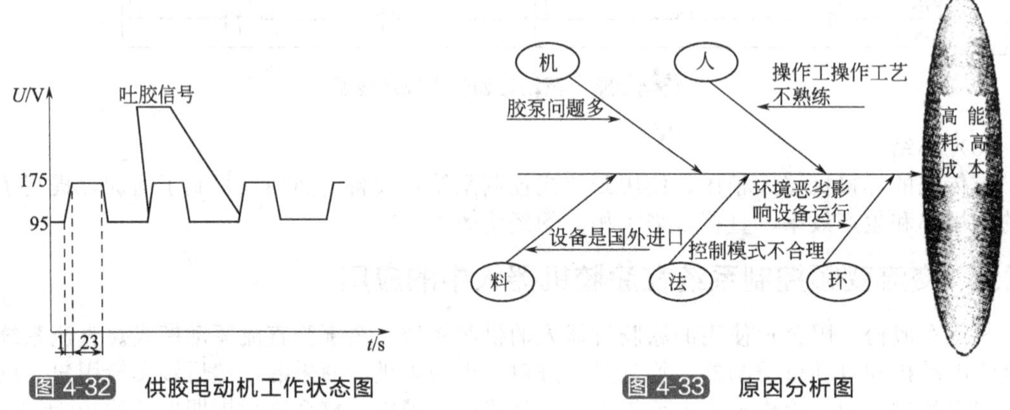

图4-32 供胶电动机工作状态图

图4-33 原因分析图

2）主因的确定

对“鱼骨图”的各个因素进行分析，确定要因和非要因，并作针对性的解决。

① 操作工操作工艺不熟练。某日，现场确认操作工的培训及操作情况，相关工程师已编制了详细的SOS标准。检查3个班次的操作人员已接受过SOS培训。还对整个操作过程进行跟踪、抽查，未发现因人为原因造成操作不到位的地方。所以，人员因素是非要因。见表4-4。

表4-4 操作人员接受SOS培训表

	序号	22	23	24	25	26	27	28	29	30	31	1	2	3	4	5	6	7	8	9	10
对操作工的整个操作过程进行跟踪	1班	OK	OK	OK	OK	OK	OK	OK	OK	OK	OK	OK	OK	OK	OK	OK	OK	OK	OK	OK	OK
	2班	OK	OK	OK	OK	OK	OK	OK	OK	OK	OK	OK	OK	OK	OK	OK	OK	OK	OK	OK	OK
	3班	OK	OK	OK	OK	OK	OK	OK	OK	OK	OK	OK	OK	OK	OK	OK	OK	OK	OK	OK	OK

② 环境恶劣影响设备运行。以PM. TPM为标准，对现场维修员、操作工的PM工作进行抽查。并跟踪抽查整个PM过程及现场5S情况，所有GMS里的考核指标均达标。所以，可以排除环境恶劣方面的因素影响设备运行，是非要因。

③ 控制模式不合理。在110 s节拍内，只有23s的涂胶时间（增值时间），其余时间为移动和等待时间（非增值时间）。并且，在每班的休息时间和吃饭时间，电动机也都是处在运行当中，这些时间也都是非增值时间。在非增值时间内，如果供胶系统的电动机如果仍然处于运行状态，则此时的能源消耗便是一种纯粹的浪费，没有任何价值创造可言了。

因此，在控制逻辑上而言，这种控制模式和工作逻辑是不科学的。为了降低能耗，充分利用能源，必须尽量降低非增值时间。改变系统的控制模式，是最根本有效的办法。因此，控制模式不合理，是造成高能耗的要因。

④ 设备是国外进口。设备本身在国外的价格并不贵。经过查询，直流电动机的厂商 BOLDER 公司，在公司的网站上公布的供胶直流电动机的价格为 735 美元。但经过国内的一、二级供应商转手后，最终到用户手里的价格便成了 26500 元/台。因此，设备的进口是影响成本高的最大因素，是要因。

⑤ 胶泵问题多。经过现场调查确认，发现与维修有关的配套设备的胶泵在生产中运行正常，各参数符合指标，没有出现过多故障。所以，胶泵问题多是非要因。

(3) 对策的制定

针对上述的 2 个要因，经过多名工程师及技术人员反复讨论、商榷，最终制定的对策如表 4-5 所列。

表 4-5　制定对策表

序号	要因	措施	目标
1	控制模式不合理	改变控制模式，采用交流变频系统	清除供胶系统非增值的等待能耗，实现无级调速，能随时达到供胶速度要求
2	设备是国外进口	采用国产设备，降低成本，并缩短采购周期	采购成本价格压缩在 1 万元以内，采购周期由原来的 70 天降到 7 天左右。并且要保证设备的可靠性、稳定性

(4) 对策的实施

1) 电动机的更换

首先要找到一款最适合现场使用的电动机。经过查找资料，确定了上海麦奇的一款交流变频电动机，参数如下：

型号：VF G90L-50-4-1.5K；

额定电压：380V AC；

额定功率：1.5kW；

转速：1750r/min。

原来直流电动机参数如下，以作对比：

工作电压：180V DC；

额定功率：1.5kW ；

转速：1750r/min。

从上面的参数对比可以看出，参数基本相同，价格却相差甚远，上海麦奇的交流电动机采购价格 1800 元，仅一台电动机就节省了 2 万多元。

2) 变频器的更换

电动机确定后，就要找一台与之相配的变频器，来实现无级变频调速的目的。变频器的作用，就相当于原来直流系统的直流控制器的作用。最后项目组选择了维修人员最熟悉的三菱 A500 变频器，参数如下：

型号：FR-A540-2.2K-CH；

功率：2.2kW；

输入参数：3PH 380V AC 50Hz。

与原来的直流控制器在价格上相比，一台上述型号的变频器价格为 2100 元，也节省了将近 1 万元。

3) 电动机底座的设计

既然电动机已经更换了，那么用于电动机固定的底座也要随之更换。经过设计，交流电动机的安装底座设计图如下。

① 设计一条底座调节装置，以利于交流电动机的位置调节，如图 4-34 所示。

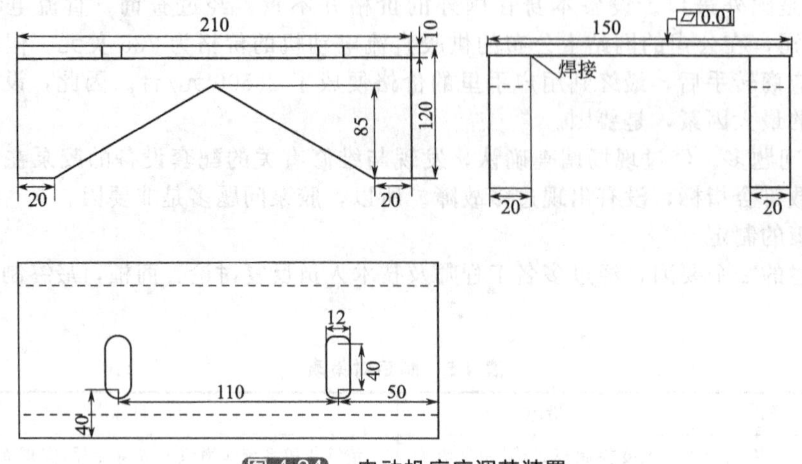

图 4-34 电动机底座调节装置

② 设计一套交流电动机与原来离合器的接口部件，确保交流电动机能够与原来离合器保持良好的配合，如图 4-35 所示。

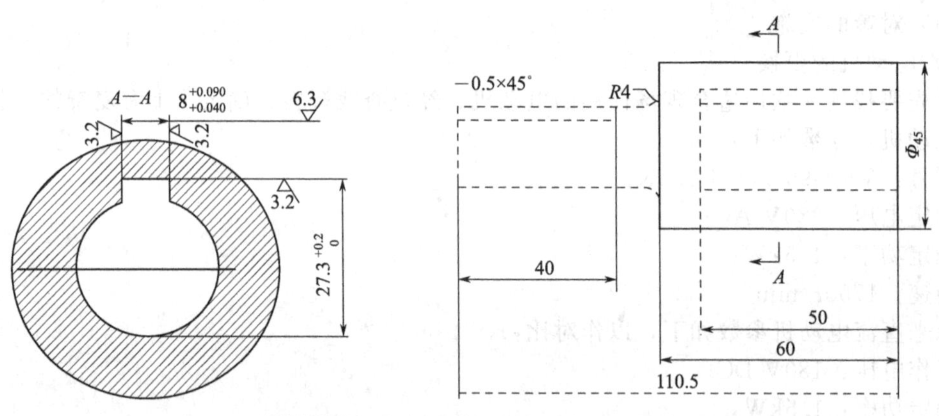

图 4-35 电动机与原离合器的接口部件

4）机器人程序的改写

为配合交流电动机的动作，需要对机器手程序进行修改。因为胶量可以通过机器手的行走速度进行控制。修改后的机器手程序确保了交流电动机的低能耗运转。

信号的发出命令如下：

TOOLON

对应的梯形图程序：

```
0100 STR # 5270 开始工作
0101 OR # 3047
0102 OUT # 4170 开始作业应答
```

在 XRC 柜里对应的线端为 3047 端子修改后的机器手程序部分如下：

```
0010 MOVL V= 120.0
0011 MOVL V= 120.0
0012 MOVL V= 140.0
```

经过以上 4 个步骤的设计和施工，最终完成了本改造项目。

（5）结果跟踪与分析

完成上述各项步骤后，在机械方面，新部件与原来的旧结构顺利交接。线路在重新布置后，电气部分也顺利调试完成。在生产启用后，对变频器进行简单的频率输出调整后，整个系统的工作状态和涂胶的品质都得到了维修部门和总装车间的认可。从此，交流变频系统在涂胶机器人中代替了直流控制系统，正式启用。

（6）效果验证

1）高能耗解决的效果验证

对机器人供胶系统进行检查监控每个动作环节，消除了 87s 的空转浪费，实现无级调速，有效控制供胶系统供胶的快慢。并且在增值时间内的工作能耗也降到了原来的一半左右，原来是 175 V 工作，改造后是 35Hz。交流系统的工作曲线图和原来直流的对比如图 4-36 所示。

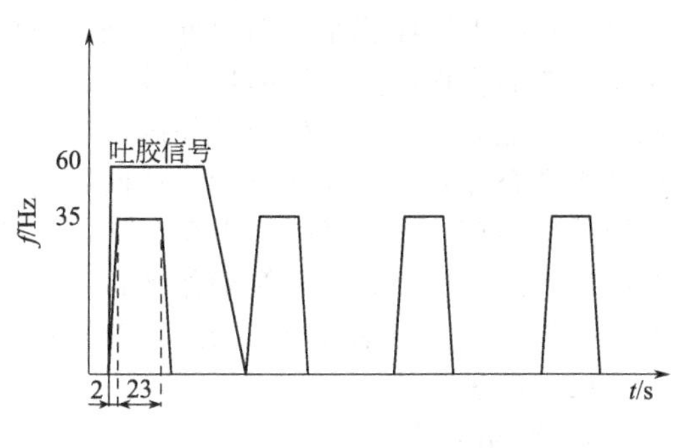

图 4-36　交流变频工作线图

将图 4-36 与图 4-32 对比可以看出，交流电动机的运行能耗大大低于直流电动机的运行能耗。通过计算来对前后两种装置的能耗进行对比，具体如表 4-6 所示。

表 4-6　前后两种装置的能耗对比表

项目	非增值/s	每天空转时间/h	每天耗电量/kW·h
直流系统控制	87	20	30
交流变频控制	0	0	0

2）高成本解决的效果验证

改造成交流变频系统控制运行后至今，各参数达到控制要求，没有出现过任何故障，交流电动机和变频器一直稳定使用中。这些备件在本地可以直接购买，方便、及时。成本的使用情况改造前后对比如表 4-7 所示。

表 4-7　改造前后成本对比表

控制模式	结构	价格/元	总价格/万元	供货周期/天	调速级别
直流系统	进口电动机	26500	3.80	70	两级变速
	驱动控制板	11513		70	
交流系统	交流电动机	1800	0.39	5	无级调速
	变频器	2100		5	

从表 4-7 可以看出，原来将近 4 万元的成本，在改造后被压缩到了 4 千元。并且供货周期大大缩短。高成本的问题完全达到了改造的预期效果。

（7）小结

不管是在汽车生产企业，还是汽车零配件生产商，或者其他生产企业，几乎所有的直流系统驱动定量泵的结构，都可以进行上述的交流变频改造或者类似的改造。改造不仅响应了国家提出的“节能减排”号召，也为企业本身的“低成本”发展起到了示范作用。

该系统的改进，取得了明显的效果，大大提高了生产线的吐胶效率和品质。同时，设备的品质得到了不断提升，从而带动了整车品质的不断提升。

吐胶机器人系统维修成本的降低，体现了该汽车股份有限公司“高价值、低成本”的理念。使得进口备件国产化的趋势进一步扩大，同时也提高了吐胶机器人系统的稳定性，收到了预期的效果。

4.2.7 拆箱机器人开箱工艺的改进

（1）存在问题

拆箱机器人是为了配套制丝生产物流自动化而开发研制的专用设备，与其他类似设备相比较，具有占地面积小、功耗低、操作简便、脱箱成功率高等特点，可以灵活地实现卷烟厂制丝工艺的合理布置，提高生产效率，降低工人劳动强度，改善工作环境，目前已成为连接原料烟叶配方库与制丝生产的关键设备，在国内卷烟厂得到了广泛应用。但是，随着近年来烟草生产企业对于环保和节能降耗问题的逐步重视，拆箱机器人在开箱过程中存在烟叶散落的缺陷也突现出来。通过对上海、南昌、芜湖等卷烟厂拆箱机器人使用情况调查发现，每一个批次生产完成后，在开箱操作平台上都要散落很多片烟，不仅造成原料片烟的浪费，也影响了操作工人的劳动环境。为此，对拆箱机器人的开箱工艺进行了改进。

（2）改进方法

1）开箱方式

目前，片烟的包装需符合 YC/T137.1—1998 的规定（1136mm×720mm×725mm）或国际通用 C48（1115mm×690mm×735mm）纸箱尺寸。饭盒式底箱和盖箱共两层，松散片烟经压实后，上、下各加垫板一块，片烟净重 200kg。在实现片烟与纸箱分离之前，必须打开底箱和盖箱上下箱盖，取走上下垫板。现有制丝生产中采用的开箱方式如图 4-37 所示。

① 水平开箱。在人工打开烟箱箱盖过程中，不会造成片烟散落，是最理想的开箱方式。但由于纸箱尺寸较大，以及输送辊道的高度，人工开箱很不方便。

② 竖立侧开箱。夹持大端面，人工开箱方便，但在打开烟箱箱盖时，会有片烟散落，烟叶比较松散，散落较多。

③ 横向侧开箱。夹持小端面。人工开箱方便，但在打开烟箱箱盖时，会出现片烟整体滑落和散落现象。在烟叶比较松散时，散落较多。

通过对 3 种开箱方式比较可见，第 2 和第 3 种方式都无法避免开箱时片烟散落，但选用第 2 种开箱方式，可以通过交流伺服控制夹紧机构夹取盖箱的大端面，保证片烟在翻箱过程中不会整体滑落；第 3 种开箱方式由于夹持面比较小，很容易造成在翻箱过程中片烟的整体滑落；第 1 种开箱方式尽管开箱时不会有片烟散落，但人工开箱不方便。

改进后的拆箱机器人开箱机构，采用了第 1 种方式打开箱盖，取走垫板。为了便于人工开箱，在烟箱进入拆箱机器人的翻箱机后，输送辊道向操作面倾斜一定的角度，见图 4-38，既避免了烟叶在开箱过程中散落，又方便了人工操作。

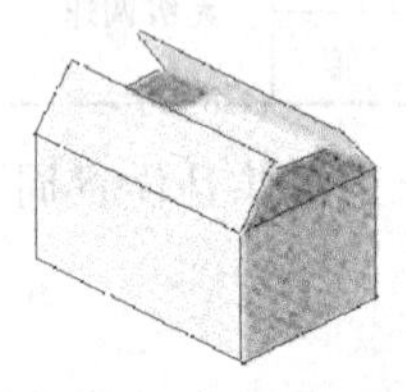

(a) 水平开箱

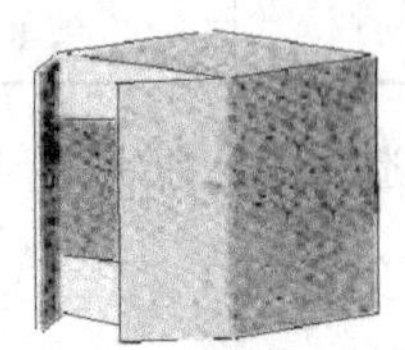

(b) 竖立侧开箱

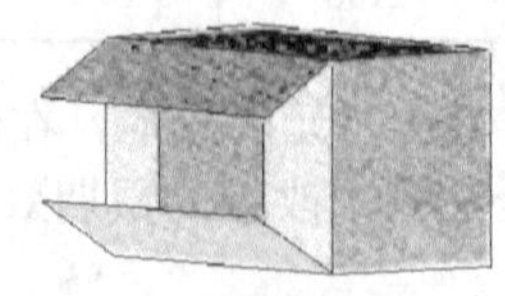

(c) 横向侧开箱

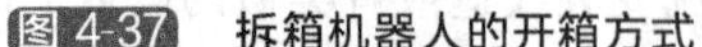

图 4-37 拆箱机器人的开箱方式

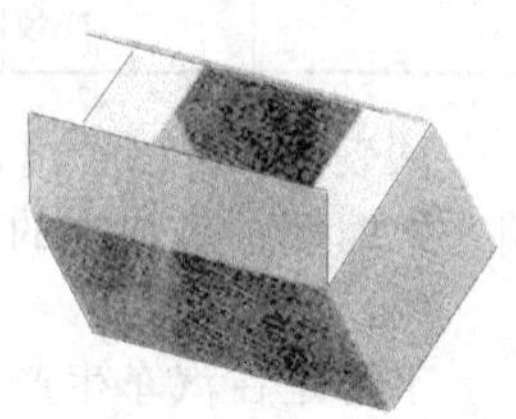

图 4-38 水平倾斜开

2）翻箱机构

打开烟箱箱盖，取走上垫板后，还要将整个烟箱翻转，取出底箱下垫板，由于在翻箱过程中，经开箱后的烟箱没有捆扎带的束缚，烟箱箱盖自然会随着翻转而打开，造成片烟散落。尤其是对于夹持小端面实现烟箱的翻转，还会发生烟叶整体滑落，在对输送带机造成机械冲击的同时，还会将输送带机上的碎烟和残留片烟溅起，污染操作工人的工作环境。

为保证烟箱在翻转过程中，烟叶不会滑落和散落，下部的辊道输送机在气缸的推动下提升烟箱，与上端的带输送机上下夹住烟箱，然后翻转 180°，使其上下倒置。因开箱后的烟箱被夹持在辊道与带输送机之间，所以在翻转过程中不会使片烟散落和片烟整体滑落，从而解决了开箱过程中的片烟散落问题。

(3) 交流伺服技术的应用

尽管纸箱包装有统一的要求，但是由于各纸箱生产厂家存在着制造差异，以及原料烟箱在运输过程中的挤压变形，经过几次周转运输后，各个烟箱在尺寸上存在着明显差异，有些甚至造成破损，使烟箱尺寸不等、片烟的松紧程度不同，因此对烟箱的操作存在一定程度的不确定性。

通过对烟箱施加不同力，观察片烟与纸箱分离情况，并对实验结果分析可知：烟箱在箱盖打开情况下，对纸箱施加 1568N 左右的夹持力，在提升纸箱过程中，纸箱能够与烟叶较好分离；在片烟与纸箱分离后，夹持力不能超过 1000N，否则会造成空纸箱变形。

根据以上实验数据，采用左右旋滚珠丝杠传动，将伺服电动机输出转矩转换为夹持力施加在纸箱上。由于滚珠丝杠传动效率高，同步性好，保证了烟箱两个侧面受到均衡的夹持力。改进后脱箱机构见图 4-39，夹取装置的夹臂安装在滚珠丝杠的滚珠螺母上。

由滚珠丝杠扭矩的计算公式：

$$T=\mu\ \frac{F_a\rho_k n}{2\pi\eta} \tag{4-1}$$

式中，T 为伺服电动机驱动转矩；μ 为安全系数，$\mu=2$；n 为行星减速机减速比，$n=1:3$；η 为滚珠丝杠效率，$\eta=0.88$；F_a为夹持力经验值，$F_a=1568N$；ρ_k为滚珠丝杠的导程，$\rho_k=12mm$。

可得：$T=2.27N\cdot m$。

因此，选用伺服电动机的主要指标为：电源三相 200V，额定功率 750W，额定转矩 2.39N·m。设定 PLC 模拟量的输出值，通过伺服控制器比例调节伺服电动机的输出转矩，在脱箱过程中控制夹持力的大小。在片烟与纸箱分离后，通过伺服控制器的位置控制功能，保持夹持机构的位置不变，保证了空纸箱不被破坏。在空纸箱随着夹持机构上升过程中，拍打气缸会振动纸箱两侧，将部分夹留在空纸箱里的片烟抖落在输送带机上。上升到位后，夹持机构旋转 180°，使空纸箱上下颠倒，二级组合气缸竖直打开烟箱的箱盖，打开箱盖的同时，也会将夹在纸箱缝隙里的片烟抖落在输送带机上，实现了夹留物料的自动回收。同时也避免在脱箱过程中对空纸箱造成破坏，有利于空纸箱的重复利用。

(4) 小结

拆箱机器人开箱工艺改进后，采用交流伺服技术实现片烟与纸箱的分离，设备结构简单，控制灵活，提高了脱箱成功率。通过在卷烟厂实际应用表明，采用改进后的拆箱机器人开箱工艺解决了开箱和脱箱过程中的片烟散落问题，降低了片烟损耗。改善了工人的操作环境。

4.2.8　工业码垛机器人控制系统

工业码垛机器人是典型的机电一体化产品，控制系统是工业码垛机器人最为重要的部分，对机器人码垛功能的实现及作业性能的保障起着至关重要的作用，直接决定着机器人的运动精度及工作效果。此工业码垛机器人控制系统，以 PLC 为主控装置，使 PLC 与相关器件的功能融合达到理想的程度，所构建的机器人控制系统结构精简，节能降耗，具有较好的稳定性及可扩展性。

(1) 工业码垛机器人简介

① 性能参数：本体质量 1000kg；最大抓取质量 60kg；搬运速度 30m /min；堆码速度 20 次/min。

② 工作范围：水平作业半径为 2.5m，垂直作业高度为 2.4m。

③ 连续运转时间不小于 24h，连续运转 8h 累积误差不超过±5mm。

该工业码垛机器人采用图 4-40 所示平衡吊机构形式，具有结构简单、使用方便、维护节省的优点。在该机构中，构件 5 和 6 是两个原动件，由于机构有两个自由度，因此该机构的运动是确定的。杆系核心部分是一个平行四连杆机构，由 ABD、DEF、BC、CE 四杆组成，在 B、C、D、E、F 处用铰链连接，其中 BC$\underline{\mathbin{/\!/}}$DE 和 BD$\underline{\mathbin{/\!/}}$CE。

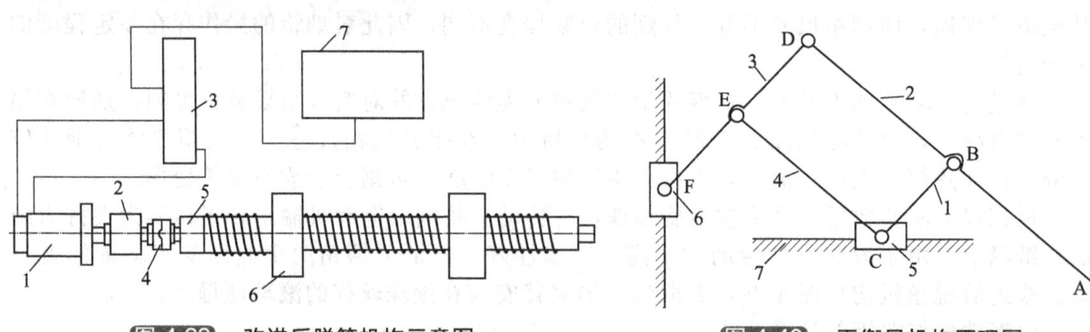

图 4-39 改进后脱箱机构示意图

1—伺服电动机；2—行星减速机；3—伺服控制器；4—联轴器；5—滚珠丝杠；6—滚珠螺母；7—可编程控制器

图 4-40 平衡吊机构原理图

该机器人主体机构的优点在于，无论机器人空载，还是负载，在工作范围内的任何位置都可以随意停下并保持静止不动，即达到随意平衡状态。机器人机械结构的三维仿真设计效果如图 4-41 所示。由于机器人具有相互独立的四个自由度，相应的机械结构也可分为四个部分：①底座旋转部分及其驱动装置 7；②水平移动部分及其驱动装置 5；③垂直移动部分及其驱动装置 6；④手爪旋转部分及其驱动装置 8。各自由度均采用交流伺服电动机驱动。

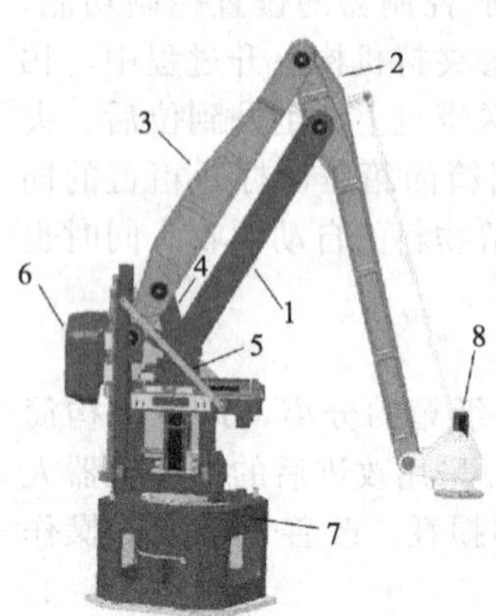

图 4-41 码垛机器人机械系统示意图

1～4—平行四连杆机构；5—水平移动部分；6—垂直移动部分；7—底座旋转部分；8—手爪旋转部分

机器人水平方向的运动由电动机经丝杠旋转带动构件 5 做水平直线运动来实现；机器人垂直方向的运动由电动机经丝杠旋转带动构件 6 做垂直方向的直线运动来实现。底座及手爪部分有两个旋转自由度。通过这四个自由度，实现码垛机器人抓手在空间内的灵活移动，完成码垛作业。

(2) 工业码垛机器人控制系统硬件设计与实现

根据工业码垛机器人整体设计指标及作业要求，其控制系统应满足如下要求：

① 四轴四自由度的协调控制，实现高速、稳定、高效运动；

② 示教控制技术，实现路径规划；

③ 实时性高，动态响应性能好；

④ 高可靠性、安全性和稳定性；

⑤ 友好的人机界而，编程方便，易于操作；

⑥ 硬件系统结构紧凑，并具有一定的可扩展性。

根据上述设计要求，设计了如图 4-42 所示的工业码垛机器人控制系统硬件构架。

工业码垛机器人控制系统的核心是横河 FA-M3 PLC。该

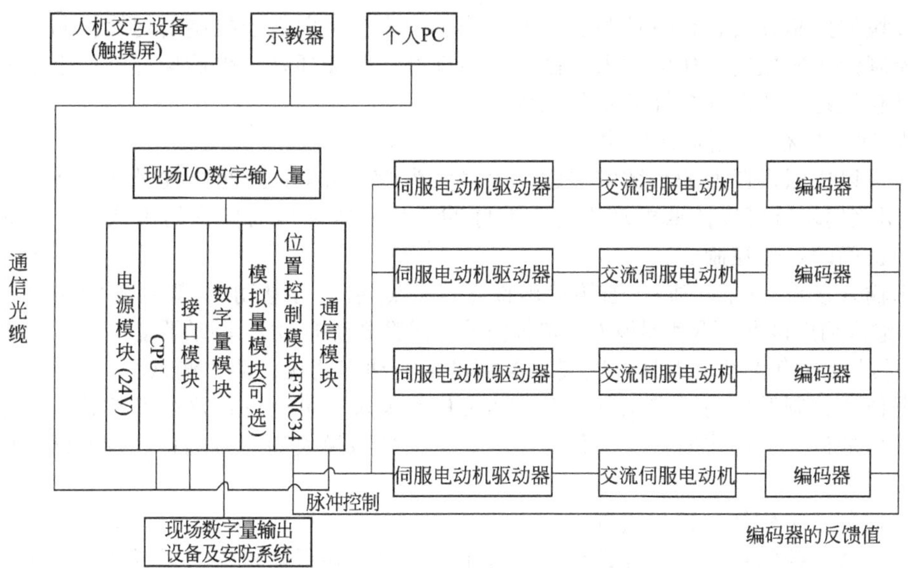

图 4-42 码垛机器人硬件结构图

PLC 功能多、性能好、处理速度快和扩展能力强，主要完成伺服电动机驱动、示教功能及其他外围 I/O 量的处理等任务。FA-M3 PLC 采用模块化设计，可根据不同任务需求采用不同的模块。本机器人控制系统需要采用电源模块、CPU 模块、数字量模块、位置控制模块和通信模块等。

其中位置控制模块 F3NC34 根据来自 CPU 模块的命令，生成位置定位用的轨迹，以脉冲串的形式输出位置命令值。按照输出脉冲串的数量指定电动机的旋转角度，按照频率指定电动机的旋转速度，同时接收编码器的反馈值，构成闭环控制。码垛机器人位置控制原理如图 4-43 所示。

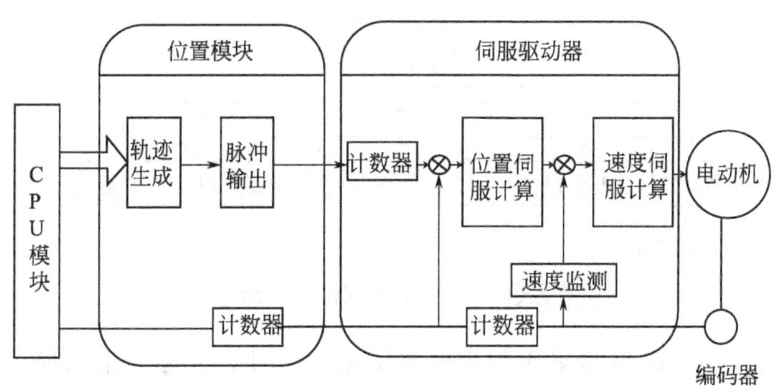

图 4-43 位置模块运行原理示意图

位置控制模块中装有 32 点位的固定输入和输出继电器，可将位置控制所需常用命令固化在其中，方便位置控制的实现。位置控制模块的特点如下：

① 高速和高精度的定位控制。

使用交流伺服电动机时，最大输出为 5Mpps；

对于机器人 1 轴启动的情况，可使用 0.15ms 的短时位控；对于 4 轴直线插补和 2 轴圆弧插补，可使用 0.5ms 以下的短时位控，这样就可使机器人开始高速运行，实现与外围设备的同步。

② 丰富的位置功能。

该模块的控制方式有定位控制、速度控制、速度控制向定位控制的切换控制、定位控制向速度控制的切换控制。作为插入控制有直线插补、圆弧插补、螺旋插补等。丰富的功能使机器人能够轻易实现多种多样的定位控制。

③ 脉冲计数器/通用输入输出接点。

因为可以按照机器人的轴数安装输入值最大为 5M pps 的脉冲计数器（支持绝对值编码器），使用该模块就可以读取电动机的反馈脉冲，从而实现当前位置的确认、位置偏离的检测等更加正确的定位控制。

通用输入接点（6 点/轴）、通用输出接点（3 点/轴）与电动机/驱动器相连接，可以作为控制用输入输出接点（驱动器报警、定位完成、伺服电动机 ON、驱动器复位等）来使用。

④ 通过位置模块设定工具可以实现参数设定、动作监视、动作测试。

根据位置控制模块的设定工具“ToolBox 位置模块”可以进行寄存器参数、动作模式以及位置数据的设定、动作监视、动作测试等，从而使该模块的运行准备以及调试工作等变得更加简便。

（3）控制系统软件设计与实现

码垛机器人控制系统的软件设计与实现十分重要，在保障机器人码垛功能的实现和作业效果的提升方而起着举足轻重的作用。制定出如图 4-44 所示的机器人控制系统软件构架。

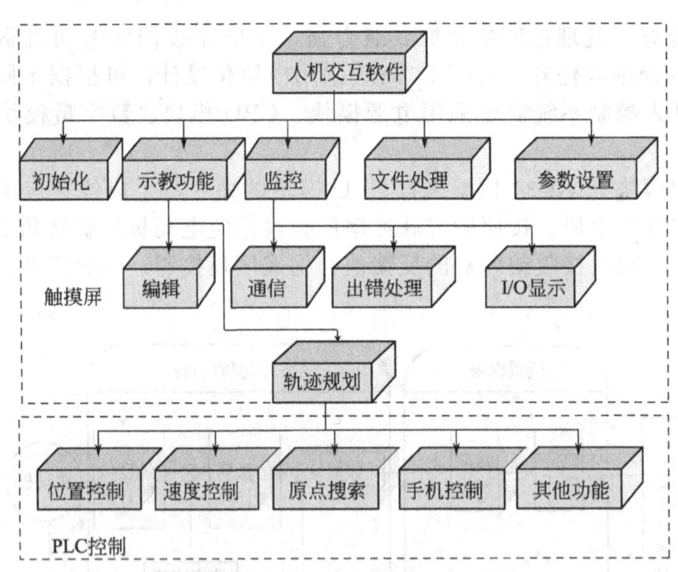

图 4-44 控制系统软件构架示意图

其中，人机交互软件的编写采用触摸屏自带编写软件，界面通俗易懂，适合工厂化环境使用，且成本低廉。各模块功能如下：

① 初始化模块：负责码垛机器人控制系统启动和程序初始化，监测控制系统各单元是否工作正常并及时反馈；

② 示教模块：完成机器人的位置示教，生成示教指令文件；

③ 监控模块：监控机器人的工作，显示机器人的工作状态；

④ 文件处理模块：管理各种文件，包括文件的调用、改名和删除、复制等；

⑤ 参数设置模块：进行机器人控制参数以及机器人结构参数等可调参数的设置、控制系统 I/O 的设置和管理。

码垛机器人控制系统的软件采用横河 PLC 通用软件 WideField 进行编写，可采用梯形图和语句表形式，模式运行时也可采用自带软件 ToolBox 进行编写，只需设定相关参数即可，简单易行，工作量大大减少各模块功能如下：

① 轨迹规划模块：完成机器人各种轨迹规划、插补算法；

② 位置控制模块：主要包括单轴定位、插补定位、定位动作中的口标位置变更、速度变更等；

③ 速度控制模块：主要包括速度控制、速度控制中的速度变更、速度控制和位置控制的相互切换等；

④ 原点搜索模块：包括自动原点搜索、手动原点搜索等；

⑤ 手动控制模块：包括 JOG 控制、手动脉冲发生器等。

码垛机器人软件系统工作流程如图 4-45 所示。

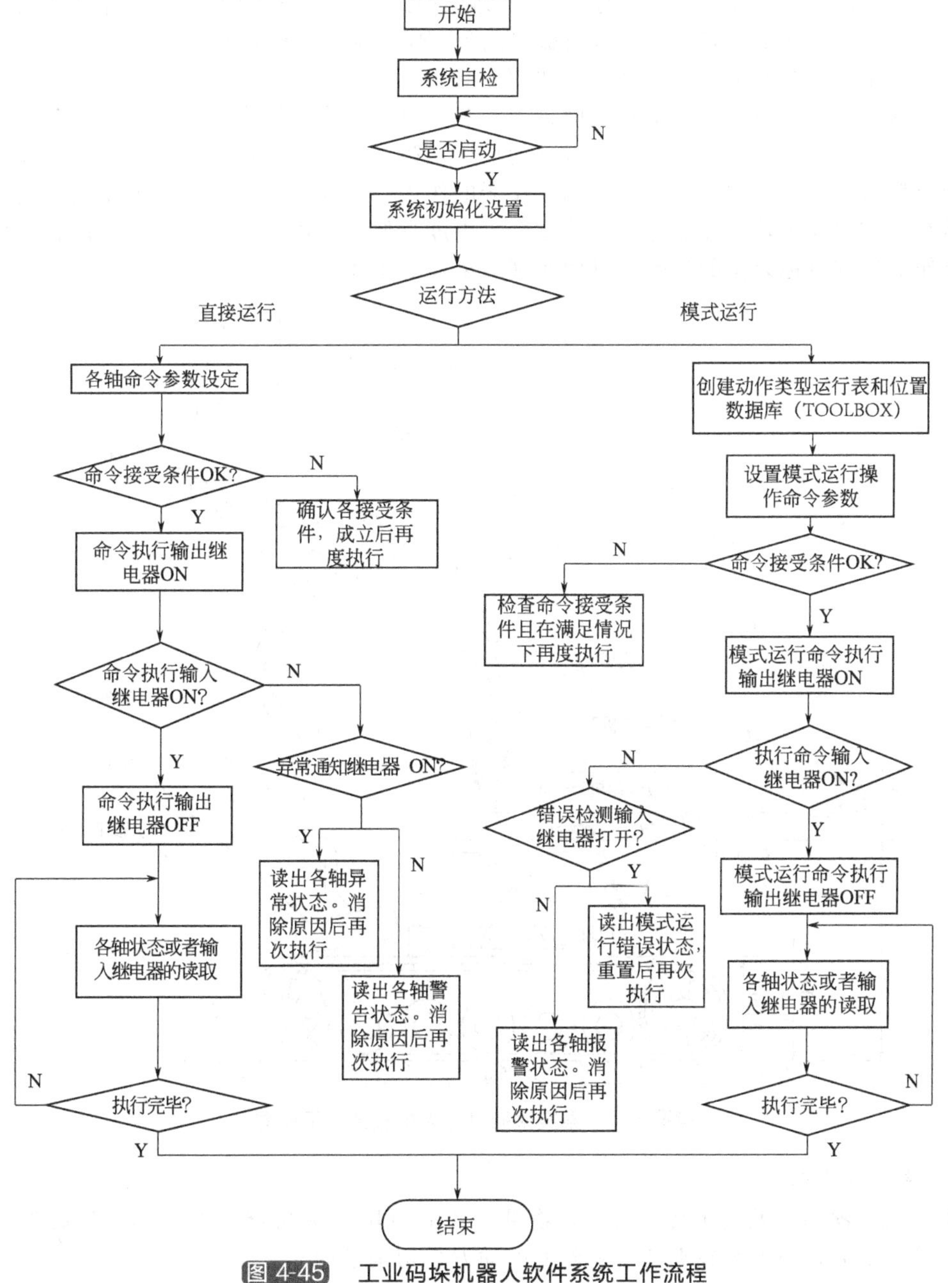

图 4-45　工业码垛机器人软件系统工作流程

4.2.9 果树采摘机器人

我国的水果采摘绝大部分还是以人工采摘为主，采摘作业所用劳动力占整个生产过程所用劳动力的33%～50%，这不仅效率低、劳动量大，而且容易造成果实的损伤，如果因人手不够不能及时采摘，还会导致经济上的损失。果园收获作业机械化、自动化已成为广大果农们关注的热点问题。开发果树采摘机器人意义重大。

(1) 果树采摘机器人机械结构

1) 主体机械结构

果树采摘机器人主要包括两部分：两自由度的移动载体和五自由度机械手。移动载体为履带式平台，加装了主控PC机、电源箱、采摘辅助装置、多种传感器；五自由度机械手固定在履带式行走机构上，采摘机器人机械臂为PRRRP结构，作业时直接作用于果实的末端操作器固连于机械臂的末端，机械结构如图4-46所示。

机械臂第一个自由度为升降自由度，中间三个自由度为旋转自由度，第五个自由度为棱柱关节。第一个自由度主要起抬升机械臂的作用，第二个自由度带动机械臂绕腰部旋转；第三、四个自由度是旋转轴，起升降末端操作器的作用，中间二、三、四自由度能够实现末端操作器在工作空间中转向任意方向；第五个自由度是伸长自由度，根据机器人控制指令，将末端操作器送到目标果实的位置，进而实现对果实的采摘。

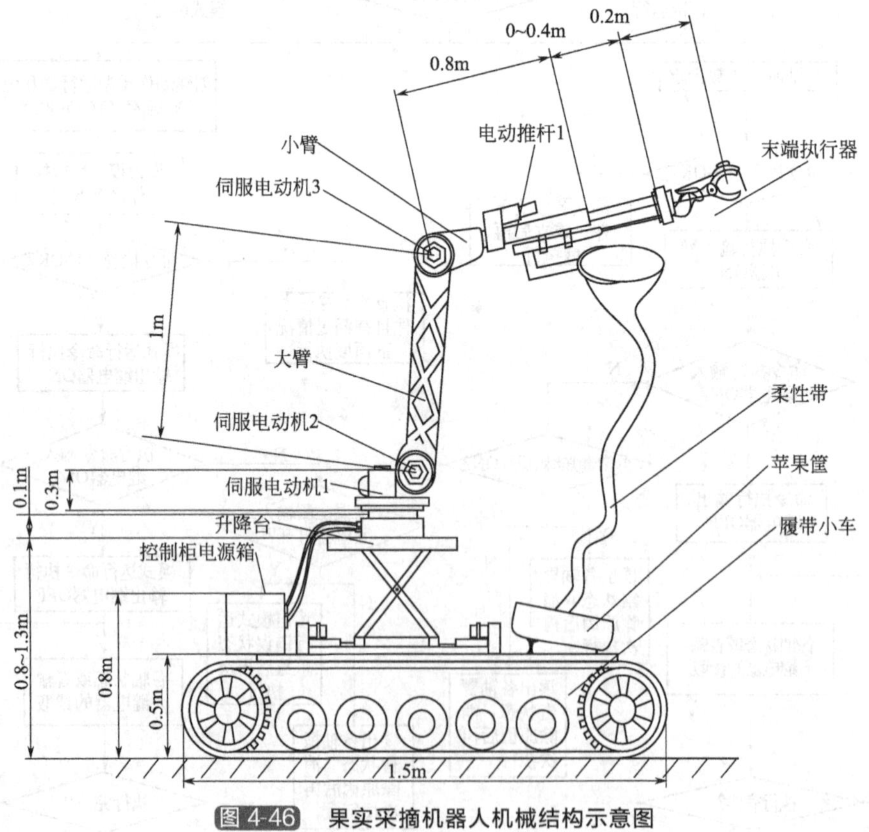

图4-46 果实采摘机器人机械结构示意图

2) 末端操作器

末端操作器简图见图4-47 (a)，实物见图4-47 (b)。夹持器的开合由气动控制，当夹持器夹住果实后，由安装在夹持器一侧的电动刀具切割果柄。

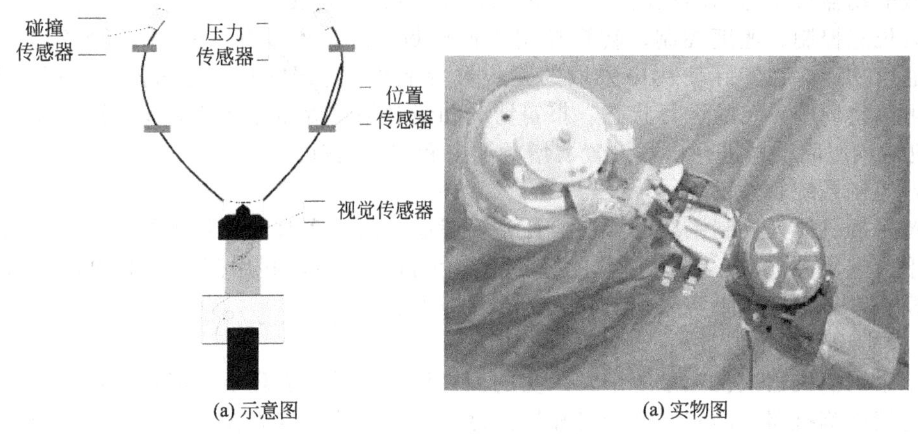

(a) 示意图　　(a) 实物图

图 4-47　末端操作器

(2) 控制系统硬件构成

基于开放性、实时性和可靠性等方面的考虑，设计了图 4-48 所示的基于工业控制计算机（简称工控机）的果树采摘机器人控制系统。

1）主控计算机

采摘机器人控制系统采用 KP-64201 工控机为控制器，实现采摘路径规划、图像处理、机械臂运动学计算、对机械臂关节的交流伺服驱动器的控制、各关节编码器反馈信息和传感器信息的处理及显示等功能。

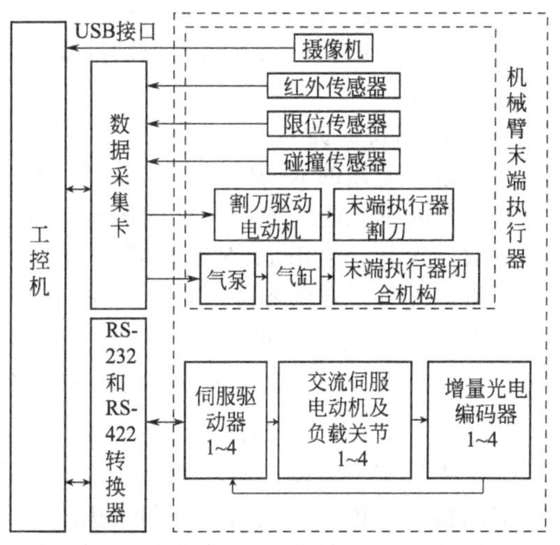

图 4-48　果树采摘机器人控制系统硬件结构图

2）检测系统

机器人小臂末端安装双面视觉传感器，用于获得果树或局部的立体信息，以便机器人对采摘路径进行规划。在末端操作器上，分别安装了视觉传感器、位置定位传感器、压力传感器和碰触传感器。视觉传感器是机器视觉系统的核心部件，采用高像素的摄像头。位置定位传感器为对射光电管对，碰触传感器和压力传感器采用力敏电阻组成。

为了使传感器有较宽阔的视觉范围，且不受末端操作器的影响，视觉传感器采用“眼在手上”的安装方式。视觉传感器主要用于寻找和识别果实目标。位置定位传感器采用红外线对射开关构成。当末端操作器在视觉传感器的引导下向果实运动，果实进入夹持器挡住第一对光电管时，机械臂开始减速运动，当果实同时挡住两对光电管时，机械臂停止运动，夹持器夹紧。当夹持器上的压力传感器感受到一定压力时，夹持器夹紧，启动电动刀具切割果柄。碰触传感器主要用于避障。传感器的安装增强了感知能力，为机器人的智能控制提供了条件。传感器安装分布图如图 4-47 所示。

3）交流伺服控制系统

交流伺服系统是由交流伺服驱动器、交流伺服电动机和光电编码器组成的闭环控制系统。综合考虑使用性能和经济性，本系统采用中达电通的台达 ASDA-AB 交流伺服系统，3 个关节的电动机选择 ECMA 系列的低惯量、小容量交流伺服电动机。为提高运行的安全性，在电动机中还配置了电磁制动器。

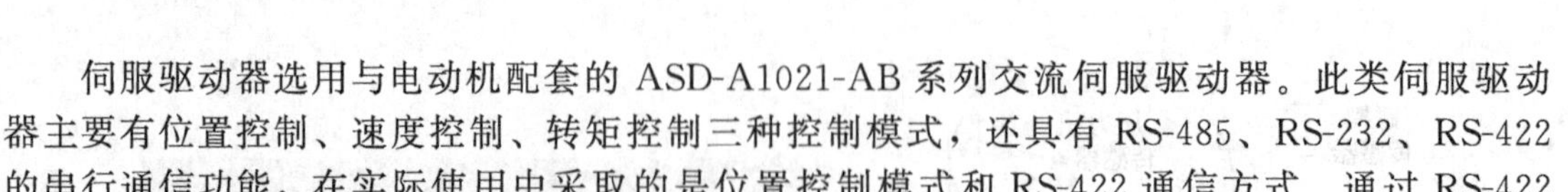

伺服驱动器选用与电动机配套的 ASD-A1021-AB 系列交流伺服驱动器。此类伺服驱动器主要有位置控制、速度控制、转矩控制三种控制模式，还具有 RS-485、RS-232、RS-422 的串行通信功能，在实际使用中采取的是位置控制模式和 RS-422 通信方式。通过 RS-422 通信，可以将伺服系统的运行状态、报警情况和绝对位置等传送到工业 PC 机，并可通过工业 PC 机对伺服驱动器进行参数设置、增益调整和调试运行。

(3) 控制系统软件设计

果树采摘机器人控制系统的程序设计主要考虑控制的实时性和系统的开放性。控制系统的操作平台选用 Windows，它具有良好的稳定性和安全性，利用工控机上的扩展槽和相应的功能模块，可以满足果实采摘机器人的多任务性。

1) 果实识别和定位

在苹果采摘机器人视觉系统中，果实的识别和定位是关键环节，能否快速、准确地识别出果实直接影响机器人的实时性和可靠性。然而在对采摘机器人视觉相关的研究中，存在识别准确率低和运行时间长等问题，这在很大程度上制约了自然环境下作业的苹果采摘机器人的实时性和多任务性。为克服这一缺陷，通过提取彩色苹果图像的颜色特征和几何形状特征，应用支持向量机对苹果图像进行分类，有效提高了苹果采摘机器人实时视觉系统的识别正确率和识别速度。该方法的识别性能优于普遍采用的神经网络方法，尤其对于小样本的学习表现优异。

① 图像特征提取。

在通常使用的RGB空间中，图像的亮度、色度和饱和度是混合在 R、G、B 三个分量中的，真实的苹果受到光照条件的影响，其表面的亮度分布不均匀，这极大地影响了颜色特征的提取。因此，采用 HLS 颜色模型将 RGB 图像中的亮度分量、色度分量和饱和度分量分离，将色度分量和饱和度分量作为苹果识别的颜色特征。

在提取颜色特征的过程中，通过计算欧氏距离来判断颜色是否相近。2 个像素 p_1 (H_1，S_1) 和 p_2 (H_2，S_2)，它们的距离 d (p_1，p_2) 定义为：

$$\Delta E=d(p_1, p_2)=\sqrt{(H_1-H_2)^2+(S_1-S_2)^2} \tag{4-2}$$

苹果果实、树枝、树叶都有特定的形状，且差异较大，因此可以对苹果果实的轮廓提取相应的特征，进一步运用支持向量机进行分类。

物体几何形状的最大特点是不因物体在图像上的位置、大小和图像所处的角度而改变，所以应提取满足 RST（旋转、比例、平移）不变性的特征向量。针对苹果果实图像的特点，利用圆方差、椭圆方差、紧密度、周长平方面积比等特征能很好地概括苹果果实的轮廓特征，因此可以提取这 4 个特征量作为每一个样本的特征向量，构造支持向量机进行训练和分类。

② 基于支持向量机的苹果果实图像识别。

选取 640×480 像素的苹果图像 150 幅作为训练样本，建立识别模型，再选取 640×480 像素的图像 50 幅作为测试样本，用来验证模型的有效性和可靠性。实验中采用交叉验证法 (cross validation) 来确定支持向量机的参数，其步骤如下：

a. 将原始训练集划分成 n 个大小相等的子集。

b. 选择其中一个子集作为校验集，并使用其他训练样本训练支持向量机。

c. 使用训练得到的分类器在校验集上进行测试，记录测试误差。如此反复，直至每个子集都做过一次校验集。

d. 统计所有测试误差，并对其泛化性能进行评估，确定参数。实际采用 5-交叉验证法，即 $n=5$。

针对苹果果实图像特征数据，使用不同的核函数（多项式核函数、径向基核函数和

Sigmoid 核函数）对支持向量机进行分类测试，以判别支持向量机是否具有不同的分类性能，并通过平均识别率和运行时间来综合确定哪种支持向量机更适合于苹果果实的识别，其中平均识别率 R 定义为：

$$R=r/r_{\mathrm{t}}\times 100\% \tag{4-3}$$

式中，r 表示识别出的苹果数量；r_{t}表示识苹果总数量。

2）机械臂的控制

采摘机器人关节几何关系见图 4-49。根据图像中目标果实质心偏离图像中心坐标的距离，通过公式（4-4），控制机械臂使摄像机坐标系沿其各坐标轴运动实现图像中心坐标向图像中目标果实的质心运动，然后驱动棱柱关节将末端执行器送到目标果实所在位置并进行抓取工作。

$$\begin{aligned}\Delta\theta_1 &= e_{\mathrm{x}}\Delta d\\ \Delta\theta_2 &= k_1 e_{\mathrm{y}}\Delta d\\ \Delta\theta_3 &= k_2 e_{\mathrm{y}}\Delta d\end{aligned} \tag{4-4}$$

$\Delta\theta_1$、$\Delta\theta_2$、$\Delta\theta_3$分别为腰部、大臂、小臂需要调节的关节角度，e_{x}、e_{y} 为图像中目标果实质心与图像中心的误差，单位为像素；k_1、k_2分别为大臂和小臂的关节控制参数，Δd 为运动一个像素点机器人关节需要移动的角度，单位为：(°) /像素。大、小臂关节通过角度的调节，可以实现避障，或使末端执行器以合适的位姿接近目标果实。

3）软件结构组成

果树采摘机器人采摘系统的软件由操作系统、VC＋＋函数库等系统软件，以及图像处理算法、机器人控制算法、路径规划算法、机械臂运动控制程序、末端执行器控制程序等应用软件组成，如图 4-50 所示。由于用户操作平台建立在工业控制计算机上，控制系统对用户具有全开放性，用户可以通过交互式平台对机器人本体进行基本操作和在线调试，而且还可以通过常规 VC＋＋语言离线编程，进行各种控制算法以及图像处理算法的研究。

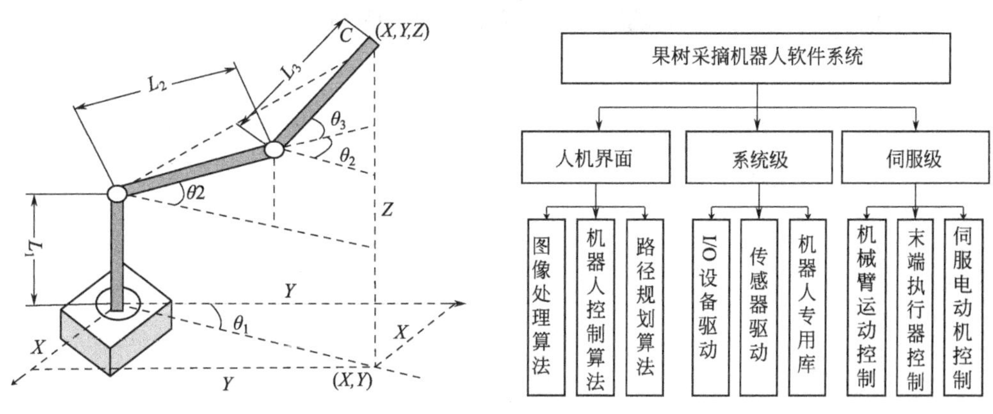

图 4-49　采摘机器人关节几何关系

图 4-50　果树采摘机器人采摘系统软件结构框图

4）控制主程序流程图

控制主程序流程图如图 4-51 所示。

实验室模拟采摘和果园采摘实验表明，机器人能准确识别果实目标，并能顺利采摘果实，对果树树冠外侧果实的连续采摘速度能达到 15s 摘 1 个。

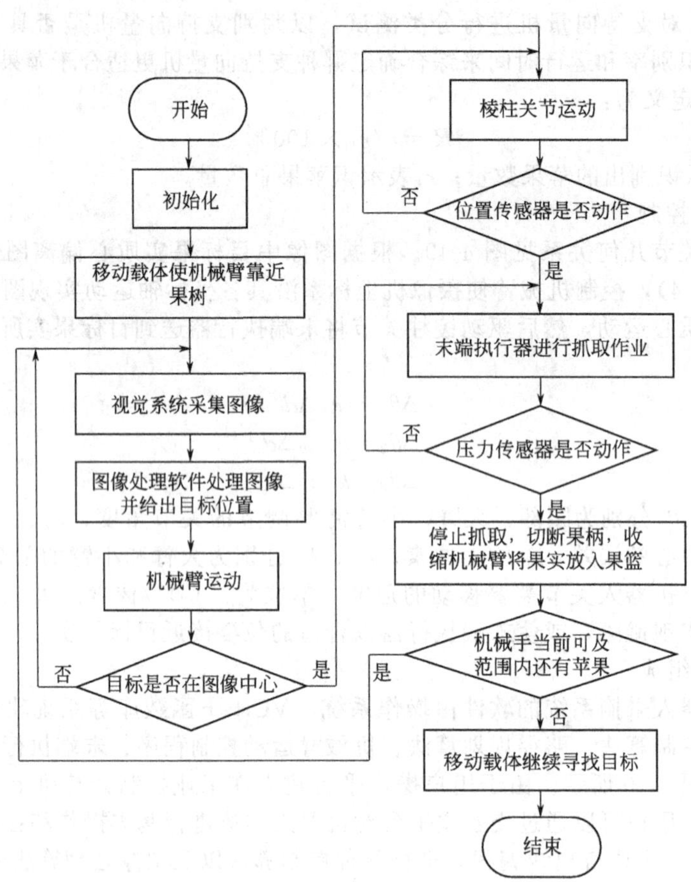

图 4-51　机器人控制程序流程图

第 5 章

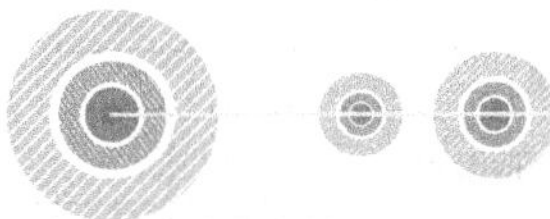

机器人气压驱动与控制技术及应用

5.1 气动系统及其在机器人的应用

气压传动与控制技术简称气动，是以压缩空气为工作介质来进行能量与信号的传递，是实现各种生产过程、自动控制的一门技术。它是流体传动与控制学科的一个重要组成部分。传递动力的系统是将压缩气体经由管道和控制阀输送给气动执行元件，把压缩气体的压力能转换为机械能而做功；传递信息的系统是利用气动逻辑元件或射流元件以实现逻辑运算等功能，也称气动控制系统。

5.1.1 气动控制系统的基本构成

比例控制阀加上电子控制技术组成的气动比例控制系统，可满足各种各样的控制要求。比例控制系统基本构成如图 5-1 所示。图中的执行元件可以是气缸或气马达、容器和喷嘴等将空气的压力能转化为机械能的元件。比例控制阀作为系统的电-气压转换的接口元件，实现对执行元件供给气压能量的控制。控制器作为人机的接口，起着向比例控制阀发出控制量指令的作用。它可以是单片机、微机及专用控制器等。比例控制阀的精度较高，一般为±0.5～2.5%FS。即使不用各种传感器构成负反馈系统，也能得到十分理想的控制效果，但不能抑制被控对象参数变化和外部干扰带来的影响。对于控制精度要求更高的应用场合，必须使用各种传感器构成负反馈，来进一步提高系统的控制精度，如图 5-1 中虚线部分所示。

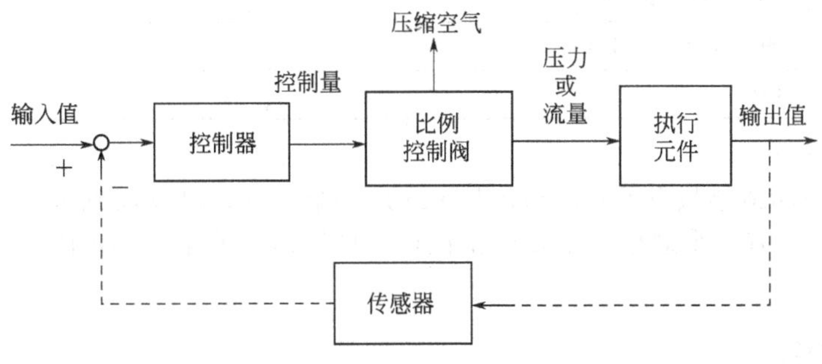

图 5-1 比例控制系统的基本构成

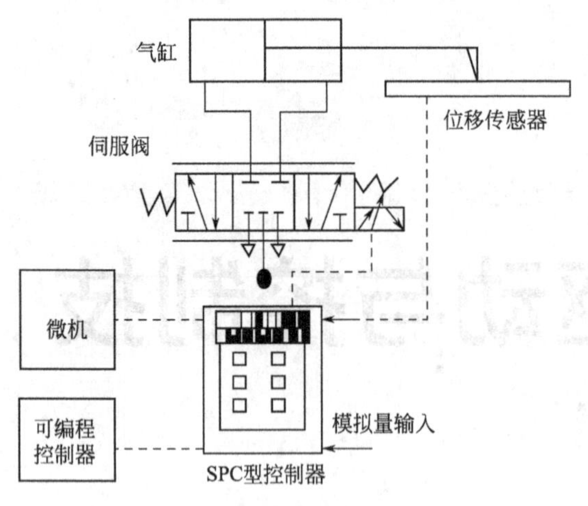

图 5-2　FESTO 伺服控制系统的组成

对于 MPYE 型伺服阀，在使用中可用微机作为控制器，通过 D/A 转换器直接驱动。可使用标准气缸和位置传感器来组成价廉的伺服控制系统。但对于控制性能要求较高的自动化设备，宜使用厂家提供的伺服控制系统（如图 5-2 所示），它包括 MPYE 型伺服阀、位置传感器内藏气缸、SPC 型控制器。在图 5-2 中，目标值以程序或模拟量的方式输入控制器中，由控制器向伺服阀发出控制信号，实现对气缸的运动控制。气缸的位移由位置传感器检测，并反馈到控制器。控制器以气缸位移反馈量为为基础，计算出速度、加速度反馈量。再根据运行条件（负载质量、缸径、行程及伺服阀尺寸等），自动计算出控制信号的最优值，并作用于伺服控制阀，从而实现闭环控制。控制器与微机相连接后，使用厂家提供的系统管理软件，可实现程序管理、条件设定、远距离操作、动特性分析等多项功能。控制器也可与可编程控器相连接，从而实现与其他系统的顺序动作、多轴运行等功能。

5.1.2　比例/伺服控制阀的选择

主要根据被控对象的类型和应用场合来选择比例阀的类型。被控对象的类型不同，对控制精度、响应速度、流量等性能指标要求也不同。控制精度和响应速度是一对矛盾，两者不可同时兼顾。对于已定的控制系统，以最重要的性能指标为依据，来确定比例阀的类型。然后考虑设备的运行环境，如污染、振动、安装空间及安装姿态等方面的要求，最终选择出合适类型的比例阀。表 5-1 给出了不同应用场合下比例阀优先选用的类型。

表 5-1　不同应用场合下比例阀优先选用的类型

控制领域	应用场合	比例压力阀			比例流量阀
		喷嘴挡板型	开关电磁阀型	比例电磁铁型	比例电磁铁型
下压控制	焊接机		○	◎	
	研磨机等	◎	○	○	
张力控制	各种卷绕机	◎	○		
喷流控制	喷漆机、喷流织机、激光加工机等	◎	◎		○
先导压控制	远控主阀、各种流体控制阀等	◎	○		
速度、位置控制	气缸、气马达			○	◎

注：◎—优；○—良。

MPYE 型伺服阀最早只有 G1/8（700L/min）一个尺寸，已发展到 M5（100L/min）～G3/8（2000L/min）有 5 个规格。主要根据执行元件所需的流量来确定阀的规格，选择起来较简单。

5.1.3　控制理论

气动比例/伺服控制系统的性能虽然依赖于执行元件、比例/伺服阀等系统构成要素的性能，但为了更好地发挥系统构成要素的作用，控制器的控制量的计算又是至关重要的。控制器通常以输入值与输出值的偏差为基础，通过选择适当的控制算法可以设计出不受被控对象参数变化和干扰影响，具有较强鲁棒性的控制系统。

控制理论被分为古典控制理论和现代控制理论两大类。PID 控制是古典控制理论的中心，它具有简单、实用易掌握等特点，在气动控制技术中得到了广泛地应用。PID 控制器设计的难点是比例、积分及微分增益系数的确定。合适的增益系数的获得，需经过大量实验，工作量很大。另一方面，PID 控制不适用于控制对象参数经常变化、外部有干扰、大滞后系统等场合。在此情况下，一是使用神经网络与 PID 控制并行组成控制器，利用神经网络的学习功能，在线调整增益系数，抑制因参数变化等对系统稳定性造成的影响。二是使用各种现代控制理论，如自适应控制、最优控制、鲁棒控制、H∝控制及 μ 控制等来设计控制器，构成具有强鲁棒性的控制系统。目前应用现代控制理论来控制气缸的位置或力的研究相当活跃，并取得了一定的研究成果。

5.1.4 典型应用

（1）张力控制

带材或板材（纸张、胶片、电线、金属薄板等）的卷绕机，在卷绕过程中，为了保证产品的质量，要求卷筒张力保持一定。因气动制动器具有价廉、维修简单、制动力矩范围变更方便等特点，所以在各种卷绕机中得到了广泛的应用。图 5-3 为采用比例压力阀组成的张力控制系统图。在图 5-3 中，高速运动的带材的张力由张力传感器检测，并反馈到控制器。控制器以张力反馈值与输入值的偏差为基础，采用一定的控制算法，输出控制量到比例压力阀。从而调整气动制动器的制动压力，以保证带材的张力恒定。在张力控制中，控制精度比响应速度要求高，建议选用控制精度较高的喷嘴挡板型比例压力阀。

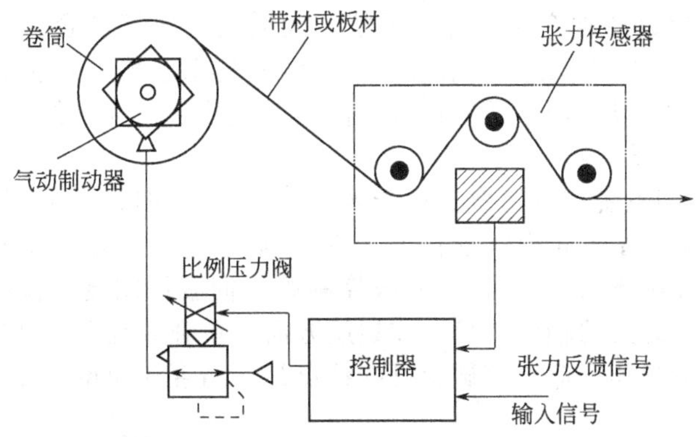

图 5-3 用比例压力阀组成的张力控制系统图

（2）加压控制

图 5-4 为比例压力阀在磨床加压控制中的应用例子。在该应用场合下，控制精度比响应速度要求高，所以应选用控制精度较高的喷嘴挡板型或开关电磁阀型比例压力阀。应该注意的是，加压控制的精度不仅取决于比倒压力阀的精度，气缸的摩擦阻力特性影响也很大。标准气缸的摩擦阻力要随着工作压力、运动速度等因素变化，难以实现平稳加压控制。所以在此应用场合下，建议选用低速、恒摩擦阻力气缸。系统中减压阀的作用是向气缸有杆腔加一恒压，以平衡活塞杆和夹具机构的自重。

（3）位置和力的控制

1）控制方法

采用电气伺服控制系统能方便地实现多点无级柔性定位（由于气体的可压缩性，能实现柔性定位）和无级调速；比例伺服控制技术的发展以及新型气动元件的出现，能大幅降低工

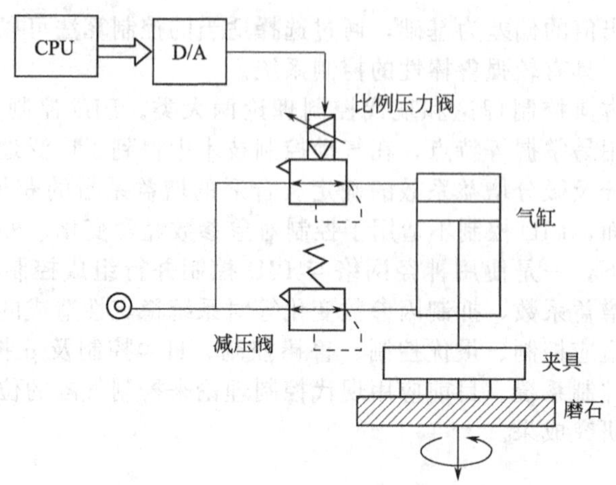

图 5-4　磨床加压机构气动系统的构成

序节拍，提高生产效率。伺服气动系统实现了气动系统输出物理量（压力或流量）的连续控制，主要用于气动驱动机构的启动和制动、速度控制、力控制（如机械手的抓取力控制）和精确定位。通常气动伺服定位系统主要由气动比例/伺服控制阀、执行元件（气缸或马达）、传感器（位移传感器或力传感器）及控制器等组成，如图 5-5 所示。

气动伺服定位系统的定位精度、动态特性主要取决于控制器算法和控制参数，控制器在系统中占有重要地位。控制器包括反馈控制电路和控制方法，应根据系统性能要求选择相应的控制策略。PID 控制是古典控制理论的中心，在气动控制技术中得到广泛应用。其设计难点在于获得适当的比例、积分、增益系数，这些参数的获得需要大量实验，工作量大；PID 控制不适于控制对象参数经常变化、外部干扰、大滞后系统等场合，需要利用现代控制技术，如采用神经网络与 PID 控制技术相结合，在线调整系统增益系数，抑制参数变化对系统性能带来的影响；也可以采用自适应控制方法、最优控制方法、鲁棒控制等设计控制器。

2）汽车方向盘疲劳试验机

气动比例/伺服控制系统非常适合应用于像汽车部件、橡胶制品、轴承及键盘等产品的中、小型疲劳试验机中。图 5-6 为气动伺服控制系统在汽车方向盘疲劳试验机中的应用例子。该试验机主要由被试体（方向盘）、伺服控制阀、伺服控制器、位移和负荷传感器及计算机等构成。要求向方向盘的轴向、径向和螺旋方向，单独或复合（两轴同时）地施加正弦波变化的负荷，然后检测其寿命。该试验机的特点是：精度和简单性兼顾；在两轴同时加载时，不易形成相互干涉。

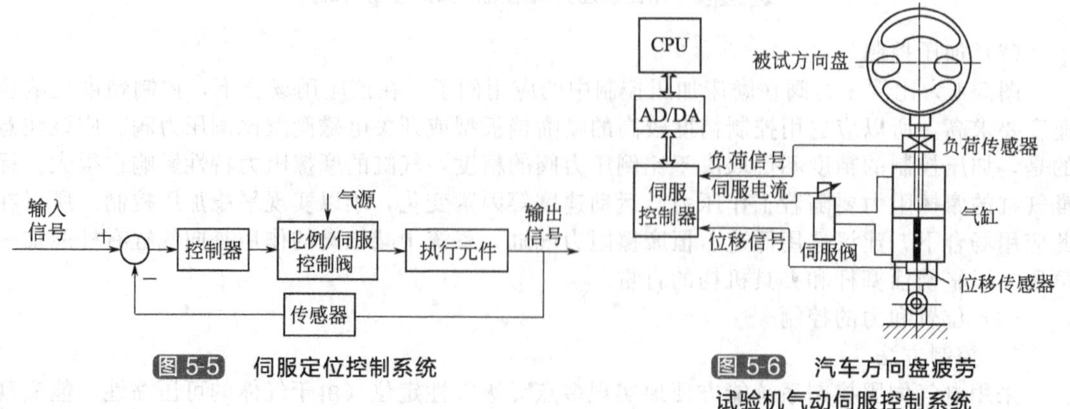

图 5-5　伺服定位控制系统

图 5-6　汽车方向盘疲劳试验机气动伺服控制系统

3）挤牛奶机器人

在日本 ORION 公司开发的自动挤牛奶机器人中，挤奶头装置的 X、Y、Z 三轴方向的移动，是靠 FESID 伺服控制系统驱动的。XYZ 轴选用的气缸（带位移传感器）尺寸分别为 $\phi40\times1000$、$\phi50X\times300$ 和 $\phi2\times500$，对应的 MPYE 系列伺服阀分别为 G1/4、G1/8 和 G1/8。伺服控制器为 SPC100 型。以奶牛的屁股和横腹作为定位基准，XYZ 轴在气动伺服控制系统的驱动下，挤奶头装置向奶牛乳头部定位。把位移传感器的绝对 0 点定为 0V，满量程定为 10V。利用 SPC100 的模拟量输入控制功能，只要控制输入电压值，即可实现轴的位置的控制。利用该功能不仅能控制轴的位置，还可实现轴的速度控制。即在系统的响应频率范围内，可按照输入电压波形（台形波、正弦波等）的变化，来驱动轴运动。

在该应用例子中，定位对象是活生生的奶牛。奶牛在任何时刻有踢腿、晃动的可能。由于气动控制系统所特有的柔软性，能顺应奶牛的这种随机动作，而不会使奶牛受到任何损伤。在这种场合下，气动控制系的长处得到了最大地发挥。

5.1.5 气动系统在机器人驱动与控制应用概况

（1）气动系统在机器人应用的优势

气动系统有以下优点：

① 以空气为工作介质，工作介质获得比较容易，用后的空气排到大气中，处理方便，与液压传动相比不必设置回收的油箱和管道。

② 因空气的黏度很小（约为液压油动力黏度的万分之一），其损失也很小，所以便于集中供气、远距离输送。并且不易发生过热现象。

③ 与液压传动相比，气压传动动作迅速、反应快，可在较短的时间内达到所需的压力和速度。这是因为压缩空气的黏性小，流速大，一般压缩空气在管路中流速可达 180m/s，而油液在管路中的流速仅为 2.5～4.5m/s。工作介质清洁，不存在介质变质等问题。

④ 安全可靠，在易燃、易爆场所使用不需要昂贵的防爆设施。压缩空气不会爆炸或着火，特别是在易燃、易爆、多尘埃、强磁、辐射、振动、冲击等恶劣工作环境中，比液压、电子、电气控制优越。

⑤ 成本低，过载能自动保护，在一定的超载运行下也能保证系统安全工作。

⑥ 系统组装方便，使用快速接头可以非常简单地进行配管，因此系统的组装、维修以及元件的更换比较简单。

⑦ 储存方便，气压具有较高的自保持能力，压缩空气可储存在贮气罐内，随时取用。即使压缩机停止运行，气阀关闭，气动系统仍可维持一个稳定的压力。故不需压缩机的连续运转。

⑧ 清洁，基本无污染，外泄漏不会像液压传动那样严重污染环境。对于要求高净化、无污染的场合，如食品、印刷、木材和纺织工业等是极为重要的，气动具有独特的适应能力，优于液压、电子、电气控制。

⑨ 可以把驱动器做成关节的一部分，因而结构简单、刚性好、成本低。

⑩ 通过调节气量可实现无级变速。

⑪ 由于空气的可压缩性，气压驱动系统具有较好的缓冲作用。

总之，气压驱动系统具有速度快、系统结构简单，清洁、维修方便、价格低等特点，适用于机器人。

（2）气动机器人的适用场合

适于在中、小负荷的机器人中采用。但因难于实现伺服控制，多用于程序控制的机器人中，如在上、下料和冲压机器人中应用较多。气动机器人采用压缩空气为动力源，一般从工厂的压缩空气站引到机器作业位置，也可单独建立小型气源系统。

由于气动机器人具有气源使用方便，不污染环境，动作灵活迅速、工作安全可靠、操作维修简便以及适于在恶劣环境下工作等特点，因此它在冲压加工、注塑及压铸等有毒或高温条件下作业，机床上、下料，仪表及轻工行业中、小型零件的输送和自动装配等作业，食品包装及输送，电子产品输送、自动插接，弹药生产自动化等方面获得广泛应用。

气动驱动系统在多数情况下是用于实现两位式的或有限点位控制的中、小机器人。这类机器人多是圆柱坐标型和直接坐标型或二者的组合型结构；3～5个自由度，负荷在200N以内，速度300～1000mm/s，重复定位精度为±0.1～±0.5mm。控制装置目前多数选用可编程控制器（PLC控制器）。在易燃、易爆的场合下可采用气动逻辑元件组成控制装置。

(3) 气动机器人技术应用进展

近年来，人们在研究与人类亲近的机器人和机械系统时，气压驱动的柔软性受到格外的关注。气动机器人已经取得了实质性的进展。如何构建柔软机构，积极地发挥气压柔软性的特点是今后气压驱动器应用的一个重要方向。

在三维空间内的任意定位、任意姿态抓取物体或握手而言，“阿基里斯”六脚勘测员、攀墙机器人都显示出它们具有足够的自由度来适应工作空间区域。

在彩电、冰箱等家用电器产品的装配生产线上，在半导体芯片、印刷电路等各种电子产品的装配流水线上，不仅可以看到各种大小不一、形状不同的气缸、气爪，还可以看到许多灵巧的真空吸盘将一般气爪很难抓起的显像管、纸箱等物品轻轻地吸住，运送到指定目标位置。对加速度限制十分严格的芯片搬运系统，采用了平稳加速的SIN气缸。

面向康复、护理、助力等与人类共存、协作型的机器人已崭露头角。在医疗、康复领域或家庭中扮演护理或生活支援的角色等。所有这些研究都是围绕着与人类协同作业的柔软机器人的关键技术而展开。在医疗领域，重要成果是内窥镜手术辅助机器人“EMARO”。东京工业大学和东京医科齿科大学创立的风险企业RIVERFIELD公司于2015年7月宣布，内窥镜手术辅助机器人“EMARO：Endoscope MAnipulator RObot”研制成功。EMARO是主刀医生可通过头部动作自已来操作内窥镜的系统，无需助手（把持内窥镜的医生）的帮助。东京医科齿科大学生体材料工学研究所教授川屿健嗣和东京工业大学精密工学研究所副教授只野耕太郎等人，从着手研究到EMARO上市足足用了约10年时间。使用EMARO，当头部佩戴陀螺仪传感器的主刀医生的头部上下左右倾斜时，系统会感应到这些动作，内窥镜会自如活动，还可与脚下的专用踏板联动。无需通过助手，就可获得所希望的无抖动图像，有助于医生更准确地实施手术。EMARO作为手术辅助机器人，首次采用了气压驱动方式。用自主的气压控制技术，实现了灵活的动作，在工作中“即使接触到人，也可以躲开其作用力”（只野）等，可保证高安全性。与马达驱动的现有内窥镜夹持机器人相比，整个系统更加轻量小巧也是一大特点。该系统平时由主刀医生由头部的陀螺仪传感器来操作，发生紧急情况时，还可以手动操作。可利用机体上附带的控制面板的按钮来操作。

由“可编程控制器-传感器-气动元件”组成的典型的控制系统仍然是自动化技术的重要方面；发展与电子技术相结合的自适应控制气动元件，使气动技术从“开关控制”进入到高精度的“反馈控制”；省配线的复合集成系统，不仅减少配线、配管和元件，而且拆装简单，大大提高了系统的可靠性。

气动机器人、气动控制越来越离不开PLC，而阀岛技术的发展，又使PLC在气动机器人、气动控制中变得更加得心应手。电磁阀的线圈功率越来越小，而PLC的输出功率在增大，由PLC直接控制线圈变得越来越可能。

电气可编程控制技术与气动技术相结合，使整个系统自动化程度更高，控制方式更灵活，性能更加可靠；气动机器人、柔性自动生产线的迅速发展，对气动技术提出了更多更高的要求；微电子技术的引入，促进了电气比例伺服技术的发展。

（4）机器人用气动元件的主要品牌

受益于机器人产业的迅猛发展，气动元件也迎来巨大的市场机遇。目前，国际上著名气动元件供应商主要是德国 Festo、日本 SMC 和美国派克 Parker 等。

德国 Festo 是世界领先的自动化技术供应商，也是世界气动行业第一家通过 ISO9001 认证的企业。FESTO 的品牌质量包含许多方面，主要表现在智能化和易操作的产品设计、使用寿命长的产品、持久的效率优化。Festo 公司不仅提供气动元件、组件和预装配的子系统，下设的工程部还能为客户定制特殊的自动化解决方案。FESTO 能提供约 28000 种产品，几十万个派生型号，已经设计制作了超过 21000 件特殊的单一及系列产品。

日本 SMC（SMC CORPORATION）成立于 1959 年，总部设在日本东京。目前 SMC 已成为世界级的气动元件研发、制造、销售商。在日本本土更拥有庞大的市场网络，为客户提供产品及售后服务。SMC 作为世界最著名的气动元件制造和销售的跨国公司，其销售网及生产基地遍布世界。SMC 产品以其品种齐全、可靠性高、经济耐用、能满足众多领域不同用户的需求而闻名于世。SMC 气动元件超过 11000 种基本系列，610000 余种不同规格，主要包括气动洁净设备、电磁阀，各种气动压力、流量、方向控制阀，各种形式的气缸、摆缸、真空设备，气动仪表元件及设备，以及其他各种传感器与工业自动化元器件等。

派克汉尼汾（Parker Hannifen）是一家总部位于美国俄亥俄州的跨国公司，成立于 1918 年，现已成为世界上最大的专业生产和销售各种制冷空调件、液压、气动和流体控制产品及元器件的全球性的公司，是唯一一家能够给客户提供液压、气动、密封、机电一体化和计算机传动控制解决方案的制造商，公司制造各种元件和系统，用于控制各种机械和其他设备的运动、流量和压力。派克提供 1400 多条生产线，用于 1000 多个工程机械、工业和航空航天领域内的项目。此外，遍布全球的 7500 多个销售商为 400000 多个用户提供服务。派克气动部门可以提供全系列气动产品，从带导轨的无杆气缸、MODUFLEX 系列阀岛，气源处理元件，FRL 三元件，开关阀岛，气管，接头等派克为客户提供一站式订单服务。

此外，日本 CKD、日本小金井、韩国 JSC、德国博世力士乐、英国诺冠、韩国 TPC、台湾亚德客等也在本技术领域占一席之地。

5.2 机器人气压驱动与控制应用实例

5.2.1 基于 PLC 和触摸屏的气动机械手

气动机械手是由机械、气动、电气、PLC 和触摸屏等元件构成的工业自动化系统，是机械传动技术的一种重要形式，是控制与机械的重要结合点，广泛应用在生产线和各种自动化设备中。

（1）机械手控制功能需求分析

该机械手的主要任务是将生产线上一工位的工件根据工件合格与否搬运到不同分支的流水线上。完成一次作业任务，机械手的动作顺序为：伸出→夹紧→上升→顺时针旋转（合格品）/逆时针旋转（不合格品）→下降→放松→缩回→逆时针旋转（合格品）/顺时针旋转（不合格品）。

为实现上述任务，该系统配置了 2 只普通气缸、1 只 3 位摆台和 1 只气动手爪。2 只普通气缸均为单作用气缸，1 只用于机械手的上升与下降，另外 1 只用于机械手的伸出和缩回，3 位摆台用于实现机械手顺时针以及逆时针旋转运动，气动手爪用于工件的夹紧与松开（见图 5-7）。

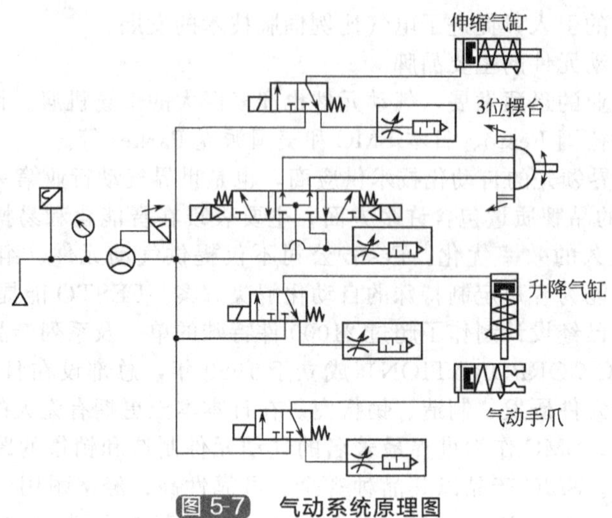

图 5-7　气动系统原理图

为确保机械手能够高效可靠地运行，机械手控制系统需要具备以下功能：① 单步运行，即机械手每次只完成一步动作；② 连续运行，即机械手连续完成多步动作，完成一次工件的搬运任务；③ 具备用户权限设置，限制未授权人员对机械手的操作，减少误操作事件的发生概率；④ 故障报警，当系统出现故障或发生误操作时，给用户及时的报警信息，提醒用户。

(2) 系统设计

1) 控制方案设计

整个流水线系统采用主站加从站的分布式控制模式，主站负责从站之间的数据通信，从站负责控制各自的控制单元，在每个从站上配置了触摸屏，实现对控制单元的控制和工作状态的实时显示。在监控中心配置了上位机，在上位机上基于WinCC开发了整个流水线的监控系统（见图 5-8）。

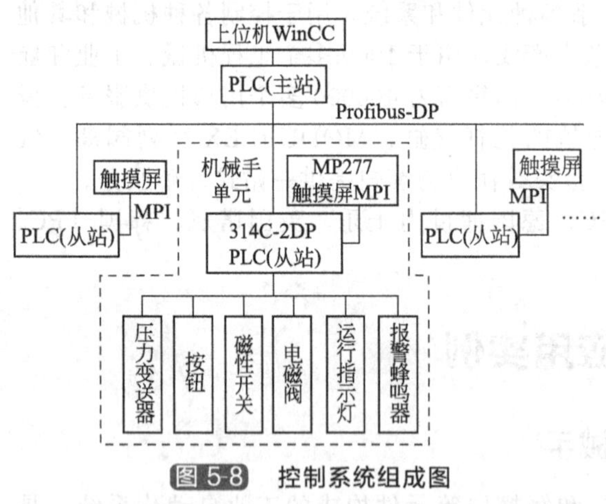

图 5-8　控制系统组成图

机械手单元的控制系统采用从站 PLC 加触摸屏的模式，从站 PLC 主要负责系统控制逻辑关系的实现，触摸屏主要用于人机交互。整个控制系统由 PLC、触摸屏、压力变送器、磁性开关、电磁阀、指示灯、报警蜂鸣器等元器件组成。

触摸屏采用多功能面板 MP277，配置 Windows CEV3.0 操作系统，用 WinCC flexible 组态，适用于高标准的复杂机器的可视化，可以使用 256 色矢量图形显示功能、图形库和动画功能，拥有 RS-232、RS-422/485、USB 和 RJ-45 接口，可以方便地与计算机、PLC 进行通信，交换数据。该触摸屏可以承受剧烈振动或多尘等恶劣工业环境。

PLC 选用 CPU 314C-2 DP，是一个用于分布式结构的紧凑型 PLC，其内置数字量和模拟量 I/O 可以连接到过程信号，PROFIBUS DP 主站/从站接口可以连接到单独的 I/O 单元。该 PLC 具有丰富的指令集和强大的通信功能，被广泛应用在工业自动化控制领域。整个控制系统的输入信号有压力变送器的气体压力的模拟量信号、按钮和气缸的磁性开关的开关量信号以及测试单元的对零件测试结果信号。压力变送器产生的模拟量信号用以判断气体的压力是否满足要求；按钮的开关量信号用以反映操作者对气动机械手的动作指令，气缸的磁性开关的开关量反映气缸杆的位置。系统的输出信号有电磁阀信号、运行指示灯和报警蜂鸣器信号。电磁阀信号用以驱动气缸的动作与否，运转指示灯显示系统的运行状况，当系统出现误操作，系统气体压力过高或过低，不能满足系统要求时，报警蜂鸣器将会鸣叫报警，确保系统的运行安全。

2）PLC 程序设计

① STEP 7 软件　S7-300 和 S7-400 系列 PLC 编程软件 STEP 7 Professional 2010 能够实现硬件配置和参数设置、通信组态、编程、测试、启动和维护、文件建档、运行和诊断功能等。在 STEP 7，用项目来管理一个自动化系统的硬件和软件。STEP 7 用管理器对项目进行集中管理，可以方便地浏览 S7、M7、C7 和 WinAC 的数据。PC/MPI 适配器用于连接安装了 STEP 7 的计算机的 RS-232C 接口和 PLC 的 MPI 接口。

运行 STEP 7 编写 PLC 程序，可以选择梯形图（LAD)、功能块图（FBD)、指令表(STL)、顺控程序（S7-GRAPH）和结构化控制语言（SCL）五种编程语言以满足不同用户的编程习惯。另外，其 S7-PLCSIM 仿真模块可以模拟真实的 PLC，检查 PLC 程序的运行情况，及时发现程序的错误所在。因此运用 STEP 7 大大降低了 PLC 程序开发的工作量，提高了系统开发的效率。

② 从站之间的数据通信　在本项目中，机械手单元的从站需要获取检测单元对零件检测结果的信号，从而决定将零件送往哪个流水线分支。

在 Profibus-DP 网络中，从站之间不能通信，因此，机械手单元的从站必须通过主站获取检测单元的信号。首先主站与检测单元从站进行通信，获取检测单元从站的信号，然后，主站与机械手单元从站进行通信，这样机械手单元从站就获取了检测单元从站的信号，从而间接实现检测单元从站与机械手单元从站之间的数据通信。

③ 程序开发过程　a. 确定 I/O 地址的分配。根据系统的输入输出的要求，分配 I/O 地址，这里包括开关量地址和模拟量地址，输入信号除了来自物理元器件外，还有来自触摸屏的软元件。

b. 确定程序结构。程序采用模块化的设计方法，整个程序包括 OB1、OB100 和 OB35 三个对象块。OB100 负责初始化，OB1 负责实现控制逻辑关系，OB35 负责系统运行时触摸屏上的动态画面的画面切换。

c. 编写各个对象块程序。根据机械手动作要求，分析系统控制逻辑关系，编写控制程序。在程序中需要识别干扰信号，避免干扰信号引起机械手的误动作。机械手的动作可以分为多步，各步有严格的先后顺序，在此采用 S7-GRAPH 编写函数块，该函数块含有 1 个顺控器，该顺控器包含 11 个步，其中包含 2 个选择结构以区别产品的合格与否。在每一步中，以该步动作完成后产生的对应传感器信号的常闭触点作为步的互锁条件，以该步动作完成后产生的对应传感器信号的常开触点以及下一步动作完成产生的对应传感器信号的常闭触点的串联作为转换条件。

系统程序的验证 S7-PLCSIM 仿真模块具有强大的仿真能力，可以很好地验证程序的正确性，程序编写完成后，可以通过该仿真模块进行验证，发现程序中不完善部分，加以改进。

3）监控系统设计

该公司为其人机界面设备提供了组态软件 WinCC flexible。WinCC flexible 具有开放简易的扩展功能，带有 Visual Basic 脚本功能，集成了 ActiveX 控件，可以将人机界面集成到 TCP/IP 网络，它带有丰富的图库，提供大量的图像对象供用户使用。它可以满足各种需要，从单用户、多用户到基于网络的工厂自动化控制与监视 。

为实现人机交互设备与PLC的通信，必须在人机交互设备与PLC两者之间建立连接。人机交互设备与PLC可以建立MPI连接，建立MPI连接后，WinCC flexible才可以通过变量和区域指针控制两者的通信。

在WinCC flexible中，变量分为内部变量和外部变量，其中外部变量是PLC中所定义的存储位置的映像，人机交互设备和PLC都可以对该存储位置进行读写访问从而实现两者之间的数据交换。区域指针是参数区域，用于交换特定用户数据区的数据，WinCC flexible运行系统可通过它们来获得控制器中数据区域的位置和大小的信息，在通信过程中，控制器和人机交互设备交替访问这些数据区，相互读、写这些数据区中的信息。

为实现机械手操作过程的可视化，在本系统中，采用了10in（1in=2.54cm）的多功能面板MP277，并用组态软件WinCC flexible开发了触摸屏的监控系统。

整个监控系统包括4个功能模块，即单步模式、连续模式、故障报警和用户管理功能模块。

单步模式实现对机械手单步运行控制，完成一次搬运任务共有8个单步动作，即伸缩气缸伸出、气动手爪夹紧工件、升降气缸上升、3位摆台的左旋或右旋摆动、升降气缸下降、气缸自左向右旋转、气动手爪松开工件、伸缩气缸缩回和3位摆台的右旋或左旋摆动（见图5-9）。

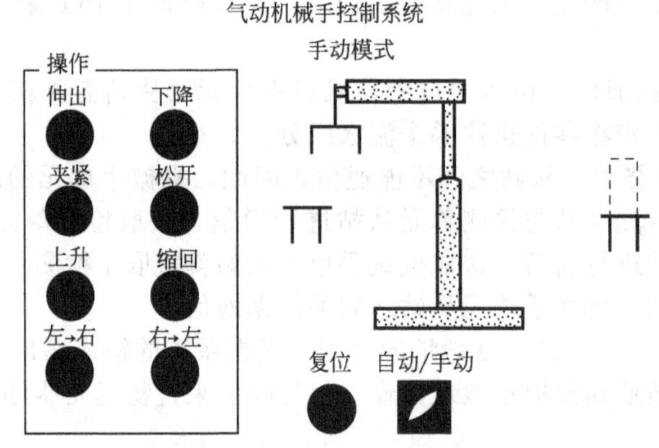

图5-9　控制系统手动模式运行画面

连续功能模块主要负责控制机械手完成一次作业所有动作的连续执行，并以动画形式实时显示机械手运行状态。

故障报警功能模块主要负责系统的故障显示，当系统出现故障时，如气压过高或过低，对机械手的错误操作等，发出提示消息，以便管理维护人员及时发现，及时维修。

用户管理功能模块主要负责用户权限的管理，根据用户的职责赋予用户各自不同的权限，限制用户的非法操作，这样可以大大减少事故的发生概率。

5.2.2　气动喷胶机器人

机器人在汽车制造业方面得到了普遍使用。作为喷胶或喷漆是汽车生产过程中不可缺少的环节，采用人工喷涂具有效率低、质量差、耗费大、污染重等缺点。中立柱是轿车前、后门之间的内部装饰件，左右各一，其生产工艺流程如下：骨架压制、喷胶、烘干、覆贴皮革、修（包）边、检验，其中的喷胶工序需要设计一种机器人来代替人完成喷胶任务。一种采用PLC控制的低成本气动喷胶机器人，能够达到产品质量均一性好、生产率高等要求，同时降低了劳动强度，改善了工作环境。

（1）工业机器人组合式模块化结构设计思路

根据我国的实际情况，工业机器人技术开发的思路应从以下几个方面进行考虑：

① 实用性。应能开发出市场急需的、功能实用的、满足用户要求的机器人。强调功能

实用性，不片面追求高科技和全面先进性。

② 快速性。能够在尽可能短的时间内实现机器人产品的快速制造。

③ 高质量。能够生产出品质优良的机器人产品，机器人配置中关键部件必要时可采用进口产品。

④ 低价格。机器人开发尽可能选用标准件、通用件，减少自制件，控制成本。

⑤ 模块化。采用模块化的设计理念和配置组合系统集成的制造思路。

综上所述，组合式工业机器人设计总体技术原理是：在成组技术指导下，针对多品种小批量生产的特点，面对生产线上的机台和单元间的物品移置的工艺要求或是装配、喷涂等作业的工艺要求，利用模块化设计手段，选择品质优良的控制模块以及执行模块，按一定的坐标体系进行集成，实现工业机器人的快速制造。其明显的优点在于：

① 简化了结构，兼顾了使用上的专用性和设计上的通用性。便于实现标准化、系列化和组织专业生产。

② 缩短了研制周期。能适应工厂用户的急需，在尽可能短的时间内，快速制造出功能实用的满足用户要求的机器人产品。

③ 提高了性能价格比。采用优质功能部件集成的方式，有利于保证机器人的质量和降低成本。

④ 具备了充分的柔性。以具备高可靠性的工控机为核心，控制模块和伺服模块可根据机器人及相应周边设备的工作要求，综合运用步进驱动技术、交流伺服控制技术、微机气动控制技术及变频技术等，为机器人提供了充分的柔性。

组合式工业机器人模块化设计过程如图5-10所示。在组合式工业机器人设计中，采用模块化设计可以很好地解决产品品种、规格与设计制造周期和生产成本之间的矛盾。工业机器人的模块化设计也为机器人产品快速更新换代，提高产品的质量、方便维修、增强竞争力提供了条件。随着敏捷制造时代的到来，模块化设计越来越显示出其独到的优越性。

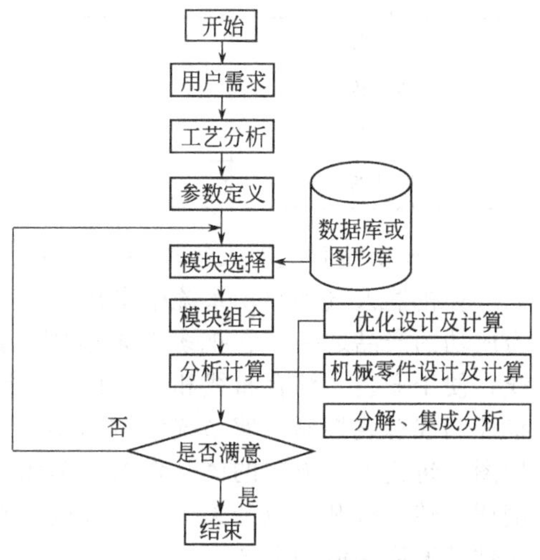

图5-10　组合式工业机器人模块化设计过程

(2) 气动喷胶机器人操作机设计

1) 工作任务分析

所要设计的机器人作业对象为某车型中立柱，其表面为复杂的三维异型面，左右两只中立柱的结构关于 Z 轴对称。长期以来，因骨架表面形状复杂，某汽车内饰件配套生产公司在喷胶工序一直采用人工作业，生产中存在以下问题：

① 生产质量波动大，难以控制。工人的熟练程度喷胶的手法、工作情绪、责任心等因素，将直接影响骨架上胶的均匀性及着胶量的一致性（均一性）。公司质检部门曾组织了一次随机抽查，针对同一型号中立柱、不同操作工人喷胶后中立柱多批次称量的结果表明：着胶量分布范围很大，为3～6.2g/只，且存在不均匀现象。

② 生产组织采用流水线作业方式，生产节拍为50s/对，工人劳动强度大。

③ 胶液为聚氨酯胶黏剂与丙酮的混合物，丙酮是易挥发产品，易燃、微毒，混合物有刺激性气味，人工喷胶不便于封闭作业，工人工作的环境恶劣，长期在此环境下工作有损身体健康。因此一个熟练工人工作一段时间会调离该岗位，新手则因不熟练而影响质量、效率等。

针对上述人工喷胶存在的诸多问题，公司提出采用机器人来替代人工喷胶，提高产品质量，降低工人劳动强度，促进企业效益。

2）气动喷胶机器人操作机结构设计

根据工业机器人组合式模块化结构设计思路，采用气动控制技术来实现喷胶机器人操作机的组合设计，即选用精良的气动元器件来实现机器人的移动、旋转自由度，经过合理化优化组合达到功能需要。按照生产工艺要求，中立柱骨架覆贴皮革表面上的着胶量须均匀、一致、无胶疙瘩或飞丝。而骨架喷胶面的几何形状上窄下宽、有一定弧度的长条形，形状不规则，机器人机械结构应能满足实现复杂的运动轨迹。设计完成的气动喷胶机器人为圆柱坐标式 5 自由度机器人，其中 3 个为转动关节，分别实现机器人的体旋转、腕偏摆、腕仰俯；2 个为移动关节，分别实现机器人上下方向的体升降（Z 方向）及水平方向的臂伸缩（X 方向）。体旋转的中心与骨架中心重合，体旋转调整机器人喷枪从不同角度向骨架喷胶；体升降、臂伸缩及腕仰俯可以保喷枪在 X-Z 平面内运动轨迹与骨架着胶面的一致性；腕偏摆的微量摆动，可增强骨架局部细节的着胶量。由于聚氨酯胶黏剂与丙酮的混合物呈雾状喷出，工作环境易燃易爆，为满足环保及防爆要求，机器人喷胶过程设计在封闭的工作室内完成，工作室内外的物流由链传动完成，并通过风幕机对工作室内、外隔离，工件挂在链传动系统的夹具上，飞出骨架外的胶液通过风机吸附在过滤网上，机器人的执行机构中除体旋转采用步进电动机控制外，其他 4 个自由度均选用日本 SMC 公司的气动元件驱动，有利于防爆。另外，控制喷枪开关的末端执行器也同样采用 SMC 公司的直线气缸来实现，称为开关气缸。设计完成的 Light Grey 气动喷胶机器人系统样机，其技术参数见表 5-2。

表 5-2　Light Grey-Ⅱ喷胶机器人技术参数

自由度	工作范围	自由度	工作范围
体旋转	0～150°	腕仰俯	±30°
体升降	600mm	腕偏摆	±10°
臂升缩	200mm		

3）气动喷胶机器人气动系统设计

在机器人气动驱动系统中采用了先进的阀岛技术，阀岛是近年来在气-电一体化方面最为成功的产品之一，它把多个电磁阀采用总线结构集成在一起，缩小了体积，减少了控制线，便于安装、综合布线和采用计算机控制，尤其对于大型自动化设备，对阀岛可以进行直接控制或总线控制，使系统结构紧凑、简化。图 5-11 所示为气动喷胶机器人的气动系统原理图，包括上下方向的体升降滑动单元、水平方向的臂伸缩滑动单元、腕仰俯旋转气缸、腕偏摆旋转气缸和喷枪开关气缸。各执行元件的进气口、出气口都装有单向节流阀，便于执行元件的速度控制与调节。

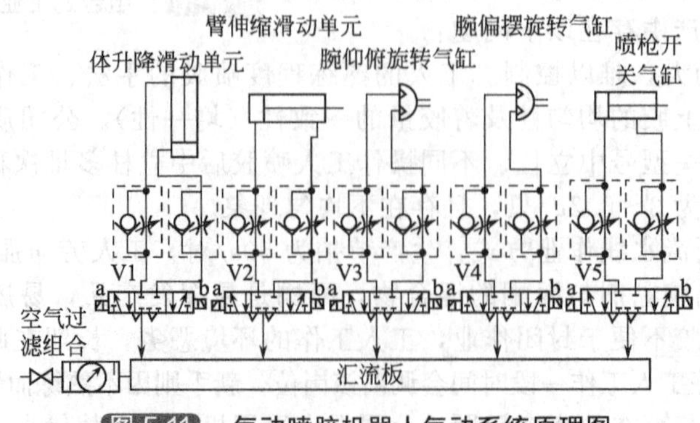

图 5-11　气动喷胶机器人气动系统原理图

(3) 气动喷胶机器人控制系统设计

1) 控制系统硬件设计

中立柱生产组织采用 24h 连续生产方式，设备的任何一个环节出现故障势必影响整条生产线的生产，因此要求喷胶机器人系统高可靠、低故障，其中控制系统是关键。综合比较单片机、工控机及可编程控制器性价比后，喷胶机器人控制系统选用日本三菱公司的 FX_{2N}-64MR 可编程控制器来实现，输入、输出点各有 32 点。该系列可编程控制器具有运算速度快、存储容量大、抗干扰能力强等特点，既可以处理数字量的输入输出，扩展后又可以处理模拟量和定位控制。

气动喷胶机器人控制系统统构成框图如图 5-12 所示。定位模块 FX_{2N}-1PG 控制步进电动机，实现机器人的体旋转，步进电动机的静态锁紧力矩确保机器人在不同的角度自上而下对骨架喷胶。物料输送系统采用三菱 FR-A540. 1. 5K-CH 变频器加编码器反馈控制，既方便输送链的速度调节又满足工件定位控制要求。

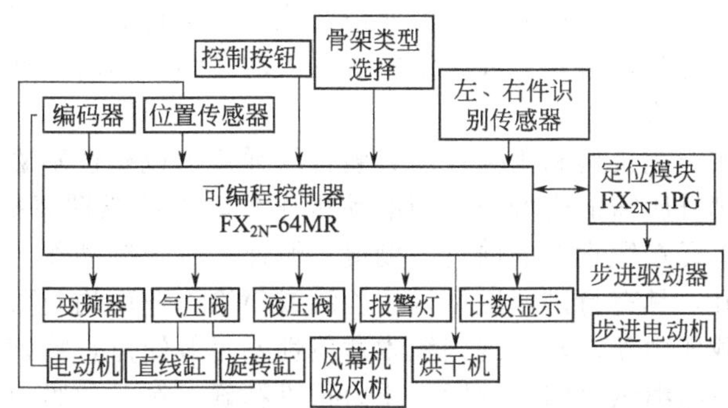

图 5-12 气动喷胶机器人控制系统硬件构成框图

2) 控制系统软件设计

气动喷胶机器人控制程序采用状态转移图编程。根据功能需要，所设计的 PLC 程序包括初始化程序、回原点控制程序、手动控制程序、自动控制程序、故障报警处理程序。

初始化程序包括运行状态的初始化及定位模块初始化。状态初始化由 IST 指令实现回原点、手动及自动的四种模式选择；定位模块初始化设定 FX_{2N}-1PG 的 BFM 参数，有工作方式 BFM＃3、点动速率 BFM＃8BFM＃7、原点返回速率（高速）BFM＃10 BFM＃9、原点返回速率（爬行速度）BFM＃11、原点返回的 0 点信号数目 BFM＃12、原点位置 BFM＃14、BFM＃13、加减速时间 BFM＃15。

回原点控制程序是指在回原点模式下执行的程序。启动原点信号，机器人各执行机构复归到原点状态，同时中立柱骨架被传送到喷胶工位，所有动作执行到位后，原点标志 M8043 置位。

手动控制程序是指在手动模式下执行的程序。通过手动按钮，可以分别控制各执行机构单独运转或同时运转，主要用于调试或工作状态的调整。

自动程序是指在自动循环运行模式下执行的程序。机器人原点条件满足时，运行程序将启动吸风风机、风幕机及烘干机，根据骨架类型选择结果执行相应的喷胶程序流程，左、右骨架由传感器自动识别，分别执行左、右件加工程序。

故障报警程序可以检测机器人的执行机构、骨架输送机构、胶桶液位有无异常，一旦出现故障，机器人停止工作，通过灯光发出报警信号，便于喷胶机器人系统的维护。

(4) 小结

现场应用表明，中立柱气动喷胶机器人系统具有成本低、设计周期短等优点。喷胶机器人能满足中立柱不同类型共线生产的喷涂需求，稳定可靠，同时着胶的均匀性、一致性和喷胶效率较人工喷胶有很大程度的提高，降低了工人的劳动强度，促进了企业的技术革新。

5.2.3 连续行进式气动缆索维护机器人

(1) 缆索维护机器人爬升技术

斜拉桥是最近几十年兴起的新型桥型，具有良好的抗震性和经济性，目前世界范围已拥有各式斜拉桥 400 余座，其中，我国拥有 190 余座。承重缆索作为斜拉桥的主要受力构件，暴露在大气之中，长期受到风吹、日晒、雨淋和环境污染的侵蚀，其表面的防护层极易受到破坏，防护层的破损会引起周围介质对内部钢索产生电化腐蚀，进而威胁到缆索的使用寿命，定期对缆索表面进行涂漆是目前缆索维护的主要方式之一。在现代计算机技术和机械制造技术的促进下，缆索维护机器人便应运而生，并成为一个热门技术研究内容。

从世界的范围看，缆索维护机器人的研究还处于起步阶段，国内有上海交通大学机器人研究所、华中科技大学、安徽工业大学等课题组对缆索维护机器人进行过研究。通过对他们所开发出的样机进行研究分析可知：缆索维护机器人的爬缆机构的运动方式大体可分为摩擦轮连续滚动式、夹紧蠕动式两种。

摩擦轮连续滚动式爬缆机构利用弹性压紧装置的弹簧力或磁性励磁场产生的磁场力作为机器人沿斜拉桥缆索爬升所需的附着力，用电动机作为动力源驱动摩擦轮沿缆索滚动行进，从而实现机器人本体单元在缆索上的前进、倒退、调速、停止等动作。摩擦轮连续滚动式爬升机构可实现连续爬升，具有行进速度可调、检测或喷涂作业面均匀可控的优点，但同时也存在本体自重大、带载能力差、对不规则缆索适应性不足等缺点，特别是受其机构限制，该类爬缆机器人的摩擦轮与缆索之间的预紧正压力很难精确控制。预紧力过大，易对缆索表面产生破坏，对缆索的径向尺寸变化的适应能力变差；预紧力过小，易发生高空滑落故障，安全性变差，致使该类机器人的实用化受到很大的限制。

夹紧蠕动式爬升机构，运用仿生学原理，多采用气缸夹紧方式，使机器人附着于缆索表面，通过控制上、下气缸依次夹紧缆索，中间气缸升缩运动实现机器人的蠕动上升或下降。该机器人具有重量轻、带载能力大、易于实现过载保护、对缆索形状（如螺旋缆索）及截面尺寸有突变的缆索具有很好的适应能力。但由于该爬升机构采用间歇式移动爬升，必然导致机器人动作节拍衔接处的缆索涂膜接口的作业质量差，涂膜不均匀，存在作业盲区等缺陷和不足。

缆索维护机器人的涂膜作业质量的好坏将直接影响到缆索的使用寿命。因此，研制出一种对缆索适应能力强、具有连续稳速行进特点的缆索维护机器人，是该领域的热点问题。在深入研究气动夹紧蠕动式缆索机器人移动装置的基础上，提出一种可实现连续稳速行进的新型缆索维护机器人。

(2) 连续行进式缆索维护机器人的整体结构及工作原理

1) 机器人结构

连续行进式缆索维护机器人是以斜拉桥缆索的防腐喷涂为目标设计的，机器人在爬升过程中以斜拉桥缆索为中心，机器人沿缆索爬升至缆索顶点，在其返回时，将对缆索实施连续喷涂作业。机器人整体分成上体、下体与喷涂作业单元三部分，并通过上、下移动机构将此三部分连接起来，具体结构如图 5-13 所示。上、下体均由支撑板、夹紧装置和导向装置组成，夹紧装置采用自动对中平行式夹紧的结构形式，具有结构简单、夹紧力大，对不同结构形式、不同直径尺寸的缆索具有较好的适应性；变刚度弹性导向机构可使机器人在运动过程中能够保持良好的对中性及对缆索凸起的自适应性；喷涂作业单元由支撑板、回转喷涂机构等部分组成；上、下移动机构由导向轴及移动缸组构成，移动缸组由 2 个气缸和 1 个阻尼液压缸并联组成，2 个液压阻尼缸和 4 个移动气缸构成同步定比速度分配回路，可实现机器人的连续升降；通过 PLC 控制可实现机器人的自动升降，当地面气源或导气管突然出现故障而无法正常供气时，储气罐作为备用能源可使机器人安全返回。

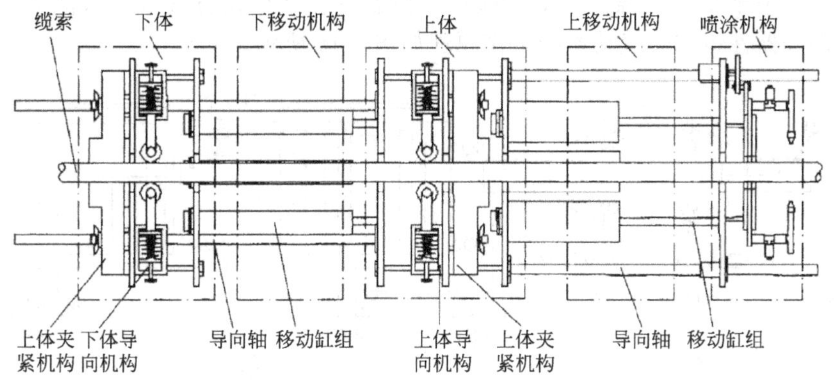

图 5-13　缆索维护机器人结构组成原理简图

2）机器人连续行进工作原理

本机器人系统采用了全气动驱动方式，通过 2 个夹紧气缸驱动夹紧装置，为机器人依附在缆索提供动力。作为机器人升降移动执行元件的两组移动缸运动方向相反，其速度差值始终保持恒定。现将缆索维护机器人连续上升过程动作节拍进行分解（如图 5-14 所示）：

图 5-14（a）下体夹紧缸夹紧；图 5-14（b）上体夹紧缸松开；图 5-14（c）上移动缸组以速度 v 匀速缩回，下移动缸组以 $2v$ 速度伸出，机器人本体以速度 v 匀速上升。

图 5-14（d）上体夹紧缸夹紧；图 5-14（e）下体夹紧缸松开；图 5-14（f）上移动缸组以速度 v 伸出，下移动缸组以 $2v$ 速度缩回，机器人本体以速度 v 匀速上升。

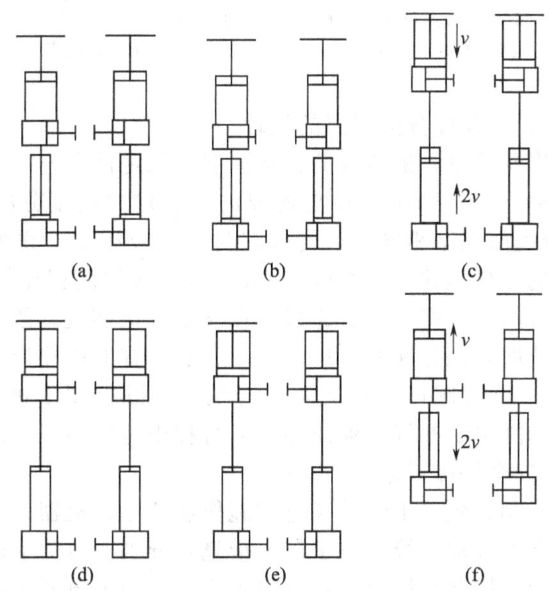

图 5-14　缆索机器人上升过程动作分解图

如此重复，机器人实现连续恒速爬升。

机器人下降时改变动作节拍循环程序，就可实现连续恒速下降。基于以上爬升动作原理，完成了机器人气动系统的设计。

(3) 连续行进式缆索维护机器人气动系统的设计

连续行进式缆索维护机器人采用拖缆作业方式，由地面泵站通过输气管向布置在机器人本体上的气动器件提供有压空气，机器人的气动系统主要完成夹紧、移动、喷涂及安全保护四部分工作。整个系统由气源、气动三联件、控制阀、动作执行气缸、蓄能器、压力继电器、气动附件等器件组成，气动系统工作原理如图 5-15 所示。

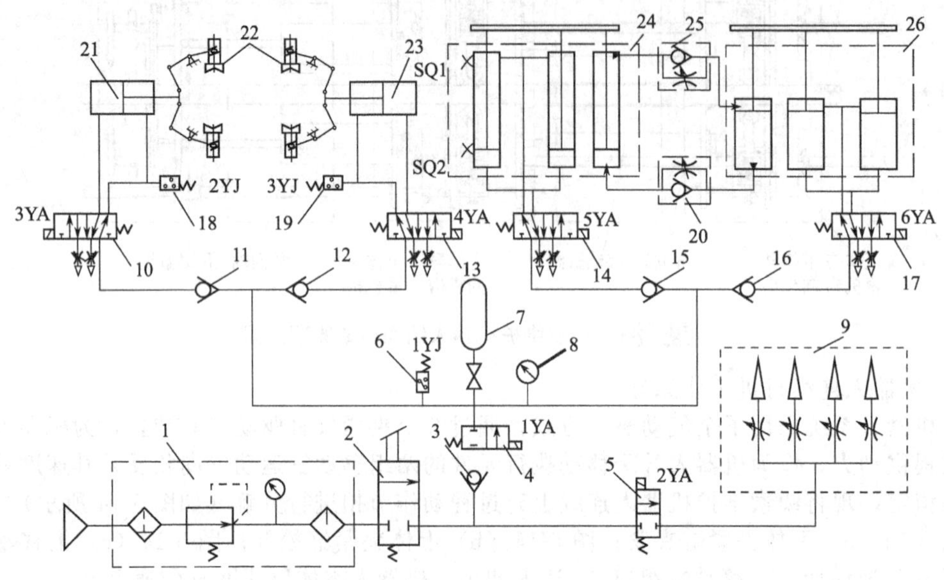

图 5-15 缆索机器人气动系统原理图

1—气动三连件；2—手动换向阀；3，11，12，15，16—单向阀；4，5—二位二通电磁换向阀；
6，18，19—压力继电器；7—蓄能器；8—压力表；9—喷枪；10，13，14，17—二位五通电磁换向阀；
20，25—液压单向节流阀；21—上夹紧气缸；22—夹紧爪；
23—下夹紧气缸；24—下移动缸组；26—上移动缸组

1) 机器人气动同步定比速度分配回路的设计

为保证机器人喷涂作业质量，机器人的移动速度的稳定性及连续性是一个很关键的技术指标，本气动系统采用由上、下两组移动缸构成的同步定比速度分配回路，上体移动缸组 26，下体移动缸组 24 分别由规格相同的 2 支气缸与 1 支液压缸并联组成气液阻尼回路，下液压阻尼缸与上液压阻尼缸行程比为 2：1，活塞杆和活塞的面积比均为 1：2，2 个阻尼液压缸的上下两腔充满油液用油管将其并联起来，在移动缸组实现伸缩动作时，2 只阻尼液压缸起到阻尼限速和实时速度等比分配的作用。在 2 个阻尼缸的连接油管上分别安装了单向节流阀 20、25，通过对两个节流阀口开度的调节与设定，既控制了机器人整体的移动速度，又有效地解决了 2 个移动缸组活塞杆在伸出和缩回行程中速度不匹配的问题。

2) 机器人气动系统安全保障措施

由于机器人需沿缆索爬升到几十米的高空实施作业任务，机器人的安全在整机设计过程中必须给予高度重视，在本气动系统采取了以下措施：分别用压力继电器 18 和 19 检测 2 个夹紧执行气缸的锁紧压力，控制系统只有在接收到相应压力继电器发出可靠夹紧信号时，才控制实施下一动作指令；用单向阀 3、11、12、15、16 将夹紧缸回路、移动缸组回路及喷涂回路进行了压力隔离，有效避免了本系统不同回路分动作时相互间的干扰；压力继电器 6 实时监测地面泵站对机器人本体的供气压力，在供气压力不足时，为控制系统采取安全措施提供启动信号；在气动系统出现故障时，蓄能器 7 作为临时动力源，为机器人可靠夹紧缆索提供能量；在夹紧缸回路中的电磁换向阀 10、13 和主回路中的电磁换向阀 4，均采用失电有效的控制方式，以确保机器人在系统掉电情况能够安全地依附在缆索上。以上措施有效地保证了机器人本体在系统掉电、气压失稳或输气管爆裂等故障状态下高空作业的安全性。

根据机器人连续行进的工作原理，结合气动系统中各回路执行元件的运行特点，得到如表 5-3 所示机器人各元件动作真值表。

表 5-3　机器人作业程序与电磁阀动作顺序真值表

状态	动作	电磁铁							转换指令
		手动阀 2	1YA	2YA	3YA	4YA	5YA	6YA	
上升循环	初始	+	+					+	SB1
	下体夹紧	+	+					+	SQ2
	上体放松	+	+		+			+	3YJ(+)
	上体移动缸缩回 下体移动缸伸出	+	+		+		+		2YJ(−)
	上体夹紧	+	+				+		SQ1
	下体放松	+	+			+	+		2YJ(+)
	上体移动缸伸出 下体移动缸缩回	+	+			+		+	3YJ(−)
下降循环 喷涂作业	初始	+	+				+		CK1
	上体夹紧	+	+	+			+		SQ1
	下体放松	+	+	+		+	+		2YJ(+)
	上体移动缸缩回 下体移动缸伸出	+	+	+		+	+		3YJ(−)
	下体夹紧	+	+	+				+	SQ2
	上体放松	+	+	+	+			+	3YJ(+)
	上体移动缸伸出 下体移动缸缩回	+	+	+	+			+	2YJ(−)

注：1. YA——电磁铁；YJ——压力继电器；SQ——磁性开关；SB——手动开关；CK——终点检测光电开关。
2. 表中元件代号都与气动系统图 5-15 中一一对应；
3. 状态“+”表示手动阀接通、电磁阀通电，空白表示断电。

(4) 连续行进式缆索维护机器人控制系统的设计

机器人的控制系统由两个部分组成：机器人本体控制系统和地面监控系统（见图 5-16）。

机器人本体控制系统和地面监控系统通过同轴视频电缆和 RS-485 信号传输电缆进行信息交换，使缆索机器人本体控制系统和地面监控系统能保持协调工作。针对缆索喷涂机器人的工作特点，控制单元采用两台 DVP 系列的 PLC 采用主从式的控制方式，机器人在缆索上的移动动作和喷涂作业由机器人本体携带的 PLC 直接控制，根据地面指令或各气缸上的磁性行程开关及压力继电器的状态，自动控制电磁换向阀得失电，从而控制机器人上升、下降、停止。机器人本体上携带 3 个 CCD（Charge Coupled Device）摄像头，通过 1 个频道转换器由一路同轴电缆传输到地面监视器上，操作人员根据监视器上的图像和实际工况，通过操作面板上的控制按钮由地面监控系统的 PLC 与机器人本体上的 PLC 间接通信实现对机器人的作业监控。所采用的 DVP 系列 PLC 内部集成 RS-485 通信模块，具有标准的 RS-485 通信接口，只需两根信号电缆可以实现 1200 m 左右的可靠通信。

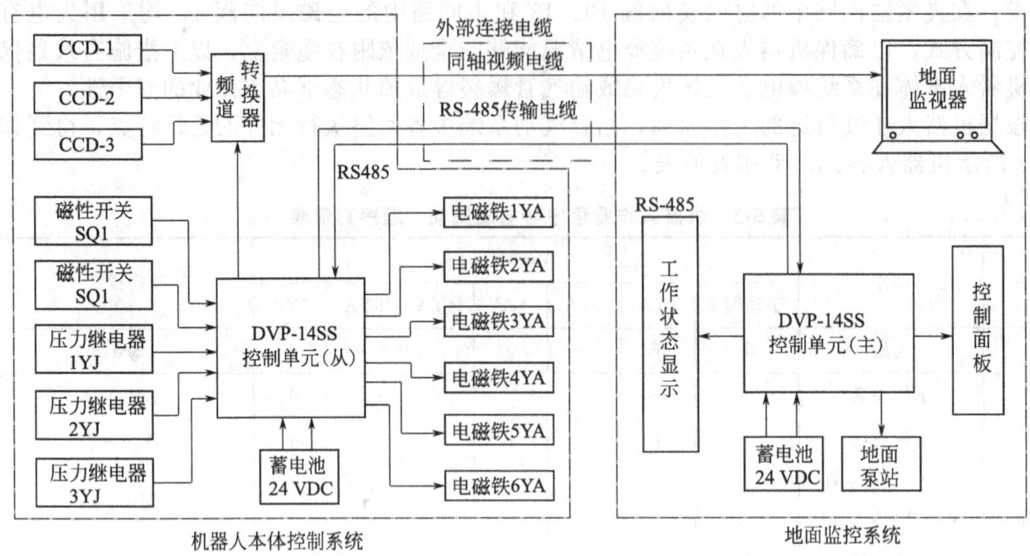

图 5-16 缆索维护机器人控制系统的组成

（5）结论

连续行进式气动缆索维护机器人本体部分外形尺寸为：1800mm×674mm×700mm，总重量 75kg。根据斜拉桥缆索的悬垂特点搭建了模拟缆索实验环境，缆索外径为 80mm，倾斜角度：0°～90°。通过实验可知：以同步定比速度分配回路为核心构建的气动系统可以保证缆索维护机器人连续稳速行进，其行进速度可以在 0.5～6.5m/min 之间连续可调；机器人本体经受了高空断电、断气等人为故障的考验，整机工作安全、稳定；能爬越 5 mm 高的缆索表面异性凸起，具有良好的适应能力。

5.2.4 气动爬行机器人

随着气动技术的发展，气动机器人的应用领域也逐渐广泛。在一些特殊的应用场合，如安全、建筑、国防等，要求工作可靠、体积小。动作灵活的气动爬行机器人，尤其是在壁面爬行机器人能在与水平面成一定角度的各种壁面上移动。

（1）机械结构设计

如图 5-17 所示，步距式气动爬行机器人的运动由相互垂直的 X、Y 方向平移气缸和 8 个双作用单出杆气缸完成，平移气缸为双作用双出杆气缸，结合滚动直线轴承导套副机构实现水平移动，适用于轻载快速运动场合。为了实现 X、Y 方向的爬动，两平移气缸分别固联在主连接板上下两面上，并呈十字分布。单出杆气缸实现机器人的升降运动。由于两平移气缸不处于同一水平面，要合理设计单出杆气缸在连接板上安装位置，以使 8 个单出杆气缸高度基本一致。

机器人要爬行离不开支撑与移动两个动作，现以机器人向 $+X$ 方向移动为例介绍步距爬行的原理。如图 5-18 所示，十字分布的气缸固联在主连接板上，矩形剖面部分为活塞，活塞杆与脚气缸固联，箭头表示压缩空气的方向，图中以圆表示脚气缸，空心表示活塞杆缩回状态，剖面表示活塞杆伸出状态。在初始状态时爬行机器人脚气缸缩回，X 方向平移气缸活塞相对缸体处于最左端，Y 方向平移气缸活塞相对于缸体处于最上端，相应滑台板与活塞杆固定连接。①为初始状态；②为 XY 方向脚气缸伸出，机器人被支撑起来，相当于 XY 平移气缸活塞杆被固定；③为 X 方向脚气缸收回，X 方向平移气缸活塞杆浮动，缸体被固定；④为 X 方向平移气缸活塞右移；⑤为 X 方向脚气缸伸出，XY 平移气缸活塞杆固定；⑥为 Y 方向脚气缸收回，X 方向平移气缸缸体浮动；⑦为 X 方向平移气缸缸体带动相应滑板相对于活塞右移；⑧为 Y 方向脚气缸伸出，与②气缸状态一致，依次循环下去。

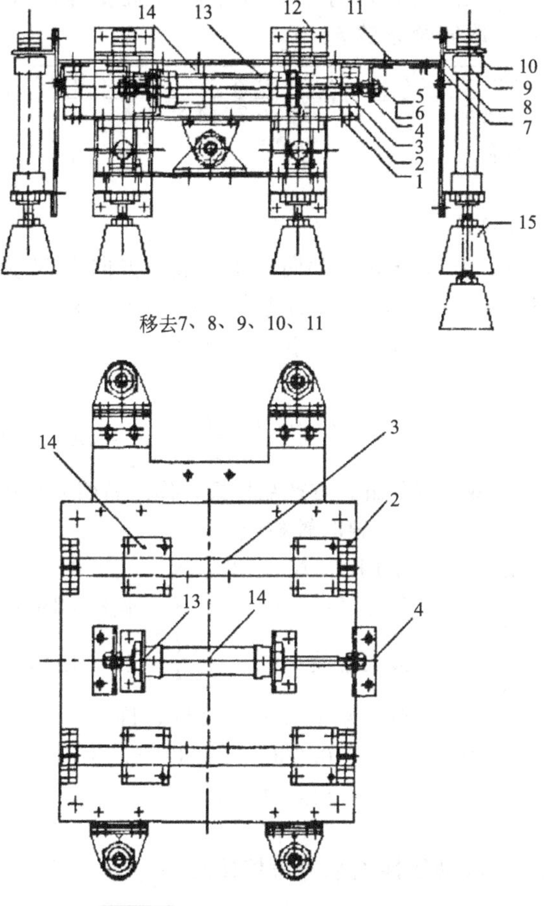

图 5-17　爬行机器人机械结构图

1—主连接板；2—导向轴支座；3—导向轴；4—连接件；5，6—六角螺母；7—L 形支架；8—上连接板（脚气缸）；9，10—脚气缸组件；11—滑台连接板；12—下连接板（脚气缸）；13—平移气缸；14—带座直线滚动轴承；15—底脚

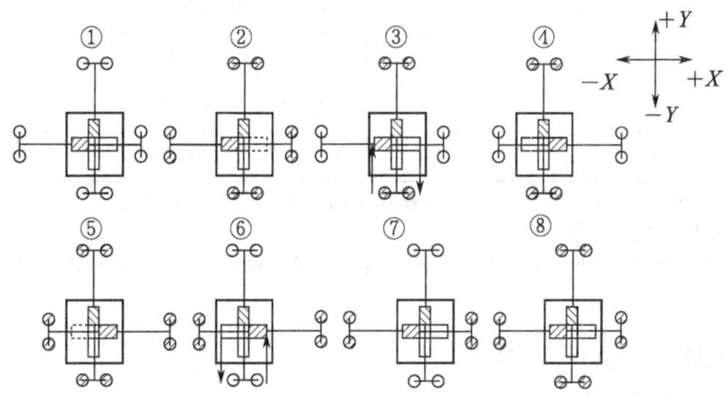

图 5-18　爬行机器人步距爬行原理

机器人机械结构设计中主要要进行各个气缸的设计计算、滚动直线轴承导套副机构导杆直径的校核。

1）脚气缸的选择计算

已知机器人总重 16 kg，各状态均有 4 或 8 个脚气缸支撑，气动系统工作压力为 0.4 MPa，加速度为 $0.1\mathrm{m/s^2}$，取安全系数 $k=1.3$。

$$d_0=\sqrt{\frac{k(mg+ma)}{\pi p}}=\sqrt{\frac{1.3(16\times 9.8+16\times 0.1)}{3.14\times 0.4}}=12.6\mathrm{mm}$$

式中，d_0为脚气缸直径。

取 $d=20\mathrm{mm}>d_0$。

2）平移气缸的选择计算

机器人运动部分质量 m'为 9.58kg，导向杆承受竖直方向力 N 为 94N，该滚动直线轴承导套副，取滚动摩擦系数 $\mu=0.003$，最大加速度取 $a=10\ \mathrm{m/s^2}$。

$$f=\mu N=0.003\times 94=0.282\mathrm{N}$$

f 为摩擦力。

$$A_0=\frac{f+m'a}{p}=\frac{0.282+9.85\times 10}{0.4}=247\mathrm{mm}^2$$

选 d 为 20mm 的双作用双出杆气缸，查产品目录，作用面积 $A=264\mathrm{mm}>247\mathrm{mm}=A_0$。

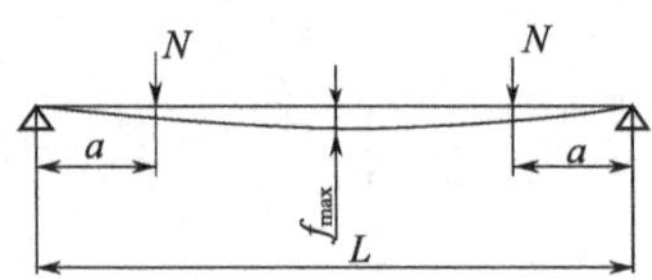

图 5-19 导向轴校核受力图

3）导向轴校核

作用力 $N=23.5\mathrm{N}$，$a=0.052\mathrm{m}$，$L=0.264\mathrm{m}$，$E=206\mathrm{GPa}$，$I=0.6434\mathrm{e}-8$，如图 5-19 所示。

最大挠度 $f_{\max}=\dfrac{paL^2}{24EI}$（$3-4a^2$）$=1.4\mathrm{e}-8\mathrm{mm}$

对于刚度大的轴来说，许用

$$[y]=0.0002L=0.0002\times 264=5.28\mathrm{e}-2\mathrm{mm}$$

$$f_{\max}<[y]$$

满足刚度要求。

对于该轻载快速机构，滚动线性轴承寿命校核忽略。

（2）控制任务描述

（见图 5-18）各个气缸及对应控制阀命名及对应动作如表 5-4 所示。

表 5-4 各气缸及阀命名及动作定义

气缸动作定义	气缸运动方向	电磁阀通断电情况	气缸动作定义	气缸运动方向	电磁阀通断电情况
气缸 A(−X 向平移)	A−	a−	气缸 C(−X 向升降)	C−	c−
气缸 A(+X 向平移)	A+	a+	气缸 C(+X 向升降)	C+	c+
气缸 B(−Y 向平移)	B−	b−	气缸 D(−Y 向升降)	D−	d−
气缸 B(+Y 向平移)	B+	b+	气缸 D(+Y 向升降)	D+	d+

注：1. A−表示 X 方向平移气缸 A 的缸体相对于活塞处于向−X 极限位置的状态，A+表示 X 方向平移气缸 A 的缸体相对于活塞处于向+X 极限位置的状态。

2. a−表示控制 X 方向平移的阀 a 处于左位工作，该单电控电磁阀断电；a+表示控制 X 方向平移的阀 a 处于右位工作，该阀通电。

预设机械爬行机器人气缸的初始状态为：

X 方向平移气缸−X 极限；

Y 方向平移气缸−Y 极限；

X 方向升降气缸下极限；

Y 方向升降气缸下极限。

故气缸初始状态：A－、B－、C－、D－。

根据气动原理图 5-20，要求对应控制阀的初始状态均为左位工作，各单电控阀均处于线圈断电工作状态，即初始时各控制阀为：a－、b－、c－、d－。要实现气动机械爬虫向各个方向（－X，＋X，－Y，＋Y）移动，则相应气缸动作循环顺序如图 5-21 所示。

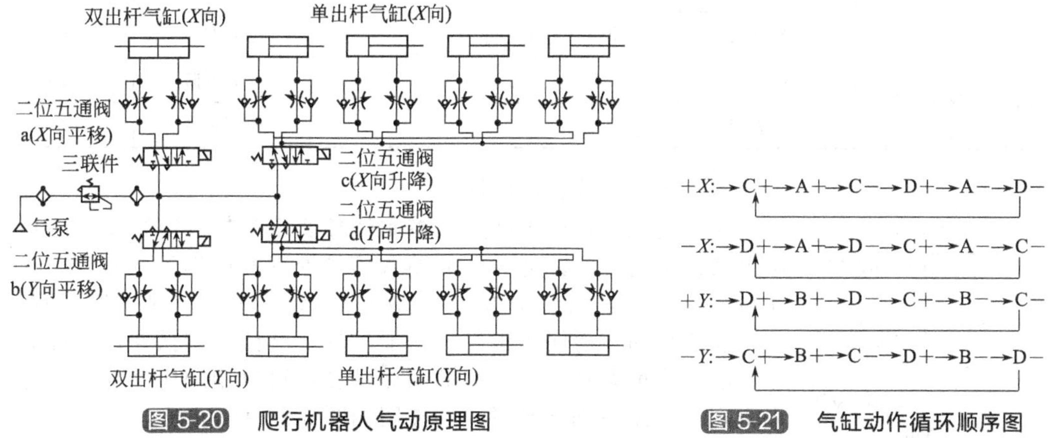

图 5-20　爬行机器人气动原理图

图 5-21　气缸动作循环顺序图

对应电磁阀的通断电顺序为：

＋X 方向 c＋、a＋、c－、d＋、a－、d－……

－X 方向 d＋、a＋、d－、c＋、a－、c－……

＋Y 方向 d＋、b＋、d－、c＋、b－、c－……

－Y 方向 c＋、b＋、c－、d＋、b－、d－……

气动机械爬行机器人控制系统要求为：选定运动方向，按下启动按钮，气动机械爬行机器人向着选定方向运动，按下停止按钮，机器人需走完一个循环，恢复到初始位置后停止；当选定方向后，需爬行机器人停止后才能选择其他方向运动；当按下急停按钮，爬行机器人立即停止，要恢复到初始状态，可以按下复位按钮实现；各运动过程要有相应的指示灯。

（3）控制系统硬件设计

根据气动机械爬行机器人的控制要求，I/O 元件及地址分配表如表 5-5 所示，总计输入 15 点，输出 11 点，考虑到机械爬行机器人机械机构尺寸的限制，根据控制任务要求确定的输入/输出点选择松下 FP0-C32CT，该 PLC 的 I/O 点各为 16，长、宽、高分别为 90mm×60mm×30mm。

表 5-5　I/O 元件及地址分配表

现场信号	作用	输入点	输出信号	作用	输出点
按钮	启动	X0	电磁线圈	对应阀 a	Y0
	停止	X1		对应阀 b	Y1
	复位	X2		对应阀 c	Y2
开关	－X 方向	X3		对应阀 d	Y3
	＋X 方向	X4	指示灯	启动/停止	Y4
	－Y 方向	X5		原位	Y5
	＋Y 方向	X6		－X 方向	Y6

续表

现场信号	作用	输入点	输出信号	作用	输出点
平移气缸接近开关	$-X$ 方向	X7	升降气缸接近开关	$-D$ 方向	X0D
	$+X$ 方向	X8		$+D$ 方向	X0E
	$-Y$ 方向	X9	指示灯	$+X$ 方向	Y7
	$+Y$ 方向	X0A		$-Y$ 方向	Y8
升降气缸接近开关	$-C$ 方向	X0B		$+Y$ 方向	Y9
	$+C$ 方向	X0C		错误报警	Y0A

(4) 控制系统软件设计

从气动机械爬行机器人的控制任务要求分析可以得出，可以采用主从式结构程序，把对外的输入信号处理程序作为主程序，把气动机械爬行机器人各个方向自动循环运动和复位分别编制子程序，这样模块化的结构便于编制、功能扩展、阅读和调试修改。爬行机器人的动作可以看成是气缸的顺序动作，可以用顺序功能图编程法来实现。$+X$ 方向运动顺序功能图如图 5-22 所示。

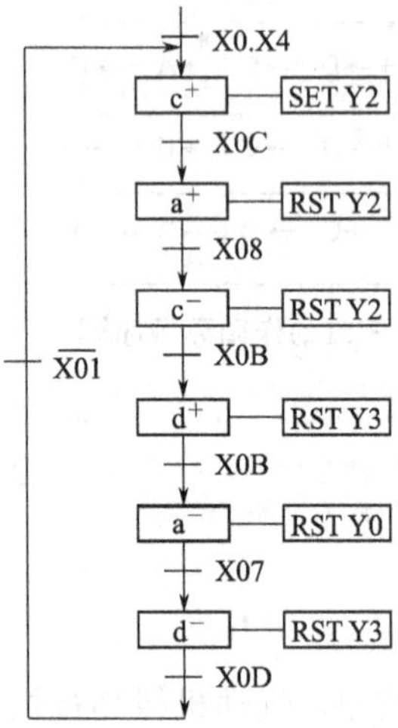

图 5-22 +X 方向运动顺序功能图

(5) 小结

该气动机器人实现在平面 X、Y 方向步距式爬行，通过软硬件调试，各部分功能均能实现，同时可在机器人脚气缸前增加吸附机构，即可爬行一定角度的壁面，根据不同壁面要求增加不同的吸附机构，比如平整的玻璃壁面，可以采用负压式，而在凹凸不平的钢铁表面，则可选用电磁式。设计时，机器人重量控制十分重要，在刚度和强度条件足够的情况下，应尽量采用密度小的材料，比如有机材料、塑料、铝合金等等。步距式爬行机器人能克服滚轮式及履带式机器人对于路况的要求，同时机器人控制也是顺序动作控制的典型例子。

5.2.5 高精度气动机械手

机械手在自动化领域中，特别是在有毒、放射、易燃、易爆等恶劣环境内，与电动和液压驱动的机械手相比，显示出独特的优越性得到了越来越广泛的应用。一种四自由度（不包括夹取自由度）气动机械手，应用于高危物质试验的场合，机械手的使用安全性要求相当高；该机械手主传动部分采用某公司的新型无杆气缸，带制动器及行程可读出传感器，定位精度相当高；该机械手设计结构紧凑，而且改变了一般机械手的受力为悬臂梁的特点，使得机械手臂负载进一步加强；其 PLC 控制系统既可保证气动机械手单独自动工作，也可由使用人员手动操作，且为网络操作预留了接口，可以实现远程控制。

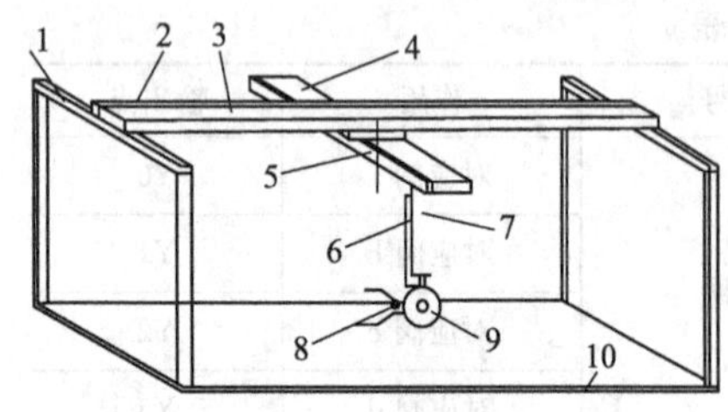

图 5-23 机械手结构示意图

1—支架；2—轴位移传感器；3—轴无杆气缸；4—Y 轴无杆气缸；5—Y 轴位移传感器；6—轴位移传感器；7—轴双作用气缸；8—手指夹紧气缸；9—回转气缸；10—工作台

(1) 结构设计

气动机械手的结构示意图如图 5-23 所示。

机械手手臂包括轴气缸、Y 轴气缸和 Z 轴气缸，3 个气缸可以实现三自由度下任意坐标移动。其中，轴气缸和 Y 轴气缸为某公司的新型机械式无杆气缸，带制动器及行程可读出传感器，此一设计方案满足了试验台空间限制的要求。Z 轴气缸为带制动器和导向的双作用气缸，且带有位移传感器。手腕部的回转气缸选用小型叶片摆动马达，可使手腕在180°范围内转动。手指具有3种不同的结构：平行夹持式、支点回转夹持式和真空吸盘式。手指根据不同的使用情况可以自由更换。

(2) 气动设计

因为气体具有很大的可压缩性，要做到气动机械手精确定位难度很大，尤其是难以实现任意位置的多点定位。传统气动系统只能靠机械定位装置的调定位置而实现可靠定位，并且其运动速度只能靠单向节流阀单一调定，经常无法满足许多设备的自动控制要求，这在很大程度上限制了气动机械手的使用范围。随着工业自动化技术的发展，电-气比例和伺服控制系统，特别是定位系统得到了广泛的应用。应用电-气伺服定位系统可以非常方便地实现多点无级定位（柔性定位）和无级调速，而且可以方便地实现气缸的运动速度连续可调，从而达到最佳的速度和缓冲效果，大幅度降低气缸的动作时间和冲击。与电动机驱动的伺服定位系统相比，气动伺服定位系统具有价格低廉、结构简单、抗环境污染及干扰性强等优点。

气动机械手的主传动部分控制采用某成套气动伺服定位系统，其原理如图5-24所示。气动伺服定位系统由气动伺服阀、位移传感器（无杆气缸中附带，数字量输出）、驱动装置（ML2B系列无杆气缸）及位置控制器（CEU2型）4部分组成，可实现任意点的柔性定位和无级调速，定位精度可达±0.1mm。

CEU2型位置控制器可实现反馈控制参数计算和优化。只需输入最基本的单元尺寸和运行数据（气缸行程、缸径、负载重量和气源压力等），即可完成定位系统的调试。机械手 X 轴、Y 轴和 Z 轴3个主传动中设置了静磁栅位移传感器（无杆气缸自带），如图5-24所示。

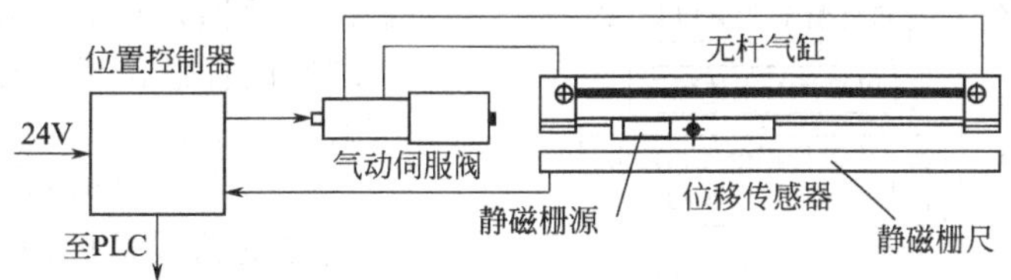

图5-24　气动伺服定位系统简图

静磁栅位移传感器由“静磁栅源”和“静磁栅尺”两部分组成。“静磁栅源”沿“静磁栅尺”轴线作无接触相对运动时，由“静磁栅尺”解析出位移信息，经转化后产生最小0.1mm/脉冲的位移量数字信号。数字信号无需转换直接传递给位移控制器，由位移控制器控制气动伺服阀实现机械手各坐标气缸的精确定位运动。

机械手总体气动系统原理图如图5-25所示。气源经三联件处理后，通过相应的电磁换向阀进入各个气动执行元件。此系统中，选用了集装式电磁换向阀，所有电磁换向阀由汇流板集装在一起，以减少占用空间。

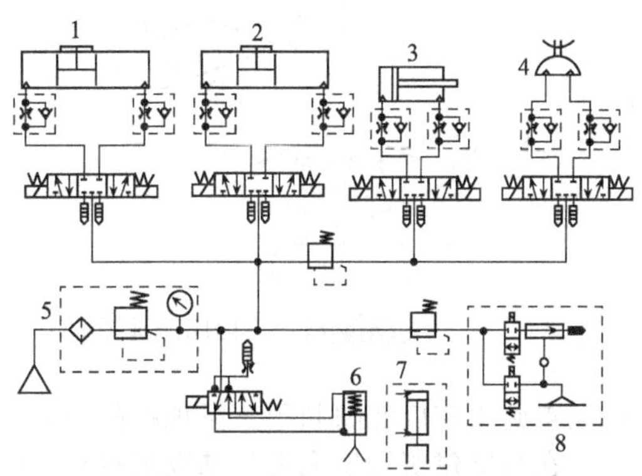

图5-25　机械手气动原理图

1—X 轴无杆气缸；2—Y 轴无杆气缸；3—Z 轴双作用气缸；4—叶片式摆动马达；5—气源三联件；6—支点式手指；7—平行式手指；8—真空发生器组件

(3) 电气控制及其程序编制

机械手电气控制系统主要由PLC（三菱FX30MR型）1台、PC机（内置RS-232C接口）1台、RS-232通信板（FX_{1N}-232-BD型）1块、位置控制器（CEU2型）3台等部件构成。可以实现两种控制方式：①由使用者操作手动控制面板人工控制；②通过PLC的RS-232C接

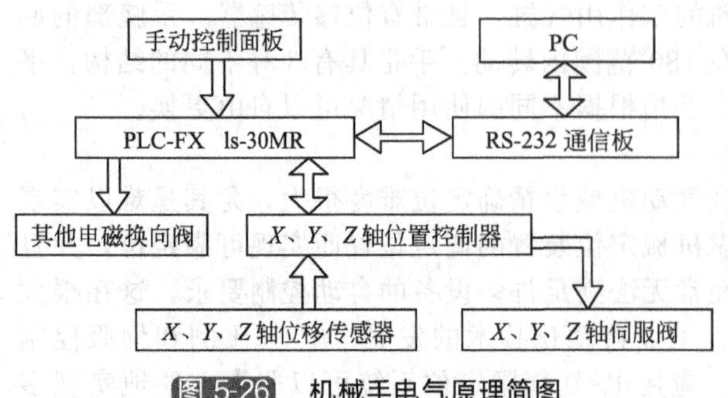

图 5-26 机械手电气原理简图

图 5-27 主程序流程图

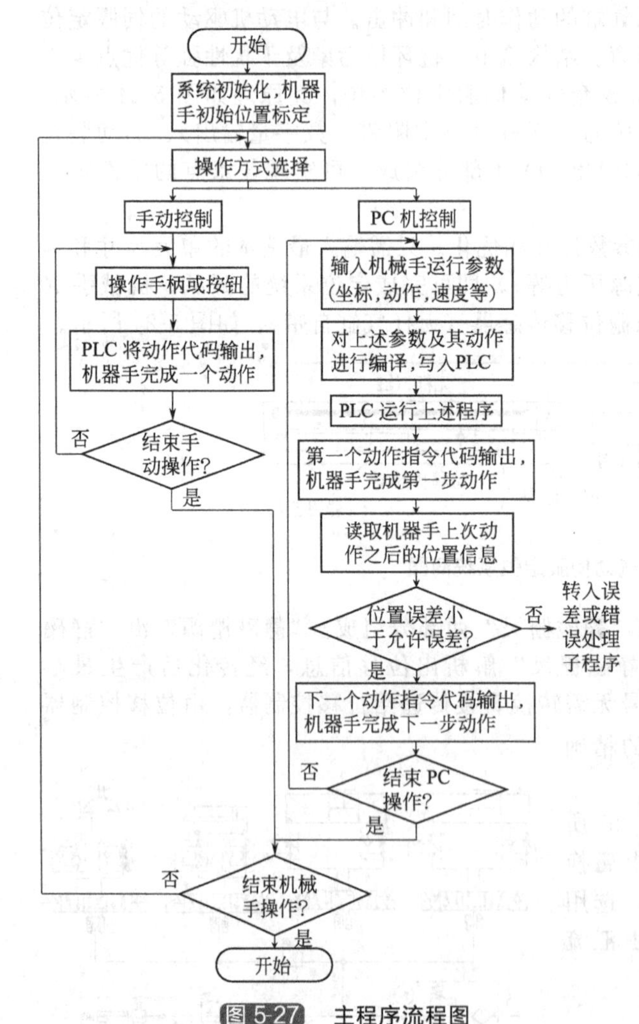

口，使用 PC 机实现远程控制。其电气原理图如图 5-26 所示。其中手动控制能实现各类动作，其精度不是很高；PC 机能实现精确定位运动，而且能对运动精度进行判断和控制。

机械手控制程序包括 PLC 控制程序和 PC 机控制程序两部分。其中 PLC 程序采用梯形图法编程，PC 机客户端程序采用 VB 编程。其主程序流程简图如图 5-27 所示。客户端程序作为主程序，将几种方式下使用的程序集成到一起，形成一个整体程序，通过主控指令和跳转指令来运行不同方式下的程序，并可通过增加各类压力传感器的方式来实现对工作部件气压的实时监控。如果用户要求，可以修改主程序中相应程序来优化机器手动作和实现各类复杂的动作。

(4) 特点

用气动伺服定位系统实现多点无级定位（柔性定位）和无级调速，是一种实现空间任意位置多点精确定位的简单、有效的方法。

新型带位移传感器及制动装置的无杆气缸使机械手机构紧凑，不需采用缓冲和另外定位装置，受力情况也有较大改善。

PC 机在气动机械手控制中起主导作用，机械手可以方便地实现远程控制的精确运动。客户可方便地更改端程序，为机械手功能的扩充创造了条件。系统抗干扰性强，I/O 接口简单，现场编程和修改参数方便。

5.2.6 数控气动爬梯子机器人

消防机器人作为特种消防设备可代替消防队员接近火场实施有效的灭火救援和火场侦察。它的应用将提高消防部队扑灭特大恶性火灾的实战能力，所以已经得到比较广泛的利用。但现在的消防机器人是以履带式或轮式的地面作业消防机器人为主，在高层建筑发生火灾时难以进行有效的灭火作业。而现代城市中高层建筑越来越多，其密集程度越来越大，当高层建筑发生火灾时，都是消防员亲临现场进行高空消防作业。而在高空、高温、浓烟等一系列恶劣的环境下，消防员在保证自身安全的情况下，很难进行有效的消防作业，这样的工作交给机器人来完成，就会有很大的改观，但是针对越来越多的高层建筑火灾，消防云梯车等消防救援设备并不能完全满足高层建筑消防的实际需要。由于高层建筑楼梯间、电梯井、管道井等竖井的烟囱效应和风力影响，使火势迅速蔓延，消防人员无法从建筑内部或通过云梯进行灭火和救援。云梯的高度限制及运动不够灵活等因素使高层建筑火灾的扑救难以实施。目前，国内一些研究单位研制了能携带高压水枪在消防人员遥控下进行灭火的移动消防机器人，这种机器人对非建筑火灾或中低楼层的灭火有一定的作用，但对高层建筑也无能为力。基于高层建筑火灾现场的特征及传统消防设备的上述缺欠，结合仿生学和机械连杆机构的设计方法，设计了一种能够应用于高层建筑的消防救援的“数控气动爬梯子消防机器人”。这种爬梯子消防机器人可以携带摄像头、水枪等消防器具沿梯子上爬到高空，在高空、高温、浓烟等一系列恶劣的环境下有效实现消防工作，这对减少国家财产损失和灭火救援人员的伤亡将产生重要的作用。

(1) 机器人机构设计

本发明针对上述技术中存在的不足之处，提供了用简单原理使机器人实现复杂的爬梯子动作，在高空作业上，完成消防任务的一种“数控气动爬梯子消防机器人”。本发明的目的是以如下技术方案来实现的：利用压缩空气作为动力源，采用单片机和电磁阀来控制和切换气源，驱动单出杆双作用气缸，使机器人实现沿梯子直上直下爬行动作，完成高空消防和救援任务。

如图 5-28 所示，整个机器人系统由机器人、梯子、空气压缩气泵组成。机器人系统最重要的部分就是机器人机身，其特征在于：机器人机身由 4 个电磁换向阀、3 个气缸、机身架、定轴转钩、动轴转钩、连杆装置、磁铁吸附装置、导向轮装置、单片机控制电路、若干个接触开关及其他辅助机械零件装配而成。具体装配关系如下：在机身架正面中间位置用 2 个螺钉将长矩形双活塞杆双作用气缸纵向固定，气缸活塞伸出口向前；用 2 个螺钉将短矩形双活塞杆双作用气缸固定在长矩形双活塞杆双作用气缸上面，气缸活塞伸出口向前；将 4 个二位五通电磁换向阀各用 2 个螺钉分别对称固定在气缸两边的机身上，一边 2 个，同侧换向阀前后放置；在机身后两侧分别安装一个磁铁吸附装置并用螺钉固定好；机身两侧前后左右分别安装导轮轴架、导轮轴、导轮，用螺钉固定，导轮与导轮轴间隙配合，使导轮能够自由转动，实现机器人的上下。

(2) 动作原理

本发明的原理及操作过程分述如下：依据仿生学原理，模仿人爬梯子的动作来设计机器人沿梯子爬行动作，使机器人用简捷而且有效的动作完成攀登动作。用压缩空气作为动力源，采用单片机电路系统控制电磁阀来控制和切换气源，驱动气缸完成动作。

本发明与现有技术相比，具有下述优点：机器人由气动系统、保持机构、升降机构、连杆机构、导向轮装置、单片机控制电路有机结合而成，该设计体现了用简单的设计原理来完成复杂动作的理念；设计合理，结构紧凑稳定可靠，模块集成度高，控制方便灵活，安全性好；利用气压的特点，实现了系统的自锁，与其他驱动方式比较，气动还具有成本低廉、动作可靠、清洁无污染等优点。应用方面的优点：普通消防机器人只能在陆地上移动，在高层建筑发生火灾时难以进行有效的灭火作业。而此次设计的气动爬梯子的消防机器人能够借助伸缩机构和升降机构从梯子上爬到一定高度对火场进行有效的灭火作业，弥补了以往消防机器人只能在地面工作的不足。气动爬梯子机器人能够完成在与地面成 90°的梯子上的攀登动作。若应用需要，还可以在机器人上安装高性能摄像头，对火场进行有效勘察，及时准确地掌握火场情况等。

(3) 气动回路的设计

机器人的气动回路图如图 5-29 所示，由气动回路图可以看出，采用了 3 个两位五通的电磁阀来控制气缸 A～C 的工作，实现气缸的按需伸缩；这 3 个二位五通的电磁阀选用了

AIRAC公司的4V210-08。其工作电压为DC 24V，电流为220mA，压强为0.15～0.7MPa，它是一种先导阀。气动系统采用了日本SMC公司的气动元件，气缸型号为CXSL10-110-Z73（最大压力为0.7MPa），CxSM10-25-Z73（最大压力为0.7MPa），CDVK10～30D（最大压力为0.7MPa）。日本SMC公司的气动元件具有体积小、控制精度高、安装组合灵活等特点。控制系统采用单片机控制，现已调试成功。

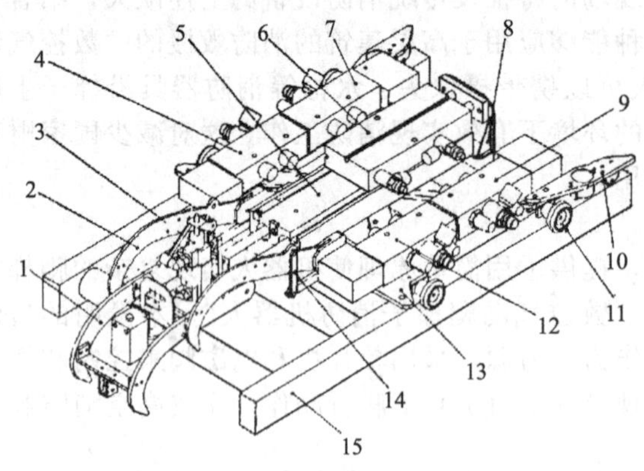

图5-28 机器人结构设计原理图

1—动轴转钩；2—开关架；3—单活塞单作用气缸；4—二位五通电磁换向阀；5—气缸；6—短矩形双活塞杆双作用气缸；7—电磁阀A；8—后推架；9—电磁阀B；10—调速阀；11—导向轮；12—电磁阀C；13—机身架；14—竖拉杆；15—梯子

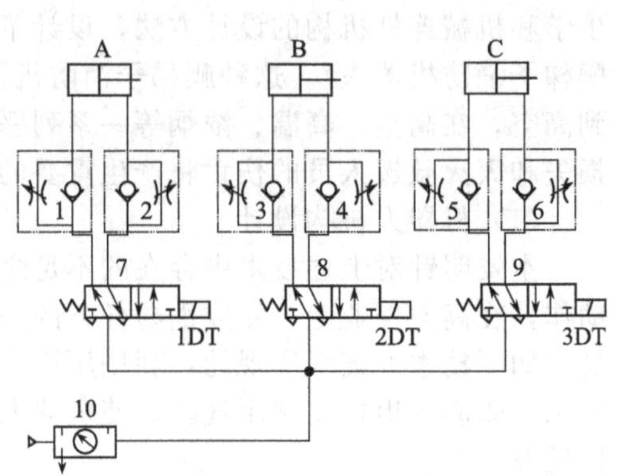

图5-29 气动原理图

A—长双活塞气缸；B—短双活塞气缸；C—单活塞气缸；1～6—单向节流阀；7～9—电磁节流阀；10—气源调整装置

气动系统描述：空压机提供气源，接通气源，给电磁阀通电，电磁阀在单片机的控制下有序换向，给气缸供气，驱动气缸带动连杆及钩子有序运动，使机器人完成爬动动作。

表5-6 向上过程电磁阀动作顺序表

项目	P_a	P_b	P_c	项目	P_a	P_b	P_c
第1步	+	+	+	第4步	—	—	—
第2步	+	+	—	第5步	+	—	—
第3步	—	+	—	第6步	+	—	+

机器人的气动控制其实就是一组动作的顺序控制，机器人的动作分解为3组基本动作：向上爬、向下爬、在特定位置停止，所以程序结构采用模块化的设计思想。3组基本动作存在以下关系：首先，3组共6个基本动作的非同步性，即在某一时刻，只有其中一个动作在进行；第二，每个动作都具有完整性，即当一个动作发生时，就必须完整地进行完成；第三，停止动作是一个转折点和衔接点，每完成一轮完整的（动钩抬起、长气缸伸出、动钩落下、定钩抬起、长气缸缩回、定钩落下）6个基本动作，机器人正好完成一个循环，从而实现6个动作的灵活组合。以向上运动为例，在一组完整的向上运动过程中，电磁阀的工作情况如表5-6所示。

(4) 电路控制系统的设计

根据控制要求的输入输出情况和成本的考虑，本控制部分由AT89S51单片机配合外围电路完成输入输出部分的要求。把输入点情况通过输入部分电路传输到单片机，再由单片机进行数据处理运算，根据输入情况通过单片机的运算进行输出，通过单片机输出的高低电平来控制电磁阀线圈的通断，从而实现电磁阀的换向，进一步实现气缸的按需伸缩。具体电路组成如下：信号输入→输入电路→单片机→输出电路→信号输出。

1）输入电路部分

机器人的输入部分有微动开关、限位开关和接近开关 3 种，为了防止硬件抖动，本设计中限位开关、部分微动开关的输入点均采用 74LS14 芯片，利用其滞回特性进行整形，增加了输入的稳定性。用光电耦合器进行隔离，同时也具有消除抖动作用，从而增加了控制电路的稳定性，使输入更加可靠。如图 5-30 所示。

2）输出电路部分

机器人的输出部分为 3 个气动电磁阀，工作电压为 24V。由于单片机的驱动能力不足以驱动电磁阀正常工作，因此采用光电耦合器进行初步的放大作用，同时也能起到隔离的作用。再用三极管组成驱动电路。如图 5-31 所示。

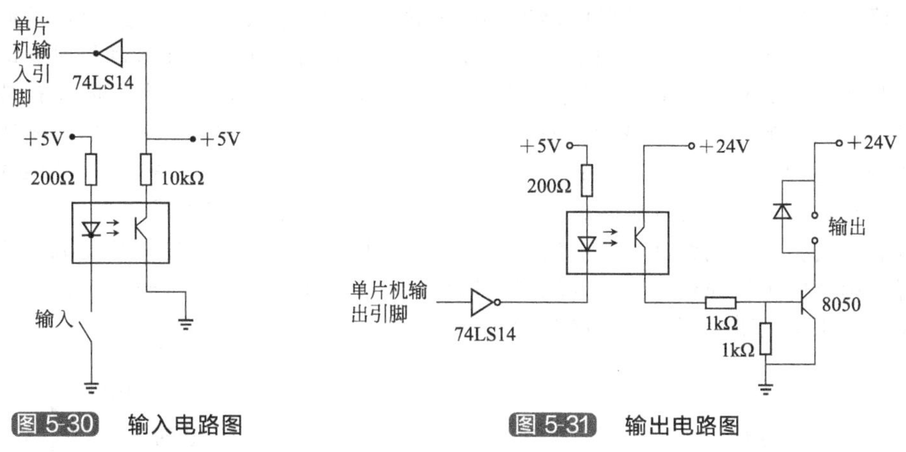

图 5-30　输入电路图

图 5-31　输出电路图

3）电路控制过程

首先，系统上电后执行初始化程序，将机器人的各个输入输出点进行初始状态。此时检测各个输入点状态，如果满足初始化状态时，运行上梯子程序，在上梯子程序中采用循环的方式进行上梯过程的循环，每一工步都对相应的输入检测信号进行循环检测，满足条件即可进行下一工步。如此循环往复，最终爬到顶端。当到达顶端时，根据要求做一定时间的停留，即进行喷水动作进行消防作业。接下来检测是否满足下梯的初始化状态，当满足条件时，进行下梯的过程。下梯过程采用下梯子程序的循环来完成。每一个工步对相应的检测信号进行循环检测，直到满足此工步的条件时，方可进行下一个工步的循环。最终完成下梯的过程。

（5）结论

高层建筑消防机器人以高层建筑消防为应用背景，初步具备了火情侦察、救援、灭火基本功能，具有一定的应用价值。方案利用气缸的活塞和连杆机构原理，方便地实现了机器人的爬动，利用气压的特点实现了夹紧的自锁；全部应用气缸驱动，实现了机器人的蠕动爬升。通过设计并试验，样机能够负重 8kg 沿竖直梯子上下爬动，其运动达到了设计要求。该设计的运动控制算法简单，对控制器的要求不高，成本也较低。更进一步的研究方向包括提高机器人的使用范围等。该装置成本低廉，结构简单，组装灵活。若安装相应的工作机构，可以完成多种高空作业。

5.2.7　六自由度穿刺定位机器人气动系统

穿刺手术是一种常见的外科微创手术，手术时需在医学影像下进行定位，传统的手术定位依赖于手术医生的经验，具有众多不足。将机器人技术与医学影像技术相结合，研制穿刺手术定位机器人系统，可大大提高手术定位精度和工作效率，是医用机器人发展的一个重要方向。然而，核磁共振环境下含铁磁材料的设备是无法使用的，这就对 MR 兼容的机器人

驱动方式提出了特殊的要求。传统电动机的材料大多是铁磁性材料，且电动机工作原理是电磁效应，将会造成MR局部图像扭曲。因此，某课题组研制了六自由度穿刺定位机器人，该系统采用定制铝合金气缸驱动机构运动，以PLC为控制单元对运动过程进行控制，实现了穿刺定位的自动化。

(1) 机器人的结构与工作原理

该六自由度穿刺手术机器人用于核磁共振环境下的手术导航，机器人的设计采用非铁磁性材料丙烯腈-丁二烯-苯乙烯塑料，轴承、齿轮和螺钉的材质为尼龙。该穿刺定位机器人结构分为定位、定向和穿刺3个部分（见图5-32）。定位部分有3个自由度（1、2、3），采用SCARA型机器人结构，其机构运动包括一个升降自由度（1）和两个旋转自由度（2、3）。机构的升降是由气动活塞杆带动单向推板推动齿轮转动（见图5-33），后经螺杆转换为机构沿垂直方向的直线运动，从而实现了机构的升降运动。旋转自由度采用气动级进驱动器，其工作原理见图5-34，扇形齿轮A、B、C在气缸的推动下依次运动，每个扇形齿轮都能使主齿轮转动一个微小的角度，当依次推动的次序为A→B→C→A→B→C……如此循环时，主齿轮可以带动后续机构逆时针旋转；当推动次序为C→B→A→C→B→A……如此循环时，主齿轮会带动后续机构顺时针旋转，从而带动机构旋转。定向机构采用两个自由度（4、5）的3杆并联结构，通过调整其中两杆的长度改变前端机构的方位，并联杆长度调整的原理与上述升降自由度的工作原理一致。末端穿刺机构有一个自由度（6），通过气缸活塞杆的运动推动齿条的上下运动带动穿刺针字成穿刻动作。

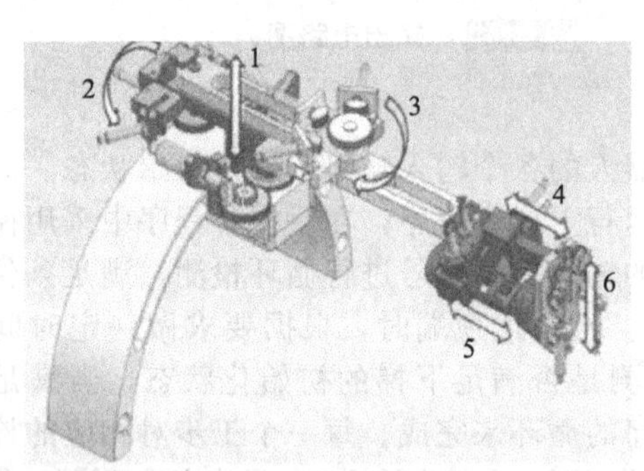

图5-32 六自由度穿刺定位机器人机体结构

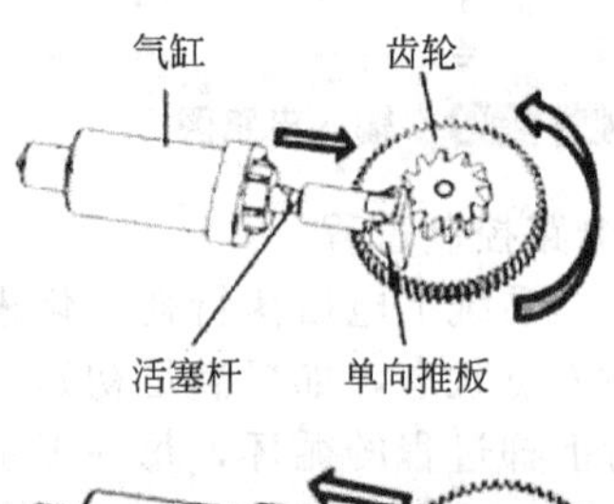

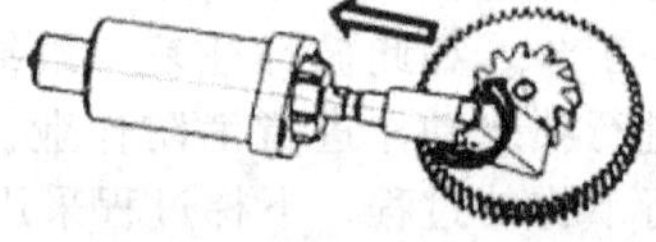

图5-33 单向推板推进机构

(2) 气动控制系统设计

1) 驱动兼容性分析

核磁共振环境下含铁磁材料的设备是无法使用的，因此对MR兼容的机器人驱动方式提出了特殊的要求。传统电动机的材料大多是铁磁性材料，且电动机工作原理是电磁效应，将会造成MR局部图像扭曲，因此传统电动机不适用于MR设备。除了要满足MR的特殊环境之外，手术机器人的驱动方式还要满足精度和性能使用上的要求，总体来说，MRI兼容手术机器人的驱动方式有以下几个要求：不能对病人和其他设备产生攻击等危险；在核磁环境下使用，不能影响到核磁设备的图像质量；能够按照设计要求准确完成定位。

基于上述分析，考虑到气动驱动有较好的环境适应性，气体作为工作介质经济方便、不污染环境，气动装置结构简单，最终确定气压驱动作为驱动方式。

2) 控制方案与控制系统组成

在实际操作过程中，穿刺定位机器人应能通过远程操作较好地完成穿刺手术中穿刺器械的定位，手术操作者只需在控制室观察实时的MR影像，并通过控制开关控制穿刺定位装置，不断调节机构的各个自由度的运动，直至达到预定位置。基于上述功能要求，设计了六自由度穿刺定位机器人的控制系统结构图（见图5-35）。电-气控制系统主要由PC计算机、PLC、控制开关、继电器、电磁阀、定制铝合金气缸以及其他气动元件组成。根据系统的要求，六自由度穿刺定位机器人控制系统的设计主要涉及了14个数字量输出和12个数字输入，选取西门子PLC S7-200 CPU224作为控制单元，CPU224的I/O点数是14/10，并扩展了一个EM222八位数字量输出模块。

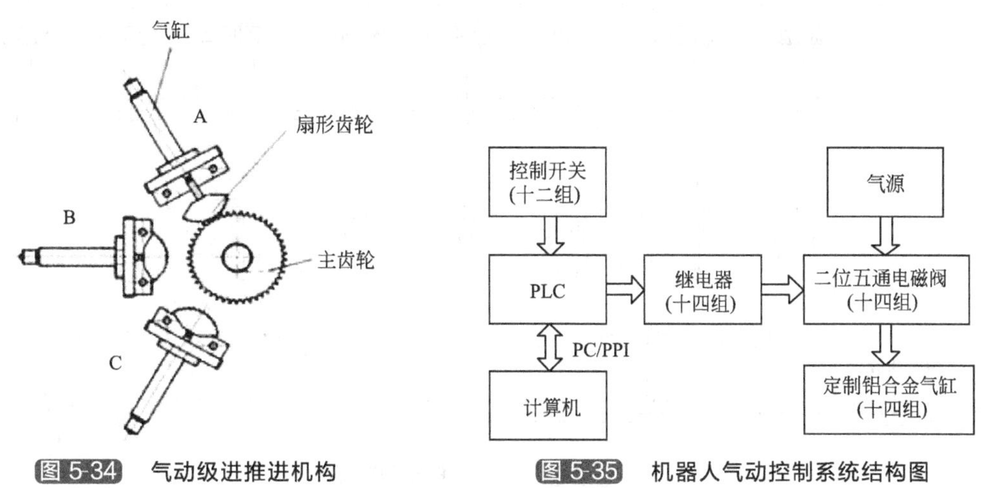

图5-34 气动级进推进机构

图5-35 机器人气动控制系统结构图

3）气动回路的设计

根据机器人整体机构和工作原理，设计了气动控制回路图（见图5-36）。气动系统主要由气源、气动两联件、2块电磁阀集装板、14组两位五通电磁阀、14组节流阀、4个消声器以及14组定制铬合金气缸组成。自由度1、4、5、6各自对应两个气缸，气缸活塞杆末端与一种特殊设计的单向推板连接，这两个气缸分别控制对应自由度的正、反两种运动状态，在PLC的控制下通过气缸的往复运动，带动前端的单向推板，推动该自由度完成级进运动，活塞杆的单次推出速度由节流阀控制，推出频率由PLC程序控制。自由度2、3各自对应三个气缸，依据机构工作原理，三个气缸在PLC的控制下依次完成活塞杆的推出动作，通过调整三个气缸的动作次序即可实现相应自由度的正、反运动。

4）PLC软件程序的设计

根据上述机构工作原理，机器人各个自由度的运动主要分为两种运动模式。第一种运动模式依赖于单向推板的巧妙设计，工作时相应自由度的两个气缸中只有一个气缸推动活塞杆往复运动，另一个气缸不工作，此时，工作气缸的PLC控制时序图见图5-37，通过改变t_{on}与t_d的值即可调整气缸活塞杆的动作频率；当需机构反向运动时，相应的调整气缸动作次序即可。第二种运动模式是由相应自由度的三个气缸的规律运动实现相应自由度的正、反转动，在一个运动周期内，三个气缸相应的PLC控制时序图见图5-38，通过改变t'_{on1}、t'_{on2}、t'_{on3}与t'_{d1}、t'_{d2}、t'_{d3}的值即可调整三个气缸活塞杆的动作频率；当需机构反向运动时，相应地调整气缸动作次序即可。根据机器人各自由度对应的控制时序图，编写了基于Micro-STEP 7 V4.0的软件控制程序，对机器人的运动进行控制。

（3）样机试验

六自由度穿刺定位机器人样机包括PLC控制器、继电器、电磁阀以及气动元件等。考虑到电磁阀的工作频率不能超过其空载状态下的最高工作频率，同时要保证机器人运动稳定、安全。经多次试验，确定单气缸动作时序图中的t_{on}设置为500ms，t_d设置为400ms；三气缸配合动作时序图中的t'_{on1}、t'_{on2}与t'_{on3}均设为700ms，t'_{d1}、t'_{d2}与t'_{d3}均设置为200ms。

最终通过调节控制开关，能有效控制机器各自由度的运动，实现了穿刺针的自动定位，达到了设计要求。

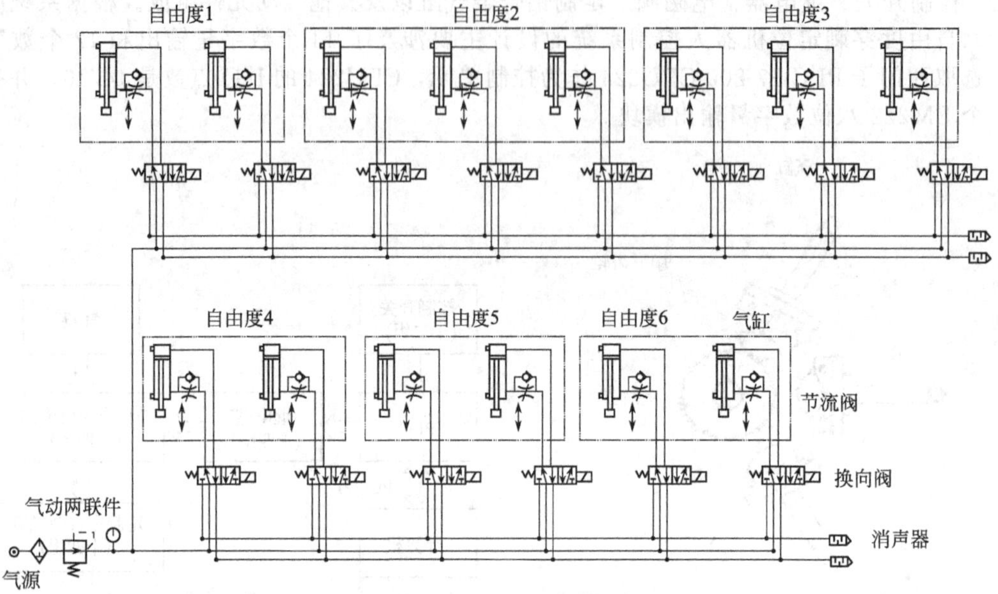

图 5-36 气动控制回路图

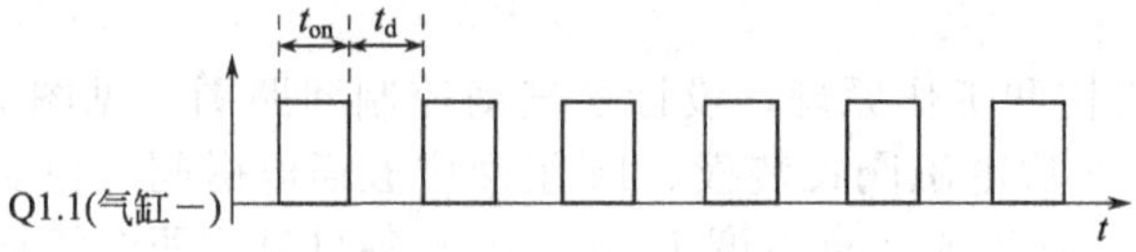

图 5-37 单气缸动作控制时序图

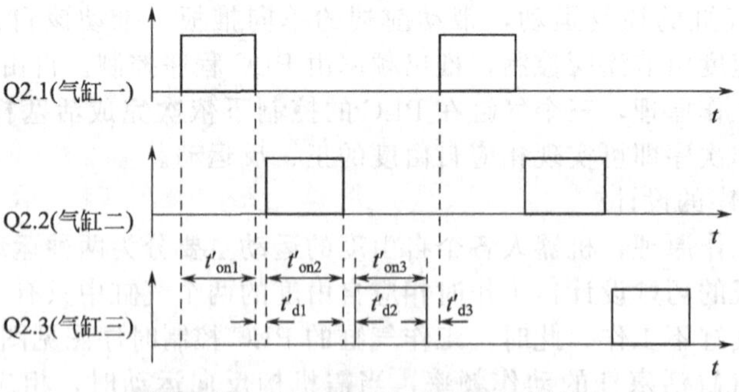

图 5-38 三气缸配合动作控制时序图

5.2.8 基于 PLC 的安瓿瓶气动开启机械手

安瓿瓶（又称曲颈易折安瓶）因制作成本低廉，加工工艺成熟及密封性好等优点被广泛应用于存放注射用的药物、疫苗、血清等，容量一般为 1mL、2mL、3mL、5mL 和 20mL。但医务工作者在折断过程中，经常出现断裂口割伤手指等情况。而气动机械手以压缩空气为动力源来驱动机械手的动作，该装置具有系统接收简单、轻便、安装维护容易、无污染等优点被广泛应用于食品包装、医药、生物工程等领域。基于 PLC 的安瓿瓶气动开启机械手以 PLC 强大的顺序控制功能进行控制，可以很好地满足系统的控制要求，对不同规格的安瓿瓶进行开启，避免了医务工作者在医务操作中的不便。

(1) 气动开启机械手的系统结构与工作过程

1) 系统结构

安瓿瓶气动开启机械手系统主要由折断机构、旋转托盘机构、蜂鸣报警装置、尺寸选择开关、气动控制系统和电气控制系统等几部分组成，其系统结构如图5-39所示。

其主要功能部件作用为：

① 安瓿瓶折断机构，由四自由度的气动机械手构成，它能完成升降、伸缩、旋转、夹紧动作，机械手工作循环一次折断一个安瓿瓶的瓶口；

② 旋转托盘机构，为一个直径为10mm的圆形塑料托盘，托盘上注塑有6个直径为12mm的凹槽，凹槽深度为30mm，用来承载安瓿瓶，该旋转托盘机构由步进电动机控制其转动或停止，电容传感器检测工件是否到位；

③ 报警装置，当旋转托盘转动360°时，给出报警；

④ 安瓿瓶尺寸选择开关，现抗生素、疫苗等药品所选用的安瓿瓶容量一般为1mL、2mL两种，加工之前通过控制面板的旋钮开关来选择加工工件的容量，旋钮开关旋至左边为1mL安瓿瓶，旋至右边为2mL安瓿瓶。

2) 工作过程

① 设备工作过程　按下安瓿瓶气动开启机械手的开始按钮，盛有安瓿瓶的旋转托盘在步进电动机的带动下旋转（旋转方向不限），当处于加工位置处的电容传感器检测到安瓿瓶时，传感器发出信号使旋转托盘停转，同时机械手动作完成折断安瓿瓶瓶口工作，旋转托盘继续旋转，待电容传感器再次检测到加工工件时，重复上述动作，否则继续旋转，直到旋转托盘转动360°时，蜂鸣报警器发出工作完成报警，系统停止工作（机械手复位，步进电动机停转）。该气动开启机械手工作流程简图如图5-40所示。

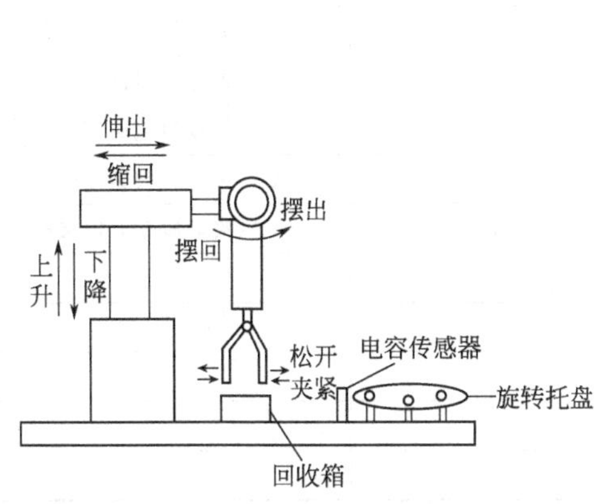

图5-39　安瓿瓶气动开启机械手结构示意图

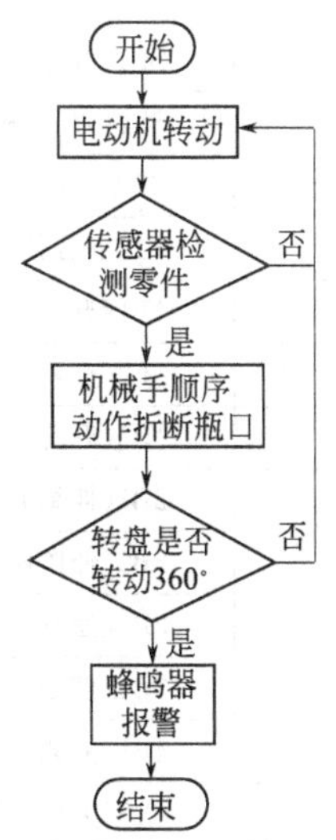

图5-40　安瓿瓶气动开启机械手工作流程图

② 气动机械手工作过程　启动（原点位）→升降缸上升→伸缩缸伸出→升降缸下降→夹紧缸夹紧（保压）→摆动缸上旋45°→升降缸上升→伸缩缸缩回→摆动缸回摆→夹紧缸松开，准备下次循环。

(2) 气动机械手回路设计

气动机械手系统主要由升降缸、伸缩缸、摆动缸、夹紧缸、可调压力开关、单向节流阀和1个三位四通电磁换向、3个二位五通单控弹簧复位电磁阀等组成。压缩空气经二联体，输出压力调节为0.5 MPa，经相应电磁阀来控制各气缸工作，由于每个气缸的负载大小不

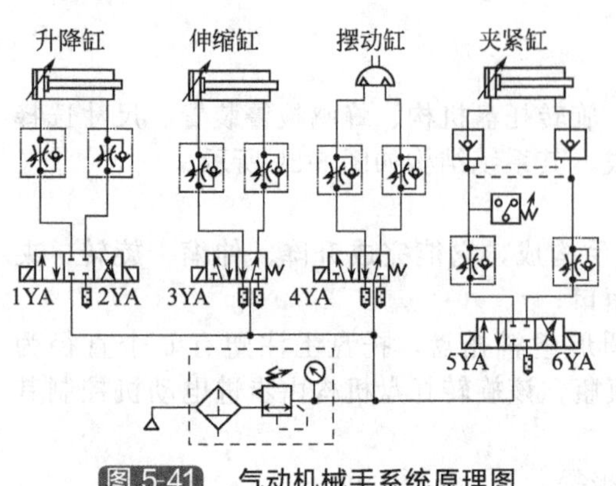

图 5-41　气动机械手系统原理图

同，以及防止在动作过程中因突然断电造成的机械零件冲击损伤，在进气口和排气口设置了单向节流阀，其系统原理如图 5-41 所示。

在夹紧缸夹紧安瓿瓶颈部过程中，由于玻璃制品的特点是硬而脆，如何控制好手指既夹紧安瓿瓶颈部又不会使瓶口夹碎，可以通过调节压力继电器的压力值为恰好夹紧瓶颈的压力，当加紧缸加紧进气压力达到压力继电器设定值时，压力继电器动作，使电磁阀 5YA 失电，换向阀置中位，夹紧缸被气控单向阀锁紧保压，保证货物恰好抓紧。

因安瓿瓶的瓶身高度不同，为了让升降缸下降的距离更加准确，该升降缸选用带有磁性开关的气动缸。

(3) PLC 控制系统设计

根据气动开启机械手工作过程及控制要求，该系统共有 13 个输入、8 个输出，选用 FX_{1N}-24MT 型可编程控制器。该 PLC 有 14 输入、10 输出，输出类型为继电器，满足控制要求。

1) PLCI/O 地址分配及功能

分配如表 5-7 所示。

表 5-7　PLC I/O 地址分配表

输入		输出	
PLC 输入点	功能说明	PLC 输出点	功能说明
X0	SB1(开始按钮)	Y0	M1(转盘电动机脉冲)
X1	SB2(停止按钮)	Y1	K1(蜂鸣器)
X3	SA1(1mL/2mL 切换)	Y2	1YA(升降缸上升电磁阀)
X4	B1(电容传感器)	Y3	2YA(升降缸下降电磁阀)
X5	1B1(升降缸上升限位)	Y4	3YA(伸缩缸电磁阀)
X6	1B2(升降缸 1mL 限位)	Y5	4YA(摆动缸电磁阀)
X7	1B3(升降缸 2mL 限位)	Y6	5YA(夹紧缸夹紧电磁阀)
X10	2B1(伸缩缸伸出限位)	Y7	6YA(夹紧缸松开电磁阀)
X11	2B2(伸缩缸缩回限位)		
X12	3B1(摆动缸上摆限位)		
X13	3B2(摆动缸摆回限位)		
X14	4B1(夹紧缸夹紧)		
X15	4B2(夹紧缸松开限位)		

2) 软件设计

系统控制的要求是：设复位状态为升降缸下降、伸缩缸缩回、摆动缸摆回、夹紧缸松开。按下启动按钮，步进电动机带动旋转托盘转动，电容传感器检测到加工工件时，电动机停转同时气动开启机械手升降缸上升，伸缩缸伸出，升降缸下降，下降位置根据容量选择旋钮而定，夹紧缸夹紧，摆动缸上摆 45°，升降缸再次上升，伸缩缸缩回，摆动缸回摆，夹紧缸松开让折断的瓶颈掉入回收箱中，此时步进电动机继续转动，电容传感器再次检测到安瓿瓶时，重复上述过程，否则电动机继续转动，当旋转托盘转动 360°，蜂鸣报警器报警，系统工作停止。

旋转托盘的转、停由步进电动机驱动，步进电动机是一种将电脉冲转化为角位移的执行机构，当步进驱动器接收到一个脉冲信号，它就驱动步进电动机按设定的方向转动一个固定的角度（称为“步距角”）。托盘的旋转是以固定的角度一步一步运行的，可以通过控制脉冲个数控制角位移量，从而达到准确定位的目的。该步进电动机的步距角为 1.8°。

梯形图的设计：梯形图的编制方法很多，可以用启保停的方法，即按条件启动然后保持（自锁），下一个状态成立时切断上一个状态，也可以使用置位［SET］和复位［RST］来完成。该机械手的 PLC 控制程序［STL］即为特征的步进梯形图，其程序如图 5-42 所示。

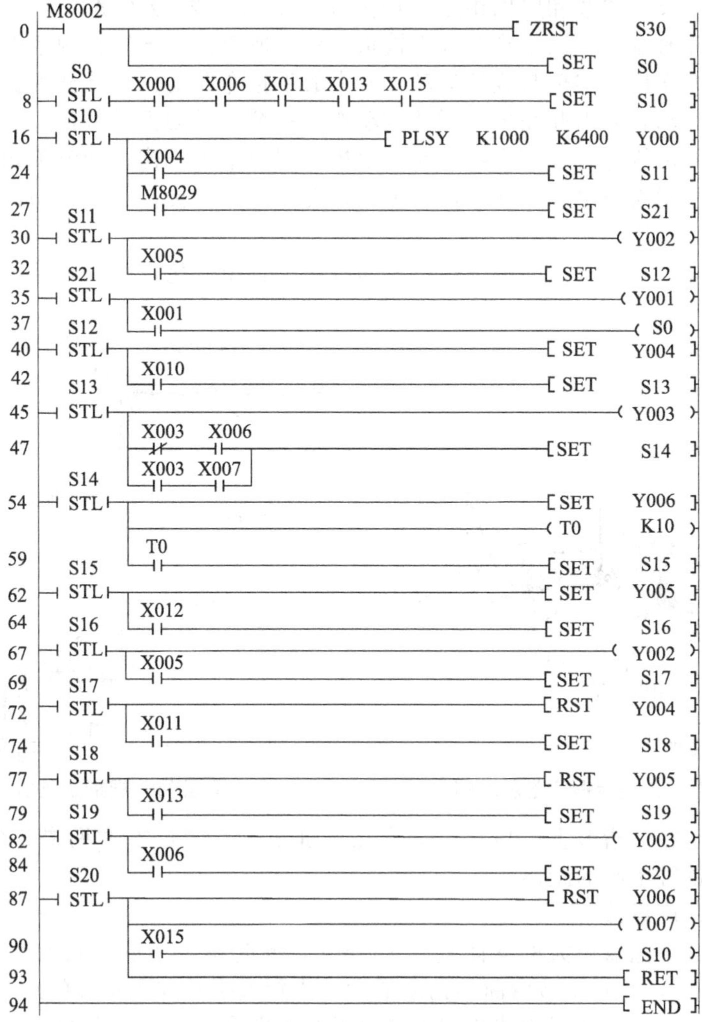

图 5-42　PLC 系统程序

（4）小结

对安瓿瓶气动开启机械手系统结构、气动回路和 PLC 控制系统进行设计，通过 PLC 控制四自由度气动机械手来实现安瓿瓶瓶口的有效开启，其控制程序具有较强的抗干扰能力，可靠性高，气动开启机械手结构简单，对药品无污染，既保护了医务人员免受割伤又节省了时间，对提高医务人员的操作安全和工作效率将起到极大的作用。

5.2.9　类人仿生气动机械手

本例以人手为原型，按成年人手的 1.5 倍尺寸设计了一种具有抓取、康复、娱乐功能，并以机械手抓取球体的重量（5kg）和直径大小（范围 $2R\in[100,150]$ mm）为依据的气动类人仿生机械手。设计中应用了仿生学、生物力学、机械学、材料学及计算机科学等技术，优化了仿生机械手的结构尺寸，设计并制作出一个在功能、形状及外观上与人手相近的仿生机械手。

(1) 类人仿生机械手的结构设计

仿生机械手可以完成手指的弯曲和舒张运动，多个手指也可协调地实现物体抓取运动。整个仿生机械手按照成人手掌结构形状设计。

人类手指由指节、关节和肌肉组成，如图 5-43 所示。机械手是由手指和手掌两个部分所组成。在设计和研制中，三个指节分别被指节单元所取代；气缸作为牵引动力源，牵引钢丝替代了肌肉收缩作用，实现其收缩运动，并完成手指弯曲动作；圆柱弹簧替代肌肉舒张作用，实现其舒张运动，并以此完成手指复位动作；关节则是用销轴替代。

仿生机械手的机构有：手掌支撑单元；手指的屈伸牵引机构；指节单元；手指的复位机构；关节单元；手指支撑单元；气动控制单元；拇指走丝机构；气缸驱动机构；钢丝固定机构；气缸固定与微调机构。

除了上述机构外，因拇指的钢丝牵引方向有 2 个直角变化，所以单独设置了一个走丝机构，如图 5-44 所示。

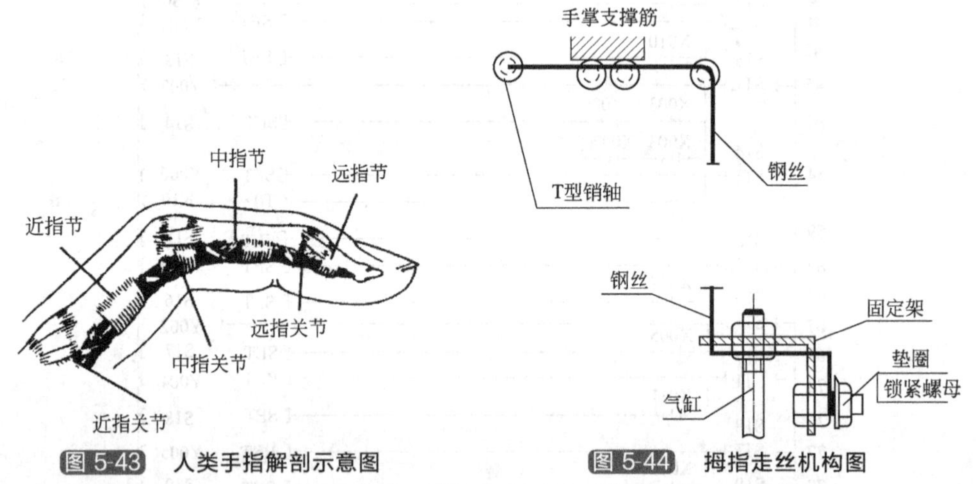

图 5-43　人类手指解剖示意图

图 5-44　拇指走丝机构图

钢丝一端固定在远指节上，另一端固定在气缸上，其固定方式见图 5-45 所示，图中 h 是钢丝孔中心到销轴中心的距离。

(2) 指节关角度设计

设定仿生机械手抓取最大的球体直径 150mm，此时指节弯曲的角度最小；当抓取最小的球体直径 100mm，此时指节弯曲的角度最大。成年人手掌和手指节的尺寸见表 5-8。拇指的两指节与食指的远指节和近指节相同，其他手指依据食指尺寸稍做调整。

表 5-8　成年人手部尺寸表　　单位：mm

项目	手掌长度	手掌宽度	食指宽度	食指长度
平均尺寸	202	91	19	79
设计尺寸	300	120	25	145

仿生机械手的运动模型见图 5-46。设食指指根关节处为坐标原点，则指尖 C 点的方程为：

$$\begin{cases} x_C = l_{BC}\sin(\theta_3+\theta_2+\theta_1) + l_{AB}\sin(\theta_2+\theta_1) + l_{OA}\sin(\theta_1) \\ y_C = l_{BC}\cos(\theta_3+\theta_2+\theta_1) + l_{AB}\cos(\theta_2+\theta_1) + l_{OA}\sin(\theta_1) \end{cases} \tag{5-1}$$

式中，l_{BC}为远指节长度（$l_{BC}=40$mm）；l_{AB}为中指节长度；l_{OA}（$l_{OA}=l_{AB}=1.2l_{BC}$）为近指节长度。

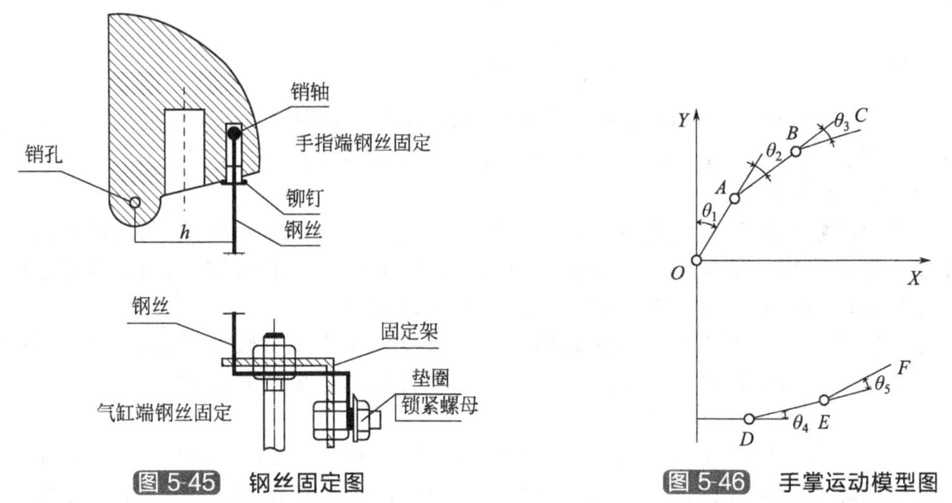

图 5-45　钢丝固定图

图 5-46　手掌运动模型图

在抓取球体时，机械手能够抓取球体直径的大小取决于手指关节的弯曲的角度以及指尖弯曲后距离手掌平面的长度。机械手能够抓取球体的最大直径满足指尖 C 点和 F 点到 Y 轴距离和的一半，也就是两个手指指尖必须跨过球体的直径，即要满足：

$$\frac{x_C+x_F}{2}\geqslant R \tag{5-2}$$

在抓取球体时，指尖 C 点到 F 点的距离是球体的直径，即：

$$\sqrt{(|x_C|-|x_F|)^2+(|y_C|+|y_F|)^2}=2R \tag{5-3}$$

式中，$x_F=x_D+l_{DE}\cos\theta_4+l_{EF}\cos(\theta_5+\theta_4)$，$x_D$取 30mm，$l_{DE}=1.2l_{EF}=1.2l_{BC}$，$|y_F|=|y_D|-l_{DE}\sin\theta_4-l_{EF}\sin(\theta_5+\theta_4)$，$|y_D|$取 90mm。

经优化后得出抓取最大球体时 $\theta_1=20°$，$\theta_2=\theta_3=30°$，$\theta_4=10°$，$\theta_5=15°$；抓取最小球体时 $\theta_1=30°$，$\theta_2=\theta_3=50°$，$\theta_4=15°$，$\theta_5=20°$。

（3）主要零件材料和标准件的选择

1）钢丝的选择

牵引钢丝在日常生活中是完全表露在空气中，需要有一定抗腐蚀性；牵引钢丝在工作过程中需要有较大的曲度而不发生塑性变形，所以柔韧性要好；同时在反复牵引运动中钢丝的抗疲劳拉伸能力要好；故此这里选择了不锈钢的琴弦。此外，根据抓取物体的重量并经过计算取牵引钢丝的直径为 0.2mm。

2）气缸的选择

机械手在抓取最小球体时，牵引钢丝走动的长度即为气缸的行程。利用指关节弯曲的角度可计算驱动气缸的运动行程；以机械手最大抓取重量来计算驱动气缸的缸筒直径。

$$s_{气}=h/\tan\theta_1+2h/\tan\frac{\theta_2}{2}+2h/\tan\frac{\theta_3}{2} \tag{5-4}$$

式中，$s_{气}$是气缸的运动行程；h 是钢丝孔中心到销轴中心的距离（见图 5-45）。设计中 $\theta_2=\theta_3$，则气缸的行程为：

$$s_{气}=h/\tan\theta_1+4h/\tan\frac{\theta_2}{2} \tag{5-5}$$

气缸直径的选择取决于抓取物体力 F 和气泵输出的工作压强 p（0.7 MPa）。

$$p=\frac{F}{A_{气}}=\frac{F}{\frac{1}{4}\pi(D_{气}^{2}-d_{杆}^{2})}$$

即
$$D_{气}=\sqrt{\frac{4F}{\pi p}+d_{杆}^{2}}$$

式中，$A_{气}$为气缸活塞截面就去掉活塞杆截面的环形面积；$D_{气}$为气缸的内径；$d_{杆}$为活塞杆直径。得：$s_{气}=30\text{mm}$，$D_{气}=10\text{mm}$，活塞杆直径4mm。

3）手指及手掌材料

人手在抓取物品时着力点会发生较大的形变，使抓取点的面积变大，以保持有足够的摩擦力和减小对抓取物品的正压力，避免了被抓取的物品损坏，而机械手指在抓取物体时也要防止损坏被抓取的物品，这就要求机械手指的柔韧性要好。

此外，机械手指也不能发生机械破坏，则要求机械手指要有较好的韧性，还要求有好的加工性，寿命长，清洁环保等。故此，手指和手掌材料选择聚四氟乙烯。

（4）机械手驱动与控制系统

机械手采用气动驱动控制。气体驱动系统由气泵、10个二位三通电磁换向阀（可以用5个两位五通电磁换向阀代替，采用二位三通电磁换向阀为了使结构紧凑）、5个节流阀、5个双作用气缸、1个三联件组成，气动原理图见图5-47。

仿生机械手有计算机控制（见图5-48）和开关量控制两种控制方式。计算机控制系统分为上位机和下位机两大部分，上位机是在普通PC机上用VB语言编写的人机界面软件。下位机主要是由控制器和通信模块、监控模块等构成。上、下位机通过RS-232总线通信。控制器是以C8051F330为核心的单片机系统。监控模块是由CCD摄像头和视屏采集卡组成。CCD摄像头的型号是DF-592CN，是一种性价比较好的摄像头，能满足系统应用的需要；视屏采集卡采用的是数字采集卡JVS-C801Q，兼容性好，驱动程序支持Windows XP操作系统，开关量控制只用于物体的抓取。

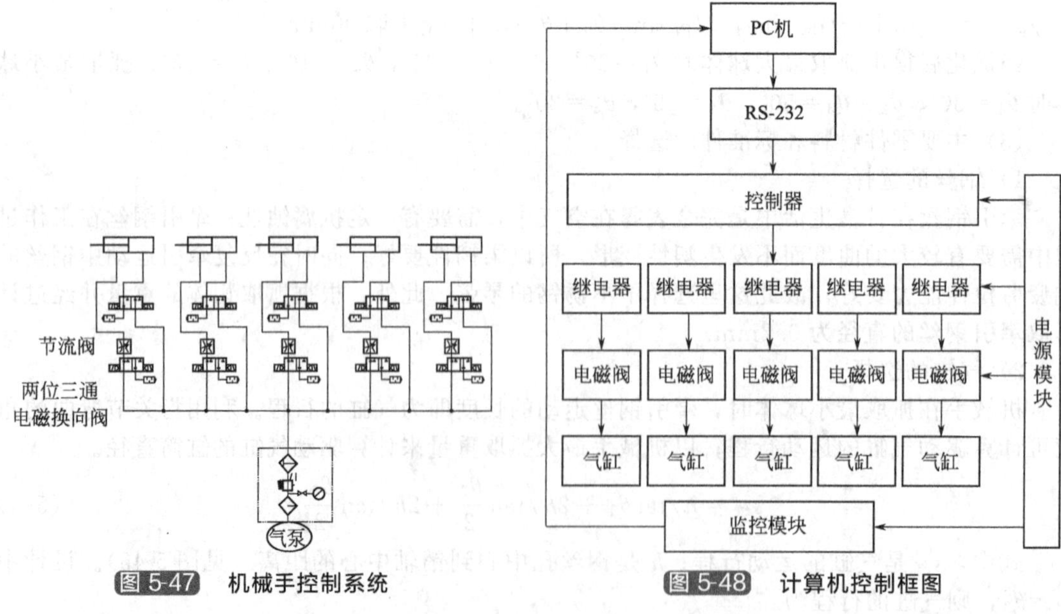

图5-47 机械手控制系统

图5-48 计算机控制框图

5.2.10 气动机器人关节位置伺服系统

电-气开关/伺服系统采用开关阀作电-气信号转换元件，这类系统成本低，对工作环境要求不高，且易于计算机控制，因此在各类机器人的驱动系统中得到了广泛的应用，同时利用现场总线技术，采用分布式 I/O 接口的 PLC 控制器，可以减小气动机器人的关节尺寸和重量，优化机器人的机械结构，同时节省了大量电缆。

（1）机器人电-气关节位置伺服系统设计

气动机器人的关节用高速开关阀式气马达驱动，图 5-49 是其电-气关节位置伺服系统的结构。

该关节位置伺服系统的工作原理是：机器人关节的转动是由开关阀式气马达带动的，关节的转动角度由增量式光电编码器实时地以 A、B 相差分脉冲形式长线传输到控制计算机中进行编码器脉冲计数，完成实时关节转动角度的检测及反馈。气马达两腔的压力经 P-20000EM型气体压力传感器、PROFIBUS DP 送入计算机内，控制计算机发出指令转动角度信号，与光电码盘检测反馈来的转动角度信号进行比较，采用模糊自适应控制算法后，发出输出控制信号，经由 FUNAC PLC 通过分布式 I/O 模块及驱动放大器控制电磁换向阀的开闭。若使气马达向右转动，打开电磁换向阀 u_1，关闭电磁换向阀 u_2，使与 u_1 相连的气腔与气源接通，另一腔与大气接通，气马达受关节位置伺服系统控制向右转动，反之向左转动。在关节位置伺服系统控制下气马达接近目标点，由于系统有不可控的惯性、压力不均及气体泄漏等不利因素存在，气马达可能会有超调或小幅振荡、偏移。这时气体压力传感器会实时测量气马达两腔压力，反馈到位置伺服系统后，经控制计算机的判断、运算后向 FUNACPLC 控制器发出相应的 PWM 控制信号控制气马达保持在目标转角位置上。

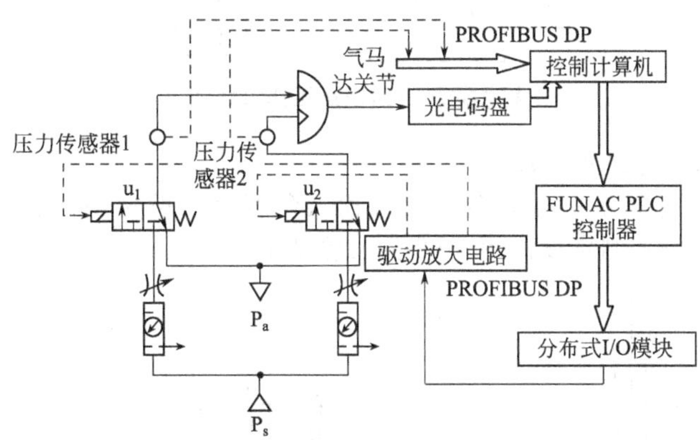

图 5-49　机器人关节位置伺服系统的结构图

（2）关节位置伺服系统的控制策略

脉宽调制（PWM）控制方式原理是利用一定频率的脉冲控制高速开关阀的开和关，调节脉冲控制开关阀的开和关，调节脉冲的占空比，以改变开关阀的开关时间，其宏观效果（时间平均）相当于改变阀的开口面积，使得开关阀在 PWM 信号控制时，其输出具有比例阀的特性。

基于 FUNUC PLC 的伺服控制器采用模糊自适应 PID 控制算法，是在常规 PID 控制原理的基础上，运用专家模糊推理，根据不同的偏差 $e(t)$ 和偏差 $e'(t)$，对 PID 控制器的 3 个参数 K_p、K_i、K_d进行在线模糊推理，使系统获得高的响应速度和控制精度。图 5-50 是关节伺服系统的模糊自适应 PID 控制原理图。

控制器应用模糊合成推理设计 PID 参数的模糊矩阵表，查处修正参数代入下式计算：

$$k_p = k'_p + \{\theta_i, \theta_{ci}\}_p$$
$$k_i = k'_i + \{\theta_i, \theta_{ci}\}_i$$
$$k_d = k'_d + \{\theta_i, \theta_{ci}\}_d$$

在线运行过程中，控制系统通过对模糊逻辑规则的结果处理，查表和运算，完成对 PID 参数的在线自校正，工作流程图如图 5-51 所示。

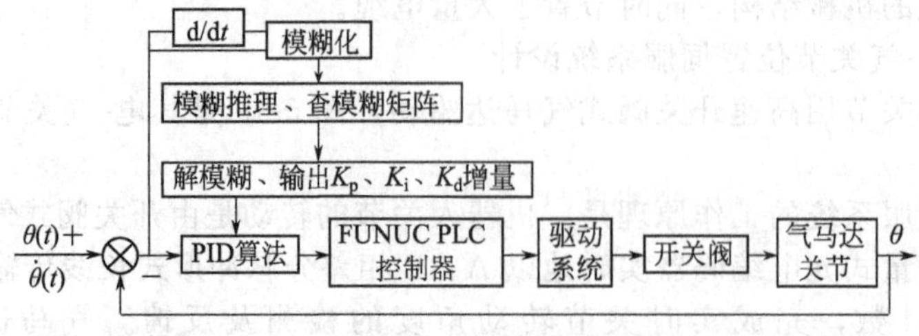

图 5-50 关节伺服系统模糊自适应 PID 控制原理图

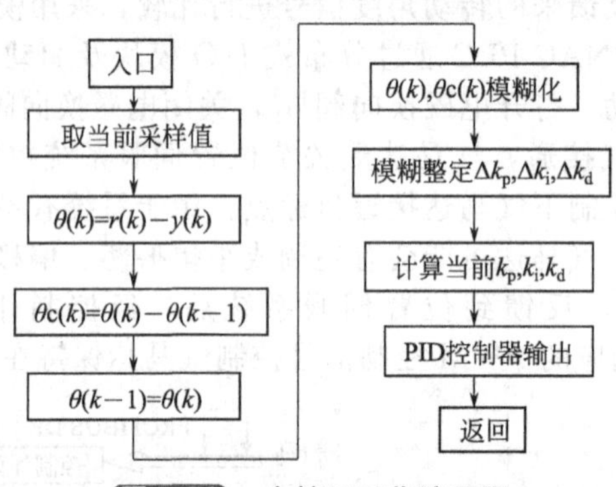

图 5-51 自校正工作流程图

(3) 关节位置伺服系统的实验

实验中，采样周期设为 14ms，阶跃信号输入角度分别设为 100°、60°、10°，获得了较好的关节位置伺服系统控制精度。图 5-52 为实验结果。

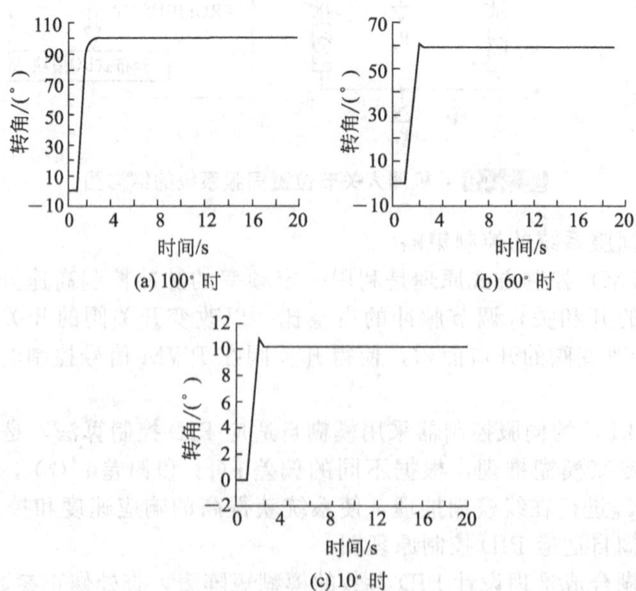

图 5-52 PWM 阶跃响应实验结果

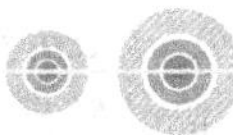

第 6 章 机器人液压驱动与控制技术及应用

6.1 液压系统及其在机器人驱动与控制中的应用

液压控制系统能够根据装备的要求，对位置、速度、加速度、力等被控制量按一定的精度进行控制，并且能在有外部干扰的情况下，稳定、准确地工作，实现既定的工艺目的。

6.1.1 液压控制系统的工作原理

在此以液压伺服系统为例，说明液压控制系统原理。

图 6-1 为一机床工作台液压伺服控制系统原理图，系统的能源为液压泵 1，它以恒定的压力（由溢流阀 2 设定）向系统供油。液压动力装置由伺服阀（四通控制滑阀）和液压缸组成。伺服阀是一个转换放大组件，它将电气-机械转换器（力马达或力矩马达）给出的机械信号转换成液压信号（流量、压力）输出并加以功率放大。液压缸为执行器，其输入的是压力油的流量，输出的是拖动负载（工作台）的运动速度或位移。与液压缸左端相连的传感器

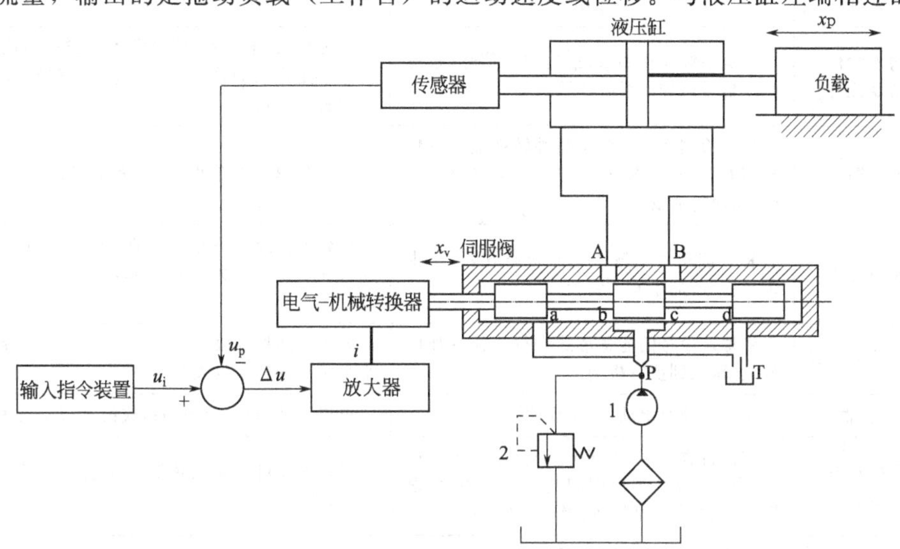

图 6-1 液压控制系统原理图

1—液压泵；2—溢流阀

用于检测液压缸的位置，从而构成反馈控制。

当电气输入指令装置给出一指令信号 u_i时，反馈信号 u_0与指令信号进行比较得出误差信号 Δu，Δu 经放大器放大后得出的电信号（通常为电流 i）输给电气-机械转换器，从而使电气-机械转换器带动滑阀的阀芯移动。不妨设阀芯向右移动一个距离 x_v，则节流窗口 b、d 便有一个相应的开口量，阀芯所移动的距离即节流窗口的开口量（通流面积）与上述误差信号 Δu（或电流 i）成比例。阀芯移动后，液压泵 1 的压力油由 P 口经节流窗口 b 进入液压缸左腔（右腔油液由 B 口经节流窗口 d 回油），液压缸的活塞杆推动负载右移 x_p，同时反馈传感器动作，使误差及阀的节流窗口开口量减小，直至反馈传感器的反馈信号与指令信号之间的差别（误差）$\Delta u=0$ 时，电气-机械转换器又回到中间位置（零位），于是伺服阀也处于中间位置，其输出流量等于零，液压缸停止运动，此时负载就处于一个合适的平衡位置，从而完成了液压缸输出位移对指令输入的跟随运动。如果加入反向指令信号，则滑阀反向运动，液压缸也反向跟随运动。

6.1.2 液压控制系统的组成

图 6-2 所示为液压控制系统的组成。这些基本组件包括输入组件、检测反馈组件、比较组件及转换放大装置（含能源）、执行器和受控对象等部分，各组成部分的作用如表 6-1 所列。

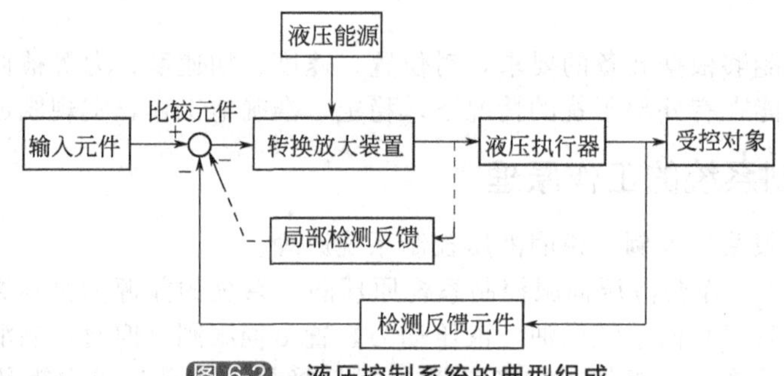

图 6-2 液压控制系统的典型组成

表 6-1 液压控制系统的组成部分及其作用

序号	名称	作用	说明
1	输入元件（指令元件）	根据系统动作要求，给出输入信号（也称指令信号），加于系统的输入端	机械模板、电位器、信号发生器或程序控制器、计算机都是常见的输入元件。输入信号可以手动设定或程序设定
2	检测反馈元件	用于检测系统的输出量并转换成反馈信号，加于系统的输入端与输入信号进行比较，从而构成反馈控制	各类传感器为常见的反馈检测元件
3	比较元件	将反馈信号与输入信号进行比较，产生偏差信号，加于放大装置	比较元件经常不单独存在，而是与输入元件、反馈检测元件或放大装置一起，同时完成比较、反馈或放大
4	转换放大装置	将偏差信号的能量形式进行变换并加以放大，输入到执行机构	各类液压控制放大器、伺服阀、比例阀、数字阀等都是常用的转换放大装置
5	执行器	驱动受控对象动作，实现调节任务	可以是液压缸、液压马达或摆动液压马达
6	受控对象（负载）	和执行器的可动部分相连接并同时运动，在负载运动时所引起的输出量中，可根据需要选择其中某物理量作为系统的控制量	受控对象可以是被控制的主机设备或其中一个机构、装置
7	液压能源	为系统提供驱动负载所需的具有压力的液流，是系统的动力源	液压泵站或液压源即为常见的液压能源

6.1.3 液压控制系统的分类

液压控制系统的类型繁杂，可按不同方式进行分类。首先，液压控制系统按使用的控制组件的不同，可分为伺服控制系统、比例控制系统和数字控制系统三大类。同时，可从以下角度分类。

(1) 位置控制、速度控制及加速度控制和力及压力控制系统

液压控制系统的被控制量有位置（或转角）、速度（或转速）、加速度（或角加速度）、力（或力矩）、压力（或压差）及其他物理量。

为减轻司机的体力劳动，通常在机动车辆上采用转向液压助力器。这种液压助力器是一种位置控制的液压伺服机构。图 6-3 是转向液压助力器的原理图，它主要由液压缸和控制滑阀两部分组成。液压缸活塞杆 1 的右端通过铰销固定在汽车底盘上，液压缸缸体 2 和控制滑阀阀体连在一起形成负反馈，由方向盘 5 通过杆 4 控制滑阀阀芯 3 的移动。当缸体 2 前后移动时，通过转向连杆机构 6 等控制车轮偏转，从而操纵汽车转向。当阀芯 3 处于图示位置时，各阀口均关闭，缸体 2 固定不动，汽车保持直线运动。由于控制滑阀采用负开口的形式，故可以防止引起不必要的扰动。当旋转方向盘，假设使阀芯 3 向右移动时，液压缸中压力 p_1减小，p_2增大，缸体也向右移动，带动转向连杆 6 向逆时针方向摆动，使车轮向左偏转，实现左转弯，反之，缸体若向左移就可实现右转弯。

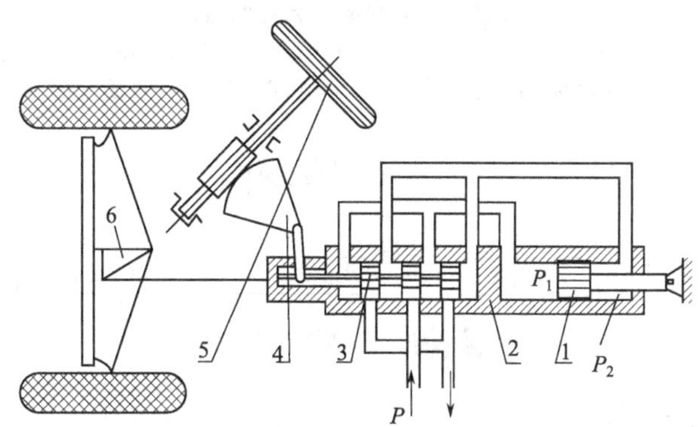

图 6-3 转向液压助力器

1—活塞；2—缸体；3—阀芯；4—摆杆；5—方向盘；6—转向连杆机构

(2) 闭环控制系统和开环控制系统

采用反馈的闭环控制系统由于加入了检测反馈，具有抗干扰能力，对系统参数变化不太敏感，控制精度高，响应速度快，但要考虑稳定性问题，且成本较高，多用于系统性能要求较高的场合（如高精数控机床、冶金、航空、航天设备）。在带钢生产过程中，要求控制带钢的张力。图 6-4 所示为带钢恒张力控制系统，牵引辊 2 牵引带钢移动，加载装置 8 使带钢保持一定的张力。当张力由于某种干扰发生波动，通过设置在转向辊 4′轴承上的力传感器 5 检测带钢的张力，并和给定值进行比较，得到偏差值，通过电放大器 9 放大后，控制电液伺服阀 7，进而控制输入液压缸 1 的流量，驱动浮动辊 6 来调节张力，使张力回复到原来给定之值。

不采用反馈的开环控制系统（图 6-5）不存在稳定性问题，但不具有抗干扰能力，控制精度低，但成本较低，用于控制精度要求不高的场合。对于闭环稳定性难以解决、响应速度要求较快、控制精度要求不太高、外扰较小、功率较大、要求成本低的场合，可以采用开环或局部闭环的控制系统。

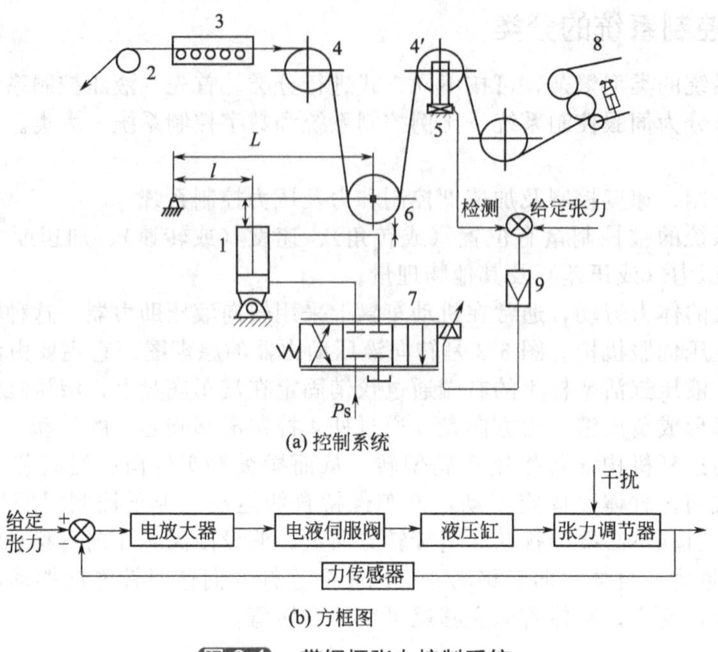

(a) 控制系统

(b) 方框图

图 6-4 带钢恒张力控制系统

1—张力调节液压缸；2—牵引辊；3—热处理炉；4，4′—转向辊；5—力传感器；6—浮动阀；7—电液伺服阀；8—加载装置；9—电放大器

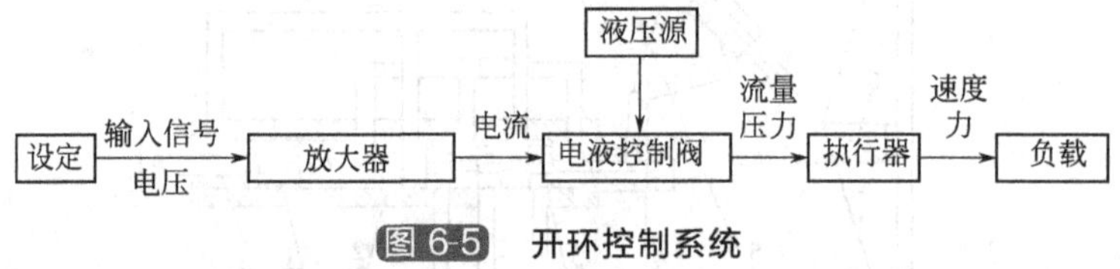

图 6-5 开环控制系统

(3) 阀控系统和泵控系统

阀控系统又称节流控制系统，其主要控制组件是液压控制阀，具有响应快、控制精度高的优点，缺点是效率低，特别适合中小功率快速高精度控制系统使用。图 6-6 为电液比例阀控制系统的构成方块图；图 6-7 为采用增量式数字阀的数字控制系统。

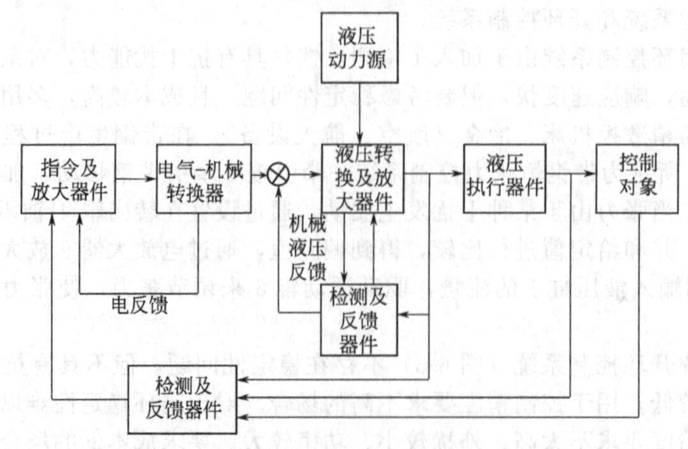

图 6-6 电液比例控制系统的一般技术构成方块图

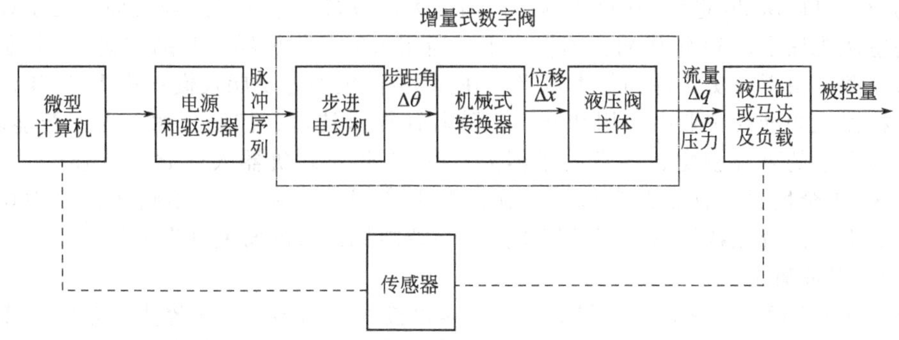

图 6-7　增量式数字阀控制系统构成方块图

泵控系统又称容积控制系统，其实质是用控制阀去控制变量液压泵的变量机构，由于无节流和溢流损失，故效率较高，且刚性大，但响应速度慢、结构复杂，适用于功率而响应速度要求不高的控制场合。

泵控系统示例如图 6-8 所示，它是一个位置控制系统。工作台由双向液压马达与滚珠丝杠来驱动，双向变量液压泵提供液压能源，泵的输出流量控制通过电液控制阀控制变量缸实现，工作台位置由位置传感器检测并与指令信号相比较，其偏差信号经控制放大器放大后送入电液控制阀，从而实现闭环控制。采用这种位置控制的设备有各种跟踪装置、数控机械和飞机等。

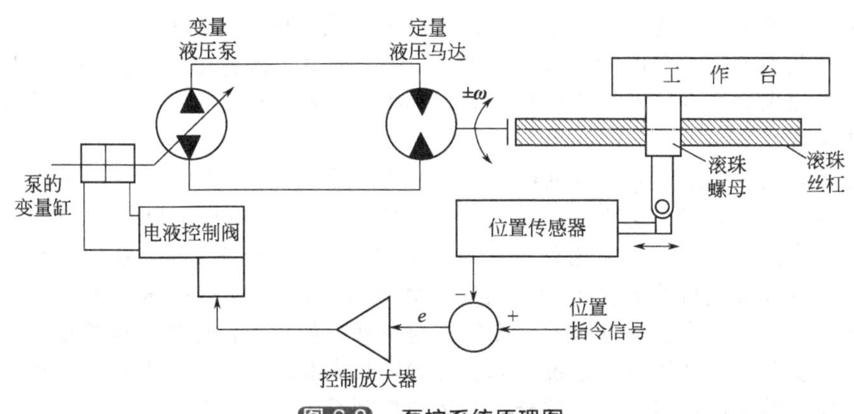

图 6-8　泵控系统原理图

6.1.4　液压系统在机器人驱动与控制应用概况

(1) 液压系统应用于机器人的优势

电动驱动系统为机器人领域中最常见的驱动器，但存在输出功率小、减速齿轮等传动部件容易磨损的问题。相对电动驱动系统，传统液压驱动系统具有较高的输出功率、高带宽、快响应以及一定程度上的精准性。因此，机器人在大功率的应用场合下一般采用液压驱动。

随着液压技术与控制技术的发展，各种液压控制机器人已广泛应用。液压驱动的机器人结构简单，动力强劲，操纵方便，可靠性高。其控制方式多式多样，如仿形控制、操纵控制、电液控制、无线遥控、智能控制等。在某些应用场合，液压机器人仍有较大的发展空间。

(2) 液压技术应用于机器人的发展历程

机器人是物流自动化中的重要装置之一，是当今世界新技术革命的一个重要标志。近代机器人的原型可以从 20 世纪 40 年代算起，当时为适应核技术的发展需要而开发了处理放射性材料的主从机械手；50 年代初美国提出了“通用重复操作机器人”的方案，5 年制出第一代机器人原型；由于历史条件和技术水平，在 60 年代机器人发展较慢；进入 70 年代后，焊接、喷漆机器人相继在工业中应用和推广；随着计算机技术、控制技术、人工智能的发展，出现了更为先进的可配视觉、触觉的机器人；到 80 年代，机器人开始在工业上普及应用；据统计 1980 年全世界约有 2 万台机器人在工业上应用，而到 1985 年底就达到 1000 万台，近年来增加更快。现在各发达国家已把重点放在智能机器人的研究开发上来。

1）国外发展概况

20 世纪 60 年代，美国首先发展机电液一体化技术，如第一台机器人、数控车床、内燃机电子燃油喷射装置等，而工业机器人在机电液一体化技术方面的开发，甚至比汽车行业还早。如 60 年代末，日本小松制作所研制的 7m 水深的无线电遥控水陆两用推土机就投入了运行。此间，日本日立建机制造所也研制出了无线电遥控水陆两用推土机，其工作装置采用了仿形自动控制。70 年代初，美国卡特彼勒公司将其生产的激光自动调平推土机也推向市场。

日本在工程机械上采用现代机电液一体化技术虽然比美国晚几年，但不同的是，美国工程机械运用的这一技术，主要由生产控制装置的专业厂家开发，而日本直接由工程机械制造厂自行开发或与有关公司合作开发。由于针对性强，日本使工程机械上与机电液一体化技术结合较紧密，发展较为迅速。

最近 20 年来，随着超大规模集成电路、微型电子计算机、电液控制技术的迅速发展，日本和欧美各国都十分重视将其应用于工程机械和物流机械，并开发出适用于各类机械使用的机电液一体化系统。如美国卡特彼勒公司自 1973 年第一次将电子监控系统（EMS 系统）用于工程机械以来，至今已发展成系列产品，其生产的机械产品中，60％以上均设置了不同功能的监控系统。

时至今日，美国 BigDog 系列机器人作为典型的机电液一体化产品，融合了机械、液压、电子、控制、计算机、仿生等领域先进的技术和装置。BigDog 既是最先进的四足机器人，同时也是当前机器人领域实用化程度最高的机器人之一。BigDog 系统的研发，在相当程度上反映了国际尖端机器人技术的发展现状和趋势。BigDog 以技术性为主的研究思路主要包括如下特点：①已有技术方法的深度挖掘与拓展，如压力传感器、虚拟模型；②已有技术系统性能的提升，如液压驱动系统；③已有尖端技术和产品的直接利用，如视觉导航、电液伺服阀；④各种基本性能的有机整合，如运动控制系统。

采用各种可行技术方法赋予机器人自主性和智能性，也是 BigDog 技术研究的主要特点。BigDog 大部分单项技术并无太大的创新性，然而各种技术方法和基本性能的集成，使得机器人系统具有了很高的自主性和智能性。最终整合而成的机器人系统是 BigDog 系列机器人研究最大的创新点。

2）我国发展概况

国家 863 计划机器人技术主题在“发展高技术，实现产业化”方针的指导下，面向国民经济主战场，开展了工业机器人与应用工程的研究与开发，在短短几年内取得了重大进展。先后开发了点焊、弧焊、喷漆、装配、搬运、自动导引车在内的全系列机器人产品，并在汽车、摩托车、工程机械、家电等制造业得到成功的应用，对我国制造业的发展和技术进步起到了促进作用。

此外，将机器人技术向其他领域扩展，在 9 种工程机械上应用机器人技术，在传统产业的改造方面取得了有经济效益的成果。我国已经具备了进一步发展机器人技术及自动化装备的良好条件。在机器人方面，研制出具有国际 20 世纪 90 年代水平的精密型装配和实用型装配机器人、弧焊机器人、点焊机器人及自动导引车（AGV）等一系列产品，并实现了小批量生产。同时自主实施了 100 多项机器人应用工程，如汽车车身自动焊接线，汽车后桥弧焊线，汽车发动机装配线，嘉陵、金城、三水、新大洲摩托车焊接线，机器人自动包装码垛生产线，以及小型电器和精密机芯自动装配线等多项机器人示范应用工程。

20 世纪 70 年代初，我国机器人开始运用机电液一体化技术，如天津工程机械研究所与塘沽盐场合作研制了我国第一台 3m 水深无线电遥控水陆两用推土机。该机采用全液压、无线电操纵装置。经长期运行考核，其主要技术性能接近当时先进国家同类产品水平。到 20 世纪 80 年代后期，我国相继开发了以电子监控为主要内容的多种机电液一体化系统。另外，机器人智能化系统也在有关院所进行研发。近期，山东大学开发的高性能液压驱动四足机器人 SCalf、哈尔滨工业大学开发的仿生液压机器人等均达到较高技术水平。

与发达国家相比，我国液压机器人技术的研究与开发起步较晚，液压元件性能参数有待提高，机器人在总体技术上与国外先进水平相比还有差距。在制造工艺与装备方面，我国也有差距。目前我国尚不能生产高精密、高速与高效的制造装备，国际上先进的制造工艺和装备在我国企业工业生产中应用少。受引进技术水平的限制，至今关键技术仍落后于工业发达国家。

（3）机器人液压系统的特点

1）高压化

液压系统的特点就是输出的力矩和功率大，而这依赖于高压系统。随着大型机器人的出现，向高压发展是液压系统发展的一个趋势。从人机安全和系统元件寿命等角度来考虑，液压系统工作压力的升高受很多因素的制约。如液压系统压力的升高，增加了工作人员和机体的安全风险系数；高压下的腐蚀物质或颗粒物质将在系统内造成更严重的磨损；压力增大使泄漏增加，从而使系统的容积效率降低；零部件的强度和壁厚势必会因为高压而增加，致使元件机体、重量增大或者工作面积和排量减小，在给定负载下，工作压力过高导致的排量和工作面积减小将致使液压机械的共振频率下降，给控制带来困难。

2）灵敏化与智能化

根据实际施工的需要，机器人向着多功能化和智能化方向发展，这就使机器人有很强的数据处理能力和精度很高的“感知”能力。使用高速微处理器、敏感元件和传感器不只是能满足多功能和智能化要求，还可以提高整机的动态性能，缩短响应时间，使机器人面对急剧变化的负载能快速做出动作反应。先进的激光传感器、超声波传感器、语音传感器等高精度传感器可提高机器人的智能化程度，便于机器人的柔性控制。

3）注重节能增效

液压驱动系统为大功率作业提供了保证，但液压系统有节流损失和容积损失，整体效率不高。因此新型材料的研制和零部件装配工艺的提高也是提高机器人工作效率的必然要求。

4）发挥软件的作用

先进的微处理器、通信介质和传感器必须依赖于功能强大的软件才能发挥作用。软件是各组成部分进行对话的语言。各种基于汇编语言或高级语言的软件开发平台不断涌现，为开发机器人控制软件程序提供了更多、更好的选择。软件开发中的控制算法也日趋重要，可用专家系统建立合理的控制算法，PID 和模糊控制等各种控制算法的综合控制算法将会得到更完美的应用。

5）智能化的协同作业

机群的协同作业是智能化的单机、现代化的通信设备、GPS、遥控设备和合理的施工工艺相结合的产物。这一领域为电液系统在机器人的应用提供了广阔的发展空间。

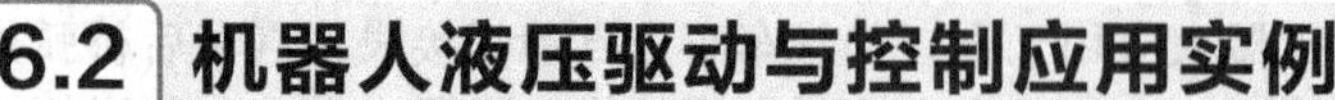

6.2 机器人液压驱动与控制应用实例

6.2.1 液压驱动机械手肋骨冷弯机

肋骨冷弯加工成形是船舶构件加工的一个重要环节。船用肋骨如扁钢、角钢等多为不对称截面型材，弯曲加工时会产生许多不良变形，如旁弯、倒边等。随着造船技术的发展和实际造船生产的需要，对船舶肋骨加工技术与加工设备提出了更高的要求。作为船舶型材加工的重要设备——肋骨冷弯机，其发展方向是加工自动化。PLC 技术经过多年的发展已变得相当成熟，软、硬件的可靠性都非常高。采用 PLC 作为核心控制器来控制机械手肋骨冷弯机的各个动作，不仅可以节约人力成本，而且可以消除人工操作带来的诸多不可靠因素，从而大大提高机械手肋骨冷弯机的工作稳定性及肋骨加工精度。

（1）液压驱动机械手肋骨冷弯机

机械手肋骨冷弯机由机座、进料机构、夹紧机构、主弯曲机构和液压系统等组成。它具有两个机械手臂，能灵巧地完成夹紧型材，左右摆动进料和退料，垂向预弯、水平弯曲和回弹等复杂动作；能对肋骨加工中的各种变形进行有效控制；能加工出质量好的正弯、反弯和 S 形的肋骨等工件；由于采用了程序控制，加工效率很高。

1）主弯曲机构

它是机械手肋骨冷弯机实施肋骨弯制的主运动机构。弯制肋骨时左右两个侧机架夹紧型材不动，肋骨通过主弯曲液压缸带动中机架前后运动实现肋骨的正弯、反弯和 S 形弯曲加工。

2）夹紧机构

中机架有中夹紧液压缸驱动的中夹头，左右两个侧机架有侧夹紧液压缸驱动的侧夹头，在肋骨弯制过程中由此 3 夹头限定肋骨的位置，使肋骨按要求成形。在反弯肋骨时，为避免产生皱褶，一般要求中夹紧液压缸要夹住肋骨，达到“夹而不紧”的状态，使肋骨与夹头间有 0.5～1mm 的间隙。

3）机械手进料机构

机械手肋骨冷弯机是通过进退料液压缸带动左右两个侧机架左右摆动完成进退料。进料时（以左进料为例），左夹紧缸夹紧，右夹紧缸和中夹紧缸放松，进退料液压缸推动左右侧机架张开，接着右夹紧液压缸夹紧，左夹紧缸放松，进退料液压缸拉动左右侧机架合拢，这样完成一个进料流程。反方向进料即为退料。在进退料时中夹紧缸始终处于夹松状态。

4）机座

中机架、左右两个侧机架、主弯曲液压缸安装在机座之上，它是机械手肋骨冷弯机的工作平台。

5）机械手肋骨冷弯机液压系统

机械手肋骨冷弯机的液压系统由主油路与副油路两部分组成。液压系统原理图见图 6-9。主油路的动作原理：液压泵 B6 在主电动机的带动下转动，液压油经吸油滤油器 B2 进入液压泵，并在液压泵的推动下进入管路，液压油的压力大小由先导溢流阀 B15 设定。液压油经单向阀 B8 加在电液换向阀 B14-1、B14-2、B14-3、B14-4 上。当电液换向阀的电磁铁 6CD、7CD、8CD、9CD、10CD、11CD、12CD、13CD 不通电时，电液换向阀的阀芯处于中间位置，液压油进口与液压缸不通，活塞不运动，处于停止状态。当电磁铁 6CD、8CD、10CD、12CD 通电时，在电磁铁的推杆作用下，阀芯往左移动，液压油管与液压缸上腔（左腔）接通，液压油进入液压缸上腔（左腔），推动活塞杆向下（向前）移动，活塞杆带动夹头向下移动（带动主机架向前运动）。动作到位后，电液换向阀的电磁铁 6CD、8CD、10CD、12CD 断电，液压缸的活塞停止动作；当电液换向阀的电磁铁 7CD、9CD、11CD、13CD 通电后，推动阀芯向右移动，这时液压油通过换向阀进入液压缸下腔（右腔），推动活塞杆向上（向后）移动，活塞杆带动夹头向上移动（带动主机架向后运动）。液压缸上腔（左腔）的液压油经管道、液控单向阀（B17-1、B17-2、B17-3）、电液换向阀（B14-1、B14-2、B14-3、B14-4）、回流管排回油箱 5。当夹松到位后，电磁铁 7CD、9CD、11CD、13CD 断电，液压缸的活塞停止动作。

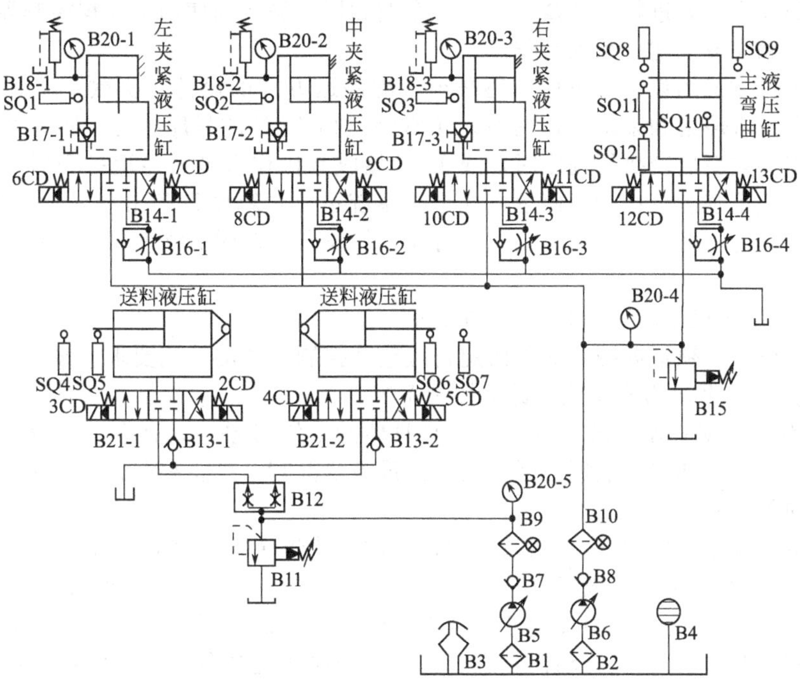

图 6-9　机械手肋骨冷弯机液压原理图

副油路的动作原理：液压泵 B5 在副电动机的带动下转动，液压油经吸油过滤器 B1 进入液压泵，并在液压泵的推动下进入管路，液压油的压力大小由先导溢流阀 B11 设定。液压油经单向阀 B7、油管、分流阀 B12 加在电液换向阀 B21-1，B21-2 上。当电液换向阀的电磁铁 2CD、3CD、4CD、5CD 不通电时，电液换向阀的阀芯处于中间位置，液压油进口与液压缸不通，活塞不运动，处于停止状态。当电磁铁 2CD、4CD 通电时，在电磁铁的推杆作用下，阀芯往右移动，液压油管与液压缸右腔（左腔）接通，液压油进入液压缸右腔（左腔），推动活塞杆向外移动，活塞杆带动侧机架向外移动，完成侧机架的双张动作。动作到位后，电液换向阀的电磁铁 2CD、4CD 断电，液压缸的活塞停止动作；当电液换向阀的电磁铁 3CD、5CD 通电后，推动阀芯向右移动，这时液压油通过换向阀进入液压缸左腔（右腔），推动活塞杆向内移动，活塞杆带动侧机架向内移动，完成侧机架的双合动作。液压缸右腔（左腔）的液压油经管道、电液换向阀（B21-1、B21-2）、单向阀（B13-1、B13-2）及回流管排回油箱 5。当双合到位后，电磁铁 3CD，5CD 断电，液压缸的活塞停止动作。

(2) 机械手肋骨机 PLC 控制系统的硬件设计

目前，适用于工程应用的可编程控制器种类繁多，性能各异。在进行机械手肋骨冷弯机 PLC 控制系统的硬件设计中应根据什么进行应用系统硬件设计，机型选择时应注意哪些性能指标都是比较重要的问题。

1）机械手肋骨机 PLC 控制系统的运行方式

用 PLC 构成的机械手肋骨冷弯机控制系统有两种运行方式，即手动方式和程控方式。

① 手动运行方式　在这种运行方式下，操作人员可以通过操作台上的各种按钮和选择开关（正弯、反弯、左夹紧、左夹松、中夹紧、中夹松、右夹紧、右夹松、双张、双合、进料、回弹等）使机械手肋骨冷弯机进行各种相应的动作。其中正弯、反弯、进料、回弹由相应的顺序控制器实现。

② 程控运行方式　在这种运行方式下，除用手摇移动“弯曲量控制机构”控制弯曲量外，其他全部动作，如进料、夹紧、放松、弯曲和回弹等，均使用可编程控制器进行加工控制，按程序自动完成上述一系列动作。

与系统运行方式的设计相对应，还必须考虑停运方式的设计。机械手肋骨冷弯机 PLC 的停运方式有正常停运和紧急停运两种。正常停运由 PLC 的程序执行，当系统的运行步骤执行完且不需要重新启动执行程序时，或 PLC 接收到操作人员的停运指令后，PLC 按规定的停运步骤停止系统运行；紧急停运方式是在系统运行过程中设备出现异常情况或故障时，若不中断系统运行，将导致重大事故或有可能损坏设备，此时必须使用紧急停运按钮使整个系统停止运行。

2）机械手肋骨机 PLC 控制系统硬件要求

系统硬件设计必须根据控制对象而定，应包括控制对象的工艺要求、设备状况、控制功能和 I/O 点数，并据此构成比较先进的控制系统。

① 设备状况　对控制系统来说，设备是具体的控制对象，只有掌握了设备状况，对控制系统的设计才有了基本的依据。因此在掌握设备状况时，既要掌握设备的种类、多少，也要掌握设备的新旧程度。

在机械手肋骨冷弯机 PLC 控制系统中，机械手肋骨冷弯机的全部动作都由液压缸驱动。其中正弯/反弯动作由主弯曲液压缸带动中机架完成；左夹紧/左夹松动作由左夹紧液压缸来实现；中夹紧/中夹松动作由中夹紧液压缸来实现；右夹紧/右夹松动作由右夹紧液压缸来实现；左右两侧机架的双张/双合动作是通过进料液压缸来完成的。所有液压缸的动作由相应的电磁阀来控制。

② I/O 点数和种类　根据工艺要求、设备状况和运行方式，可以对系统硬件设计形成一个初步的方案。但要进行详细设计，则要对系统的 I/O 点数和种类有一个精确的统计，以便确定系统的规模、机型和配置。在设计系统 I/O 时，要分清输入和输出、数字量和模拟量、各种电压电流等级、智能模板要求。在机械手肋骨冷弯机 PLC 控制系统中，它的 I/O 点数如下：DI 共有 44 点，DO 共有 44 点。根据上面的总点数可知采用一台小型 PLC 就能满足要求，I/O 点数的确定要按实际 I/O 点数再加 20%～30%的备用量。

3）机械手肋骨冷弯机控制系统 PLC 机型的选择

可编程控制器机型的选择需遵循一定的规则来进行，主要要注意 CPU 的能力（包括处理器的个数、存储器的性能、中间继电器的能力等）、输入/输出点数、响应速度、指令系统等。另外，还要注意所选机型的性价比、备品备件情况及技术支持等。

机械手肋骨冷弯机（以某船厂 160kN 程控机械手肋骨冷机为例）由 PLC 组成的控制系统有 44 个输入信号，均为开关量。其中热继电器 2 个，压力继电器 3 个，位移继电器 10 个，时间继电器 5 个，压差发讯器 2 个，按钮 14 个，拨段开关输入信号 8 个。

该控制系统中有 44 个输出信号，有 4 个输出信号用于控制电动机的启动，有 21 个输出信号用于状态指示，有 5 个输出信号用于控制时间继电器，有 14 个输出信号用于电磁阀的控制。根据 PLC 选型的有关原则，机械手肋骨冷弯机的控制系统选用 FX_2-128MR，I/O 点数均为 64 点，满足控制要求，而且还有 30%多的余量。

由 PLC 构成的肋骨冷弯机控制系统如图 6-10 所示。从图 6-10 中可以看出，由 PLC 构成的控制系统结构清晰，维修检测方便。所有逻辑运算通过 PLC 程序实现，控制系统可根据加工工艺要求，有效地完成指定的控制任务。

（3）机械手肋骨机 PLC 控制系统的软件设计

由 PLC 构成的机械手肋骨冷弯机控制系统，包括硬件系统和软件系统两部分。系统控制功能的强弱，控制效果的好坏是由硬件和软件系统共同决定的，有时一方对另一方虽有一定的弥补作用，但这总是有限的，因此研究开发出高质量的程序就显得非常重要。在进行机械手肋骨冷弯机的 PLC 控制系统的软件开发时经过这样几个步骤：了解机械手肋骨冷弯机控制系统的概况→熟悉机械手肋骨冷弯机→熟悉编程软件的使用方法和指令系统→定义输入/输出表→进行框图设计→程序编写→程序测试等。

在设计机械手肋骨冷弯机 PLC 控制系统软件时分主电动机启动模块、辅电动机启动模块、指示灯处理模块、状态复位处理模块、“～”形操作子程序和“∧”形操作子程序进行编写和调试。采用外接模拟信号的方式对程序的逻辑功能进行验证，通过正确性检验后再在实际的肋骨冷弯机上进行调试，以免损坏电动机等设备。机械手肋骨机 PLC 控制的主程序流程图如图 6-11 所示。其中主电动机启动模块的设计采用了佩特利网的设计方法。

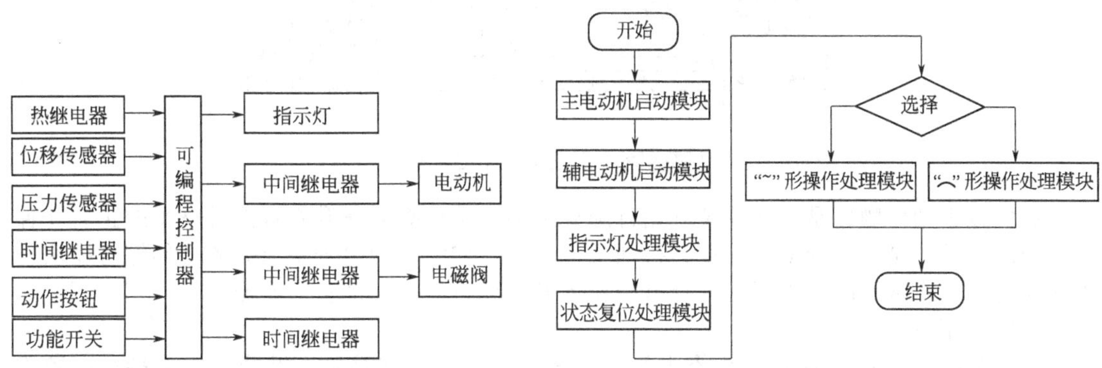

图 6-10　肋骨冷弯机 PLC 控制原理图　　图 6-11　机械手肋骨机 PLC 控制的主程序流程图

佩特利网（Petri Net，PN）是于 1962 年由德国的数学家 C. A. Petri 提出，最初应用于计算机异步通信建模中，用来表示系统的输入/输出、系统的各种可能状态以及状态的动态变化。佩特利网是一种图示技术，可以用来模拟有规则的物料流系统和信息流系统的特性。

顺序控制佩特利网设计法是利用模拟离散动态系统结构及其行为的佩特利网来描述规定控制顺序，然后将生成的佩特利网模型转变成梯形图，从而使顺序控制设计过程格式化。这个设计方法由顺序描述、过程接口和梯形图实施 3 部分组成。

（4）应用效果

使用表明，系统控制简单，工作稳定可靠，检修维护方便，满足肋骨冷弯机加工使用要求，同时，提高了加工效率。

6.2.2　基于 PLC 的工业机械手

工业机械手是模仿人的手部动作，按给定程序、轨迹和要求实现自动抓取、搬运和操作的自动装置，是实现工业生产机械化、自动化的重要装置之一。由于工业机械手结构紧凑、定位准确、控制方便，因而在工业生产中得到了广泛应用。机械手爪是工业机械手执行机构中的重要部件，其性能的好坏对发挥和提高机械手的作用和效率有很大的影响。一般来说，机械手爪抓取的大都是表面较硬、形状固定的金属物体，如果机械手爪以固定的力去抓取物体，会很容易损伤甚至破碎物体。如何对机械手爪进行有效的、精确的夹持力控制，是设计和控制机械手爪必须面对的主要问题之一。

一种基于 WinCC 和 PLC 控制的工业机械手，属于坐标式液压驱动机械手，由手腕回转机构、手臂伸缩机构、手臂回转机构、手臂升降机构等构成，具有手臂伸缩、回转、升降、手腕回转四个自由度。系统结构如图 6-12 所示，夹持手指上安装有压力传感器，该传感器为膜片结构式，膜片的变形区贴有应变片以检测夹持力的大小，四个应变片构成全电桥以提高传感器的线性度和灵敏度，相互补偿由于温度等因素引起的误差和漂移。工作过程中，压力传感器将实测压力回传给控制器，通过相应的控制策略对夹持力进行控制。

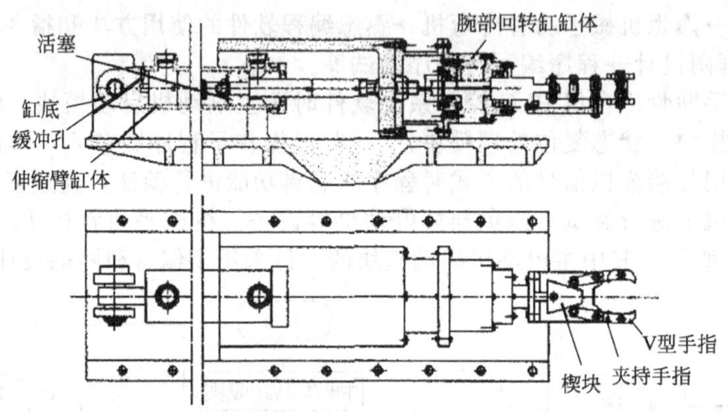

图 6-12 工业机械手结构图

该机械手动作顺序是：从原位开始升降臂下降→手指夹紧→升降臂上升→手腕正转→伸缩臂伸出→手指松开→伸缩臂缩回；待加工完毕后，伸缩臂伸出→手指夹紧→伸缩臂缩回→手腕反转→升降臂下降→手指松开→升降臂上升到原位停止，准备下次循环。

(1) 液压系统

液压系统如图 6-13 所示。系统主要包含 3 个液压缸：伸缩缸、升降缸、夹持缸，腕部采用摆动液压马达控制。液压机械手采用单泵供油。手臂伸缩、手腕回转、夹持动作采用并联供油，这样可有效降低系统的供油压力，为保证多缸运动的系统互不干扰，实现同步或非

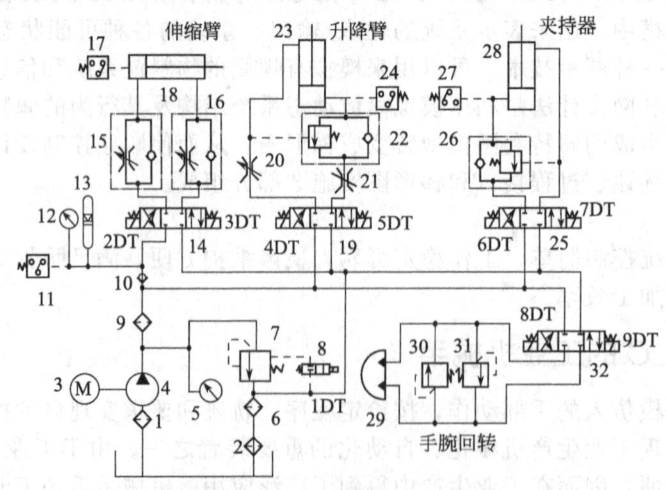

图 6-13 工业机械手液压原理图

1，6，9—过滤器；2—冷却器；3—电动机；4—液压泵；5，12—压力表；7，30，31—溢流阀；8—换向阀；10—单向阀；11，17，24，27—压力继电器；13—蓄能器；14，19，25，32—换向阀；15，16—单向节流阀；18，23，28—液压缸；20，21—节流阀；22，26—平衡阀；29—摆动缸

同步运动，换向阀采用中位“O”形换向阀。由于整个液压系统采用单泵供油，各缸所需流量相差较大，因此各缸选择节流阀进行调速。此外，系统还设置锁紧保压回路、平衡回路，以防止断电、失压等意外发生。

(2) 控制系统

1) 工业机械手动作流程

机械手动作顺序、电磁铁动作状态如表6-2所示。

表6-2　电磁铁动作顺序（“+”表示得电）

项目	1DT	2DT	3DT	4DT	5DT	6DT	7 DT	8DT	9 DT
原位	+								
升降臂下降				+					
手指夹紧						+			
升降臂上升					+				
手腕正转								+	
伸缩臂伸出			+						
手指松开							+		
伸缩臂缩回		+							
伸缩臂伸出			+						
手指夹紧						+			
伸缩臂缩回		+							
手腕反转									+
升降臂下降				+					
手指松开							+		
升降臂上升					+				
原位循环	+								

2) PLC I/O分配图

根据输入/输出的特点及数量，本系统采用S7-200 CPU226系列PLC作为控制器，其I/O分配表如表6-3所示。

表6-3　工业机械手I/O分配表

输入(出)	功能说明	输入(出)	功能说明
I0.0	泵启动	I2.3	单一工作方式
I0.1	泵停止	I2.4	返回工作方式
I0.2	下限位	I2.5	步进工作方式
I0.3	上限位	I2.6	单周期工作方式
I0.4	正转限位	I2.7	连续工作方式
I0.5	反转限位	I3.0	急停开关
I0.6	伸出限位	Q0.0	上升
I0.7	缩回限位	Q0.1	下降
I1.0	正转脉冲信号	Q0.2	夹持

续表

输入(出)	功能说明	输入(出)	功能说明
I1.1	反转脉冲信号	Q0.3	放松
I1.2	手腕正转	Q0.4	手腕正转
I1.3	手腕反转	Q0.5	手腕反转
I1.4	上升按钮	Q0.6	手指伸出
I1.5	下降按钮	Q0.7	手指缩回
I1.6	夹持按钮	Q1.0	泵开启灯
I1.7	松开按钮	Q1.1	电机A段
I2.0	伸出按钮	Q1.2	电机B段
I2.1	缩回按钮	Q1.3	电机C段
I2.2	返回按钮	Q1.4	泵启动

3）手指夹持力控制策略

机械手指夹持力的控制策略如图 6-14 所示，主要采用神经网络和 PID 联合控制方式，这是因为常规 PID 参数是预先整定好的，在整个控制过程中是固定不变的，而实际情况中，由于系统的参数是经常发生变化的。利用 BP 网络的自学习特性，及时修正 PID 控制器的控制参数，找到 PID 控制规律下的最优 P、I、D 参数。

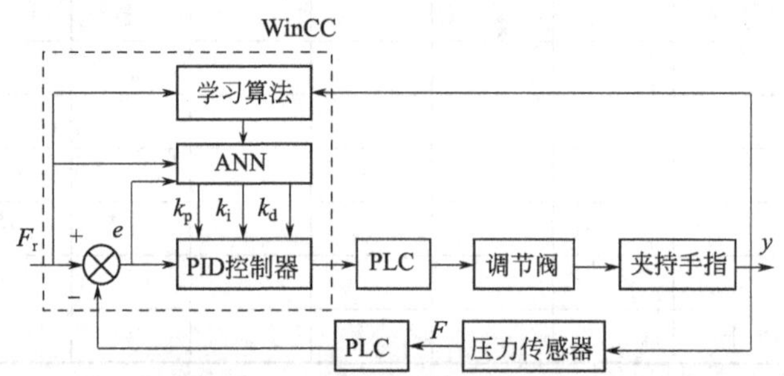

图 6-14 机械手夹持力控制器原理图

BP-PID 控制器可以在 WinCC 组态软件中完成，WinCC 组态软件中的全局脚本编辑器向用户提供了一个扩展系统功能接口，用户可以在此用 C 语言编写函数，以被系统调用。全局脚本编辑器可生成项目函数和动作函数，项目函数主要用来完成计算、显示、数据处理等功能，但本身不被执行，而动作函数则不同，在 WinCC 中可以给动作增加触发器，如果条件满足，动作即被执行。

① 在 WinCC 全局脚本中生成一个项目函数 ANN _ PID ( )，用它来完成神经网络控制算法，源程序如下：

```
void ANN_ PID( )
{
int inputNum;//实际的输入节点数
int hideNum;//实际的隐层节点数
int trainNum;//实际的训练次数
……
//从 WinCC 获取控制算法计算所需的变量
η= GetTagDouble("LearnSpeed");//学习速率
```

```
a= GetTagDouble("inertia");//获取惯性系统
e= GetTagDouble("ErrorLevel");//获取精度要求
}
```

② 在 WinCC 中调用神经网络控制算法程序 ANN _ PID（ ）。

```
# include"apdefap.h"//确保当前动作能够使用项目函数 ANN_PID( )
{
void gscAction(void);
int status;
status= GetTagBit("ANN_STATUS");
if(status= = 1)
{
ANN_PID( );//如果条件,执行 ANN_PID( )函数
}
retum 1;
}
```

这样，在触发信号（定时中断）的驱动下，定时调用 BP 控制算法一次，进而输出一组 PID 实时参数。该参数通过传输线传给 PLC，经过 PLC 模拟量输出模块，调节控制阀，最终实现对夹持手指的控制。

6.2.3 压装机装卸料机械手

(1) 机械手与压装机的配置关系及工作过程

装卸料机械手用于某品牌汽车某组件装配线的压装机上，在两台压装机和物料自动输送线之间实现物料的自动安装、卸下和传递，并保证准确定位。该机械手能装卸多种型号组件以实现生产线的多品种加工。机械手与压装机、输送料台及输送线的配置关系如图 6-15 所示。

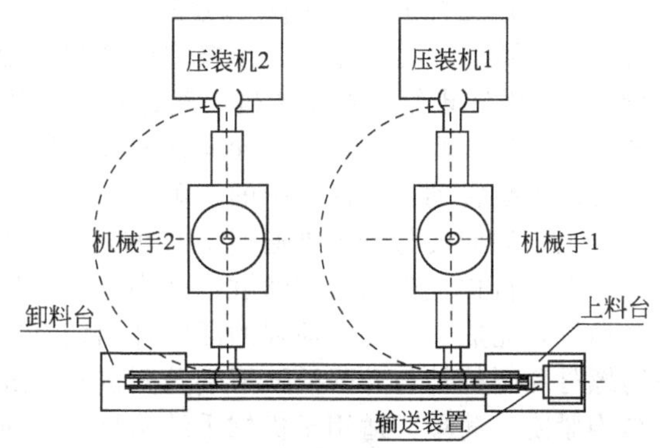

图 6-15　机械手与压装机、物料输送线的配置关系

该装卸料机械手的工作过程如下：首先由机械手的手臂伸向压装机 1 的上料台，并由手部握紧已压装好的组件，往上抬起离开定位装置，手臂缩回，并水平逆时针回转 180°至输送料台上方，手腕带动组件翻转 180°，调位完毕，手臂伸出，机械手手臂下降，将组件放置在输送线对应料台上定位，通过输送装置，将组件送出至压装机 2，以备使用。同时，输送装置将下一个待压装组件输送到位，机械手抓取组件输送至压装机 1，开始下一个工作循环。由输送装置实现两压装机之间组件的输送。

(2) 机械手的总体结构设计方案

圆柱坐标型机械手因具有良好的灵活性，工作范围较大，刚度和精度较好、占地面积小，且在结构上易于实现，在机械制造生产中得到了广泛应用。结合生产实际，设计的机械手的基本形式采用圆柱坐标型。从既满足生产的实际需要又尽量减少结构的复杂程度考虑，取机械手的自由度数为 4 个：大臂（立柱）的升降和回转运动，小臂的伸缩运动及手腕的回转运动。因机械手抓取部位组件的形状基本上为圆柱形，故采用两支点回转型夹持式机械手，回转型手指的张开闭合靠根部（以枢轴支点为中心）的回转运动来完成。这种手指结构简单、形状小巧，但夹持不同尺寸的工件时会产生定位偏差，即夹持误差，在设计计算时应

注意将夹持误差限定在规定的范围内，才能保证机械手有效地工作。机械手总体结构如图6-16所示。

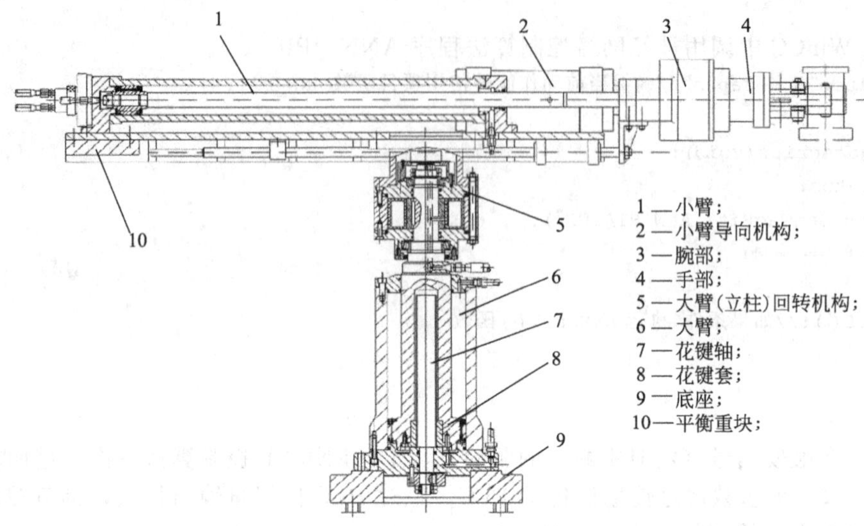

图 6-16 机械手总体结构

1）机械手的手臂

手臂是支持手指和手腕部分的机构，是机械手的主要部件。该机械手手臂由小臂（横臂）和大臂（立柱）组成，小臂完成伸缩运动，大臂完成升降和回转运动，大臂回转范围为180°，用以实现组件在压装机与输送料台之间的装卸，大臂与机座连接在一起。在机械手小臂伸缩缸的两侧，设置了双导向杆的导向装置，用作伸缩运动的导向，以防止手腕、手部绕油缸的轴线转动，保证手指的正确方向，并同时承受部分偏重力矩。

大臂的回转与升降是通过立柱的运动机构来实现的，采用回转缸置于升降缸之上的形式。升降机构上部的回转油缸带动小臂伸缩机构等做180°的回转，大臂的升降运动由立柱升降油缸来完成。在升降油缸的活塞杆内装有一花键套8，其与固定花键轴7配合（花键轴7用螺母和圆柱销与升降油缸下端盖固连），用以导向和防止活塞套筒的转动。这种布局形式结构紧凑、简单，适用于机械手结构尺寸及重量较小的场合。

机械手手臂要承受组件和本身的重量，要保证其具有足够的刚度和强度，且能克服不良力矩的影响，因此必须从结构上保证手臂结构的合理性，合理的设计就是应在最小重量条件下，具有最大的静刚度。该机械手的小臂采用Q235钢板焊接式框架结构，截面形状为矩形，通过合理的布置内部筋板，从而确保了手臂既重量轻，又具有良好的刚性。手臂筋板横截面形状沿纵向不同部位不尽相同。为了使回转轴通过大臂重心，克服偏重力矩的影响，在机械手偏重的基本对称位置加置了平衡重块，从而改善了手臂的受力情况。

2）机械手的手腕和手部

因组件需分别在两端而压装轴套，故机械手应能实现组件的翻转，采用手腕实现组件的调位，而腕部的回转运动由回转油缸来完成。

手部是该机械手的关键部件之一，用于抓取组件，因是多品种加工，其组件抓取部位的直径是变化的，其变化范围为：ϕ50～80，因此合理地确定手爪的开闭角度，提高抓取精度是设计的关键。

3）机械手直线运动油缸的缓冲结构

该机械手的运动全部采用液压驱动，因此在设计机械手的液压系统和机械结构时，必须设法减轻或避免液压冲击和振荡，提高机械手运动的平稳性。为此在机械手的小臂伸缩油缸和大臂升降油缸的设计中，采用了德国赫勒-希理（Hüller-Hille）公司发明研制的动力油缸针阀式缓冲活塞，其结构如图 6-17 所示。针阀式缓冲活塞可在油压改变的瞬间，高、低压两腔通过 $\phi4$ 孔与滚针之间形成的环形空间连通，使高压腔溢流，从而达到减小或避免液压冲击的目的。针阀式缓冲活塞的工作原理是：正常工作时（设活塞向右运动），油缸高压腔（左腔）一端的钢球 2 和该端 $\phi6.3$ 孔底锥面密切贴合（装配时，要求 $\phi6.3$ 孔的孔底锥面分别与两钢球配研），$\phi4$ 孔被堵，针阀无溢流作用，高压腔油液不能向低压腔流动，两腔封闭，活塞正常运动。如果活塞的运动突然停止或者换向，油缸原低压腔（右腔）的压力会急剧升高，引起液压冲击。此时，针阀式缓冲活塞可以使油缸两腔瞬时互通，从而减小液压冲击，起到缓冲作用。即右腔的高压油会通过挡板 1 上的油孔，经过空心弹性销 4，流入活塞的阶梯孔内，推动钢球 2 和滚针 3 向左移动，并流经 $\phi4$ 针孔，推动左端钢球 2 向左移动，油液经左挡板油口流至左油腔，两腔贯通，从而减低了右腔高压油的峰值，减缓或消除了液压冲击。右钢球 2 从开始向左端运动并从右端堵住 $\phi4$ 孔的时间，就是溢流时间，而溢流时间的长短可通过控制滚针和 $\phi4$ 孔的长度差来设定。

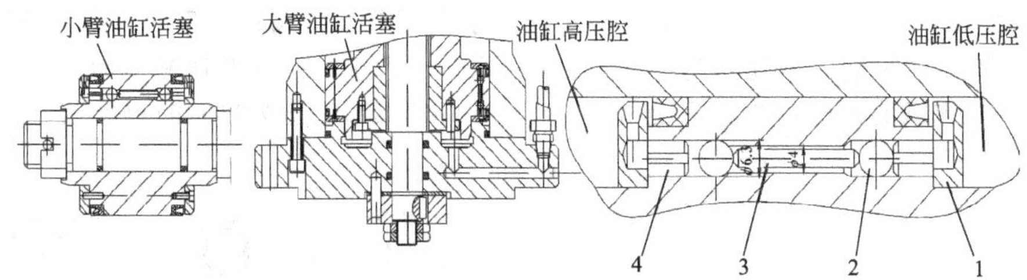

图 6-17 动力油缸的针阀式缓冲活塞

1—挡板；2—钢球；3—滚针；4—空心弹性销

大量实践证明，该结构成功解决了液压动力缸产生的冲击和振荡，大大提高了机械手定位精度和运动平稳性。

(3) 手部的抓取误差

回转型手指夹持工件，当工件的直径有变化时，将引起工件轴心的偏移，这个偏移量称为夹持误差。机械手能否准确夹持工件，把工件送到指定位置，不仅取决于机械手的定位精度，而且也与手指的夹持误差大小有关。当机械手用于多品种生产加工时，为了适应工件尺寸在一定范围内的变化，在机械加工中，通常要求手指抓取工件的定位误差不超过±1mm，因此根据生产线多品种加工的需要，设计合理的手部结构，确定正确的手部尺寸参数，是设计的关键问题之一。

该机械手手指的抓取动作由斜楔杠杆外夹式回转型手部来实现，抓取动力由单作用油缸来提供。因组件夹持部位的外形基本为圆柱形，故其双支点回转型手部采用 V 型手指。V 型手指可根据抓取组件的规格不同而进行更换。

手部各部分尺寸是按给定的组件抓取部位的最大直径和最小直径来确定的，一般来说，为了减少夹持误差，可适当加长手指长度，但手指过长，整个手部结构就要增大，影响手部的刚性；另一方面也可通过选取合适的偏转角度 β，使夹持误差最小。但对于双支点回转型手部，偏转角 β 的大小不是仅仅按夹持误差为最小的条件来确定，还要考虑在抓取半径较小的工件时，不能出现两手指的 BE 和 $B'E'$ 边平行，造成抓不着工件的现象。为避免上述情况发生，通常按手爪抓取工件的平均半径，来确定双支点回转型手爪的偏转角 β。

该机械手手部的尺寸参数如图 6-18 所示。

工件的最大半径 R_{max} 为 40mm，工件的最小半径 R_{min} 为 25mm，工件的平均半径 R_0 为 32.5mm，机械手手指指长 l_{AB} 为 80mm，两回转支点的距离 2α 为 75mm，即 α 为 37.5mm，

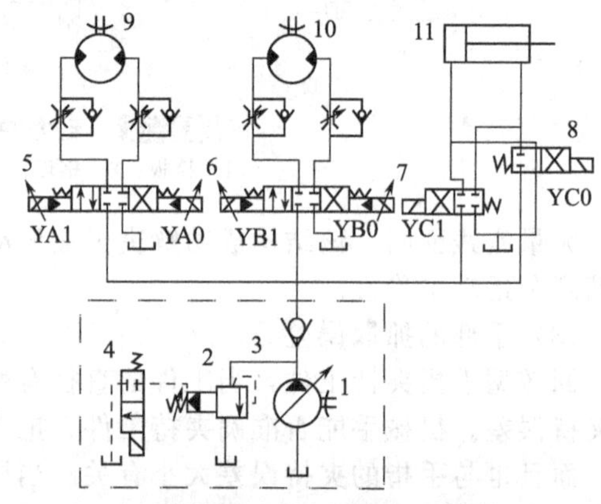

夹持V型槽的夹角 2θ 为 120°，即 $\theta=60°$。按上述参数计算，偏转角 β 为 62°，则机械手的最大夹持误差为0.639mm，满足要求。

6.2.4 基于PLC的储油罐清理机器人液压系统

储油罐清理机器人是用于对原油罐内油泥进行清理的高压水射流机器人系统，其涉及机器人、自动控制、环境识别、现代设计等诸多知识，是多学科交叉融合的结果。油泥及复杂地面的环境下要求机器人有足够的驱动力兼具机动灵活性，精确控制显得尤为重要，基于PLC自动控制，采用电液比例控制技术可实现对机器人行走和转向的精确控制。

(1) 液压系统的设计

油罐内部属易燃易爆环境，采用液压驱动可有效避免产生火花，如图6-19所示采用变量泵和定量马达的开式液压系统，当负载变化时，压力信号反馈到泵内部的变量机构中，通过自动变量机构可改变泵的输出流量，从而控制系统的工作压力。机器人采用低速大转矩液压马达后轮驱动、差速转向，并带有制动，可保证机器运行灵活，启动停止可靠。液压阀选用防爆型比例调节电磁阀，通过调节控制电流大小来调节液压阀打开程度，进而控制流量大小实现行进速度的控制。由比例电磁铁YA1、YA0、YB1、YB0的通断电状态来驱动液压马达，从而实现机器人的前进、后退及转向；YC1、YC0电磁铁的通断电来控制铲板的抬起、停止及放下。

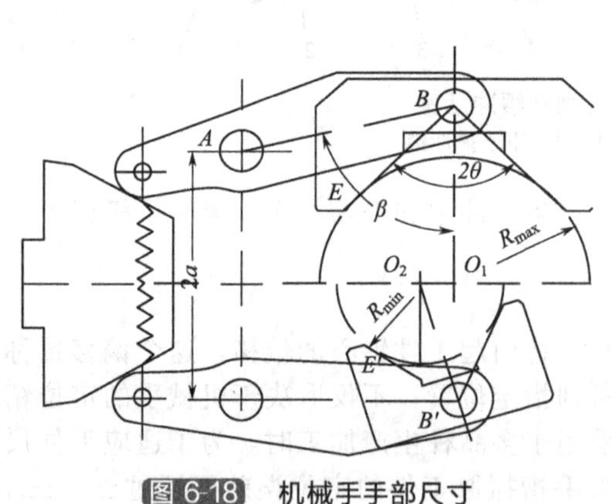

图6-18 机械手手部尺寸

图6-19 液压系统原理图

1—液压泵；2—先导型溢流阀；3—单向阀；
4—二位二通电磁换向阀；5，6—三位四通电液比例换向阀；
7，8—二位四通电磁换向阀；9—左行走马达；
10—右行走马达；11—液压缸

(2) 液压控制系统硬件设计

机器人行走驱动控制系统主要由操作手柄、PLC、比例阀功率放大器、电液比例阀、液压马达构成。PLC控制系统由CPU、存储器、模拟量输入/输出模块、编程器、编程电缆等几部分组成，PLC是储油罐清理机器人自动控制系统的核心，完成逻辑运算、数字运算、A/D、D/A转换等功能以及输入信号、反馈信号的处理、电磁阀的控制。PLC配EEPROM存储卡使PLC程序可以掉电保护，用计算机作为编程器，与计算机通过RS-232接口连接。

1) 比例阀功率放大器的设计

比例阀功率放大器将PLC模拟量模块输出的4～20 mA电流信号放大到比例电磁阀控制所需的260～500 mA电流信号，从而控制机器人的行走，设计的比例放大器电路如图6-20所示。

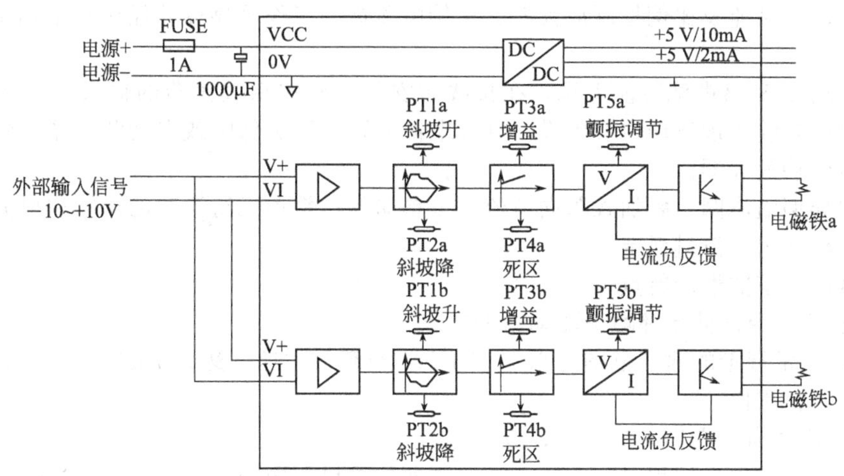

图 6-20　比例阀放大器

通过操作手柄不同的位置提供给 PLC 控制模块不同的控制信号，PLC 控制模块将不同的控制信号放大后驱动相应的比例电磁铁，电液比例阀输出相应的控制压力油，同时 PLC 控制模块根据不同操作手柄信号控制电磁换向阀的开关，从而控制减压阀输出的先导压力油的流向，先导压力油控制多路阀相应阀芯的移动，控制主油路压力油的流向，进而实现机器人的动作控制。

2）电液比例阀闭环控制系统设计

如图 6-21 所示为电液比例阀控制马达速度闭环控制系统方框图。系统工作时，比较元件用来测量输入和输出速度间的偏差，输出速度由速度传感器测得，再反馈至主信道。系统输出速度反馈电压 U_f 通过 A/D 转换反馈到 PLC 中与指定输入进行比较，得出偏差控制量，经 D/A 转换并经比例方向阀的功率放大器放大后驱动电液比例方向阀节流口开度，控制液压油的流量，带动液压马达旋转，从而驱动负载向着消除速度偏差的方向偏转，实现液压马达的转速控制。当速度传感器的速度信号与输入指令一致时，始终按输入电流指令给定的规律变化。

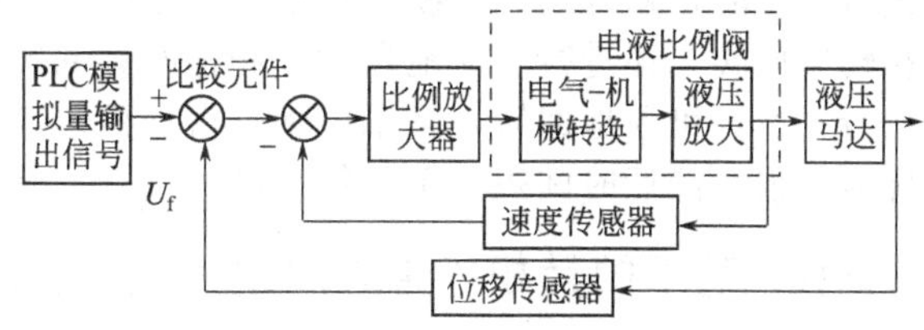

图 6-21　电液比例阀控制马达速度闭环控制系统

3）液压元件的选型

考虑到系统工作状况，需要有制动装置，因此采用带制动装置的液压马达，选择液压元件如表 6-4 所示。

表 6-4　液压元件

序号	名称	参数		
1	泵	25MPa	25kW	60L/min
2	马达	25MPa	20L/min	540r/min
3	电液比例阀	双比例		
4	多路阀	负载敏感型		

电液比例阀采用 GD 通径系列隔爆电磁换向阀，是带反馈的直动型比例换向阀，通过控制液压油的流量和流动方向来控制相应的动作。比例电磁铁控制线圈电磁参数直接影响到比

例电磁铁的动态性能及比例控制放大器、比例电磁铁的工作可靠性，经比较采用 HEM77 防爆电磁铁。

电源采用 24V 蓄电池直流电源，在接线与安装时应注意放大器的输入信号要采用屏蔽电缆，电磁铁导线要远离动力线敷设。外部电源回路要安装保险或自动断路器，防止电源接反时可有效保护放大器。

其他先导型溢流阀、叠加式单向节流阀、单向阀、叠加式溢流阀的选取均根据与其连接的换向阀工作压力、流量而定。

(3) 液压系统的性能特点

① 能够适应原油储罐环境下驱动力的要求；

② 保持正常行走的速度范围为 0.1～1m/s，空载最大速度达到 1m/s 左右，转向速度在 0.1～0.6m/s 范围内；

③ 转速比适当、操作灵活方便、成本低。

为防止液压冲击，编程时，在启动液压阀前先输出电磁阀控制信号，然后输出系统压力流量控制信号，关闭液压阀前系统压力控制信号先清零，然后关闭液压阀控制信号，保证开关液压阀时系统环境是低压或者无压状态，有效降低液压冲击。在此过程中增加的延时环节取 0.1s，因为液压系统的响应时间一般是 10ms 级别，时间过长会影响系统的响应速度，时间太短起不到减少液压冲击的目的。

(4) 结论

基于 PLC 的电液比例控制液压系统在某油田孤岛采油厂模拟 5000m^3 原油储罐试验场地进行了试验，罐外远程操纵手柄控制清罐机器人作业，实现机器人在罐内移动的前行、后退和转向回转，还进行了原地顺时针和逆时针回转试验。试验结果表明，机器人在油泥环境下运行平稳，可原地回转，且未出现打滑现象。应用电液比例阀控制系统，具有功耗小、抗干扰能力强、滞后时间短、重复精度高等优点，软件编程简单，具有良好的推广价值。

6.2.5 基于单片机控制的水上清洁机器人液压系统

在很多水面如河流、水库、海水浴场上漂浮着塑料袋、泡沫、树叶等很多垃圾，严重影响人们的生活环境。大型打捞船体积大、成本高，需多人同时协同工作，而且不能进入小区域实施打捞工作；而在一些小型区域水面上目前主要依靠的是人工打捞，其工作难度和劳动强度都很大。为此，设计了一种适合于中小型区域进行打捞作业的水上清洁机器人，此机器人具有体积小、成本低、操作简单、灵活可靠、效率高、打捞水域广等特点。

(1) 水上清洁机器人的结构和工作原理

水上清洁机器人的结构主要包括船体、浮体、打捞手臂、聚拢板、打捞板、推板、悬挂机、液压系统、控制系统、图像采集与传输系统等部分组成。其外形结构简图如图 6-22 所示，两个密封浮体使整个机器人浮在水面上进行工作，船体的动力源来自安装在后部的悬挂机提供。机器人的机械动作由液压控制系统的 5 个液压缸来完成，其工作过程如下：

操作者通过图像采集与传输系统遥控机器人接近所要打捞的垃圾，使聚拢板包围所要打捞的垃圾（聚拢板初始为张开状态）；然后，通过控制两个液压缸使两片聚拢板合拢，聚拢板合拢到位后，关节伸缩缸伸出使机械打捞手臂向上抬起；之后，基本手臂变幅缸缩回（该液压缸初始为伸出状态），使基本手臂向前倾斜；这样一来，在关节伸缩缸和基本手臂变幅缸的控制下，机器人的手臂使打捞板远离船体而接近水面，和聚拢板一起包围所要打捞的垃圾。至此，打捞垃圾的准备工作已完成，接下来就要完成打捞工作了。

打捞时，基本手臂变幅缸伸出，同时，关节伸缩缸处于自由状态；从而，机械手臂使打捞板顺着船体前部的斜坡将垃圾打捞到船体的垃圾回收仓中。至此，打捞垃圾的工作已完成。

为了给下次打捞的垃圾留出空间，垃圾被打捞到垃圾回收仓中后，还需要将垃圾进行转移，即将垃圾从垃圾回收仓的前端转移至后端。这一过程由一个液压缸控制推板来完成。当垃圾从垃圾回收仓中的前端转移至后端后，此次打捞工作全部完成。然后，重复上述过程完成下次的打捞。

(2) 水上清洁机器人液压系统的设计

根据打捞垃圾的工作过程，设计了如图 6-23 所示的水上清洁机器人液压系统原理图。

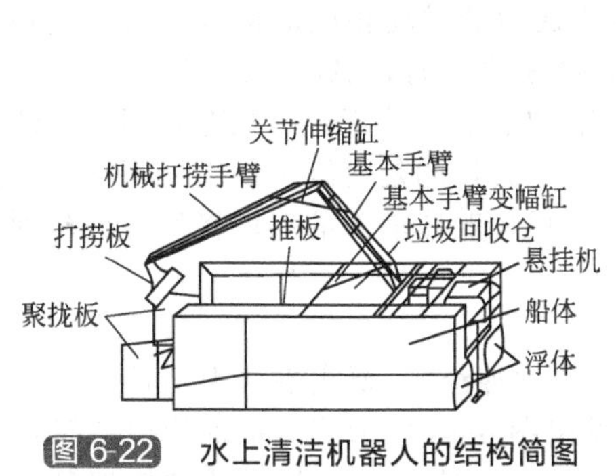

图 6-22 水上清洁机器人的结构简图

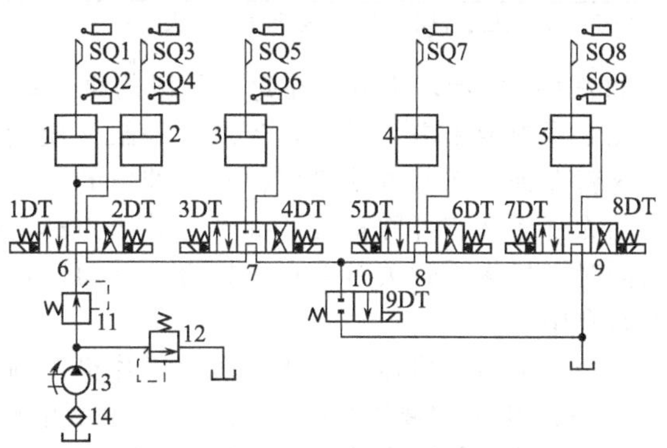

图 6-23 水上清洁机器人液压系统原理图

1～5—液压缸；6～9—三位四通电磁换向阀；
10—二位二通电磁换向阀；11—减压阀；
12—溢流阀；13—液压泵；14—过滤器

如图 6-23 所示，缸 1 和缸 2 为控制两片聚拢板合拢与打开的液压缸，每个液压缸控制一片聚拢板；缸 3 为基本手臂变幅缸；缸 4 为关节伸缩缸；缸 5 为将垃圾从垃圾回收仓的前端转移至后端的推板控制缸。所有缸都是通过接近开关进行位置控制，都是通过各自的三位四通电磁换向阀控制其伸出与缩回的换向。根据液压传动与控制的相关知识，设计的减压阀 11 起减压和稳压的作用；溢流阀 12 起安全保护的作用。根据水上清洁机器人的工作原理，图 6-23 所示 9 个电磁铁的动作顺序如表 6-5 所示。

表 6-5 电磁铁动作顺序表

<table>
<tr><th rowspan="4">电磁铁</th><th colspan="7">动作顺序</th></tr>
<tr><th colspan="3">准备阶段</th><th colspan="2">收集阶段</th><th colspan="2">结束</th></tr>
<tr><th rowspan="2">聚拢板合拢</th><th colspan="2">手臂伸出</th><th rowspan="2">缸 3 和缸 4 配合完成垃圾收集</th><th rowspan="2">推板推出完成垃圾转移</th><th rowspan="2">推板回位</th><th rowspan="2">聚拢板打开</th></tr>
<tr><th>缸 4 伸出</th><th>缸 3 回位</th></tr>
<tr><td>1DT</td><td>+</td><td>−</td><td>−</td><td>−</td><td>−</td><td>−</td><td>−</td></tr>
<tr><td>2DT</td><td>−</td><td>−</td><td>−</td><td>−</td><td>−</td><td>−</td><td>+</td></tr>
<tr><td>3DT</td><td>−</td><td>−</td><td>−</td><td>+</td><td>−</td><td>−</td><td>−</td></tr>
<tr><td>4DT</td><td>−</td><td>−</td><td>+</td><td>−</td><td>−</td><td>−</td><td>−</td></tr>
<tr><td>5DT</td><td>−</td><td>+</td><td>−</td><td>−</td><td>−</td><td>−</td><td>−</td></tr>
<tr><td>6DT</td><td>−</td><td>−</td><td>−</td><td>+</td><td>−</td><td>−</td><td>−</td></tr>
<tr><td>7DT</td><td>−</td><td>−</td><td>−</td><td>−</td><td>+</td><td>−</td><td>−</td></tr>
<tr><td>8DT</td><td>−</td><td>−</td><td>−</td><td>−</td><td>−</td><td>+</td><td>−</td></tr>
</table>

续表

电磁铁	动作顺序						
	准备阶段			收集阶段		结束	
	聚拢板合拢	手臂伸出		缸 3 和缸 4 配合完成垃圾收集	推板推出完成垃圾转移	推板回位	聚拢板打开
		缸 4 伸出	缸 3 回位				
9DT	−	−	−	+	−	−	−

"+"表示电磁铁得电，"−"表示电磁铁失电。

如表 6-5 所示，机器人在每个阶段的每个动作在完成后会触动相应的接近开关，使相应的电磁铁通电或断电，其中，当缸 3 和缸 4 配合完成垃圾收集时，3DT、6DT 和 9DT 都通电，这就保证了在基本手臂变幅缸 3 伸出的同时，关节伸缩缸 4 处于自由状态，即关节伸缩缸 4 的无杆腔和有杆腔都接通油箱，其压力都接近"0"，其目的是使缸 3 伸出使基本手臂抬高的同时，机械手臂关节能自由折合，从而使打捞板能顺着船体前部的斜坡将垃圾打捞到垃圾回收仓中。

(3) 水上清洁机器人液压系统的单片机控制

图 6-23 所示的液压系统只是整个水上清洁机器人的"神经"，要实现水上清洁机器人的自动工作，还必须给之装上"大脑"，为此，需要开发出图 6-23 所示液压系统的控制部分。

目前，对液压系统的控制，有继电器控制、PLC 控制、单片机控制以及微机控制等多种方式，每种控制方式都有其优缺点和应用场合。水上清洁机器人要求机器人本身的重量越小越好，因而，单片机控制是此系统的最佳选择。单片机目前在市场上有很多品种，鉴于图 6-23 所示液压系统的控制是一个时序控制问题，其功能不是很复杂，所要求单片机的资源也不是很多，因而，拟选用常用的 AT89C51 单片机，采用此单片机对图 6-23 所示的液压系统进行控制的电路简图如图 6-24 所示。

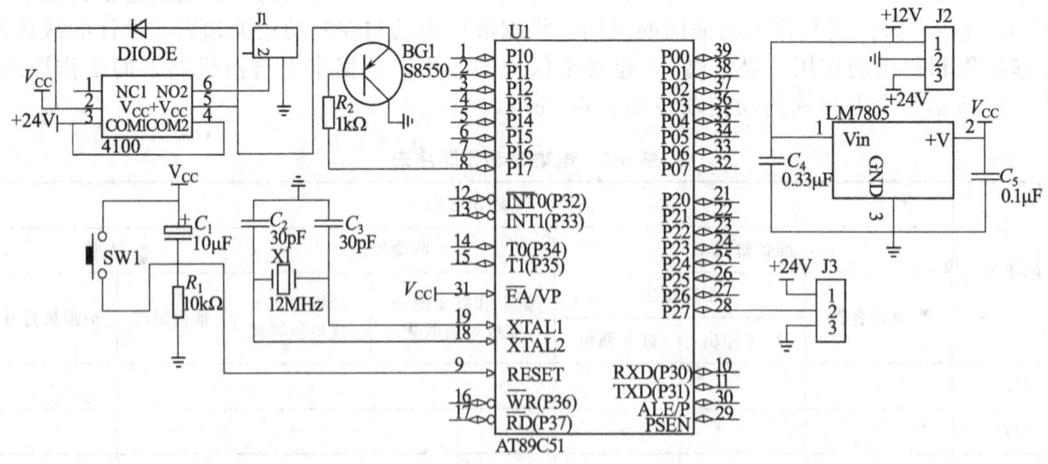

图 6-24 水上清洁机器人液压系统单片机控制电路简图

图 6-23 所示的液压系统中有 9 个电磁铁，9 个限位开关，每个电磁铁和每个限位开关的控制电路是一样的，图 6-23 示出了一个电磁铁和一个限位开关的电路图，其中，电磁铁电路接口接在 P17 引脚上，限位开关电路接口接在 P27 引脚上，其余未示出的电磁铁电路接口分别接在 P10～P16 及 P30 引脚上，限位开关电路接口分别接在 P20～P26 及 P31 引脚上。如图 6-24 所示，单片机控制信号从 P17 引脚输出，经过三极管的放大后接继电器去驱动电磁阀的电磁铁；行程开关的输入信号直接通过接插件输入 P27 引脚，图 6-24 所示电路中使

用了电源转换芯片 LM7805 将 12V 电源转换成单片机所需的 5V 电源，接近开关和继电器所需电源电压均为 24V。同时在图 6-24 的电路中，设计了 AT89C51 单片机的晶振电路和复位电路。

根据水上清洁机器人的工作过程，结合图 6-23 所示的液压系统原理图，编写如图 6-25 所示的单片机控制软件流程图。由图 6-25 可以看出，此过程是一个时序控制过程，通过此时序控制便能实现水上清洁机器人的自动打捞工作，但由于所控制的电磁铁较多，为了防止误动作，在写程序代码时在相邻电磁铁得电之间加入延时程序。

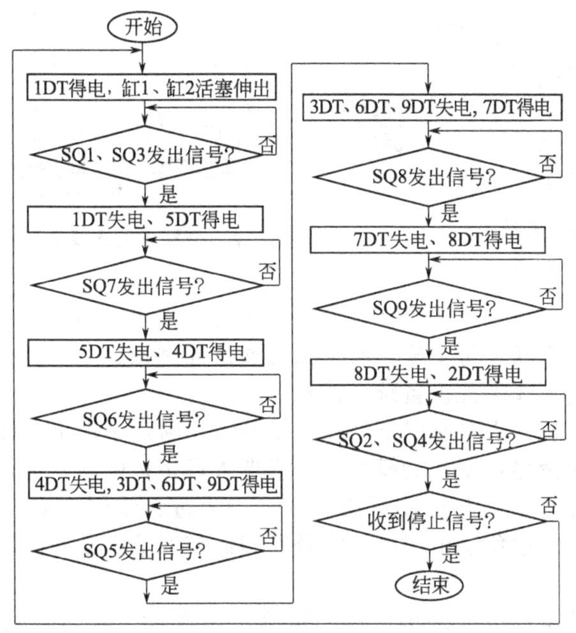

图 6-25　水上清洁机器人液压系统单片机控制软件流程图

(4) 应用

根据液压系统及其控制装置的设计，制作了水上清洁机器人的实物，并将机器人投放到湖中进行垃圾打捞作业，图 6-26 是现场作业照片。

机器人在湖面现场打捞时，运动灵活，控制方便，智能化程度较高，垃圾打捞效率较高，表明所设计的液压系统及其控制装置发挥了重要作用。通过机器人在湖面打捞垃圾的现场应用，可知该类水上清洁机器人在很大程度上能代替环卫工人的劳动，因而，随着人类活动的日益频繁，该类水上清洁机器人势必将得到广泛应用。

6.2.6　无线遥控液压爬行机器人

现代大型建设工程施工普遍具有技术难度高、工程量大、建设周期短的特征，传统的施工技术与设备难以满足工程要求，各种新的施工技术开始被大量应用于工程施工中。

大型构件的滑移安装是一种应运而生的新施工技术。针对此类施工，传统的水平滑移手段主要是采用卷扬机钢丝绳牵引或液压缸钢绞线牵引，但是此类牵引方法普遍有牵引力、牵引速度难以控制，平移稳定性和安全性较差，现场设施繁多，工程前期准备烦琐，空间利用率低下等缺点。

本课题结合现代计算机控制与无线通信技术设计的无线遥控液压爬行机器人是一种新型的滑移施工装备，能实现大体量构件的连续、快速滑移安装。

(1) 系统概况

无线遥控液压爬行机器人如图 6-27 所示，由相互串联的爬行器、液压动力系统以及与之配套的传感检测和计算机无线控制系统等组成。机器人工作在事先铺设的轨道上，通过其自锁机构夹紧轨道形成反力推进。

图 6-26 水上清洁机器人在湖中打捞垃圾现场

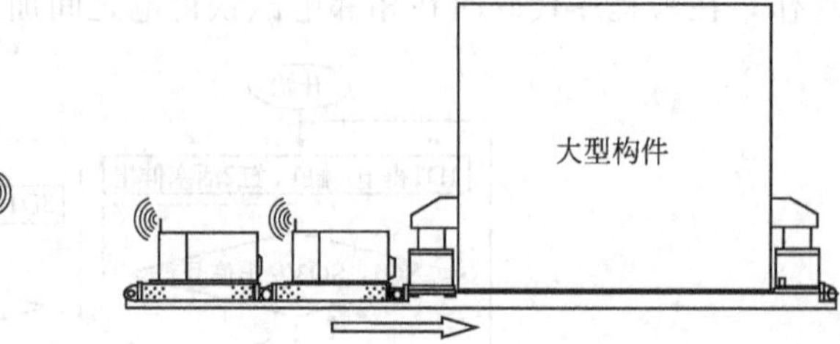

图 6-27 滑移中的无线遥控液压爬行机器人

该系统设计的指导思想是模块化：包含爬行机构和液压动力系统的爬行器是一个整体模块，多个模块可以前后串联。每个模块有单独的通信控制系统，在进行工程控制时，数个模块构成网络，由远程的无线主控设备统一调控。

无线遥控液压爬行机器人具有以下特点：①装设于轨道平面上，摩擦系数减小的同时增加了承载能力，提高了滑移效率；②模块化的机器人可多级串联，能适应不同的负载；③实现平稳速度连续滑移并且推力与速度可测可控；④通过无线网络实现控制数据的长距离传输，操作方便灵活，并且避免了由于电线意外断裂而使通信中断等问题。

(2) 爬行原理

液压爬行机器人的执行机构是爬行器，如图 6-28 所示，爬行器由爬行机构、顶缸滑靴机构以及液压系统构成。

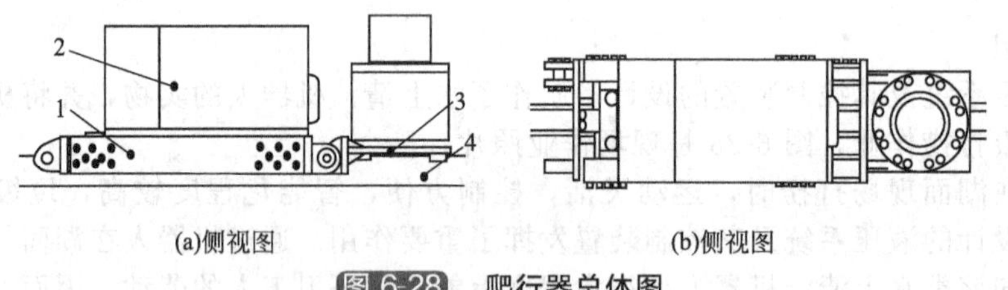

图 6-28 爬行器总体图

1—爬行机构；2—液压系统；3—顶缸滑靴；4—轨道

1) 爬行机构

爬行机构如图 6-29 所示，其总体设计思想是依靠自锁反力推进。基本动作如下：在液压缸升缸时，成一定自锁角的楔块在自锁力的作用下自动夹紧轨道，液压缸靠自锁反作用力推动构件前进。在推进一行程后，液压缸缩缸同时自锁机构自动放松，液压缸缩回，如此往复，步进式滑移。

多个爬行机构可以在同一根轨道上串联组合，以实现较复杂的连续滑移动作，或以合力同时推进。爬行机构之间由无需考虑正反方向的轴销及耳环连接，简化了爬行器的安装。

由于爬行机构液压缸两端铰接的特点，爬行器可以在水平面或垂直面呈弧形的轨道上实现滑移。爬行器液压缸缸两端的滑动调心铰轴承的调心范围是 5°，液压缸缩回后长度 $L=0.7\text{m}$，设当前段轨道曲率半径为 R，根据几何关系：$R=\dfrac{L}{2\times\sin5^{\circ}}=4\text{m}$，即爬行器可以在曲率半径最小为 4m 的轨道上实现滑移。

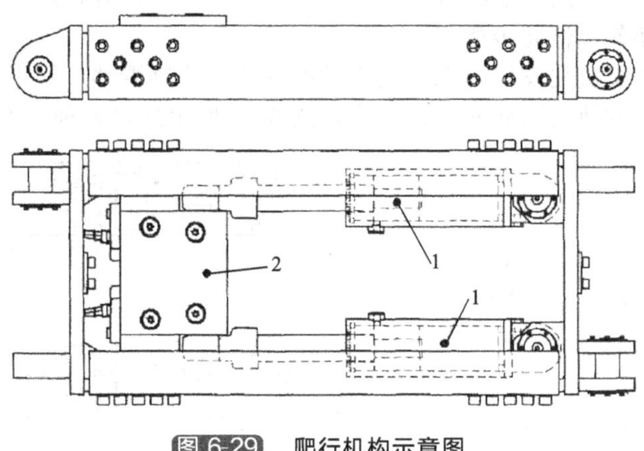

图 6-29　爬行机构示意图

1—液压缸；2—自锁机构

2）顶缸滑靴机构

顶缸滑靴机构由顶升液压缸和滑靴组成。顶升液压缸的作用是将被滑移构件抬离轨道面以减少摩擦阻力，提高滑移效率；滑靴结构是在顶升液压缸与轨道之间安置滑块，滑块由耐磨、承压材料制造，能减少摩擦阻力，在磨损后可以单独更换。

设滑靴与轨面间摩擦系数为 f，爬行器最大推力为 N，则能滑移的最大构件重 $W=N/f$，那么顶缸滑靴机构的顶升力 F 和数量 n 可以在较大范围内调整，只要满足 $F_n \geqslant W$ 即可。

3）液压系统

为配合整体的模块化设计，独立的液压动力系统分别对爬行器提供液压动力，整合于爬行装置的上方。液压系统除了控制执行液压缸的伸缩外，还需实时调整液压缸的位置，使得相邻平行轨道上执行相同步序的爬行器保持同步。

采取一套简易的调速方案：O 型电磁换向阀的中位机能结合常开式卸荷溢流阀进行开关调速。常开式卸荷溢流阀由一个常开的二位二通电磁换向阀接在溢流阀的远控口上组成。通过在推进过程中卸荷较快的爬行器液压缸来保持各轨道上的爬行器的同步。

（3）控制策略

爬行器执行机构的基本动作通过液压和电气控制系统实现，包括步进、连续以及同步滑移。以下分述各个滑移方式的控制策略，均以多轨滑移，每根轨道上设置单个滑移组（含两个爬行器）为例。

1）步进滑移

一个滑移组的两个爬行器同时伸缸，在位移传感器测得构件滑移了一个行程后，主控计算机控制两个爬行器同时缩缸，如此反复实现步进滑移。步进滑移由于动静摩擦的频繁转换，对于机构的效率和寿命都不利，但是其两个推进器同时推进，能最大化地利用推力，故保留这种推进方式。

2）连续滑移

在大型构件滑移的启动阶段，采取助力启动的方法，即一个滑移组的两个爬行器同时伸缸，以增大推进力来克服大型构件的惯性力及其与轨道之间的静摩擦力；一旦构件启动，静摩擦力变为动摩擦力，运动阻力减小，则其中一个爬行器立即缩缸，而另一个爬行器继续伸缸；随后，两个爬行器自动交替推动构件前进，实现构件的连续平稳滑移。

3）同步滑移

上述是两种基本滑移策略，针对单根轨道上一个滑移组实施。在多轨、多滑移组、多作用点共同推进构件的情况下，依靠位移传感器测得各滑移组的滑移距离，并反馈给主控计算机，由计算机通过液压泵站调节爬行器的推进速度，保证构件各作用点间的同步移动，这样就实现了大体积构件各部位同步滑移。

由于爬行机构的模块化设计，无论是步进滑移还是连续滑移，同组模块可以根据现场场地条件等空间制约因素使用不同的滑移方式，图 6-30 所示的是两种典型的滑移方式。

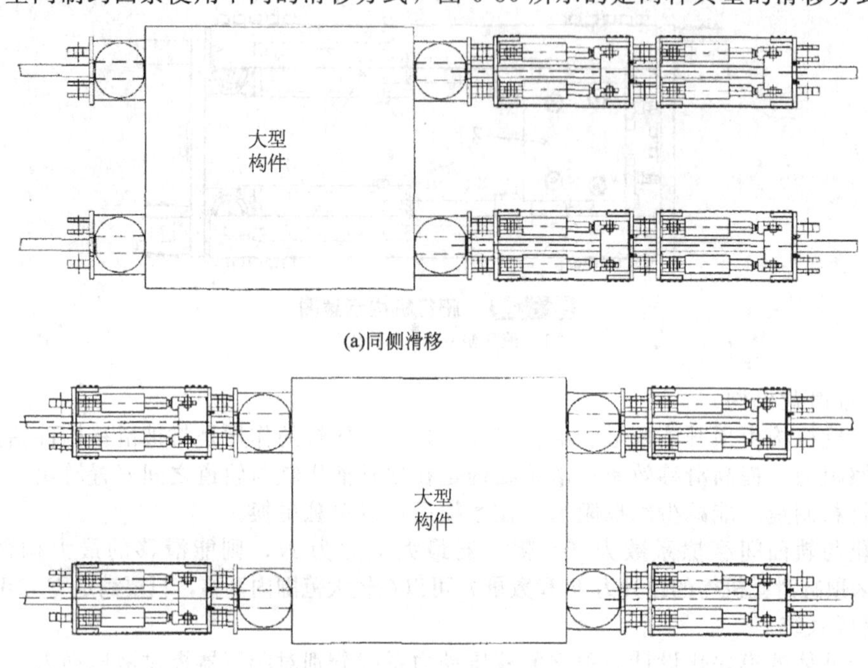

图 6-30　两种典型的滑移方式

模块化的设计使得机器人特别适宜于在狭小空间内进行大吨位构件滑移安装。顶升液压缸的个数、推力大小和布置位置完全由实地施工条件决定。如果条件限制，去除顶缸机构也可以实现滑移。

控制系统主要由各模块独立泵站节点、各轨道（滑移模块组）传感器检测节点以及主控节点组成，控制模式为一点（主控制器）对多点（各爬行器就地从控制器）。控制网络图如图 6-31 所示，传感检测系统主要是行程及泵站油压检测传感器；控制系统硬件部分主要包括主控制器、从控制器以及它们之间的无线和网络数据传输系统、手动操作箱等。图 6-31 以单滑移组双轨同侧滑移为例给出控制系统简图。

（4）无线遥控

为实现对每个滑移模块泵站的控制，传统滑移作业依靠在推进器之间，以及推进器与控制器之间铺设电线实现设备通信。有线通信带来诸多问题，如：不适合在旋转设备以及临时施工中应用；由于电线长度制约，远程控制器必须和爬行器同步移动；电线常由于意外因素发生断裂，使得通信中断等。

随着无线通信技术的日益成熟及可靠性的逐步提高，将其作为通信手段引入爬行机器人设计，符合安全、方便、高效的设计要求，本无线遥控系统在试验阶段使用蓝牙无线设备作为控制信号的无线传输媒介，实现了一点对多点的远程信号通信。

蓝牙（Bluetooth）技术是一种无线数据与语音通信的开放性全球规范，它以低成本的近距离无线连接为基础，为固定与移动设备通信环境建立一个特别连接。蓝牙工作在全球通用的 2.4GHz ISM（即工业、科学、医学）频段；蓝牙的数据速率为 1Mbit/s，支持异步传输和同步传输；蓝牙的体积小，可以直接嵌入到小型乃至微型设备中使用，它的功耗小，可

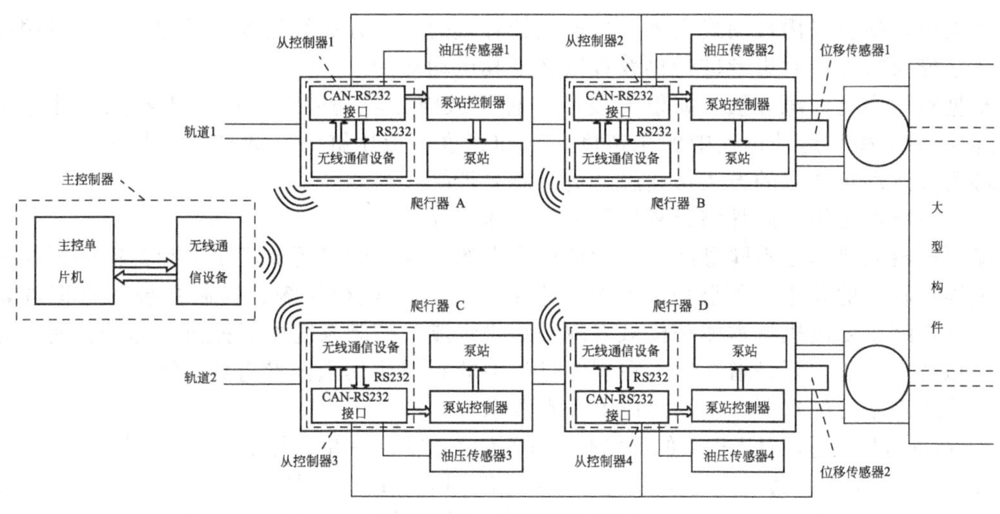

图 6-31　控制系统简图

以用于电池供电的场合；蓝牙的抗干扰能力强，采用了快跳频、自适应功率控制和短数据包等抗干扰措施；蓝牙设备能自动寻找它周围的蓝牙设备，一旦找到就会自动建立连接，发送和接收的信号可以穿过障碍物。

蓝牙的传输距离大约是 10～100m，这与蓝牙设备采用的功率级别有关，有些产品通过功率放大器等手段可以达到 300 m 以上。

蓝牙提供点对点和点对多点的无线连接。在任一有效通信范围内，所有设备的地位是平等的，运行时无主次之分。首先提出通信要求的设备称为主设备（Master），被动进行通信的设备称为从设备（Slave）。一个 Master 最多可以同时和 7 个 Slave 进行通信。

本设计中使用的通用蓝牙数据收发器，采用了先进的微电脑控制器（MCU）设计，并内置天线，集成化程度高，工作可靠，具有良好的通用性。其中已经固化了蓝牙通信协议，对使用者来说是完全透明的 RS-232 接口，设计通信软件时，仅对 RS-232 口进行操作就可以，相当于在主端和从端之间连接着 RS-232 串口连接线。在硬件电路中使用了单片机 C8051F040 驱动蓝牙设备与就地控制器进行无线通信，交换实时数据和控制指令。

遥控主控制器内部包括了蓝牙主机，爬行机构动作指令以及入初始参数由主控制器面板按钮输入，通过单片机经由 RS-232 接口送至蓝牙主机；从控制器内部包括蓝牙从机，蓝牙从机将收到的控制指令经由 RS-232 接口送至单片机，再从单片机经由 CAN 总线送至就地泵站，并将位移、油压传感器数据送回蓝牙主机，最后实时显示在主控制器屏幕上，具体数据传输模式可参考图 6-31。

经过施工现场测试，该套蓝牙遥控系统的可靠工作距离是 10～80m。

（5）小结

无线液压爬行机器人能实现连续滑移以及平稳的负载转换；推力与速度可测可控；无线遥控实时性、安全性、灵活性高；模块化的结构将现场环境、负载大小以及施工周期带来的限制最小化。该项目的成功开发和应用，将替代人力和传统机械，实现大吨位、大跨度、大面积的超大构件整体同步连续滑移，使大体量构件的快速滑移安装成为可能。

6.2.7　下肢液压驱动康复机器人

医学上，脑卒中（俗称“脑中风”）、脊髓损伤、帕金森症等这一类的患者，如果想要能够回到正常的生活当中，都需要进行康复训练，并且此类疾病可以分为软瘫期、痉挛期和恢复期。在痉挛期的患者居多，此阶段肌肉表现出伸肌痉挛，此时主要以抗痉挛为主，对于

机器人来说，适合采用被动式训练。目前比较有效的康复方法为运动再学习疗法。按照科学的运动技能获得方法对患者进行再教育以恢复其运动功能。

根据医学康复训练方法，研制开发了一种下肢液压驱动外骨骼康复机器人，并且根据CGA曲线对机械腿运动过程中的角速度、角加速度、液压缸的参数进行了相关的计算，使其能够通过运动再学习的方法帮助患者进行康复训练。

(1) 下肢液压驱动外骨骼康复机器人的总体设计

康复机器人要满足不同身高和不同体重病人的需求，同时还要满足治疗师能够很好地监测病人康复状况的要求。下肢康复机器人包括三部分：机械系统、控制系统和虚拟现实系统。机械系统主要由机械本体和机械人腿部结构组成，控制系统由工控机、运动控制卡等组成，虚拟现实系统主要是增加病人在训练过程中的兴趣使其积极参与到训练过程中。康复机器人作为步态学习的仪器，要满足以下几点要求：

① 具备悬吊装置，对于病人的下肢肌力并不能支撑人体重量，悬吊装置可以对病人减重；

② 机器人本身来说，髋关节的宽度必须可以调节，以适应骨盆宽度不同的病人使用；

③ 机器人大腿长度也要可以调节，以适应不同身高的人使用，在此基础上，机器人的髋关节距离地面的高度必须能够调节；

④ 机器人穿戴方便，穿戴舒服。

机器人的总体机械设计使用SolidWorks软件作为三维作图软件，机械总体设计图如图6-32所示。

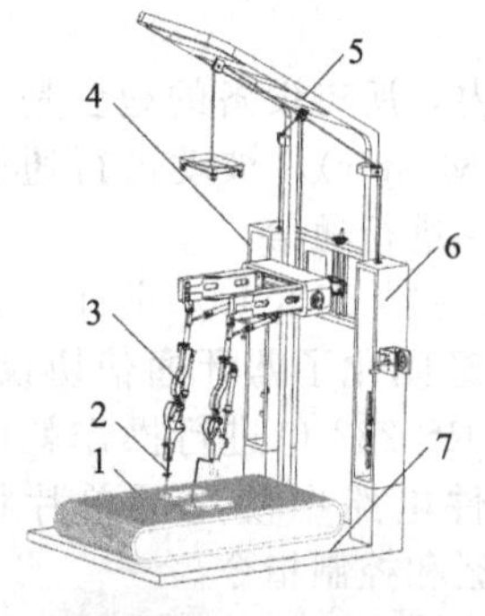

图6-32 下肢康复机器人的总体结构

1—跑步台；2—机器人踝关节；3—机器人腿；4—机器减重装置；5—吊架；6—人体减重装置；7—机器底座

(2) 下肢液压驱动外骨骼康复机器人的机构设计

1) 下肢液压驱动外骨骼康复机器人的腿部设计

机器人的腿部结构采用外骨骼的机械结构，在运动过程中，外骨骼机械腿带动病人下肢的运动，来帮助病人通过再学习的方法恢复病人的行走能力，防止病人出现肌肉萎缩、关节脱节等病人常出现的状况。

表6-6显示人体下肢髋关节与膝关节的运动范围，分析表中数据，人体在正常行走过程中，髋关节与膝关节主要运动平面为矢状面内，髋关节在矢状面的运动范围为$-15°\sim30°$，膝关节在矢状面的运动范围为$0°\sim67°$，二者在冠状面与水平面几乎没有运动。行走时能量消耗最大的是髋关节和膝关节。根据康复机器人的作用，只需要考虑在人体正常行走时候的角度变化，机器人实现矢状面的行走即可以完成病人的步态学习过程。所以机器人的自由度选择为4，即双腿的髋关节在矢状面的运动和膝关节在矢状面的运动。

表6-6 人体下肢各关节的运动范围

参数名称			关节最大活动范围/(°)	正常行走时关节活动范围/(°)
髋关节	矢状面	屈曲	−15～125	−15～30
		伸直	−15～0	−15～−10
	冠状面	外展	0～30	0～5
		内收	0～25	0～3
	水平面	外旋	0～90	0～7
		内旋	0～70	0～3

续表

参数名称			关节最大活动范围/(°)	正常行走时关节活动范围/(°)
膝关节	矢状面	屈曲	0～140	0～67
	冠状面	几乎没有运动		
	水平面	屈膝 90°外旋	0～45	0～8.6
		屈膝 90°内旋	0～30	0～8.6

驱动方式选择阀控非对称液压缸驱动机械人腿部运动，驱动关节选择髋关节和膝关节，液压驱动功率密度高，刚性大。

液压缸推动机械腿的运动过程中，为了防止控制上的失误而导致机械腿的角度运动范围超出正常人腿的角度运动范围，在髋关节和膝关节增加了限位装置，保证病人腿在矢状面内的运动安全，如图 6-33 所示。康复机器人的腿部设计如图 6-34 所示。

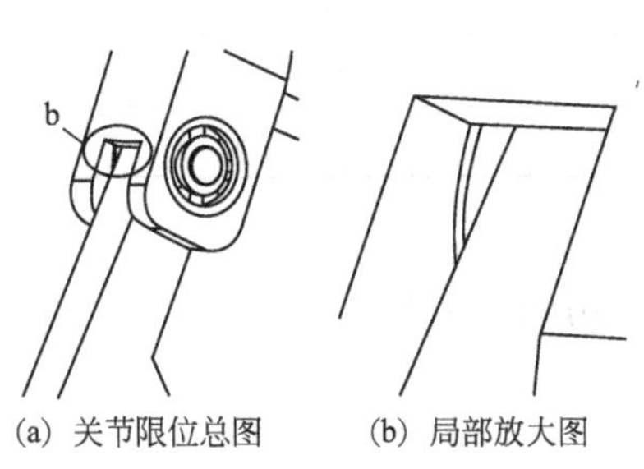

(a) 关节限位总图　(b) 局部放大图

图 6-33　关节限位装置

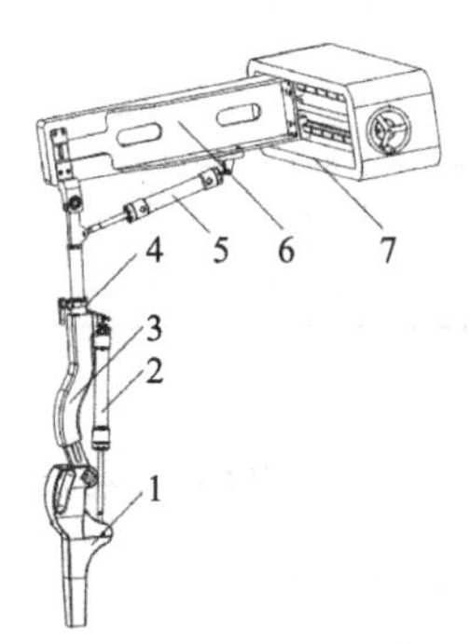

图 6-34　康复机器人腿部结构

1—康复机器人小腿；2—膝关节液压缸；3—康复机器人大腿；4—夹紧扣；5—髋关节液压缸；6—可移动髋关节；7—髋关节固定台

根据 GB/T1000048（中国成年人人体尺寸）可以知道，正常人体的大腿长度范围在 390～520mm，机器人的大腿长度需要可以调节，下肢康复机器人的大腿采用夹紧扣进行调节，使用夹紧扣，就能够有效防止使用螺纹连接中螺纹松动对运动的影响。

2）下肢液压驱动外骨骼康复机器人高度调节设计

根据 GB/T1000048，小腿长度范围在 320～420mm，可以计算得出人体髋关节离地面的高度范围为 710～940mm，这里，采用手轮与丝杠的调节方式来调节髋关节的高度，以便符合不同身高的病人来使用康复机器人。并且使用平行四边形机构来保证髋关节固定台实现上下运动的过程。

3）下肢液压驱动外骨骼康复机器人的减重设计

病人的下肢不能支撑病人的身体重量，则康复机器人的减重设计就显得尤为重要，人体正常运动的过程中，重心运动呈现类似于正弦曲线的运动趋势。康复机器人髋关节在运动过程中要随着人体的正常行走步态而呈现正弦曲线的轨迹。

为了满足吊绳与地面高度，减重与重心轨迹的需要，设计了图 6-35 所示的减重装置。减重装置由吊绳、滑轮组、弹簧组构成。工作过程为：旋转手轮实现使吊绳高度确定，驱动电动机通过联轴器驱动丝杠旋转，丝杠上的螺母运动台做竖直上下运动，弹簧即会产生拉力 F_0 随着弹簧的伸缩量 x 的增加或减少，滑轮组中的吊绳的张力 F_1，由 $F_0=2F_1$ 可知，F_1 的大小可变，这样就可以对处于任意恢复期的病人进行恢复。由于弹簧的原因，机器人在运动过程中，吊绳做上下运动，使得机器人在运动过程中能够保证实现重心的上浮与下降。

4）下肢液压驱动外骨骼康复机器人的踝关节设计

机器人与人体的运动要一致，踝关节处并没有驱动，对于脑卒中等患者，由于恢复各阶段腿部肌肉力量较小，容易出现足下垂等病状，为了防止病人出现足下垂等病症的发生，在小腿与脚之间使用弹簧连接。

（3）康复机器人的轨迹规划与运动学

根据临床 CGA 运动数据，人体步态周期定为，每隔 0.02 取关键点 0，对其进行曲线拟合，曲线拟合方法有很多，多项式拟合、线性拟合、傅里叶拟合、高斯拟合。使用 MATLAB 曲线拟合而知，对其使用 3 次傅里叶曲线拟合效果较好，傅里叶曲线拟合公式如公式（6-1）所示。髋关节和膝关节各参数如表 6-7 所示。

表 6-7　傅里叶拟合曲线公式中各参数

项目	髋关节	膝关节	项目	髋关节	膝关节
a_0	11.44	19.15	b_1	−1.978	−19.1
a_1	20.86	2.039	b_2	−2.684	1.742
a_2	−2.346	−13.53	b_3	1.205	4.176
a_3	−0.6269	−1.434	ω	$2\pi/T$	

$$\theta(t)=a_0+\sum_{i=1}^{3}a_i\cos(\omega it)+\sum_{i=1}^{3}b_i\sin(\omega it) \tag{6-1}$$

拟合曲线如图 6-36 所示。

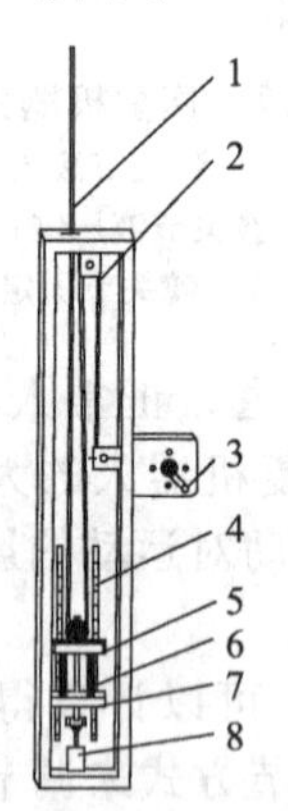

图 6-35　康复机器人的减重机构

1—吊绳；2—滑轮组；3—高度调节手轮；4—滑轨；5—上螺母滑块；6—下螺母滑块；7—弹簧；8—电动机-丝杠

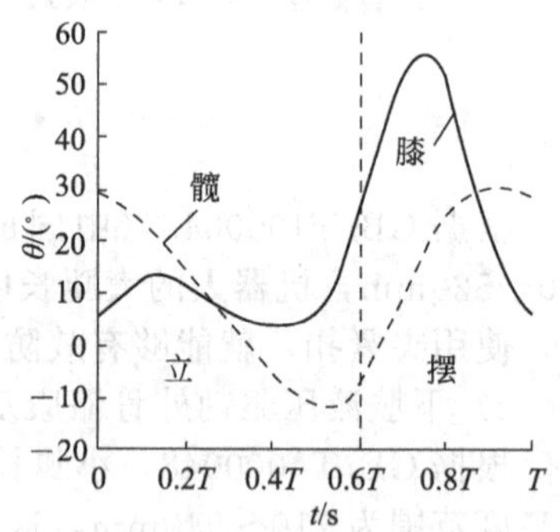

图 6-36　髋关节和膝关节的傅里叶拟合角度曲线

由以上的傅里叶拟合公式可以求得髋关节和膝关节在周期为 T 时间内的速度曲线和加速度曲线，如图 6-37 和图 6-38 所示。

康复机器人使用阀控液压缸对机械腿进行驱动，人体下肢运动模型可以简化为图 6-39 所示，根据人体 CGA 运动数据与液压缸安装位置尺寸，可以求得液压缸活塞位移曲线。

对人体步态分析可以知道，双腿之间的摆动相与支撑相相差 $0.4T$ 的时间，由此可以求得左右腿的液压缸位移曲线。

髋关节处液压缸模型如图 6-40 所示。

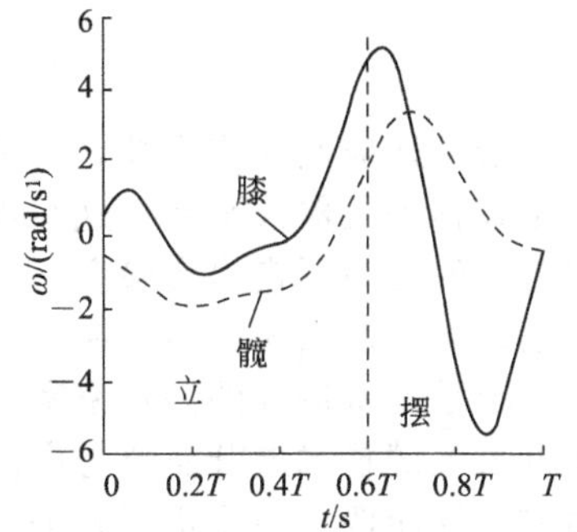

图 6-37　髋关节和膝关节的角速度曲线

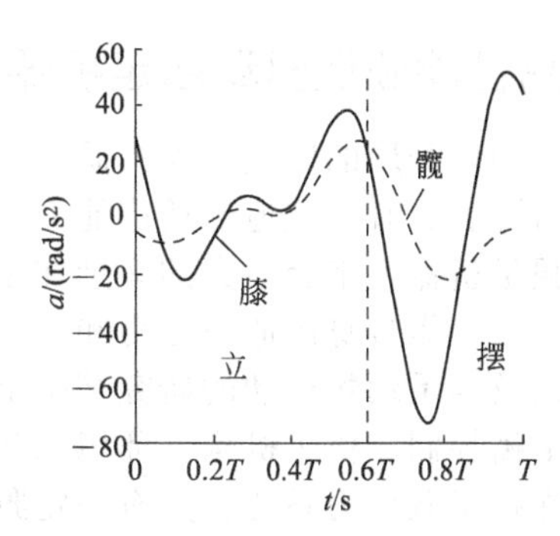

图 6-38　髋关节和膝关节的角加速度曲线

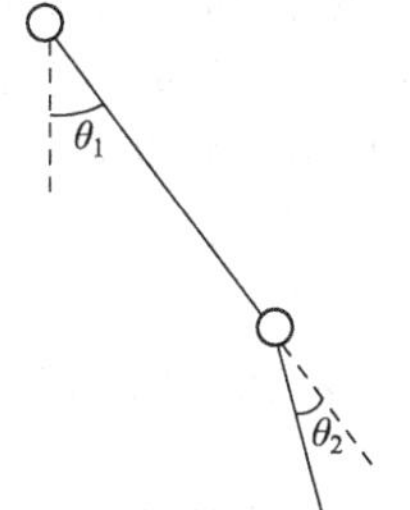

图 6-39　人体单腿简化运动模型

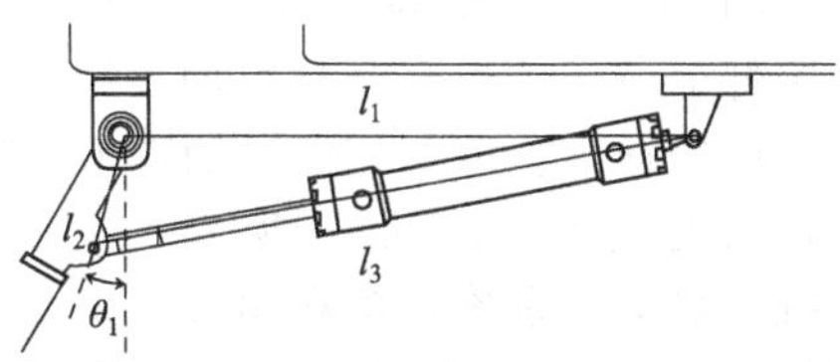

图 6-40　髋关节液压缸处位移计算图

以人体立姿时为活塞位置零点，根据余弦定理：

$$r_p = l_3 - l_0 = \sqrt{l_1^2 + l_2^2 - 2l_1 l_2 \cos[\theta_1(t) + 90°]} - l_0 \tag{6-2}$$

式中，r_p为活塞位移曲线；l_1为液压缸在髋关节固定台安装点与大腿旋转轴距离；l_2为液压缸的大腿安装点到大腿旋转轴的距离；l_3为液压缸的刚体与活塞总长；l_0为液压缸在人体立姿时的长度；θ_1为大腿摆动过程中与竖直线的夹角。

同理，按照髋关节处液压缸位移的求法能够求得膝关节处液压缸活塞位移。

求得的公式可以表示为：

$$r_{hl} = \sqrt{l_{11}^2 + l_{21}^2 - 2l_{11}l_{21}\cos[\theta_1(t) + 90°]} - l_{01} \tag{6-3}$$

$$r_{hr} = \sqrt{l_{11}^2 + l_{21}^2 - 2l_{11}l_{21}\cos[\theta_1(t - 0.4T)] + 90°]} - l_{02} \tag{6-4}$$

$$r_{kl} = \sqrt{l_{12}^2 + l_{22}^2 - 2l_{12}l_{22}\cos[180° - \theta_2(t)]} - l_{03} \tag{6-5}$$

$$r_{kr} = \sqrt{l_{12}^2 + l_{22}^2 - 2l_{12}l_{22}\cos[180° - \theta_2(t - 0.4T)]} - l_{04} \tag{6-6}$$

图 6-40 中未知量意义参照公式（6-2）所给的解释。可以得到左右腿液压缸位移曲线如图 6-41 和图 6-42 所示。

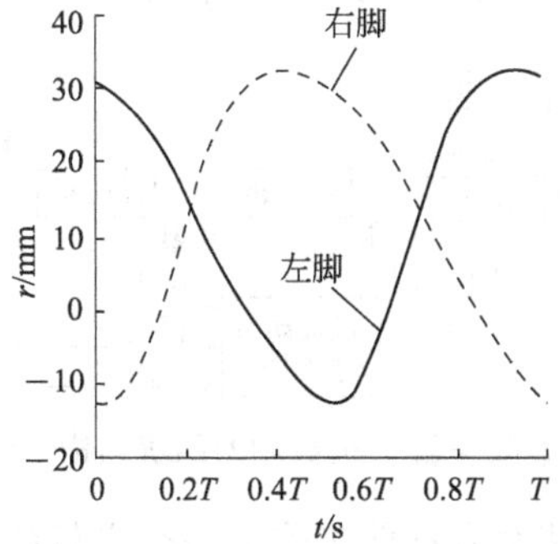

图 6-41　髋关节处液压缸位移曲线

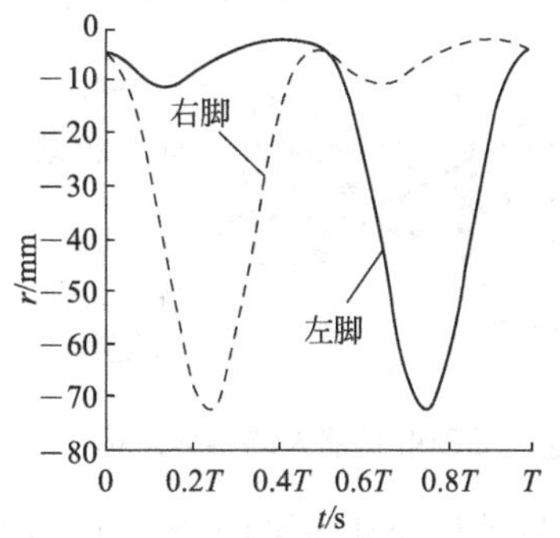

图 6-42　膝关节处液压缸位移曲线

6.2.8 高性能液压驱动四足机器人 SCalf

近年来国内开展的四足机器人研究逐渐注重移动平台的适应性和实用性，研制出了配备有机载动力源、具有一定地形适应能力的液压驱动腿足式移动机器人平台。这些机器人平台较以往的腿足机器人平台最大的区别在于，可以利用自身的动力源走出实验室，在室外甚至是野外环境，依靠自身的适应能力和平衡能力进行移动。某机器人研究中心在以往四足机器人平台，以及四足动物运动的研究基础上，围绕适用于腿足式机器人的高功率密度的液压驱动、动态平衡控制、仿生机构、环境感知与适应控制五大关键技术展开研究与设计工作，最终研制出配备机载动力系统、具有一定野外适应能力的高性能四足仿生机器人平台 SCalf。

（1）SCalf 机器人结构

SCalf 液压驱动四足机器人以大型有蹄类动物为仿生对象，同时考虑到运动能量消耗、载重、运动指标以及开发成本，以刚性框架作为其躯干，并对其腿部骨骼进行简化，最终形成了 12 个主动自由度、4 个被动自由度的四足仿生机构。其中，每条腿上分别有 1 个横摆关节和 2 个俯仰关节，由铝合金材料加工制成，通过安装在腿末端被动自由度上的直线弹簧来吸收来自地面的冲击。SCalf 整体结构如图 6-43 所示。

在上述框架的基础上，SCalf 集成了发动机系统、传动系统、液压驱动系统、控制系统、传感系统、热交换系统及燃料箱等。

SCalf 具有较好的负重行走能力，可以携带一定的燃料和其他重物，采用支撑系数为 0.5 的对角小跑步态（trotting）。在普通路面、斜坡和较为崎岖的泥土、草地中行走，并且能够使用爬行步态（creeping）跨越障碍。SCalf 机器人的尺寸、重量及性能的测试参数如表 6-8 所示。

表 6-8 SCalf 机器人参数

名称	参数	名称	参数
长/mm	1100	负重/kg	120
宽/mm	490	行走速度/(km/h)	>5
站立高度/mm	1000	最大爬坡角度/(°)	10
自重/kg	123	续航时间/min	40
步态	trotting，creeping	跨越垂直障碍高度/mm	150

（2）动力与驱动设计

1）机载动力系统设计

SCalf 的机载动力系统由一台 22kW 单缸两冲程卡丁车发动机、变量柱塞泵、机载液压站及其燃料箱、热交换、排气、传动、转速控制与状态监控单元组成，如图 6-44 所示。

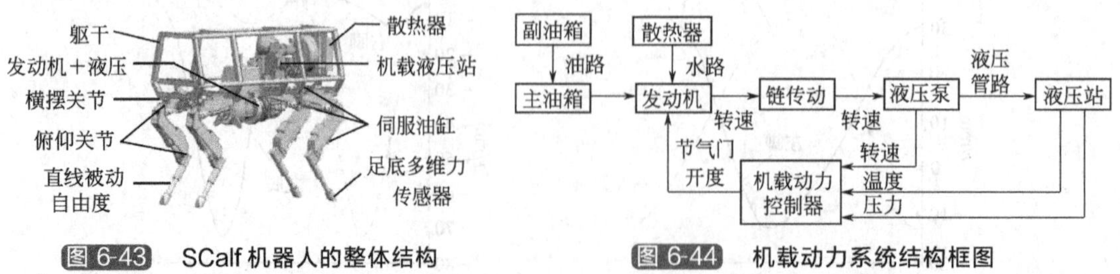

图 6-43 SCalf 机器人的整体结构

图 6-44 机载动力系统结构框图

考虑到发动机与液压泵配合工作的问题，为了使两者都能工作在一个良好的功率输出和转速曲线上，在发动机与液压泵之间安装了传动比为 1.5∶1 的高速链条传动机构，将发动机的输出转速降速作为液压泵的转速输入。根据液压系统的工作流量，液压泵的转速输入期望范围在 5500～7500r/min，发动机的转速输出需控制在 8000～11000r/min。根据发动机的输出特性曲线，在这个范围内，发动机的功率输出特性稳定，而且覆盖发动机的最大转矩输出点，从而避免了机器人运动过程中，因动力匹配问题而造成发动机转速与液压系统流量大幅波动。

为了避免发动机系统与液压泵系统烦琐、复杂的建模工作，将发动机与液压泵系统看成黑箱，采用 PID（比例-积分-微分）控制器控制舵机位置，改变发动机节气门开度，以 20Hz 的频率伺服液压泵的转速。在机器人运动时，液压系统的流量一直快速变化，为了提高系统的鲁棒性，设计了分段 PID 控制器，在速度偏差值较大时，采用强收敛性参数，保证控制器响应的快速性；在偏差较小时，使用调节较弱的参数，保证控制器稳定输出，避免系统振荡。转速控制器的控制框图如图 6-45 所示。其中，q_{pd}为液压泵的期望值，$|e|$为q_{pd}与液压泵的实测转速q_p经过卡尔曼滤波后的偏差的绝对值，E_1、E_2为偏差$|e|$的两个阈值。与此同时，控制器模块还负责采集机载动力系统液压输出压力及液压系统的工作温度，以方便对动力系统的状态进行评估。

2）一体式液压驱动单元设计

在有限的空间中，一体化的液压驱动单元是实现每个关节液压伺服驱动的关键。该单元将电液伺服阀、杆端拉压力传感器以及直线位移传感器集成在一个直线伺服油缸上，如图 6-46所示。SCalf 每一个主动关节都由一个这样的一体式液压伺服驱动单元驱动。油缸的 PID 伺服控制器以 500Hz 的伺服频率对油缸直线位移进行伺服，同时以 100Hz 的频率通过杆端拉压力传感器检测油缸的出力状态。

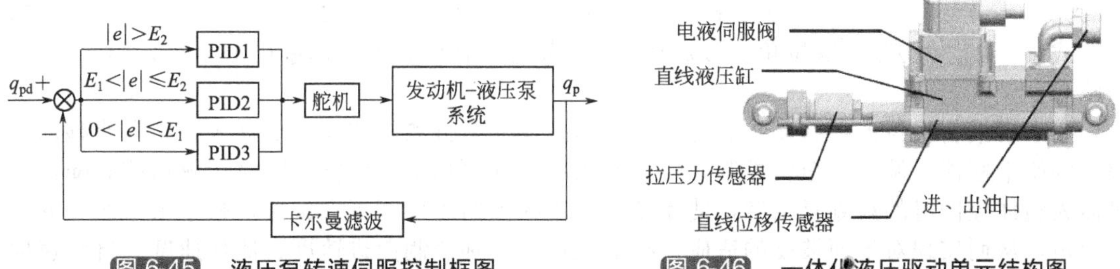

图 6-45 液压泵转速伺服控制框图

图 6-46 一体化液压驱动单元结构图

(3) 控制系统与控制方法

1）控制系统设计

由于 SCalf 的各个控制、传感设备分散在机器人本体的各个位置，而且发动机、电瓶等能源设备同时存在，因此 SCalf 的控制系统必须具备分布式采集与控制、可抵抗复杂外部干扰的特点。为此，将 SCalf 的控制系统设计成一个具有双 CAN 总线与分层结构的分布式网络系统，如图 6-47 所示。

运动控制计算机负责底层的运动伺服及运动相关传感器的数据采集。由于对实时性要求较高，因此采用了 QNX 实时操作系统。在 SCalf 自动运行模式下，运动控制计算机的运动指令来自上层的环境感知计算机；在手动操作模式下，运动控制计算机的运动指令直接来自无线操作器。

环境感知计算机对实时性的要求低于运动控制计算机，因此在环境感知计算机上运行实时性低、通用性较强、易于扩展的 Linux 内核的通用操作系统。环境感知计算机负责采集 GPS（全球定位系统）数据以及 2 维激光扫描测距仪的数据，同时根据上述数据进行路径、人员跟踪以及避障的运动规划。

2）控制方法设计

SCalf 有一套简便、快速、实用性强的运动控制方法，使其能够在不同的地形条件下稳定行走。如图 6-48 所示，SCalf 的运动控制指令分为躯干运动线速度 v_d 与航向角速度 $\omega_{\gamma d}$ 的速度输入，姿态横滚角 α_d 以及姿态俯仰角 β_d 的角度输入。

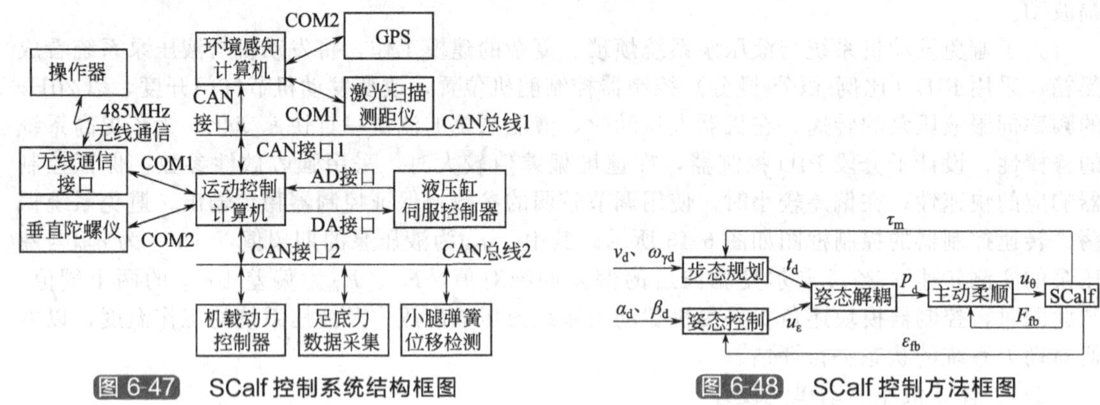

图 6-47 SCalf 控制系统结构框图

图 6-48 SCalf 控制方法框图

步态规划以躯干运动线速度指令 v_d 与航向角速度指令 $\omega_{\gamma d}$ 为参考，以 SCalf 机器人检测关节力矩 τ_m 作为腿部支撑条件及状态的判断依据，得到机器人腿部髋关节坐标系下期望的足端运动轨迹 t_d。

姿态控制器以姿态横滚角指令 α_d 与姿态俯仰角指令 β_d 作为参考输入，以垂直陀螺仪的姿态观测欧拉角 ε_{fb} 作为修正依据，得到姿态调整欧拉角 $u_\varepsilon(u_{\varepsilon\alpha}, u_{\varepsilon\beta}, u_{\varepsilon\gamma})$。式（6-7）为机器人的姿态解耦方程：

$$p_d(i)=\boldsymbol{R}_{zyx}(u_{\varepsilon\alpha},\ u_B,\ u_{\varepsilon r})t_d(i)-k_{hip}(i) \tag{6-7}$$

式中，$\boldsymbol{R}_{zyx}$ 为 ZYX 欧拉角旋转矩阵；k_{hip} 为髋关节在躯干坐标系中的坐标，为常量；i 为腿号。

姿态解耦将机器人的移动控制与躯干姿态控制完全分离，实现了机器人在站立或移动过程中的躯干横滚、俯仰、扭转控制，使机器人的运动更加灵活多样。同时，解耦控制降低了机器人整体控制时的规划复杂度，使 4 条腿的支撑点向躯干正下方偏移，减小重力产生的翻转力矩，从而实现对地面坡度的适应。机器人通过分别控制前进速度、侧移速度、自转速度实现全方位移动。这 3 部分进行独立规划，然后依照期望速度和角速度按比例进行叠加，得到机器人的足端期望位置 p_d。实验测试中，SCalf 可在斜坡上稳定行走，在平面上向任意方向移动，绕任意半径转动，甚至完成坡上的自转运动。由于运动过程中重心投影始终在支撑对角线附近，因此姿态角偏转不大，行走平稳。

由于 SCalf 机器人目前的腿部柔顺仍然是基于位置控制，如果使用基于 SLIP（Spring Loaded Inverted Pendulum）模型的平衡控制方法，那么对机器人的腿和关节的冲击会非常大。因此，躯干冲击导致姿态变化时，SCalf 的姿态控制器根据反馈姿态角与期望姿态角的偏差来输出姿态调整量，再经过姿态解耦调整支撑腿；同时，根据反馈的躯干横滚角 α 及横滚角速度 ω_α，实时调整摆动腿落地点坐标，使得机器人进入下一个支撑相时，质心在铅锤方向上的投影仍然在支撑腿之间。调整方法示意图如图 6-49 所示，摆动相步态曲线中的侧移量通过式（6-8）进行计算：

$$t_{dz}=\begin{cases}0 & |\alpha|<\alpha_{st}\\ k_{SA}r_{CoM}\omega_\alpha \sin q_{CoM} & |\alpha|\geqslant\alpha_{st}\end{cases} \tag{6-8}$$

式中，r_{CoM} 为躯干质心到支撑脚的平面距离，可由机器人运动学获得，是腿部关节角的函数；q_{CoM} 为躯干质心与支撑脚连线在冠状面中与地面的夹角，同样可以通过机器人运动学获得，是腿部关节角与躯干横滚角的函数；k_{SA}为侧移量调节系数，可以在试验中进行调节；α_{st}为调节阈值，在设定范围内，摆动相不进行侧移量调节，当躯干横滚角超出阈值范围，机器人增加摆动相侧移量。

以上方法通过步态调整与姿态解耦来实现在姿态扰动下的平衡保持，抵消外来冲击的是机器人躯干的重力，以及足与地面之间的侧向摩擦力。调整阶段，机器人的施力腿与地面之间一直保持接触，机构不会发生剧烈碰撞，同时还可以通过摆动相实现连续调节。

机器人以对角小跑步态为主，移动平稳、速度快而且节能。对于较高障碍和地面起伏较大的地形，机器人使用爬行步态。SCalf 通过检测安装于液压缸推杆上的力传感器计算关节力矩，进而估计脚的触地状态，控制各腿支撑相与摆动相的切换。

在机器人的爬行过程中，根据标准能量稳定裕度（NESM）实时调整质心位置，保持机器人在行走中的稳定性。由于姿态与移动控制已解耦，机器人在爬行过程中还可以进行躯干姿态的调整，以增大特定腿的实际工作空间，提高越障能力。SCalf 可以在非结构化环境中移动，地形的起伏导致实际姿态与期望姿态间存在偏差，这会影响机器人的稳定性。因此，机器人通过垂直陀螺仪检测实时姿态并对足端位置进行调整，补偿偏差，增强稳定性。

为了提高机器人适应复杂地形的能力，采用阻抗控制方法，无期望足端速度输入，在足端期望位置基础上，将机器人的腿等效为在机器人躯干坐标系方向的 3 个 1 维弹性阻尼环节，如图 6-50 所示。

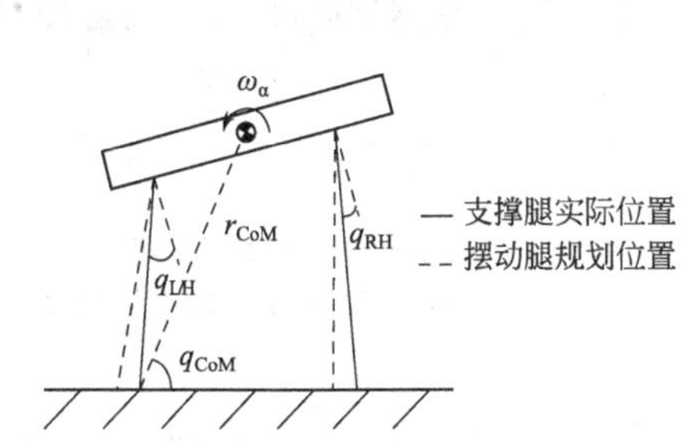

图 6-49　SCalf 平衡控制（冠状面）示意图

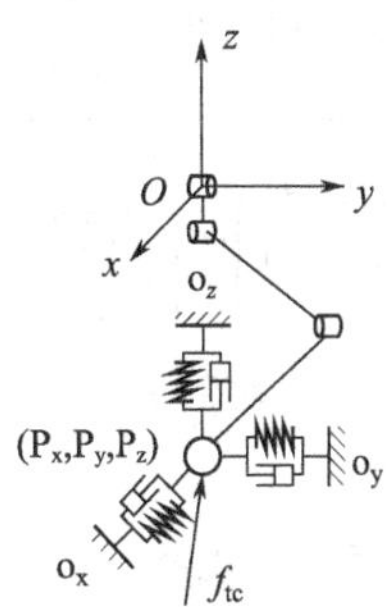

图 6-50　腿部主动柔顺控制简化模型

腿部末端位置给定的误差值 e 与足底检测接触力 f_{tc}之间的关系如式（6-9）所示，式中 $\boldsymbol{k}_d$为虚拟阻尼系数矩阵，$\boldsymbol{k}_s$为虚拟刚度系数矩阵。

$$\boldsymbol{f}_{tc}^{T}=\boldsymbol{k}_d\dot{\boldsymbol{e}}^{T}+\boldsymbol{k}_s\boldsymbol{e}^{T} \tag{6-9}$$

其中，

$$\boldsymbol{k}_d=\begin{bmatrix} k_{dx} & 0 & 0 \\ 0 & k_{dy} & 0 \\ 0 & 0 & k_{dz} \end{bmatrix} \quad \boldsymbol{k}_s=\begin{bmatrix} k_{sx} & 0 & 0 \\ 0 & k_{sy} & 0 \\ 0 & 0 & k_{sz} \end{bmatrix}$$

$$\boldsymbol{f}_{tc}=(f_{tcx} \quad f_{tcy} \quad f_{tcz}), \quad \boldsymbol{e}=(e_x \quad e_y \quad e_z)$$

图 6-51 为机器人腿部主动柔顺控制框图，足底接触力由安装在足底的 3 维力传感器直接测量。这里需要注意的是，由于机器人的重量较大，因此在室外条件行走时，足与地面之间的瞬间接触力很大，所以机器人足底采用尽量软的材料，以减小足与地面的接触冲击，这样既可以保护传感器，同时也能够避免接触时检测数据的剧烈抖动。多维力传感器的安装位置尽量接近足端，以增加对接触力测量的准确度。

足底 3 维力数据经过卡尔曼滤波后，由传感器测量坐标系转换为腿基坐标系（图 6-50 中坐标系 O），变换为腿基坐标系下的接触力数据。

通过足端位置期望 p_d与计算的位置误差 e，得到机器人足端实际控制位置 u_p，经过机

器人腿部的逆运动学运算，得到期望关节角度 θ_d，作为机器人腿部关节位置伺服的输入，驱动机器人腿部运动。

检测接触力来进行腿部柔顺控制可以避免关节力控制时的非线性环节，降低控制的难度与复杂度，大大提高可靠性。但在室外环境下，机器人行走和越障时并不一定完全是用脚接触环境，还有可能是小腿等位置，这时候足底接触力检测是失效的；此外，足与地面间的碰撞，也会给足底多维力传感器带来很大误差。因此，采用足底接触力柔顺控制，结合关节力检测的方法来提高机器人在接触多种环境时的稳定运行能力。

(4) SCalf 机器人行走能力测试

为了测试 SCalf 机器人的行走、越障、平衡等能力，在室外环境进行了实验。

1) 复杂地形运动实验

为了测试 SCalf 的行走能力，分别在平整水泥路面、平整沥青路面、具有一定不平整度的草地、沙地和土地、易打滑的雪地和结冰路面，在负重 50kg 的情况下，以对角小跑步态、0.4～1.2m/s 的速度进行了行走测试。

室外环境中，地面与机器人脚部间的冲击比较剧烈，在腿部主动柔顺控制与腿部减振弹簧的作用下，SCalf 行走时，躯干横滚角与俯仰角会在±4°的范围内波动，如图 6-52 所示。

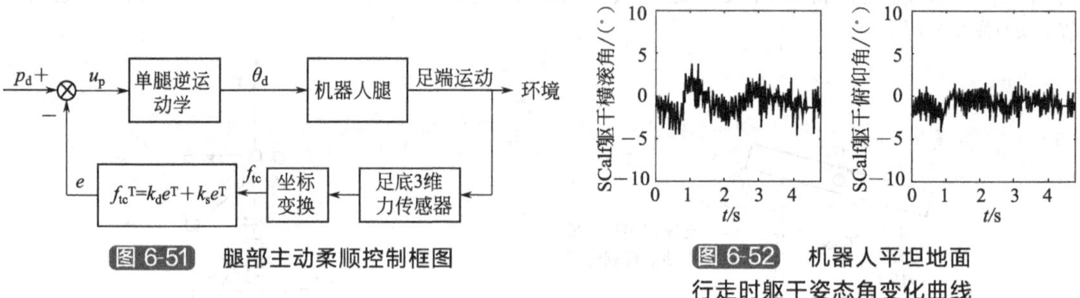

图 6-51 腿部主动柔顺控制框图

图 6-52 机器人平坦地面行走时躯干姿态角变化曲线

2) 上下坡能力实验

SCalf 机器人负重 50kg，以对角小跑步态、0.8m/s 的行走速度在坡度为 10°的斜坡上进行上下坡的实验。

SCalf 在上下倾角为 7°的斜坡时，躯干横滚角与俯仰角的变化情况如图 6-53 所示，大约 2～4s 为上坡阶段，4～5.8s 为下坡阶段，机器人躯干角度上仰方向为俯仰角的负方向。

3) 抗侧向冲击实验

SCalf 在站立状态下，躯干受到来自侧向的冲击时，经过调整可迅速恢复平衡。SCalf 在以对角小跑步态行走时，受到来自躯干侧向冲击的调整时，在行走过程中进行调整，最终恢复正常行走状态。冲击扰动为一个成年男子正常站立，以单腿正踹 SCalf 躯干。

图 6-54 为机器人在站立状态，受到来自躯干侧向冲击时的躯干姿态横滚角与俯仰角变化曲线。冲击发生在 0.5s 左右。在机器人姿态调节控制的作用下，在 1.5s 左右，躯干横滚角倾斜达到最大，随后恢复平衡。由于以站立状态测试，因此俯仰角几乎没有变化。

图 6-55 为机器人在以对角小跑步态行走，受到来自躯干侧向冲击时的躯干姿态横滚角与俯仰角变化曲线。在 0.8s 与 2.2s 时刻分别对机器人施加两次侧向冲击，一次大，一次小。在行走过程中，横滚角和俯仰角都会因为冲击的影响产生较大的变化，最后恢复平衡行走。

4) 负重情况下的运动实验

SCalf 机器人在负重 53kg 情况下以对角小跑步态、0.8～1m/s 的速度载人行走的实验。实验中人与负载的总质量超过 130kg。被驮载的人员能双手控制操作器，而不需要手抓机器人本体。证明机器人在行走过程中，给骑乘人员带来的振动感和不平衡感非常小，运动非常平稳。

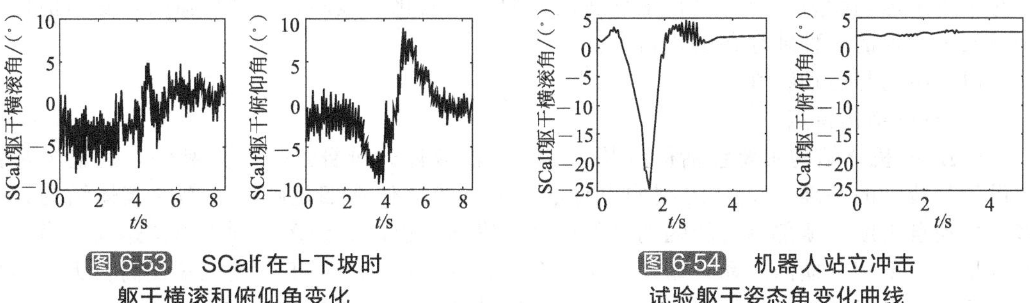

图 6-53　SCalf 在上下坡时躯干横滚和俯仰角变化

图 6-54　机器人站立冲击试验躯干姿态角变化曲线

5）攀爬连续台阶实验

实验内容为 SCalf 机器人使用爬行步态爬越 150mm 高的垂直台阶，使用爬行步态攀爬连续台阶。从实验结果来看，机器人具有很好的姿态调整能力和平衡控制能力。

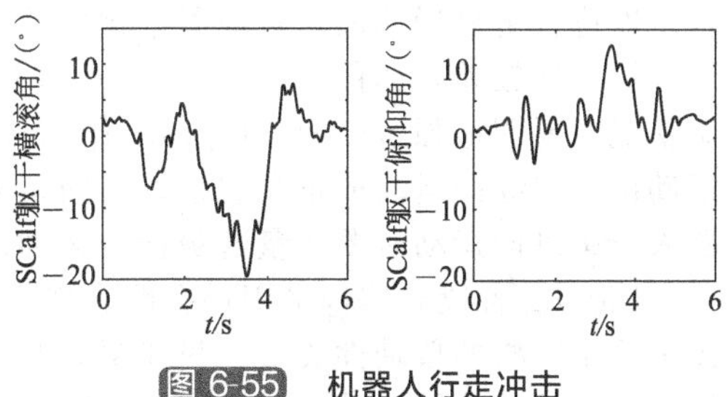

图 6-55　机器人行走冲击试验躯干姿态角变化曲线

（5）小结

腿足式机器人 SCalf 在复杂的非结构化环境中，有独特的灵活性和较强的适应能力。由于躯干与地面间的约束大大降低，可以容易实现姿态与移动的解耦运动。

与轮式和履带式地面移动方式相比，腿足不需要有完整连续的地面支撑条件，在崎岖的地形中，仍可保持着很高的通过能力，不需特意改变外形或者增加其他配件。

将燃油发动机与液压系统配合，成功设计出小尺度、大功率的集成驱动系统，为 SCalf 机器人持续灵活运动提供了保障。

实验验证 SCalf 能在复杂环境中行走，受到外界冲击的情况下仍可保持自身的平衡和运动状态。

6.2.9　BigDog 四足机器人

BigDog 四足机器人自问世之后，受到了广泛的关注，凭借卓越的性能，成为国际四足机器人领域的翘楚。主制造商美国谷歌波士顿动力公司自 2005 年起，先后推出 12 自由度 BigDog，16 自由度 BigDog，Petman 双足、LS3 四足、猎豹四足，2013 年最新的带有强力机械臂的 BigDog、Atlas 双足双臂、野猫奔跑等机器人。以上系列机器人虽然外形各异、功能不同，但是都是在 BigDog 原型机基础之上改进而成的。

BigDog 机器人最显著的优势就是能够自如行走于复杂的非结构化地形中。这也是四足超越轮式、履带式机器人的主要特性。由于复杂的地形具有未知和不可准确预测的特点，因此 BigDog 设计的核心思想，就是如何克服崎岖不平的复杂地形，使得机器人能够安全平稳地运行。

BigDog 四足机器人可如下简单概括：主要以四足哺乳动物结构为仿生参考，采用纯机械方法设计和制造，拥有 12 或 16 个主动自由度的腿类移动装置；以液压为驱动系统对主动自由度实施动力输出，机载运动控制系统可对机体姿态和落足地形实施检测，利用虚拟模型可测算机体重心位置等关键参数，再借助虚拟模型实施正确和安全的运动规划，根据肢体实际载荷大小动力学实施准确的规划和输出，并根据机体状态的变化同步调整输出，使得机器人具有对复杂地形很强的适应能力。BigDog 具有很高的运动自主性，同时还有较高的导航智能性，独立对环境实施感知和自主规划路径，很少需要人工的干预。BigDog 属于典型的具有全自主运动能力，较强全自主导航能力的非结构化环境四足移动机器人，是当前机器人领域较难实现的一种陆地移动机器人。

（1）结构与运动特性

1）机体结构特点

BigDog 机体结构主要包括机身及 12 或 16 段肢体。机身是一个大刚体，是整个装置结构设计与装配的基准。BigDog 结构设计的主要特点：仿造四足哺乳动物的肢体结构；拥有多个主动自由度；腿部具有较强的可伸缩性；纵向自由度数量多，利于纵向运动；横向自由度数量少，不利于横向运动；结构紧凑、布局合理；设计、加工、装配精度高；无法实现多轴性髓关节。BigDog 首先是一套工艺精良的机械装置。

BigDog 肢体的设计侧重于机体的纵向运动。纵、横自由度数量比为 3：1 或 2：1。纵向自由度位置更靠近地面，对地形干扰的适应能力更强；而髋部横向自由度，在最上端远离地面，灵活性较差，如图 6-56 所示。从数量对比和位置分布来看，机体纵向的运动灵活性、调整能力要明显强过横向。BigDog 作为移动载体，持续的纵向运动是设计的目的，而横向运动由于与纵向运动成正交关系，横向运动会增加移动距离和多次调整偏航角，所以四足机器人持续纵向运动时要尽量避免横向运动。

BigDog 各段肢体都采用销孔配合链接，能够保证机械本体的结构精度。BigDog 所有肢体都属于严格的单轴性关节，只能绕着对应转轴旋转。每段肢体在各自液压执行器的驱动下做往复加减速旋转运动，构成了 BigDog 肢体的基本运动常态。BigDog 任何情况下的运动都是由 12 或 16 段肢体的运动所拟合而成的。

2）运动特性

机体支撑倒立摆运动、重心颠簸起伏、机体重心自扰动、肢体往复加减速运动构成了四足机器人的基本运动特性。机体运动特性不良是造成四足机器人控制难度大的主要原因。四足的运动控制难度通常大于各种轮式、履带式机器人或者其他移动装置。从运动状态上来看，即使在光滑水平路面条件下，四足也不存在任何理论意义上的匀速直线运动。机体所有质点都没有直线运动状态，而是空间不规则曲线。以常见的对角步态为例：机身在两条支撑腿的支撑下从倒立摆的一端被撑过倒立摆的最高点，在倒立摆的另一端停止。机身重心经历一次圆弧运动，而水平方向的位移才是机身实际有效位移。机身重心始终是颠簸起伏，呈波浪曲线状，如图 6-57 所示。

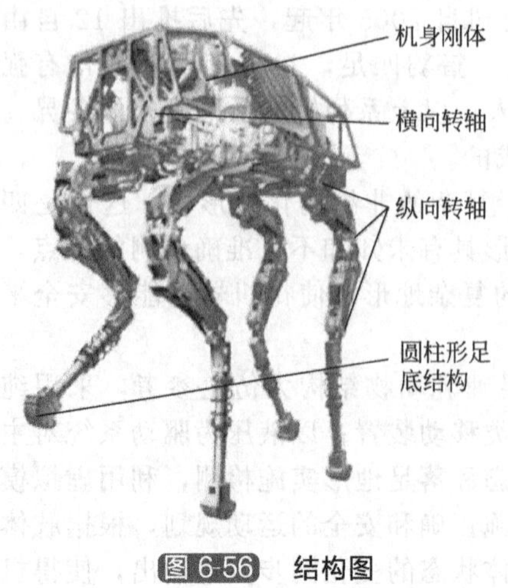

图 6-56 结构图

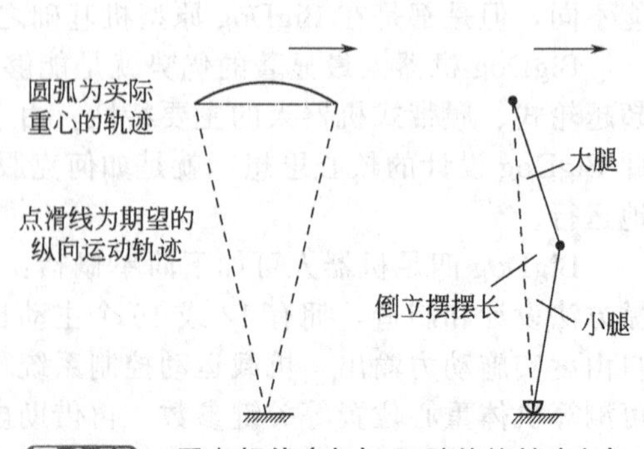

图 6-57 重心起伏（左）和肢体旋转（右）

机体重心情况则更加复杂，除颠簸起伏之外；机体各段刚体在机器人纵向运动的同时，还存在明显的相对运动，机体重心空间位置飘忽不定，使得测量异常困难，造成了四足机体重心自扰动的问题。该扰动也是腿类区别于其他移动装置显著的特性之一。四足机器人的多肢体旋转形成的支撑倒立摆结构，每段肢体在任何情况下都不是直线运动而是旋转运动；范围通常在几十度以内，为追求机器人的运动速度，必须加快肢体的旋转速度，而行程范围又很小；通常是肢体的转速刚加速升上去之后，又要快速减速以保证能在行程终端位置刹住；再反向如此重复。所以驱动系统的加速、减速构成了动力系统输出的基本常态。为使机器人能够处于平稳的运动状态，必须保证力和力矩的输出能刚好满足对应肢体的实际动力需求，也就是恰到好处的油压值及流量输出。不断的规划、不断的检测、不断的反馈、不断的调整输出，构成了四足机器人运动控制的基本常态。此外地形的随机任意变化、多种运动状态之间频繁切换、肢体载荷分布不均匀等，都使得运动控制的难度进一步加大。

(2) 液压系统

1) 液压系统的主要构成和优点

BigDog 液压动力系统主要组成部分包括：汽油发动机、变量活塞泵、液压油箱、油压总路、蓄电池、16 个电液伺服阀和 16 个子液压执行器等，如图 6-58 所示。汽油发动机在汽油燃烧产生的热能驱动下旋转；同时带动活塞泵旋转，把液压油箱的常态液压油抽到泵里实施加压，形成封闭的油压总路。每段肢体对应的液压执行器将根据当前运动控制系统所发出的指令参数，借助各自电液伺服阀的调压功能，获取恰好满足各自肢体所需要的动力输出。根据液压系统的基本特性可知，总路油压值的大小由 16 段肢体中某一段终端负载来决定；通常载荷最大值为支撑腿足底段肢体。电液伺服阀的调压包括三种情况：等压、减压、增压。运动控制系统最终发送给每个电液伺服阀的指令参数包括：油压值和流量。

BigDog 液压驱动系统的主要优点包括：功率输出大，原始发动机 12.5kW；高油压 (20.68MPa)；多支路分配输出；电液伺服阀响应频率高 (1000Hz)；伺服阀控制精度高；抗冲击载荷强和密封性好。大功率是为了满足四足高功率密度的动力需求。高频输出是针对肢体载荷始终处于变化状态而需要同步调整动力输出的要求而设定的，借助电液伺服阀实现 1000Hz 的输出频率。多支路输出是依靠并联关系的电液伺服阀独立实施液压输出控制，保证同时满足 12 个或者 16 个子液压执行器不同的液压输出要求。密封性和抗冲击载荷性能，主要是针对四足机器人运动时肢体会与地面发生剧烈的冲击可能对液压系统造成的损害而设计的。

电液伺服阀是 BigDog 系统中技术含量最高的器件之一。液压油的弹性、黏滞性和受温度影响过大等不利因素，使得液态能量传输和控制难度通常较大。借助电液伺服阀的优良性能可实现液态能量精确控制。电液伺服阀的最显著特性是具有增压的功能。液压油在封闭的油压总路内传输，会与管壁之间产生摩擦，造成能量损失，油压值下降，传输距离越长下降越明显，必然造成进入到足底段肢体油压值与动力学规划值相比不足，此时需要借助电液伺服阀的增压功能，对液压油实施二次增压。电液伺服阀的电动机借助蓄电池的电能启动旋转，同步带动泵旋转，把从总路引入至子路的油压实施进一步增压。电液伺服阀可及时弥补由于传输损耗造成的油压值不足，使得动力系统的输出始终能够跟上动力学规划的输出要求。

2) BigDog 系统的高能耗和低效率

BigDog 系统高能耗问题很突出，可从动力系统能量转换和传输的角度加以说明。能量的多次转换、多环节传递造成了大能量损失，如图 6-59 所示。大能量损失必然带来散热问题，LS3 机身两侧都需要携带负重补给和椭圆形辅助装置。可在机身顶部安装两台大风扇，一台负责汽油发动机的散热，另一台负责液压油箱的散热。此外，机体重心颠簸起伏的无谓

消耗及机械传动系统的消耗都加剧了高能耗问题。各环节的热能散失最终还需要消耗更多的电能来实施散热。BigDog 动力系统能量转换相比大多数的移动装置而言要复杂一些。

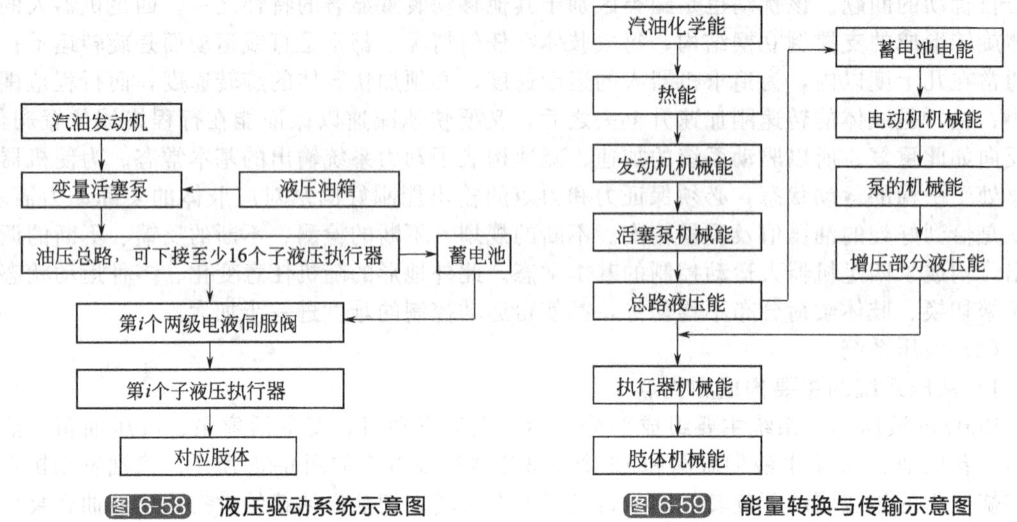

图 6-58　液压驱动系统示意图

图 6-59　能量转换与传输示意图

高能耗的同时意味着较低的运动效率，四足机器人在各种常见陆地移动装置中属于效率较低的。各种常见移动装置能量消耗对比关系，如表 6-9 所示。总之，四足腿类移动装置属于功耗过大或运动效率较低的机械系统，需要大幅度提高原始发动机的功率。

表 6-9　能量消耗对比关系

对象	能耗比	对象	能耗比
轮式装置	1.0	履带式	4.0～7.0
人、四足哺乳动物	1.5～2.0	四足机器人	70.0～80.0

3）机载蓄电池

机载蓄电池串联在油压总路中，液压动力系统工作时同步实施充电。蓄电池需要给如下主要器件提供稳压电能输出：两台机载计算机；所有传感器、机载通信装置；16 个电液伺服阀，特别是增压部分的能量；两台散热风扇；战地环境下士兵所携带的各种电器，如手电筒、手机、剃须刀等。估计 LS3 蓄电池总功率在 1.5～2.0kW，质量 5～10kg。蓄电池体积和质量大会给机身的结构设计带来问题。四足机器人虽然对重量要求没有飞机那样严格，但对于配重要求很高，机身的重心只有位于几何中心才有利于控制。

4）液压动力系统的研究目的

波士顿动力公司所研制的 BigDog 系列机器人，尽管构造存在一定的差异，但都采用了液压作为驱动系统。明明是在研究机器人，却起名为动力公司。原因在于，腿类运动执行机构和与之配套的动力系统的研发，才是波士顿动力研究的真正目的。四足或两足机器人仅仅是用来展示这个驱动系统和腿类机构的一个平台。四足或其他足类机器人、机械臂，作为机器人系统都有其运动控制和导航的特殊性，但是在动力系统的需求方面几乎是一致的。波士顿动力一旦掌握了这套液压动力系统的核心技术，便可任意实现常见的各种腿类移动装置和机械臂。可如下设想，在四轮汽车的地盘，同步安装一套四腿机构，驾驶员在轮式状态无法移动的环境中，可启动腿装置，实现复杂环境运动，如同 BigDog 一样。此时，该装置是在人工的操作下运动，所以系统不具有智能性，但有一定的自主性。而 BigDog 等明确为机器人系统的，则必须具有很高的自主性和较高的智能性，能够在极少的人工遥控下在复杂环境中移动。机器人研究的难点主要是它的自主性和智能性，而四足机器人前期受困于它的驱动问题。所以 BigDog 系列机器人仅是波士顿动力液压驱动研究成果延伸的几个特例而已。掌握这套液压动力系统才是前期研究的根本目的。

5）小结

灵活的肢体结构和良好的液压动力系统，构成了 BigDog 基本机体的硬件组成，使得机器人具有了较强的运动潜能，接下来需要设计一套与之匹配的运动控制系统，在复杂环境下把各种运动能力展现出来。

（3）运动控制系统

1）概况

BigDog 作为机器人必须具有很高的运动自主性，在复杂的非结构化环境下，只需少量的人工干预，独立自主实施各种运动。并能根据地形环境的变化，自主做出适当的调整，直观上具有了类似于四足动物或人一样的反应和应变能力。由于在运动过程中，具体的动作指令几乎不可能靠人工实现，需要完全借助开发好的运动控制系统自主生成，所以这套系统必须具有很强的鲁棒性和应变性，才能满足不同地形条件下的需求。

运动控制处理具体过程如下：检测机身和肢体状态，对落足点地形实施还原；在虚拟环境中建立三者的模型，求算机体重心等关键参数；利用机体安全状态参数作为控制准则，结合机体当前状态实施运动学规划，根据压力传感器的读数实施动力学输出，借助样机模型与规划模型之间的偏差，对运动控制实施反馈，保证实际样机与规划的模型一致。BigDog 运动控制系统基本框架如图 6-60 所示。该控制系统独特之处在于对复杂地形具有很强的适应能力，如何实现对崎岖不平地形的识别和应变是控制系统设计始终围绕的核心问题。

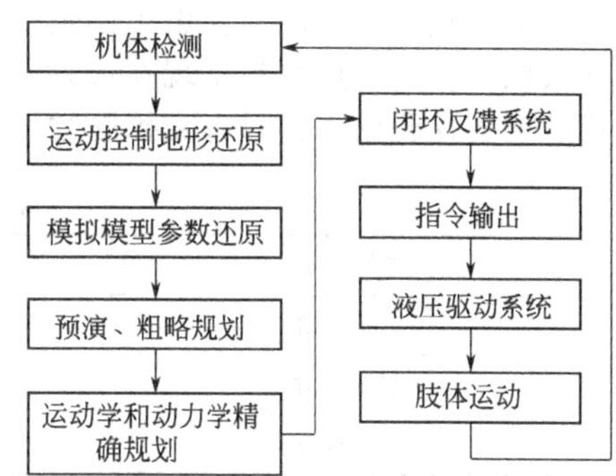

图 6-60　运动控制系统结构图

1000Hz 的高频是运动控制系统的基本特性，平坦地形还可达到高精状态。高频循环系统可解决如下典型问题，保证机体运动协调一致。两条支撑腿在支撑倒立摆过程中，由于诸多因素的影响未必同步，会造成挤压或牵拉机身，而高频循环可及时调整运动规划和动力输出，缓解或消除不利影响。此外，保持迈步腿各段肢体协调一致，也需要高频循环调整。高频循环的存在，使得 BigDog 系统具有了随时发现问题，可随时调整的能力。

2）控制原则和状态安全性评估

① 控制的三个原则

波士顿动力创始人 RAIBERT 总结的四足机器人控制的三条基本原则：利用垂直地面的运动支撑机身、利用支撑腿横向自由度牵拉机身的位置变化以保持机身姿态的安全、迈步腿根据均匀对称的原则放置正确的落足位置以保持新的支撑平衡。

第一条是保证机体首先能够站立，并且运动时也能借助逆重力方向的支撑力保证机体的重心起伏。第二条是借助支撑腿的髓部横向自由度的变化，来调整机身的位置，从而保证机身处于安全状态。理想状态下，四足机器人机体只在纵向平面内实施运动，但由于诸多原因，机身会发生倾斜，机体重心会偏离稳定支撑区域，此时就需要借助支撑腿横向自由度的运动，调整机身的姿态。第三条是处于悬空状态下的迈步腿根据当前支撑腿及机身的状态，选择正确的落地位置，保证机体重心落在新支撑腿确立的稳定区域之内。三原则的核心就是对机体重心的控制。

② 机体状态安全性评估

复杂地形是造成 BigDog 各种运动困难和遭遇险情的主要原因。凹凸起伏、坡度、湿滑、松软、水等构成了非结构化环境主要的危险地形特征，对于四足机器人的运行安全构成了潜在威胁。崎岖地形带给机器人运动的主要问题包括：a. 地面作用在足底的支撑力方向不易确定和控制；b. 地形深浅变化，造成的前后有效腿长不一致；c. 前、后足落地存在时间差，造成运动不连贯；d. 湿滑、松软造成的支撑腿不稳而打滑、摔倒等。可从两个方面对 BigDog 运行安全程度进行评估：支撑腿的打滑程度和机身的姿态。

处于支撑相位的腿部稳定、不打滑，是 BigDog 运动安全的基本前提条件。倾斜湿滑的地形经常会造成机器人支撑腿打滑，由于支撑腿直接担负着支撑机身和迈步腿的重任，一旦打滑整个机体会失去平衡进而可能摔倒。支撑腿打滑在复杂环境中又是极为常见的，利用压力传感器检测和插入规划的方法可解决支撑腿打滑的问题。根据打滑程度可分为三种情况，见表 6-10。对于支撑腿是否打滑，主要的判断依据就是足底压力传感器是否有读数，并且在合理的范围之内，借助虚拟模型可监控状态变化。处于支撑相位的腿部各段肢体在支撑倒立摆过程中载荷通常很大，而一旦出现打滑足底段肢体载荷由很大骤降至零，借助对应压力传感器读数的变化可判定支撑腿是否打滑。小幅度打滑常出现在山坡行走时，支撑腿在倒立摆结束前出现的打滑离地。由于已经是倒立摆结束前，利用快速落地的新支撑腿可及时挽救机器人状态。大幅度打滑出现在冰面行走的情况下，BigDog 必须终止正常的行进，转为寻找稳定的支撑腿状态，只有支撑腿立稳不打滑，才能继续后面的纵向行走。

表 6-10　支撑腿三种状态

支撑腿状态	是否安全	典型地形
稳定不打滑	安全	平坦
小幅度打滑	安全	斜坡、湿滑
大幅度打滑	否	冰面

俯仰和横滚角度是衡量机身姿态安全性的主要参数。BigDog 机身刚体既是机械设计与装配的基准，同时也是运动控制的基准。BigDog 初始在水平地形站立，利用机械的精度认定当前机身平面即为水平面，IMU 清零。此后的运动中，IMU 随时检测机身的状态参数，可知机身与水平面之间的偏差，也就是俯仰或横滚角度值。可设定双角的安全范围，比如±100；超出这个范围，运动控制系统则认为机身处于非安全状态。控制系统的基本功能之一就是控制住机身使其始终处于安全的角度变化范围。如果超出范围，需要尽快调整回安全范围。俯仰和横滚角度变化直接反映了机身姿态的安全程度。双角变化过大，意味着机体发生倾斜，机体重心会偏离支撑腿所确定的稳定区域（图 6-61），在重力力矩的作用下机体会发生扭转，倾斜幅度加大，导致机体倾翻。双角变化剧烈的原因，主要有以下几点：a. 机身遭受外界作用力干扰，造成机体同向发生倾斜；b. 平坦地形行走时，前后支撑腿有效腿长不一致造成机身偏离水平面；c. 复杂环境行走时，由于地形崎岖不定、同时还可能存在横向的运动分量，支撑腿位置不佳造成机身偏离水平面。地形的随机变化是造成双角状态不理想的常见原因。

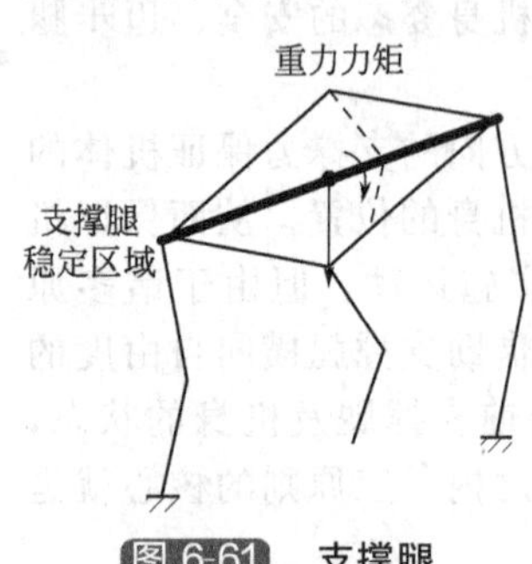

图 6-61　支撑腿安全区域示意图

以常见的对角步态行走为例，BigDog 两条支撑腿可确定一个稳定区域。机体重心如果位于稳定区域，则不会形成重力干扰力矩，可保证正常行走时机身姿态的安全。但是两条支撑腿足底支撑力横向分力方向一致时，即使重心处于稳定区域，整个机体仍然会继续倾斜。

克服双角变化的主要措施如下：a. 借助虚拟模型，协调地形和支撑腿有效腿长的关系，保持机身水平；b. 迈步腿需要根据当前机体的状态，按照均匀对称的原则选择正确的落足区域，确保新支撑腿的位置理想；c. 肢体大幅度侧摆时，可借助腿部较强的伸展性，优先保证落足点均匀对称；d. 四足机构的容错性是克服双角问题的最后措施。

支撑腿是否打滑和机身双角是否过大，是衡量 BigDog 运动状态安全最重要的参数指标，也是运动控制系统自主运行的安全准则。BigDog 只有同时满足以上状态才是安全的，才能实现持续的纵向运动。一旦其中任何参数超出设定安全范围，运动控制系统将终止其他参数处理，全力恢复机体安全姿态。

3）机身和肢体的检测

快速准确检测机身和肢体的状态参数变化，是实施精确控制的前提条件。借助 IMU、关节编码器和压力传感器三种高频、高精的传感器，可实现这一目的。

① 检测基本情况。

BigDog 在复杂的非结构化地形行走时，机器人与环境可抽象为三部分模型：机身、肢体和落足点地形，如图 6-62 所示。机身运动过程中任意时刻俯仰、横滚、偏航三个角度变化值，借助陀螺仪部分可获取。其中俯仰角和横滚角是机身姿态安全的主要参考指标；偏航角是机器人方向变化主要控制参数，无关姿态的安全性。线加速度计部分可测量机身横向突然遭受外力作用而产生侧向加速度值，控制系统可根据经验值选择机身横向侧滑的幅度。利用地面反向的摩擦力抵消掉横向运动，直到横向速度为零。

肢体中，髋部横向肢体以机身作为基准实施装配；其余各肢体顺次以上一级肢体作为基准实施装配。由于初始安装角度是可测的，同步在每一个主动关节加装关节编码器，可获取任意时刻各个关节的角度值及对应的变化量，肢体的角度变化反映了运动学的参数变化。在 16 段肢体上安装压力传感器，任意时刻对应肢体的载荷值大小可获取；由于速度、地形的变化都可能造成载荷值的相应变化。压力传感器可解决载荷值变化不定、不可预知的问题，对于动力学的规划输出是至关重要的；但是压力传感器无法检测力的方向。机身和肢体的状态参数检测主要目的：还原当前机体状态和落足点地形，建立虚拟模型；建立高频、高精闭环反馈系统。

② 传感器检测系统的优点。

BigDog 本身属于加工和装配精度较高的机械装置，而且机构运动速度较快，借助高性能传感器，运动控制系统可在任意时刻获取当前机体状态的主要参数。主要优点包括如下。

a. 检测精度高，传感器分辨率高。意味着在机器人运动时连续的检测周期内，参数的细微变化可以测得，提高了系统的灵敏度。

b. 响应频率高，高达 1000Hz。可在任意时刻获取当前的机器人状态参数。

c. 传感器数据的利用率高。复杂地形运动时，为了保证机器人能够安全运动，必须高效利用传感器的检测数据。对于感知地形和建立虚拟模型以及闭环反馈都是至关重要的，使得 BigDog 机器人整体具有了相当高的控制精度和响应频率。

4）运动控制地形还原

借助简单的压力传感器便可获取当前脚下地形起伏情况的数据信息，是 BigDog 运动控制系统的主要创新点之一。不论有无视觉导航系统，BigDog 能够趟过各种崎岖不平复杂地形，首先都是依靠运动控制地形还原来实现的。

以对角步态为例，利用图 6-62 和图 6-63 来说明运动控制地形还原的过程。右前腿和左后腿当前处于支撑状态，左前腿和右后腿处于悬空迈步状态。支撑腿当前地形为虚线所代表的平面，支撑腿的各段肢体载荷值均很大。迈步腿悬空，各段肢体的载荷很小，足底的载荷值为零。

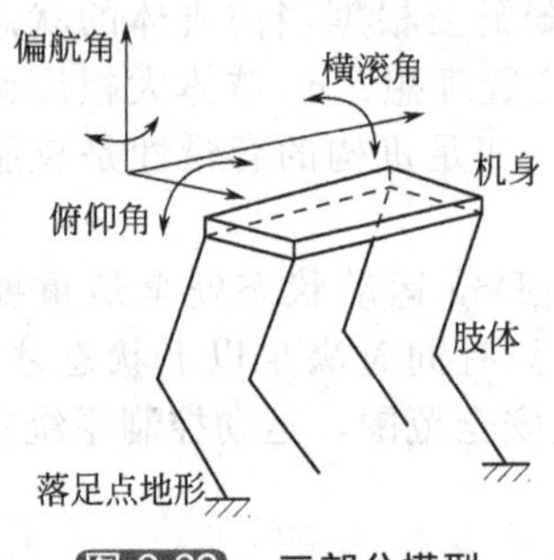

图 6-62 三部分模型

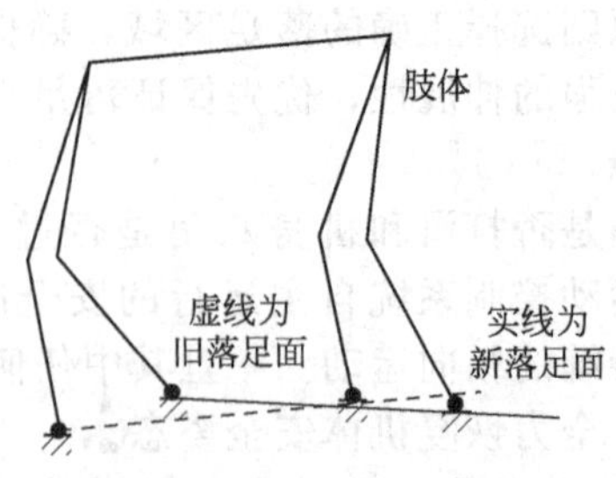

图 6-63 地形估测二维侧视图

由于崎岖地形任意变化难以预知，所以当前迈步腿所执行的运动规划，无法准确预判迈步腿的落足点位置。借助当前支撑腿所确定的平面，作为悬空迈步腿最有可能的落足平面实施不完全规划。地形的起伏，使得迈步腿或提前落地，或滞后落地；除非共面，否则极少按照预设规划在对应几何位置恰好落地。而一旦足底与地面发生接触，肢体和机身的重量将压到新的支撑腿上，对应肢体的载荷值将急剧增大。可利用压力传感器的读数变化，来判断足底是否与地面接触并且踩实；因草棍之类的物体有一定的强度，能够支撑一定的载荷，所以只有压力传感器的载荷达到一定阈值之后，比如 50N，才确定与地面接触并踩实。此时，在虚拟环境中可确认新的支撑腿与地面接触并踩实，此时足底终端的几何位置数据，就是该落足点对应的地形信息。新支撑腿停止不完全规划的迈步伸展运动，转为支撑状态下的运动。

由于地形的起伏，两个足底未必会同时落地，需要两足都落地之后，才能构建新支撑腿所确定的平面。空间中两个落足点可确定一条直线，再借助 IMU 测量的当前机身刚体横轴或纵轴，也可利用水平横纵或纵轴，两条直线可确定支撑腿所处平面，见图 6-63 中实线。BigDog 借助于压力传感器的运动控制地形还原得以实现。而且该平面的俯仰和横滚角度值也是可求算出来，也就是坡度值。下一时刻新的迈步腿又可以确立新的支撑平面，周而复始。BigDog 在复杂地形的运动就可简化为在一系列平面之上的运动。实质是，把无限量的复杂地形情况，转化为有限量可按照角度划分的平面来处理。各种坡度面的运动，可借助前期的试验作为先验信息。运动控制系统将按照支撑腿平面的还原为周期，实施支撑腿和迈步腿的运动学规划。借助运动控制地形还原能力，BigDog 就能更好地适应复杂地形的起伏变化。图 6-64 为运动控制地形还原的流程图。

确立行走平面的两个直接目的，状态预演和迈步腿逆向运动学规划。状态预演是对即将发生的支撑腿支撑倒立摆过程，在虚拟环境下的动作演示，可粗略判断未来半个完整运动周期机体是否安全。或者结合当前的机体、地形参数，在诸多运动学规划预选方案中，选择最佳的动作方案作为备选。迈步腿可利用当前还原的地形作为最有可能的落足平面，实施逆向运动学规划。由于 BigDog 行走时腿部呈屈腿状态而非打直状态，借助腿部的可伸缩性满足地形凸起或者凹陷的变化需求。腿部具有较强的可伸缩性是 BigDog 结构中为数不多超过四足哺乳动物的优点之一。

复杂地形条件下，运动控制地形还原的主要缺点包括：无法真实还原地形的实际几何参数信息，如足底实际接触面的坡度信息、实际接触面的大小；无法判断足底与地面接触的准确位置，全部以足底最低点为准；此外，足底段肢体的压力传感器无法检测支撑力的方向。

5）虚拟模型

① 参数还原。

虚拟模型是指在运动控制系统中，根据当前机器人的机体状态检测和地形还原数据，同步在虚拟系统所建立的反映当前机身、肢体、落足点地形准确数据信息的三维虚拟模型。虚拟模型在反映机体、地形状态参数的同时，还可求算大量控制处理的中间参数，如机体重心位置。由于机体的基本物理参数，比如结构、尺寸、重量分布等，在机械结构设计环节利用 UG、ProE 之类的三维造型软件可实现。在运动控制环节，可把该三维造型做必要的简化之后直接导入虚拟环境中。

BigDog 机体 13 段或者 17 段刚体在空间的几何相对位置关系，利用运动学参数可以获取；另外，基本的刚体参数信息都是已知的。因此，运动控制系统可准确计算出机体重心位置。测算机体重心并控制重心始终处于期望的状态，是移动装置设计最关键的环节之一。借助虚拟模型，BigDog 运动控制系统可以实现这一目的。虚拟模型可还原参数如表 6-11 所示。

表 6-11　借助虚拟模型可还原参数一览表

项目	具体参数	获取形式
运动学	机身三态角、三个线加速度值、肢体角度值	直接测量
动力学	各肢体载荷值、足底反作用力大小	直接测量
物理结构	各刚体结构参数	设计建模
计算参数	支撑腿的安全区域、机体与机身的重心位置、水平面行走时机身与地面之间的距离以及迈步腿落地时间、机体所有刚体空间几何位置关系、平坦坡面行走时坡面的坡度、机体运动速度	直接计算
估算参数	机体四腿腾空时机身与地面之间的距离、足底支撑力的方向	估算

以上参数均可按 1000Hz 的高频率获取。所以运动控制系统可以随时掌握机体主要参数的变化情况。BigDog 只要不是四腿同时腾空，在水平面地形行走时，不仅可测出机体的重心位置。而且每条悬空迈步腿以及机身与地面之间的空间几何位置都可以精确测算出来。这样每条迈步腿的落地时间都是可以预估的。BigDog 的运动控制系统对于已经发生的动作可以了如指掌，误差很小；而即将发生的状态变化复杂地形下只能推测，误差可能较大。

② 基于虚拟模型的控制策略。

在虚拟环境下借助虚拟模型可对机器人的运动作仿真预演，判断当前地形条件下机器人的安全程度和安全运动范围，选择恰当的运动学备选方案。可降低运动中可能存在的风险性，大大提升了机器人运动的安全性。虚拟模型粗略规划基本流程图如图 6-65 所示。

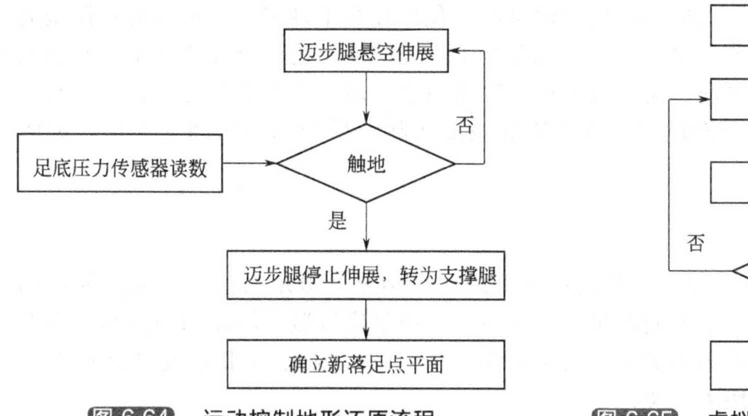

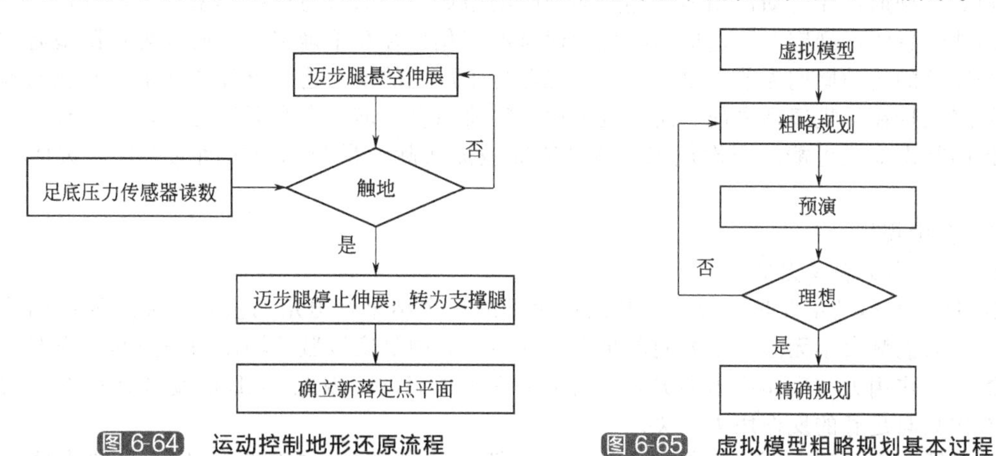

图 6-64　运动控制地形还原流程

图 6-65　虚拟模型粗略规划基本过程

实际机器人运动由于受到地形起伏的影响，足底反作用力方向的不确定性，造成了机体在支撑倒立摆过程中会发生倾斜，所以此处的规划为预判性的规划，并不能反映实际机器人的准确运动变化过程。但是，在倒立摆运动具体实施之前，也就是运动控制地形估测之后，便进行粗略规划和动作预演，能够将可能发生的危险状态提前获悉，可作适当调整。

基于机载实时虚拟模型的运动控制策略实质是：根据预设的状态安全评估参数作为准则，对虚拟状态下的机器人先一步实施控制，对未来的运动结果可做预测，评估其好坏程度，运动控制系统有机会在实际动作做出之前，对控制输出做出适当调整。最后，运动控制系统把控制指令发送给真实的液压驱动系统。

BigDog 基于虚拟模型的运动控制策略，并非复杂环境陆地移动机器人首创。NASAJPL 喷气推进实验室所研制的“好奇”号系列火星探测器，在 BigDog 之前就已采用列似的策略，对探测器实施有效的控制。“好奇”号系列火星探测器的基于虚拟模型控制过程大体如下：a. 停车状态下的探测器，把大量机载立体相机所拍摄的当前所处场景立体视觉图像传回地球主控中心；b. 主控中心工作站借助立体视觉图像，利用已开发好的虚拟软件系统还原当前地形的三维信息；c. 虚拟环境下调取已构建好的探测器虚拟样机，由于当前探测器机体状态参数可同步传回地球，所以借助虚拟还原系统便可还原探测器与地形的主要数据信息；d. 虚拟环境下实施路径规划，寻找安全高效的探测器移动路径，此处人工可以干预；e. 在路径规划完成之后实施动作规划，生成探测器驱动系统所需要的程序指令串；f. 主控中心把动作指令串发送回火星，探测器接到指令之后直接实施运动；g. 探测器的导航系统只需要利用视觉测程或航位推算法测出局部定位信息，如果探测器遭遇险情，导航系统可终止当前运动，并将情况发送回地球，等待主控中心进一步指令。

BigDog 系列机器人与“好奇”号系列火星探测器的相同点：借助虚拟模型的一种控制策略；都可完成路径规划和动作规划的任务。不同点：“好奇”号是机载完成，探测器是地球主控中心完成；BigDog 实时性很高，探测器需要长时间反复处理。所以，借助机载虚拟还原系统保证机器人运行安全，是非结构化环境陆地移动机器人运动控制设计的一个重要发展趋势。

③ 实际样机模型和理想规划模型。

虚拟模型包括实际样机模型和理想规划模型。样机模型是任意时刻借助传感器所检测的实际机器人机体状态，在虚拟环境中的抽象反映；样机模型始终反映实际机器人状态，如图 6-66所示。规划模型是运动学规划的专用模型，反映的是理想状态下或者期望状态下的机器人运动变化过程。

规划模型通常在运动控制地形还原的同时实施更新，保持与样机模型一致，这是由于迈步腿落地位置的不确定性所造成的，规划模型的变化也存在不确定性。所以规划模型通常是以半个完整的运动周期为节点更新一次，也避免了可能的误差连续累计。其余时间规划模型需要始终保持在样机模型之前。所以规划模型需要结合当前状态和运动趋势，判断未来子周期机体的状态变化可能。预设规划，并且能够检测实际结果与期望之间的差值，进而补偿误差。

6）精确规划

① 机体和足底受力情况。

BigDog 的运动主要是三部分力共同作用下的一个结果：恒定的重力、油压值可调的肢体内力、只能测大小无法测定方向的足底支撑力。其中足底段肢体输出的内力与地面对足底的支撑力是作用力与反作用力的关系，而重力又是恒定的；因此 BigDog 复杂地形的运动状态可看作只与足底的反作用力相关。

支撑腿足底受到地面的反作用力 F，可分解为三个分力：纵向摩擦力 f_1、横向摩擦力 f_2、逆重力方向支撑力 N，如图 6-67 所示。三个分力对机器人运动的影响：f_1提供纵向运动所需要的摩擦力；N 为支撑机体站立、重心起伏所需要的支撑力；f_2造成机体横向运动。三个分力中，f_1与 N 为积极力量，是机器人正常运动所必需的驱动力；而 f_2为消极力量，是尽量要避免的，因为横向运动对于 BigDog 持续的纵向运动而言是没有意义的。可得如下结论：若想 BigDog 往哪个方向运动，就需要地面提供同方向的力；反之，地面提供哪个方向的支撑力，BigDog 就有对应的方向运动。其实就是牛顿定律，力是改变物体运动状态唯一的原因。

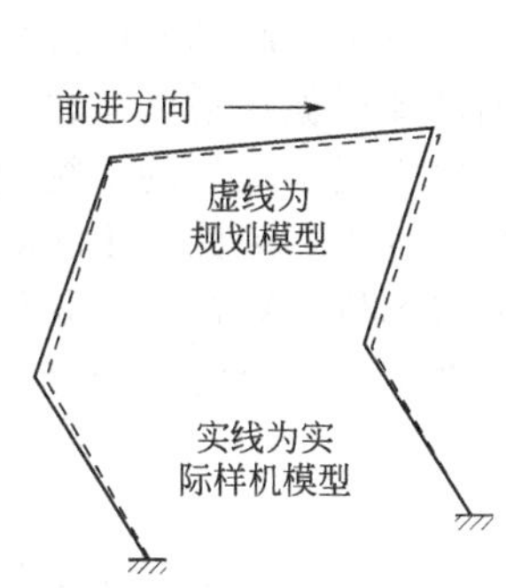

图 6-66　实际与规划模型示意图

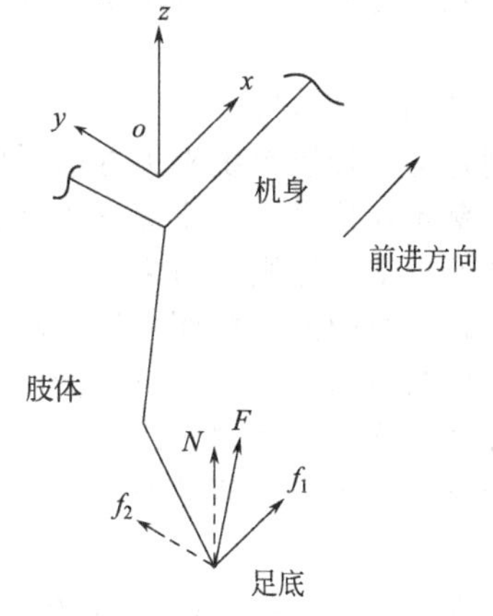

图 6-67　支撑腿足底受力分析图

通过调整迈步腿落地时足底段肢体与地面接触的角度，获取地面正确的支撑力方向，保证机器人能够持续纵向运动。但由于地形的任意变化和不可预知，实际效果有时未必理想。在图 6-68 中，F_2和 F_3是理想的，而 F_1会造成机体减速。如果以垂直画面方向为纵向，那么三个 F 都有横向的分力，而且方向不定。所以在乱石堆地形下，BigDog 在持续纵向运动的同时，还会发生不确定的横向偏移或者晃动，原因就在于横向分力的干扰。

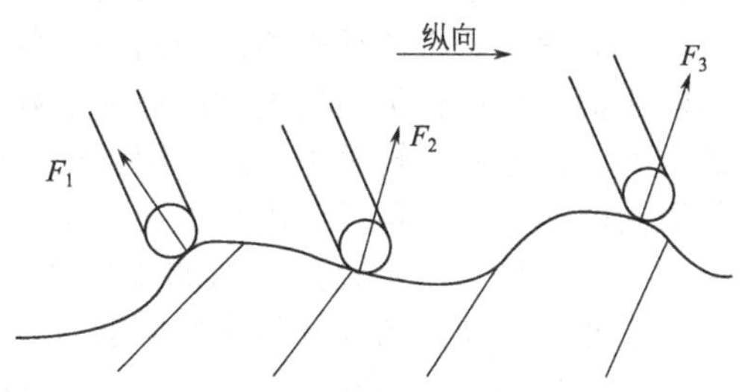

图 6-68　复杂地形足底支撑力方

② 闭环反馈。

BigDog 运动控制的一个核心问题就是：如何提高整体机构的控制精度，使得实际机体能按照既定的运动学规划实施运动，也就是样机模型与规划模型的期望值保持一致，如图 6-66所示。由于机械结构、液压驱动系统、传感器检测、控制算法等诸多环节误差的累积，此外复杂地形的不利影响，使得样机腿部各肢体的运动状态与虚拟规划腿的状态不能完全保持同步，位置上会存在一定的偏差。

复杂地形由于足底支撑力方向无法准确测定，无法实施准确受力分析。线加速度计虽可测量机身的加速度值，但只能间接估计支撑力的方向，所以机体运动状态无法准确预判，运动控制系统无法对支撑腿运动实施精确的动作规划。因此，支撑腿的闭环反馈作用下降。而且闭环反馈也没有能力挽救正在倾斜的机体运动状态。BigDog 机体在支撑倒立摆过程中一旦出现倾斜，当前支撑腿无法扭转这一状态。机体的横向倾斜为不理想状态，借助四足机器人机构的容错性和迈步腿快速落地，可挽救正在倾斜的机身。闭环反馈的作用是消除运动误差，但是机体运动状态的不可准确预估造成了支撑腿闭环反馈的作用下降。

而一旦进入光滑水平路面，地形的信息近乎完全已知。可通过仿真计算并结合实际经验值，运动控制系统可准确把握足底支撑力在支撑倒立摆过程中的方向变化，实施精确的运动学规划。此时闭环反馈恢复到正常状态。所以 BigDog 可在水平路面做出各种复杂地形无法做到的动作，比如快走、小跑、跳跃模拟壕沟等。机器人运动速度一旦加快，借助闭环反馈

及时消除运动中的误差就显得尤为重要。BigDog 可以在水平面快速跑动中保持期望的动作姿态，依靠的就是闭环反馈功能随时检测误差并及时消除。此外，运动时每次支撑腿更迭时，BigDog 每半个完整的运动周期可以集中对累积误差做一次清除。复杂地形行走时，闭环反馈虽然消除误差的能力下降，但是每次地形还原的瞬间，运动控制系统仍然可以清一次零。

③ 状态机与步态规划。

步态规划是运动控制系统根据导航系统或者人工指令，对迈步腿动作的选择。主要包括步幅的大小、落足点位置、迈步速度等参数。迈步腿规划需要根据当前机体状态，并遵循均匀对称、快速就近落地原则，对未来的落足点实施规划。由于复杂地形的干扰或者机身遭遇外部冲击载荷，支撑腿的支撑倒立摆运动是一个随机多变的过程，因此迈步腿必须跟随着支撑腿和机身位置与姿态的变化，同步做出一个调整。借助状态机计算模型，既可以遵循事先设定的逻辑程序实施动作规划，也可以根据随机发生的外部干扰，及时改变规划输出，以适应当前机体变化对落足位置新的要求。

④ 规划输出。

借助高频虚拟还原系统，BigDog 在水平面行走时，运动学、动力学都可实施高频和高精度的规划输出。运动学规划设计下一个子周期内所有肢体旋转的角度值，也就是运动结果；动力学规划负责计算对应电液伺服阀输出的油压值。由于各段肢体所承受的载荷差异较大，动力学规划必须准确测出当前肢体的实际载荷值，再根据运动学规划的角度值，决定液压输出值，保证在子周期内对应肢体恰好完成期望的运动量。支撑腿各段肢体的运动特点是载荷大、转速慢、转角小；迈步腿各段特点是载荷小、转速快、转角大。通过调整每个电液伺服阀的油压值，各段肢体在加速、减速、匀角速度三种状态做出恰当选择。电液伺服阀在接到指令之后，需要做液压的调压处理，并控制流速和流量，其中流量对应肢体角度变化值。至此，运动控制系统与液压驱动系统完成任务对接。

由于基本构造和驱动的差异，BigDog 的运动学规划不能完全照搬四足哺乳动物的运动学，只能以其为基本参考。借助虚拟模型的地形还原功能，BigDog 复杂地形运动时相当于在平面之上的一个运动，那么迈步腿空中的运动时间其实都可粗略估测。任何当前的动作规划，即使机体倾斜状态下的规划，借助虚拟模型都可以预估未来时间量，就可以按照剩余运动量值和时间，分配子运动周期内各段肢体的旋转角度值。复杂地形的精确规划可采取如下的措施：以机体运动是模拟量作为前提，结合当前机体状态，以及之前连续几个子周期的实际状态，利用运动趋势做一个预判。

BigDog 的运动控制精度很大程度取决于地形的复杂程度。通常越是平坦地形控制精度越高，便于机器人高速运动。随着地形复杂程度的加剧，控制精度随之下降，因此 BigDog 机器人整体控制的好坏与地形的复杂程度息息相关。

7）典型运动状态分析

① 冰面打滑。

借助虚拟模型和规划预演的运动控制，可满足在各种平坦和崎岖地形的运动需求。在各种危险状态下，BigDog 仍然依靠虚拟模型才能使得机器人重新找回安全状态。以冰面打滑（图 6-69）为例做分析，支撑腿打滑脱离地面，压力传感器读数骤降，启动牵引控制，大幅度降低支撑腿各段肢体的油压值，避免机器人状态更加恶劣。此时由于支撑腿脱离地面，造成对应支撑腿缺失，实际机器人已无法再按照正常状态实施运动。所以虚拟模型规划的动作将及时终止，此时的迈步腿不再按照既定的规划实施向前迈步，而是根据均匀对称原则选择及时就近落地以保护机器人，防止发生翻滚。迈步腿落地后迅速转换为支撑腿，撑住机身防止摔倒。同步虚拟规划模型更新，重新规划，此时还在空中的迈步腿也要及时落地协助支撑腿稳住机身。如果支撑腿又发生打滑情况，就继续重复以上过程，BigDog 进入只撑住身体，而不继续前进的状态。

根据状态安全性评估设定可知，支撑腿连续打滑并且机身双角变化明显超范围。运动控制系统在此期间不再接受方向、速度等指标的要求；只以恢复基本的机体安全状态为当前实现目标。先找到稳固的支撑点，保证支撑腿不再打滑；然后，借助支撑腿横向自由度调整机身姿态，使机体重心刚好位于支撑腿确立的稳定区域保证机身双角不超范围；最后再考虑运动方向、速度等参数指标，实现持续的纵向运动。流程图如图 6-70 所示。

图 6-69　冰面打滑瞬间

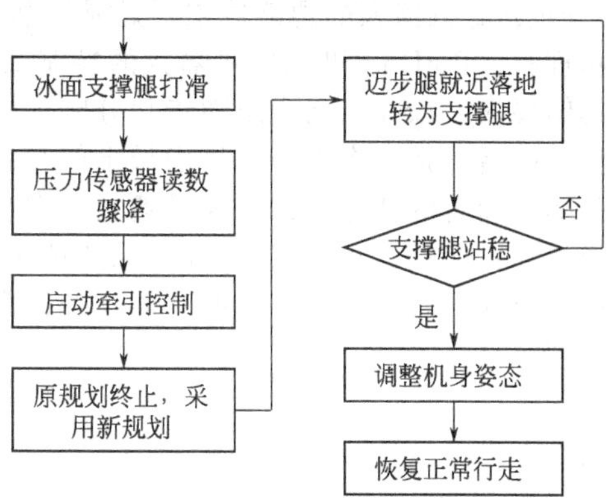

图 6-70　冰面打滑运动控制处理流程

② 侧踹滑步。

BigDog 在水平路面纵向行走时，机身遭遇横向的外力干扰，借助迈步腿部侧摆落地时支撑力中反向摩擦力部分消除横向运动。机身 IMU 的线加速度计可测量横向的加速度值，机体在外力干扰下产生横向运动。迈步腿的逆向运动学规划，在保持纵向既定规划的同时，插入横向规划。迈步腿落地之后，地面作用在足底的支撑力存在较大的横向分力。利用这个横向分力可逐步消除干扰力所产生的机体横向运动。

借助虚拟模型，运动控制系统可随时掌握整个运动过程中机体的状态参数变化情况。由于压力传感器无法检测支撑力 F 的方向，因此水平分力 f 的大小无法准确控制，如图 6-71 所示。造成了迈步腿横向规划的步幅和步数只能根据经验值粗略规划。可能存在较大的误差，机体横向运动不能一次到位，会有再次反向运动的可能。

复杂地形或机体横向外力干扰是造成 BigDog 运动状态明显变化的两个主要因素。目前 BigDog 的性能尚不能在复杂地形条件下，机身同时还要遭遇明显的外力干扰。总之，借助虚拟模型运动控制系统，BigDog 机器人还是具有了很强的适应外界环境的能力。

③ 无法消除的横向运动。

BigDog 当前的运动能力与四足哺乳动物相比较，差距仍然非常明显。通过视频对比可看出，四足哺乳动物复杂地形行走时躯干和肢体都可保持在纵向平面内，几乎消除了全部可能的横向运动或者晃动。运动中消除横向的运动分量，使得四足哺乳动物可在狭窄的陡峭地形中避免了横向可能的危险。BigDog 目前尚无法在复杂地形行走时消除横向运动。如果在狭窄复杂的地形上运动，机器人有可能撞到岩石或者跌落到沟壑里。四足哺乳动物能够在复杂地形获取恰好在纵向平面内的足底支撑力，关键在于迈步腿落地之后的及时调整。

四足哺乳动物需要具备三个条件才能实现这一目的：a. 利用各种神经功能器官，检测足底支撑力的大小和方向；b. 腿部结构需要非常灵活，具有很强的横向运动能力，可以灵活调节；c. 分布广泛的肌肉组织，利用对应部位肌肉的侧重发力，可及时调节新支撑腿的姿态变化，使得足底支撑力恰好只在纵向运动平面内。四足哺乳动物就是利用肢体具有很强的横向运动能力本身，通过调整刚落地的支撑腿姿态，恰好获取地面在纵向运动平面内的支撑力，消除支撑倒立摆过程中所有横向运动。BigDog 目前尚不具备以上的能力。

8）小结

基于虚拟模型的运动控制处理，使得机器人具有对未来动作状态预判和预演的能力，提升了机器人对复杂地形的适应能力，降低了运动时可能遭遇的风险。

（4）导航与软件系统

1）导航系统

BigDog 机器人的智能性主要是靠导航系统的各种功能来实现的，重点还是对环境的识别和理解。BigDog 和 LS3 机器人的导航系统自主程度的设计与选择，主要取决于实际使用的具体要求。LS3 定义为跟随步兵分队，携带负重给养提供后勤保障。因此，机器人始终跟随步兵前后，是在有人工直接引导下的自主导航运动。LS3 导航系统的主要特点：①LS3 紧紧跟随引导者的路径；②LS3 虽然主要靠引导，但在小距离上仍然可实施一定程度的全自主路径规划；③给定目标点 GPS 坐标的情况下，LS3 可自主识别障碍物，绕过危险区域到达目标。此外，步兵分队可随时呼叫 LS3，命令其达到指定位置。导航系统的基本示意图如图 6-72 所示。

图 6-71 侧踹滑步

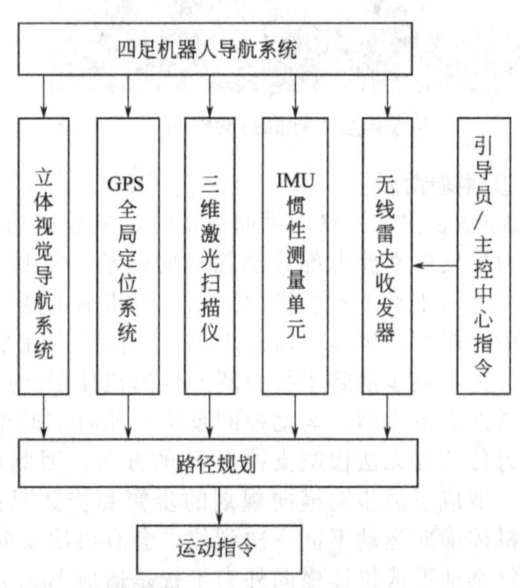

图 6-72 导航系统基本示意图

山地和树林是 LS3 当前使用的主要环境，包括如下特征：树木、岩石、沟壑、坡面等。LS3 在跟随引导员的过程中，必须能够克服以上的环境问题，实现独立自主的安全行走。针对这些障碍物 LS3 采取如下对策。利用两台可旋转的三维激光扫描仪，实现对引导员的跟踪、机身等高和机身斜上方的树木与大尺寸岩石等障碍物的感知和识别。水平安装在机身前部的激光扫描仪，可以检测机身正前方、左侧、右侧几乎 360°范围之内的所有高位障碍物，并能识别引导员的准确位置。为防止与斜上方的树枝之类的障碍物发生刮擦，LS3 增加了斜上方安置的另一台激光扫描仪。LS3 可准确定位树木的当前位置，自主导航系统采取避绕的策略实施安全行走。由于激光探测器距离可达 30 m，因此对于距离机身较远的障碍物可快速识别，有利于提早实施路径规划。激光扫描仪在 LS3 中目前发挥着很关键的作用，比起早期的 BigDog，重要性明显提升。LS3 外界探测传感器分布情况，如图 6-73 所示。

对于沟壑和处于低位的各种岩石障碍物，LS3 采用和 BigDog 相同的视觉导航方法。利用立体视觉检测凹陷的沟壑和凸起的岩石，根据起伏程度，机器人自主选择：跨越、避绕或直接趟过去。直接走其实就是利用运动控制地形还原能力，自主适应复杂地形。视觉地形还原是 BigDog/LS3 机器人的自主地形感知方法。视觉地形还原主要是针对机器人正前方脚下 4m×4m 范围之内的地形起伏情况，利用立体视觉可测量景深的功能，准确测量地形起伏变化的数据信息。

较高的障碍物无法跨越，可避绕；凹陷较大的沟壑，若宽度较窄，可选择跨越，若宽度较大，选择避绕；对于凸起的脚下岩石，也要识别高度，对于宽度不大的可以跨越，太宽的需要避绕；若小的岩石和浅的沟壑，机器人可以直接趟过去，借助运动控制地形还原可适应这种地形。在跨越岩石和沟壑时，为了保证后腿也能够安全跨越，必须对已经消失在视野中的地形实施记忆，需要借助视觉测程的局部定位功能才能完成。以跨越岩石为例，视觉地形还原需要测量三个参数：近端 d_1、远端 d_2、岩石高度 h。运动控制系统需要根据视觉定位信息和岩石的参数，准确规划腿部运动保证机器人安全跨过岩石，如图 6-74 所示。

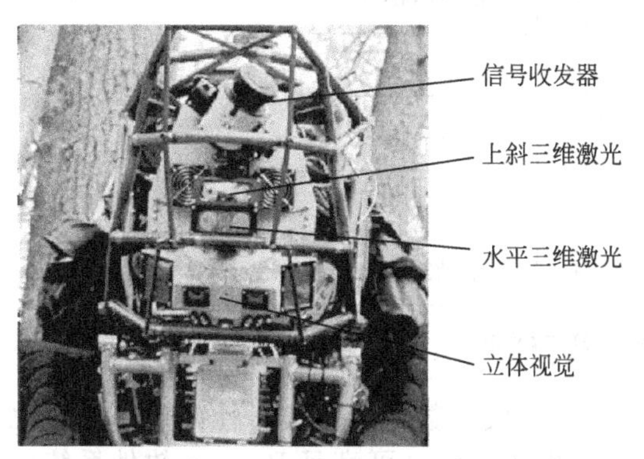

图 6-73　LS3 外界探测传感器分布图

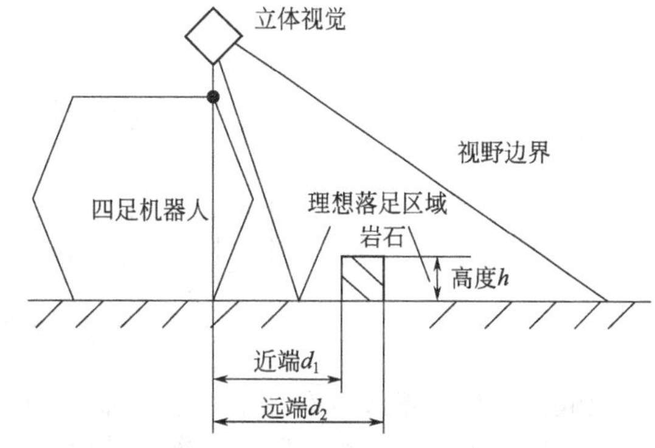

图 6-74　跨越岩石视觉地形还原示意图

视觉地形还原可主动发现那些不适合行走的区域，准确掌握机器人脚下小范围的地形起伏信息，对于机器人的安全运行是十分重要的。借助激光和视觉两种传感器，LS3 就可对除了机身正后方以外全部环境的感知。BigDog 的构建地图和路径规划已分析过。采用立体视觉为 LS3 机器人做导航，需要一台单独的计算机才能满足图像处理所需要的大量计算机资源。LS3 主计算机负责除了视觉之外其余全部的数据处理。LS3 需要两台计算机才能满足需要，而“好奇”号火星探测器只要一台即可。因为“好奇”号大部分的图像处理是在地球主控中心完成的，而 LS3 除了人工发指令之外，机载计算机需要处理其余全部的数据信息。此外由于 LS3 机器人运动速度快，整体系统的实时性要求高也提升了对计算机的需求性。

GPS 地图可如下使用。如果遭遇险境，引导员背部的激光引导器无法对 LS3 实施引导，也就是激光扫描仪失去跟踪目标。在空旷和无遮挡的区域，可利用 GPS 数据实施引导。引导员随身携带一个 GPS，利用无线通信把引导员所处位置的 GPS 数据发送给 LS3，LS3 再根据自己当前 GPS 的位置，自主决定路径轨迹寻找引导员。或者引导员直接利用语音口令呼叫 LS3，给出大致的路径规划指令，LS3 自主寻找引导员。总之，在树林环境下，引导员与 LS3 有多种呼叫和引导方法，保证机器人始终跟上步兵队伍。

BigDog 借助激光和立体视觉可完成对周围环境信息的采集，也可在虚拟状态下同步还原环境的虚拟模型。再结合运动控制系统的虚拟模型，可建立 BigDog 完整的控制虚拟模型，运动控制和导航控制合二为一。所以，BigDog 控制在某种程度上，就是对空间一系列刚体相对几何位置关系的处理过程。

2）软件系统

BigDog 作为一台完整和独立的机器系统，除了各种基本功能的设计与单项技术的实现之外。还需要设计一套专用的软件系统，在 QNX 实时操作系统下，把各种基本功能模块整合为子模块再嵌入到软件系统中。包括以下几个子模块：跟踪、路径规划、运动控制、姿态估测、驱动指令、传感器驱动、工程和操作界面，如图 6-75 所示。软件系统的目的就是把这些基本的功能模块高效整合起来，保证机器人系统运转流畅。跟踪模块主要利用激光扫描仪，对目标实施追踪，或直接接受引导员的指令；借助视觉地形图和视觉测程结果，准确判断目标的位置和自身当前的位置姿态。路径规划模块利用已知的当前位置，结合地形图和激光障碍物检测结果；计算消耗地图，规划和平滑路径。控制模块借助 IMU 和关节编码器数据、平滑轨迹结果；对步态实施规划，再生成驱动器的具体指令。驱动器硬件模块按照控制指令输出位置伺服和力伺服。传感器模块完成各种数据采集。姿态估计模块借助传感器数据实现姿态估测。

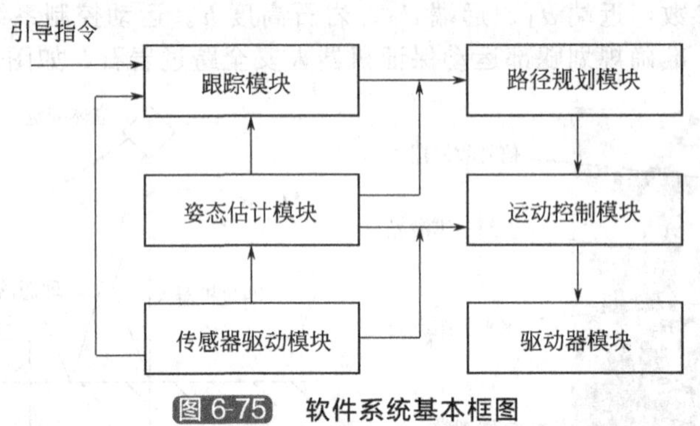

图 6-75 软件系统基本框图

BigDog 软件系统具有如下特点：基本功能模块和子模块数量多；实时性高；子模块之间存在严格的逻辑关系和数据交换。采用 QNX 实时操作系统，可满足 BigDog 软件系统的诸多要求。借助 QNX 的微内核架构，各个基本功能模块可独立运行，即使出现故障也不会造成整个内核的崩溃。QNX 的实时性确保能够在限定的时间内完成规定的工作。利用进程间通信功能，可实现模块之间的数据读取和交换。利用优先级驱动对于存在先后逻辑关系的子模块实施调度。

NASA-JPL 除了为 BigDog 设计视觉导航系统之外，也曾经为“好奇”号系列火星探测器设计过专用的被称为 Clarity 的移动机器人软件平台。BigDog 的软件系统也借鉴了相关的设计方法。

3）小结

早期的机器人软件系统可划到导航和运动控制系统的设计中分别实现。随着机器人技术的飞速发展，软件系统目前已经完全独立出来，成为机器人系统继结构、驱动、运动控制、导航之后的第五大组成部分。软件系统的设计是建立在机器人基本功能实现之上的一个新研究方向。软件系统设计的好坏直接影响了机器人的自主性和智能性。特别是人工智能领域的研究成果会被引入到机器人的研发之中，越来越多的声明式程序语言被引入到机器人的导航和软件设计之中，软件系统能够对较为模糊的指令做进一步的分解，比如 LS3 的语音呼叫功能。这对于提高机器人的自主性和智能性而言是非常重要的一种尝试。

（5）自主性与智能性

1）概况

BigDog 作为机器人区别于数控机床、各种常见移动装置，必有其特有的属性：自主性和智能性。机器人首先定位于无人直接驾驶，还要尽可能减少人工实时或延时的遥控。理想状态下的机器人只需接受目标点和工作任务指令，其余只依靠自身的运动控制系统和导航系统，完成目标点的自主寻找、局部自主定位、路径的自主规划、运动的自主执行以及工作任务的自主实施。国际上最顶尖的移动机器人目前也无法完全达到以上设计要求，需要人工的介入，才能完成目标任务。

地形崎岖不平和障碍物特征复杂多变，是造成陆地移动机器人自主性和智能性设计难度大的主要原因。诸如 BigDog 和“好奇”号这样的陆地移动机器人，主要是行驶在坚硬的陆地表面，包括火星星表。虽然介质较为单一，然而由于地形的起伏不定，使得机器人的运动难度加大。同时各种不规则的障碍物和危险地形会对机器人造成潜在的威胁。迫使机器人系统必须具有很高的运动自主性，自主适应复杂的地形；同时还要具有很高的导航智能性，自主识别各种障碍物，找出安全可行走区域。

2）自主性

自主性是指机器人本体在机载导航系统的控制下或由人工遥控的情况下，独立实施各种功能运行；还包括机器人内部系统的自监控、自调整和自纠错能力，或者接受人工指令实施自调整和自纠错的能力。自主性体现的是机器人系统对自身机体的掌控能力。可从三个方面对自主性做一阐述。

① 复杂地形适应性。由于机器人不具有人或四足哺乳动物的大脑思维分析和小脑的运动控制能力，它的自主性只能依靠初始设计的运动控制系统来实现。一旦进入复杂环境，只能利用已开发好的系统，应对各种可能的问题。当前来看，BigDog 主要是地形和机身遭遇外力影响两大因素；“好奇”号主要是地形的影响。所以运动控制系统必须具有对复杂地形的适应和应变能力。借助各种内部传感器，机器人可完成各种状态参数的检测和获取，设定某些安全准则和控制原则，运动控制系统可使机器人始终处于安全的工作状态。无论何种原因，机器人一旦处于危险状态，控制系统必须能及时发现，并挽救机器人重回安全状态。自主性是机器人本体对地形和外力的下意识反应能力。无论机器人进入何种地形，控制系统利用事先设定的程序和恰到好处的功能调度与组合，能够让机器人克服地形造成的困难，从而安全行驶。

② 系统的可靠性。单项技术采用简单的方法，可以获得很高的可靠性。但是单一的功能无法解决复杂的问题，所以需要有机地组织和调取各种基本功能，组成一套复杂的动作，来解决复杂的问题。使得机器人系统复杂性升高的同时，功能得以增强，还保留了较高的可靠性。可满足长时间没有人工介入，仍然畅通运转的高标准要求。

系统的可靠性很大程度上还取决于硬件的质量。机器人可能会长时间缺少人工的维护，所以系统必须具有很高的可靠性，硬件必须质量高、性能稳定。“好奇”号及之前的“机遇”号、“勇气”号可长达数年在火星星表工作，完全得不到地球机器人必要的维护和检修、更换零部件等，显示了该系列机器人硬件超乎寻常的可靠性，能够经受住常年的沙尘暴、阳光暴晒、昼夜温差巨大等不利影响。机器人仍然能够正常运转，体现了系统非凡的自主性。

③ 故障排除。硬件质量再好的机器人系统仍然无法长时间抵御环境造成的各种侵蚀，必然会出现各种故障。地球机器人可利用人工手动排除各种硬件故障。“好奇”号探测器对于软件系统的故障，可采取重启系统、定时更新、清零的方法解决常见故障。而对于可能出现的硬件故障，基本上是束手无策。“勇气”号停运的直接原因，就是一只轮子抱死无法旋转，造成了动力不足而无法行走于坡面环境。

BigDog 机器人需要解决如何在不停止正常运转的情况下，还能及时排除系统的软件故障。BigDog 若是重启系统，会造成机器人失去动力而瘫倒，无法在缺少人工监护的情况下实施。对于运动速度快，系统实时性要求高的机器人而言，全自主故障排除仍然具有相当的难度。

3）智能性

智能性主要是指机器人对外界环境的感知和判断，并由此制定正确的移动路径规划和各种动作指令规划的能力。自主性是机器人的基本属性，智能性是机器人的本质属性。

智能性是机器人预判能力的一种表现。虽然 BigDog 具有很强适应复杂地形的运动能力，但是导航系统仍然要提早发现那些不理想的环境信息，提前设计理想的路径规划，避免进入危险区域。对于可能发生的环境伤害，机器人系统需要具有感知和预判力，趋利避害是基本目的。智能性使得机器人在一定程度上具有了像人或动物一样对环境信息的识别能力。但是当前机器人智能性与预期相比较，差距仍然很大。

相对于自主性，智能性的提高难度更大。既有传感器信息采集能力不足的问题，比如声音信息、嗅觉信息无法获取。更主要的是无法自动捕获和识别可能出现的非标准状态下的危险或者重要目标。视觉虽可采集场景的大部分图像信息，但是图像理解能力无法达到人或动物的水准。没有类似思维功能的技术方法参与数据分析和处理，制约了机器人智能性的大幅度突破。比如水坑是复杂地形常见的环境信息，但是借助视觉并不能准确预判水面的存在，甚至反误认为是理想水平地形，对于机器人而言可构成致命的威胁，损坏整个系统。程序数量的有限化，造成了有多少程序也就只能解决多少实际问题，也是机器人智能性无法大幅度提升的原因之一。剑式机器人，也是因为视觉导航系统无法自主准确识别敌方、己方、平民三类目标，所以无法投入实用。

相对于自主性主要是解决按类划分的有限量地形起伏变化的问题，智能性需要对几乎是无限量的环境信息需要准确的识别。因此，智能性的提高是当前非结构化环境陆地移动机器人研究的主要瓶颈之一。

4）BigDog/LS3 与“好奇”号的比较

BigDog 机器人的自主性体现在运动控制系统的设计与实现。机体状态检测、运动控制地形估测、虚拟模型、各种运动学和动力学规划、步态调整、状态机等功能都属于典型的自主性行为，是机器人自我调整和反应的一种表现。接受和理解引导员的指令、视觉地形还原、激光跟踪和障碍物识别、构建环境地图、路径规划等都是机器人智能性的表现，是根据外界环境的变化，机器人独自所做出的一种判断和选择。

目前正在火星上进行科考的“好奇”号探测器，具有非常高的自主性和相当高的智能性，如图 6-76 所示。虽然在地球试验场中，“好奇”号可实现一些复杂环境的自主识别和全自主路径规划。然而，基于安全的考虑，火星上的“好奇”号几乎全部是地球主控中心发送运动控制指令，再实施运动。所以，虽然具备很高的全自主导航能力，但实际不敢放手使用是“好奇”号的一个显著特点。BigDog/LS3 除了特殊情况下，始终不脱离引导员的视野，即使出现硬件故障或者遭遇险情，也可借助人工力量实施救援，这是两种机器人实际应用的最大区别。

图 6-76 “好奇”号火星探测器

自主性方面，“好奇”号因无法借助人工的维护和救援，所以系统自主运行的可靠性高过 BigDog。智能性方面，“好奇”号虽然也比较高，可识别复杂环境，然而却几乎不敢实施全自主导航功能。但是BigDog由于有引导员在附近，敢于大胆使用。所以在智能性应用程度上，BigDog/LS3远超过火星上的“好奇”号。引导员除了个别情况下需要直接呼叫机器人，大部分情况都是机器人全自主实施导航和运动。因此，在非结构化环境陆地移动机器人领域，BigDog在自主性和智能性方面的研究与应用，都属于比较彻底的。两种尖端陆地移动机器人自主性和智能性对比如表6-12所示。

表6-12 BigDog/LS3与“好奇”号自主性和智能性的比较

项目		BigDog/LS3	“好奇”号
自主性	全自主运动	能	能
	运动控制指令	完全自主	主要靠地球
	硬件故障排除	人工	无法排除
	系统自检测	能	能
智能性	全自主导航	能	能
	环境感知	机载全部	机载全部
	数据处理	机载全部	地球为主
	局部定位	全自主	全自主
	构建地图	全自主	地球
	路径规划	全自主	地球
使用	安全性要求	较高	极高
	放手程度	可完全放手	完全不放手

参考文献

[1] 孙树栋．工业机器人技术基础．西安：西北工业大学出版社，2006．
[2] 李团结．机器人技术．北京：电子工业出版社，2009．
[3] 黄志坚，赵旭东．新型电气伺服控制技术应用案例．北京：中国电力出版社，2010．
[4] 黄志坚．液压伺服比例控制及PLC应用．北京：化学工业出版社，2014．
[5] 黄志坚．气动系统设计要点．北京：化学工业出版社，2015．
[6] 谭民，王硕．机器人技术研究进展．自动化学报，2013 (7)．
[7] 华亮，包志华，高明，陆国平．步进电机新型控制器设计及其在机器人多自由度关节中的应用．电机与控制应用，2006 (9)．
[8] 宁江，罗琪．智能仓库管理机器人的设计与实现．科技信息 2013 (11)．
[9] 付渊，贾龙，田月炜．变电站巡检机器人云台控制系统．电子测试，2015 (2)．
[10] 李悦，周利冲．油罐清洗机器人全方位移动机构的设计与分析．机械设计与制造，2013 (11)．
[11] 洪晓燕，王友林，刘坤等．基于运动控制卡的6-DOF切削机器人控制系统设计．制造业自动化，2013 (4)．
[12] 汤成建，张元越，刘尧，吴肖．太阳能自动谷物翻晒机器人的系统设计．电子设计工程，2013 (22)．
[13] 黄宗杰，王富东，杨春晖，马红卫．一款分拣搬运机器人的设计．苏州大学学报（工科版），2010 (2)．
[14] 秦慧斌，郑智贞，刘玉龙等．基于齿轮传动的结构仿生螃蟹机器人设计，机械传动．2015 (7)．
[15] 王磊，罗庆生，韩宝玲，李欢飞．履带式机器人控制系统设计．科学技术与工程，2013 (36)．
[16] 王志斌，薛姣益．基于PLC的KTV自助机器人控制系统的研究．机械制造与自动化，2014 (6)．
[17] 方彦军，伍洲．IR2110在机器人驱动系统中的应用．微电机，2009 (2)．
[18] 李小光．基于ARMS和LM629的电机伺服控制系统设计．沈阳工程学院学报（自然科学版），2010 (4)．
[19] 韦雪文，宋爱国．基于C8051F340的多直流电机控制系统的设计．测控技术，2009 (1)．
[20] 王国胜，刘峰，陆明，吕强．基于MC9S12DG128单片机的迷宫机器人设计．微电机，2011 (12)．
[21] 侯义锋．基于ATmega128砂糖橘简易采摘机器人的设计．测控技术，2013 (3)．
[22] 苗凤娟，高岩，李倩倩等．鱼塘冰层智能钻孔机器人设计．自动化与仪器仪表，2014 (8)．
[23] 刘海，郭小勤．吸尘机器人控制系统设计．现代电子技术，2009 (12)．
[24] 李波，张瑾，李国栋．排爆机器人机械臂控制系统设计．机电工程，2015 (8)．
[25] 周祖茗，朱淑云，张华，刘继忠．多功能护理机器人控制系统设计与实现．制造业自动化，2012 (2)．
[26] 王晓峰，阮毅，李正．巡检机器人无刷直流电机伺服系统的设计．电气传动，2011 (1)．
[27] 陈秀霞，卢刚，李声晋，陈玉．轮式机器人用无刷直流电机控制系统设计．测控技术，2010 (5)．
[28] 曲凌．基于DSP的双足机器人运动控制系统设计．现代电子技术，2010 (9)．
[29] 阎磊，马旭东．工业机器人交流伺服驱动系统设计．工业控制计算机，2015 (4)．
[30] 沈阳．PLC在工业机器人中的应用研究．工业控制计算机，2010 (9)．
[31] 米月琴，栗俊艳，王兴华．基于小负载串联关节型垂直六轴机器人的设计．制造技术研究，2015 (4)．
[32] 杨文博，方杰，郁敏杰，翟弘毅．开放式结构交流同步伺服电动机控制系统在单轴机器人、机械臂上的应用．制造技术与机床，2013 (9)．
[33] 李永明，王健．焊接机器人控制系统的研究．仪表技术，2009 (6)．
[34] 石海达．交流变频控制系统在涂胶机器人中的应用．装备制造技术，2012 (7)．
[35] 公建宁，王洪权，绳润涛等．拆箱机器人开箱工艺的改进．设备与仪器，2008，2．
[36] 赵德安，姬伟，陈玉等．果树采摘机器人研制与设计．机器人技术与应用，2014 (5)．
[37] 张丰华，韩宝玲，罗庆生等．基于PLC的新型工业码垛机器人控制系统设计．计算机测量与控制，2009 (11)．
[38] 齐继阳，吴倩，何文灿．基于PLC和触摸屏的气动机械手控制系统的设计 液压与气动，2013 (4)．
[39] 张兴国．气动喷胶机器人系统设计及研制．液压与气动，2008 (6)．
[40] 李建永，王云龙，刘小勇，李荣丽．连续行进式气动缆索维护机器人的研究．液压与气动，2012 (12)．
[41] 马俊峰，唐立平．气动爬行机器人设计．液压与气动，2010 (10)．
[42] 杨振球，易孟林．高精度气动机械手的研发及其应用．液压与气动，2006 (2)．
[43] 王立新，李宝营，刘博等．数控气动爬梯子机器人．机械工程师，2009 (11)．
[44] 神祥龙，谢叻，孟纪超．六自由度穿刺定位机器人气动控制系统的设计．中华数字医学，2012 (10)．
[45] 王增娣．基于PLC的安瓿瓶气动开启机械手的设计．液压与气动，2012 (8)．
[46] 王利波，张志军，王领．气动类人仿生机械手设计．大连交通大学学报，2013 (2)．
[47] 沈旭东．机电液一体化技术及其在工业机器人中的应用．中国科技信息，2006 (9)．
[48] 周冬生，余浩然，王呈方．PLC在液压驱动机械手肋骨冷弯机中的应用．液压与气动，2009 (3)．

[49] 王红玲，胡万强. 基于 PLC 的工业机械手控制. 液压与气动，2011 (8).
[50] 李明，粟全庆. 压装机装卸料机械手的研制. 机床与液压，2014 (21).
[51] 邓三鹏，刘钢，吴立国等. 基于 PLC 的储油罐清理机器人液压系统设计. 液压与气动，2013 (3).
[52] 吴怀超，方毅，何林. 基于单片机控制的水上清洁机器人液压系统的开发. 液压与气动，2011 (1).
[53] 乌建中，阮佳梦. 无线遥控液压爬行机器人的设计. 中国工程机械学报，2006 (4).
[54] 唐志勇，徐晓东，熊珏. 下肢液压驱动康复机器人机械设计与运动学研究. 液压与气动，2014 (12).
[55] 柴汇，孟健，荣学文，李贻斌. 高性能液压驱动四足机器人 SCalf 的设计与实现. 机器人，2014 (4).
[56] 丁良宏. BigDog 四足机器人关键技术分析. 机械工程学报，2015 (7).